"十四五"时期国家重点出版物出版专项规划项目
食品科学前沿研究丛书

未来食品的新质生产者：
极端微生物与极端酶

江 凌　张志东　朱政明　主编

科学出版社
北　京

内 容 简 介

本书以"大食物观"为指导方针，聚焦未来食品的科技创新发展。内容主要涵盖极端微生物的分离与培养、极端微生物资源库构建，还介绍了极端微生物来源的极端酶的挖掘与改造及其在食品工业中的应用。此外，阐述了食品微生物细胞工厂的开发及食品活性因子的生物制造。最后对极端微生物在未来太空食品中的应用进行了展望。本书不仅为我国未来食品的发展提供了坚实的技术支撑，更将助力全球食品领域的创新探索和可持续发展。

本书可供食品领域的从业人员、科研工作者，以及食品类、生物类、化工类、环境类等相关专业的教师和学生参考使用。

图书在版编目（CIP）数据

未来食品的新质生产者：极端微生物与极端酶 / 江凌, 张志东, 朱政明主编. -- 北京：科学出版社, 2025.6.（食品科学前沿研究丛书）. -- ISBN 978-7-03-079477-2

Ⅰ. TS201

中国国家版本馆 CIP 数据核字第 2024W6F927 号

责任编辑：贾　超　韩书云 / 责任校对：严　娜
责任印制：徐晓晨 / 封面设计：东方人华

科学出版社 出版
北京东黄城根北街 16 号
邮政编码：100717
http://www.sciencep.com

北京厚诚则铭印刷科技有限公司印刷
科学出版社发行　各地新华书店经销
*
2025 年 6 月第　一　版　　开本：720×1000　1/16
2025 年 6 月第一次印刷　　印张：21
字数：420 000
定价：138.00 元
（如有印装质量问题，我社负责调换）

丛书编委会

总主编：陈 卫

副主编：路福平

编　委（以姓名汉语拼音为序）：

本书编委会

主　编：江　凌　张志东　朱政明

编　委：

江　凌　　南京工业大学

张志东　　新疆维吾尔自治区农业科学院微生物研究所

朱政明　　南京工业大学

徐　晴　　南京师范大学

李秀娟　　南京师范大学

朱　静　　新疆维吾尔自治区农业科学院微生物研究所

陈建威　　青岛华大基因研究院

叶　超　　南京师范大学

王燕霞　　南京工业大学

朱本伟　　南京工业大学

董　浩　　中国海洋大学

刘　伟　　南京工业大学

朱丽英　　南京工业大学

序　言

全球气候变化、粮食安全危机、能源资源短缺、生态环境污染等问题日益突出。如何在有限的资源条件下满足人们对于食品安全、营养和美味的需求，已成为人类面临的巨大挑战。大力发展食品新质生产力，推进食品行业绿色、高质量发展，是食品科技界的共同目标和面临的重大命题。随着现代技术的发展，更高效、绿色和可持续的合成生物技术为未来食品的生产和供给提供了新颖的解决思路。在此背景下，以极端微生物和极端酶为代表的"新质生产者"为未来食品的绿色、安全、高效生产提供了全新的可能性。相比于传统的食品生物制造方式，基于极端微生物的食品新质生产路径，不仅能大幅度提升生产效率，更有可能减少能源和原料消耗，最终实现真正意义上的可持续食品生产。

《未来食品的新质生产者：极端微生物与极端酶》一书就是为了呈现这一未来食品领域的新兴技术与创新路径而编写的。全书从极端微生物的分离与培养，到极端酶的挖掘与改造，再到基于极端微生物的细胞工厂创制，乃至极端微生物在未来太空食品中的应用，全面阐述了这一新兴领域的前沿进展，为未来食品产业的发展带来新的机遇与可能性。该书的出版为推动未来食品产业的发展提供了新的思路和参考，具有重要的学术和实践价值。希望该书能够激发更多科研工作者的兴趣和热情，加快相关技术的创新突破与产业化应用，最终推动未来食品生产模式的全面转型升级。

中国工程院院士　黄和

2025 年 6 月

前　言

　　民以食为天。食品产业关系国计民生，其高质量发展是促进经济增长、满足人民美好生活需要的重要基础。在此背景下，未来食品成为引领食品创新和发展的关键支撑。"大食物观"已成为未来我国食品产业高质量发展的指导方针。深刻掌握食物需求变化趋势，变革传统食品工业制造模式，向更丰富的生物资源拓展，实现食物供给来源的多元化，将推动未来食品向更安全、更营养、更美味、更可持续的方向发展。

　　未来食品科学的发展离不开创新技术的推动。在追求食品生产效率、品质和可持续性的过程中，极端微生物与极端酶作为食品工业的新兴研究方向，承载着改变未来食品生产方式的希望和可能。来源于极端微生物的极端酶在适应食品加工过程中的冷、热、酸、碱等工业环境方面具有天然优势，已成为食品生物制造的核心"芯片"。此外，极端微生物来源的食品活性因子在食品工业中也具有广泛应用，以极端微生物为底盘细胞合成食品活性因子，对推动其在未来食品工业中的应用具有重要的意义。

　　本书通过对极端微生物与极端酶的深入阐述，旨在为读者呈现这一未来食品领域的新兴技术与创新路径。本书以对极端微生物与极端酶的深入研究为线索展开，共 7 章。第 1~2 章主要概述了极端微生物的分离与培养，以及极端微生物菌种库和基因组数据库的构建；第 3~5 章针对极端微生物来源的极端酶，分别介绍了极端酶的来源、挖掘、改造的研究进展和发展趋势，以及其在未来食品领域中的应用；第 6 章重点介绍了食品微生物细胞工厂的创制，并剖析了极端微生物作为下一代细胞工厂的潜力；第 7 章对极端微生物在未来太空食品中的应用进行了展望。

　　本书第 1 章由李秀娟、朱静编写，第 2 章由陈建威、徐晴、叶超编写，第 3 章由王燕霞、张志东编写，第 4 章由朱本伟、江凌编写，第 5 章由董浩编写，第 6 章由刘伟、朱丽英编写，第 7 章由朱政明编写。

　　为了帮助广大读者更系统、全面地了解极端微生物与极端酶在未来食品领域的发展，我们特邀国内专家学者编写本书，旨在展现未来食品发展的前沿动态和研究成果，为各行各业了解未来食品技术前沿提供参考，促进理论研究、创新应用和产业发展。我们希望本书能够提供一个关于未来食品的全新视角，为未来食品领域的发展指明方向。

主　编

2025 年 6 月

目　　录

第1章 极端微生物的分离与培养

引　言

　　微生物学是生物学中随着微生物的分离而发展起来的一个重要领域，其主要研究对象为微小生物体，包括细菌、真菌、病毒和原生动物等，这些微生物在自然界中起着关键的生态和生理作用。但是，目前所知道的微生物种类只不过是整个自然界分布的微生物种类的十万分之一。因此，为了深入了解微生物的多样性、功能和相互作用，科学家采用了各种方法来研究它们，其中，微生物的分离和培养是微生物学研究中的经典方法之一（梅承等，2018）。

　　传统的微生物分离培养策略为科学家从复杂的微生物群落中分离出单一的微生物菌株提供了一种有效的手段。这项技术的原理简单而直观：将来自环境样品的微生物分散在富含养分的培养基上，并提供适宜的生长条件，如温度、氧气浓度和 pH，以促使微生物生长和繁殖。在适当的条件下，不同类型的微生物将形成可见的细菌或真菌菌落，每个菌落代表一个单一的微生物菌株。尽管传统的微生物分离培养方法已有数十年的历史，但它仍然是微生物学研究的重要组成部分。它具有以下 4 个方面的重要意义。

　　（1）发掘新型菌株：通过纯化分离培养，科学家能够从各种自然环境样品中鉴定新的微生物菌株，挖掘有潜在应用价值的微生物，丰富菌种资源。

　　（2）细菌和真菌病原体的诊断：临床微生物学家使用分离培养技术来检测和鉴定导致感染的病原体，这对于诊断和治疗感染性疾病至关重要。

　　（3）微生物生态学研究：研究自然环境中的微生物群落结构和功能，探究微生物是如何响应环境变化的，这将有助于人们更好地理解生态系统的互作机制。

　　（4）生物技术和工业应用：微生物分离培养为生物技术和生物工业领域提供了丰富的微生物资源，如产功能酶菌株、发酵菌株和污水处理微生物等。

　　尽管传统的微生物分离培养方法在许多方面都具有重要作用，但它们也面临一些挑战和局限性。首先，这些方法依赖于特定生长条件，这意味着某些微生物可能在实验室中难以培养出来，因为它们需要复杂或难以模拟的自然环境条件。其次，分离和培养微生物通常是一项耗时且劳动密集的工作，可能需要数天甚至数周才能获得结果。此外，某些微生物可能不适合在体外培养，因为它们具有共生关系或依赖于特定宿主。随着现代生物技术的发展，现代微生物分离技术必须从广泛的含义上以微生物的分类、生理、营养、生态等研究为基础才能得到发展。目前，一些新的方法已经出现，如分子生物学技术（张文凯等，2022）、高通量测序（Ness et al.，2022）和宏基因组学，它们不依赖于传统的分离培养，可以更快速地研究微生物。然而，传统的分离培养仍然具有独特的优势，特别是在新微生物的发现和微生物资源收集方面。

本章将深入探讨传统的微生物分离培养方法，让读者更好地理解传统微生物分离培养方法的重要性及其应用，为微生物学家、生物技术研究人员、临床医生和环境科学家提供有关微生物分离培养的深入见解，促进微生物学领域的进一步发展和创新。

1.1 传统的分离培养策略

1.1.1 极端微生物不可培养的原因

极端微生物（extreme microorganism）是最适合生活在极端环境中的微生物的总称（Rekadwad et al.，2023）（表1.1）。极端环境包括以下多种类型。

表1.1 极端微生物的种类

名称	种类
嗜热微生物	嗜酸硫杆菌属、硫化杆菌属和铁质菌属
嗜冷微生物	弧菌属、梭菌属、假单胞菌属、芽孢杆菌属、无色杆菌属、黄杆菌属、微球菌属、八叠球菌属、诺卡氏菌属、链霉菌属、酵母等
嗜酸微生物	氧化硫硫杆菌、氧化铁硫杆菌、酸性矿山中的铁硫微生物等
嗜碱微生物	好气及厌气芽孢菌、好气非芽孢菌、放线菌、真菌及噬菌体
嗜辐射微生物	革兰氏阳性菌、芽孢菌、不动杆菌等
嗜盐微生物	盐湖中的盐碱菌属、盐水水池中的盐藻等
嗜压微生物	深海底部的光合细菌、深海沟中的压力耐受菌等
嗜金属微生物	汞污染地区的铬还原菌、含铁矿渣的河水中的硫氧化菌等

高温环境：火山口、深海热泉等处的温度极高，甚至可以达到数百摄氏度，但一些热耐受微生物仍能在其中繁殖（曾静等，2015）。

高压环境：海底深处的压力巨大，水下的微生物需要适应这种高压环境（邱旭，2021）。

极端酸碱环境：硫酸池、盐湖等地的酸碱度极高或极低，但某些微生物仍能适应这种生存条件（Crognale et al.，2022）。

高辐射环境：核反应堆内部和一些辐射区域存在高辐射环境，但一些耐辐射微生物仍可在这些地方繁殖（Videvall et al.，2023）。

高盐度环境：盐湖、盐矿等地的盐度非常高，但仍有嗜盐微生物可以在其中生存（黄志勇，2021）。

此外，极端环境还包括极冷、高金属、极干燥和极端缺氧等多种类型。极端微生物为了长期适应恶劣环境（如高温、高盐等极端环境）而发展出了一系列独特的生存策略，使它们能够在这些条件下生存下来。这些策略包括产生耐受极端条件的酶、蛋白质和膜，以及积累特定的代谢产物，以对抗极端条件的影响。这为我们提供了关于生命在极端环境下的适应性和生存策略的重要见解，还将在环境保护、气候变化、温室效应、资源开发、生物医药和人口健康等领域发挥巨大的作用，这对研究人员来说具有巨大的吸引力。然而，极端微生物的不可培养性限制了研究人员对极端微生物资源的开发与利用，主要有以下 8 点原因。

（1）极端微生物具有复杂的生存条件：通常极端微生物生存在自然界的复杂生态系统中。它们与其他微生物和生物体之间相互依赖、密切关联，这些相互作用可能对它们的生存和繁殖起着关键作用。然而，在实验室中模拟这些复杂的生态系统并为微生物提供适合的生长条件通常非常困难。例如，在深海热液喷口中生存的极端微生物可能依赖于其与其他生物体的共生关系，而这种共生关系很难在实验室中被复制。

（2）极端微生物对营养需求的不确定性：培养细菌通常需要合适的培养基，其中包含细菌所需的营养物质和生长因子。然而，对于极端微生物来说，合适的培养基可能非常难以确定。这些微生物可能需要非常特殊的培养基，而科学家可能无法找到合适的组合来支持它们的生长，这增加了培养这些微生物的挑战性。

（3）极端微生物对氧化还原条件的特殊性：一些极端微生物类型依赖于特殊的氧化还原条件来生存。这意味着它们需要在缺氧或低氧环境中生活，并且通常与其他微生物一起形成复杂的生态系统。在实验室中模拟这些氧化还原条件可能非常困难，因此培养这些微生物变得复杂。此外，氧化还原条件的不稳定性也可能导致微生物在培养过程中死亡。

（4）极端微生物的生长速度缓慢：它们的生长速度通常比常规微生物慢得多，这意味着在实验室中培养它们可能需要更长的时间，甚至可能需要数周或数月才能获得足够数量的微生物来进行研究，这种缓慢的生长速度增加了培养的难度。

（5）极端微生物缺乏合适的宿主：一些微生物可能需要其他生物作为宿主才能生存和繁殖。在实验室中提供适合的宿主可能是一项挑战。

（6）缺乏合适的培养技术和设备：因为需要特殊的设备和技术来模拟极端微生物的生存环境，所以传统的微生物分离培养技术可能不适用于它们。

（7）微生物数量太少：一些极端微生物在自然环境中可能数量稀少，以至于在实验室中很难获得足够的微生物样本来进行培养研究。

（8）未知的生长因素：对于某些极端微生物，目前科学家还未了解它们生长所需的关键因素，从而几乎不能在实验室培养这些极端微生物。

因此，极端微生物不可培养性虽然给科学家带来了挑战，但也为未来的微生物学研究提供了巨大的机遇。随着技术的不断进步和研究的不断深入，我们有望克服这些障碍，揭开极端微生物的神秘面纱。首先，现代分子生物学和生物技术的发展为研究极端微生物提供了新的工具和方法。高通量测序技术使人们能够更深入地了解这些微生物的基因组，从而揭示它们的适应性和生存策略。同时，元基因组学的兴起允许人们研究整个微生物群落，而不仅仅是单一微生物。这将有助于理解微生物之间的相互作用，以及它们在自然环境中的生存策略。其次，新兴的培养技术和培养条件的改进可能有助于克服极端微生物不可培养的困难。微生物生态学家和生物工程师正在积极寻找适用于不同类型极端微生物的培养方法，包括模拟自然环境的微生物生长系统、设计新型培养基、改进氧化还原条件的控制等，以上努力有望为培养极端微生物创造更适合的条件。随着对不同生态系统的深入探索，人们有望发现更多未知的极端微生物。这些新的微生物可能具有独特的生存策略和生物活性物质，在科学和工业领域具有巨大的潜力。再次，合成生物学的发展也为解决这一难题提供了新的可能性。通过将已知的生物学信息和生物合成技术应用于极端微生物，科学家可以设计和构建具有特定功能的微生物，以满足科研或工业应用的需要，这种方法有望突破培养的限制，为研究提供更多的微生物材料。最后，国际合作和知识共享将在克服极端微生物不可培养的挑战中发挥关键作用，需要共享数据、方法和经验，以加速对这些微生物的研究。国际性的研究项目和合作网络可以帮助整合全球的专业知识，促进极端微生物领域的发展。

总之，尽管面临极端微生物不可培养性的难题，但我们有理由对未来充满信心。通过科技的进步和全球科学界的共同努力，有望揭示这些微生物在生态学、生物学和生物技术领域的潜力，为环境保护、生命科学和工业应用提供新的机遇和解决方案。

1.1.2 营养基质浓度与成分优化

微生物在生物工程、食品工业、药物制造、环境保护和其他领域中扮演着至关重要的角色。为了实现高产酶、高产物、高效发酵等目标，优化微生物培养基的营养基质浓度和成分是至关重要的。营养基质包括碳源、氮源、微量元素、水分等成分，微生物的生长和代谢需要这些成分来合成细胞质、生产代谢产物和能量，因此微生物培养基的设计和优化是微生物学研究和工业应用中的关键环节之一。

1. 营养基质的组成

微生物的培养基通常是指人工配制的、适合微生物生长繁殖和积累代谢产物的营养物质。其主要包括碳源、氮源、无机盐及微量元素、生长因子和水。

1）碳源　　凡是可以作为微生物细胞结构或代谢产物中碳架来源的营养物质均称为碳源。其可以作为构成菌体细胞和代谢产物的碳架，也可以提供菌体生命活动所需的能量（黄志勇，2021）。工业生产中常用的碳源有：①单、双糖类，如葡萄糖、蔗糖和麦芽糖等。②多糖类，如糊精、淀粉及其水解液等。③脂肪类，如猪油、豆油和玉米油等。油脂具有补充碳源和消泡的双重作用，但以油脂作为碳源时，菌体的耗氧量增加，必须增大通风量。④有机酸、醇类，如乳酸、柠檬酸、甘油和乙醇等。⑤碳氢化合物，如 $C_{12}\sim C_{20}$ 的烷烃等。

2）氮源　　凡是可以作为微生物细胞物质或代谢产物中氮元素来源的营养物质统称为氮源（李军等，2012）。它可以构成菌体细胞物质（如氨基酸、蛋白质、核酸等）和含氮代谢产物。氮源可分为：①有机氮源，如黄豆饼粉、棉子饼粉、玉米浆、蛋白胨、酵母粉、鱼粉和尿素等。②无机氮源，如氨水、硫酸铵、硝酸铵、氯化铵和磷酸氢二铵等。

3）无机盐及微量元素　　无机盐的作用往往与浓度有关，低浓度时常常表现为刺激作用，高浓度时表现为抑制作用。

宏量元素（ $10^{-4}\sim10^{-3}$ mol/L）如磷、硫、钾、钠、钙、镁等，没有宏量元素，微生物就不能生长（赵春海，2005）。微量元素（ $10^{-8}\sim10^{-6}$ mol/L）如锰、铜、钴、锌、钼等。铁元素介于宏量元素和微量元素之间，其主要功能包括：①构成细胞的组分；②作为酶的组分；③维持酶的活性；④调节细胞渗透压、氢离子浓度及氧化还原电位；⑤作为某些自养微生物的能源。

4）生长因子　　某些异养型微生物在一般碳源、氮源和无机盐的培养基中，不能生长或不能旺盛地生长，当在培养基中加入某些组织（或细胞）提取液时，便生长良好。这说明这些组织或细胞中含有这些微生物生长所必需的营养因子，这些营养因子称为生长因子。生长因子主要包括维生素、氨基酸、嘌呤和嘧啶等。

5）水　　作为细胞的重要组成成分，水是细胞内一系列生理生化反应的介质，能直接参与细胞内的某些生化反应。营养物质的吸收和代谢产物的排泄都需要通过水。此外，还可以有效地吸收和散发代谢释放的热量，从而控制细胞的温度。

对于发酵工程来说，细胞浓度直接影响培养液的摄氧量，菌种培养过程中产生孢子的数量及质量与所采用的培养基有密切的关系：①一般营养过于丰富的培养基，不利于孢子的形成；过于贫瘠的培养基也会使菌体细胞因缺乏某些生长因子或营养成分而衰亡，甚至死亡。②麸皮、豌豆浸汁、蛋白胨、牛肉膏等较为适合孢子的形成和生长，其中碳氮比以氮略低一些为佳。③蛋白胨的不同制品及琼脂的不同产地，对孢子质量的影响很大。④其他如水质、培养温度、pH、湿度、培养时间等，对孢子的形成及质量均有很大的影响。因此，对于培养基的设计需要遵循以下原则：①有利于菌体的快速生长。②易于被菌体直接或快速利用。③在组成上尽可能接近发酵培养基，以使菌体转入发酵后能较快地适应新的生长繁殖环境。④pH 稳定，以适合菌体的生长发育。⑤组成尽可能简单，原料价廉易得，以降低生产成本。

2. 营养基质的优化

由于培养的对象不同，培养的目的也各有差异，培养基的选择或在普通培养基的基础上进行针对性的改进就显得尤为重要。微生物培养基的优化涉及营养基质浓度和成分的调整，以满足微生物的需求并提高其生产能力，以下是一些常见的微生物营养基质优化策略。

1）响应面方法　　一种用于优化培养基组分的统计方法，以数学模型来预测最佳的营养基质配方，从而达到最大化微生物的生长和产物产量的目的（Mortezaei et al.，2023）。其主要步骤包括：①确定影响微生物生长和产物产量的因素和水平；②设计不同水平下的实验矩阵；③记录实验结果；④建立数学模型以描述微生物的生长或产物产量与各因素和水平之间的关系；⑤经过统计分析确定最佳的培养基组分组合；⑥验证最优组分浓度组合的实际效果。响应面方法是一种有力的工具，可以显著提高微生物培养基的效率和产量。通过逐步调整不同因素和水平，研究人员可以更好地理解微生物生长和代谢的复杂性，并确定最佳的培养基组分，以满足特定的研究或工业需求，这种方法在生物技术、发酵工程和微生物学领域中被广泛应用。

2）遗传工程　　遗传工程技术可以用于改变微生物对不同营养基质的利用能力。通过调整微生物的代谢途径或引入外源基因，可以使微生物对特定营养基质更加敏感或高效利用（图 1.1）。这可以显著提高微生物的产量和产物质量。具体的方法包括：①基因敲除与过表达。利用基因敲除技术，去除或沉默不必要的代谢途径，以减少微生物对某些成分的需求；使用过表达技术来增强微生物对特定营养成分的吸收和利用，从而促进菌株生长和提高产物产量。②基因修饰。通过引入外源基因或修饰内源基因，改变微生物的代谢能力，使之更适应目标培养基的条件。③调控元件的优化。优化微生物中的启动子、操纵子和调控元件，以使这些元件满足不同培养基条件下的微生物需求。④菌株驯化。通过连续培养和进化实验以获得更适应特定培养基的微生物菌株。⑤通量筛选。在目标培养基条件下进行高通量筛选或选择实验，以确定最适合特定培养基的微生物菌株。⑥基因测序。确定目的菌株的基因序列及遗传工程的正确性。遗传工程可以显著改善微生物对不同培养基的适应能力，从而促进菌株生长和提高产物产量。但在进行遗传工程操作前，需要仔细考虑微生物的生态和生理特性，以确保优化的培养基设计是可行的，并且不会造成不良影响。此外，还需要注意生物安全和遵守相关的法律法规，以确保合法和遗传工程实验的安全。

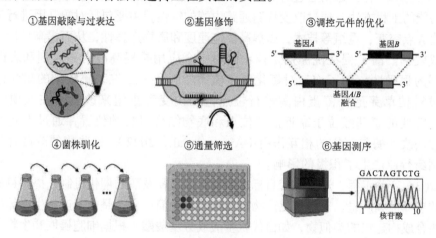

图 1.1 　遗传工程技术示意图

3）基于代谢通路的优化 　　通过对目标微生物代谢通路的深入分析，了解其生长和产物合成所需的关键代谢途径和反应，确定代谢通路中的限速步骤，这些步骤通常会影响产物产量或微生物的生长速率。代谢通路优化是使用微生物细胞工厂生产功能分子（如化学品、燃料和蛋白质），而其他应用可以在生物学研究（如生物修复和信号转导）和医学研究（如基因治疗和药物发现）中找到。代谢通路优化是一种通过改变代谢通路中的反应活性、底物通路、酶表达水平等方式，提高目标产物的合成效率和产量的方法。以下是具体的代谢通路优化策略及案例。

（1）底物工程：通过选择合适的底物和代谢途径，优化底物进入代谢通路的速度和效率。底物工程可以通过增加底物供应量或改变底物种类来增加产物产量，或者通过调节底物浓度来调整产物合成速率。另外，利用代谢途径中的次生代谢产物作为新的底物，可以进一步提高目标产物的产量。例如，细胞色素P450 酶（P450）是一类具有潜力的生物催化剂，能够催化各种有机底物的单氧化反应。然而，由于其固有的缺点，如稳定性差、周转率低、对昂贵辅助因子［如 NAD(P)H］具有依赖性及对非天然底物选择面较窄等问题，限制了其实际应用。为克服这些问题，一种常见的策略是通过蛋白质工程来改进催化剂本身。此外，还出现了几种从底物角度调节 P450 催化过程的新兴策略，包括底物工程、诱饵分子和双功能小分子共催化。底物工程主要通过引入锚定基团来提高底物的接受度和反应选择性。而后两种策略则通过使用共底物样小分子，要么通过改变活性位点的构型来改变底物的特异性，要么直接参与催化过程，为非天然底物提供新的催化能力（Xu et al., 2019）。

（2）酶工程：是指通过对酶的基因修饰、蛋白质工程等手段来改变酶的性质和功能的工程方法。通过改变代谢通路中酶的特性，主要包括对酶基因进行定向进化、点突变、重组等技术，以提高反应速度和底物选择性，从而提高目标产物合成效率。酶工程在洗涤剂工业中的另一个应用是提高酶对离液剂和表面活性剂的耐受性。为了增加对氯化胍、硫氰酸胍和十二烷基硫酸钠的耐受性，通过对枯草芽孢杆菌蛋白酶进行位点饱和诱变和重组来改良。在这项研究中，突变的氨基酸位于靠近活性位点和底物结合口袋的位置，通过不同的工程方法改变酶与底物的相互作用（Amatto et al., 2022）。这些酶的改良对化学和制药行业产生了积极的影响。

（3）产物工程：通过改变目标产物的合成途径及酶的催化机制，提高目标产物的选择性和产量。获得天然产物衍生物的一种简单方法是向生产者生物体提供生物合成构建块的类似物，如卤代氨基酸或芳基羧酸。根据细胞摄取和生物合成酶的底物耐受性，这些类似物可以与代谢衍生的前体竞争并取代前体，这种方法称为前体定向生物合成。它有着悠久的历史。例如，它促成了第一种口服活性 β-内酰胺类抗生素的发现。前体定向生物合成的主要优点在于其具有广泛的适用性且实施简单（Winand et al., 2021）。

（4）代谢通路调控：通过调节代谢通路中的反馈机制、信号转导和转录调控等方式，以提高目标产物的合成效率。不同的内在（如生物钟、代谢物）或外在（如异生素）信号通过信号依赖性转录因子和染色质结构变化整合，以调节转录炎症小体反应。最后，抗炎信号［如白介素-10（IL-10）］平衡炎症小体基因诱导以限制有害炎症。因此，转录调节作为炎症小体调节的第一线出现，以提高机体面对压力和感染时的防御水平，同时也限制防御过度或慢性炎症。

4）营养基质逐步优化　　通过逐步调整浓度和成分来实现。首先，确定基础培养基的成分，然后逐渐提高或降低特定成分的浓度，以观察微生物生长和产物产量的变化，这种逐步优化的方法可以帮助确定最佳的营养基质配方。

以上事例表明，尽管培养基在广义上有多样的组合，然而在实际应用中，需要考虑到具体的细节，做到对具体的某一种细胞有着更为恰当的培养基来使之更好地生长，并达到更好的生产效果，甚至在某些情况下，针对人们所需要的产物，需要对培养基中原本适配而现在对所需产物产生负面影响的组分进行恰当的替换更改，对培养基进行优化，使之更符合生产应用的要求。

1.1.3　压力、温度等极端条件的模拟

极端微生物拥有独特的细胞和分子机制来帮助耐受和维持它们在极端栖息地的生命。这些栖息地受一种或多种极端物理或化学参数支配，这些参数塑造了现有的微生物群落及其细胞和基因组特征。极端微生物的多样性反映了数百万年的一长串适应过程，模拟极端微生物生存环境能够揭示并增进我们对生命及地球的限制的理解，为工业过程中的应用奠定基础。

在进行极端微生物的培养时，需要模拟和控制各种极端条件，如高压力、高温度、高盐度等。以下是用于模拟这些条件的常见手段（图 1.2）。

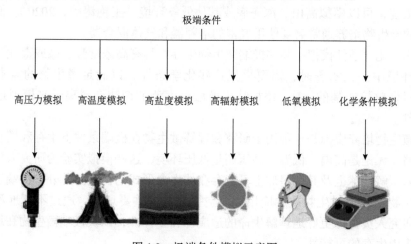

图 1.2　极端条件模拟示意图

（1）高压力模拟：高压力模拟通常需要使用高压釜或自行设计的高压装置。这些装置可以提供高压条件，以模拟深海、深层地下环境或其他高压环境。

常见的培养基和微生物培养条件可以在高压下保持，以确保微生物在这种环境下仍能够生长和繁殖。

（2）高温度模拟：高温度模拟通常需要使用高温恒温箱或高温反应釜，这些装置可以提供高温环境，以模拟地热泉、火山口或其他高温环境（李青等，2018）。但高温会使琼脂变性液化，因此如果分离培养温度高于 60℃，应使用

0.8%的吉兰胶代替琼脂。高温也会使培养基变干，因此需要将分离平板装在塑料袋里，并将一个装满水的培养皿放入塑料袋，以保持湿润。另外，热液喷口内及周围微生物的营养需求非常复杂，因此单一类型的培养基往往不能很好地发挥作用，那么分离培养基就应考虑满足各种营养需求。

（3）高盐度模拟：风干可作为获得更高比例的嗜盐或嗜碱放线菌和古菌的有效方法。不同的盐环境具有不同的盐成分，因此可能需要根据样品的物理化学性质在培养基中添加其他无机盐，如 KCl 或 $MgCl_2$ 等（侯昭志，2022）。此外，生活在这些环境中的微生物通常需要特定的盐浓度来维持其正常生理所需的渗透压。因此，除了在培养基中，还应在样品预处理溶液和甘油保存溶液中加入5%～10%的 NaCl 来维持这些菌株的活性。

（4）高辐射模拟：高辐射模拟通常需要使用辐射源，如 γ 射线或 X 射线机，这些辐射源可以产生不同剂量的辐射，以模拟放射性环境。此外，高辐射环境可能会影响氧气浓度，需调整氧气浓度以模拟特定环境中的氧气水平，以确保微生物的适应性。

（5）低氧模拟：低氧模拟通常需要使用气体调节箱或生物反应器。通过控制氧气浓度，可以模拟高山、深海底或其他低氧环境（王艳涛等，2020）。低氧条件下的微生物培养通常需要使用气密的培养器和气体混合器。

（6）化学条件模拟：某些极端微生物生存在具有高浓度酸、碱或毒性金属离子的环境中。在培养时，需要模拟这些化学条件，以满足微生物的需求。通常通过调整培养基的 pH、添加特定的酸碱度调节剂或金属离子来模拟这些化学条件。

微生物培养模拟是一种用于研究和理解微生物在极端条件下生存和繁殖机制的策略。无论是高温、低温、高压还是低压环境，这些模拟实验为研究人员提供了深入了解地球上及其他星球上可能存在的生命形式的机会。此外，极端条件下的微生物研究还对生物技术应用和太空探索具有重要意义。通过不断地深入研究，研究人员可以更好地理解生命的适应性和多样性，以及极端微生物在地球上和宇宙中生存的可能性。

1.2　提高微生物可培养性的策略

随着基因组测序技术、复杂的元基因组学和系统发生学方法的快速进步，人们对微生物生命多样性及生命树的理解发生了革命性的变化（Hug et al., 2016；Castelle and Banfield, 2018）。然而，尽管基因组数据呈现出爆炸式增长，人们却面临着许多新微生物品系无法被成功培养的困境。因此，人们目前对微生物的认识主要来自一小部分已得到较好研究的培养品系，或者是通过对未被成功培养的微生物进行基因组重建而获得的。尽管以基因组为驱动力的快速发展阶段为人们带来了许多关于地球微生物生命的重要新见解，但从未被培养的微生物中分离和培养品系仍然至关重要。这样做有助于验证基于基因组的细胞生物学和生理学预测，并确保对它们的生态作用有正确的理解。

通过对微生物富集物或培养物进行实验测试，人们发现了许多全新酶促反应和通路的例子，因此迫切需要从这些未培养微生物中分离和培养品系。这些实验展示了一些通路，这些通路仅通过基因组学方法是无法被检测到的（Nunoura et al.，2018；Daims et al.，2015）。微生物培养是产生纯培养物的关键步骤，它能持续提供来自同一物种或菌株的细胞。这种纯培养物可以用于研究微生物的性状，通过这种方式提高了实验结果的可重复性和统计置信度。如果没有纯培养物，很难准确确定微生物的特征，如单个生物体的生长特性、新陈代谢、生理学和细胞生物学等。仅仅依赖基因组序列也很难推断这些特征，因为基因组数据无法说明哪些基因具有功能表达，也无法说明活性蛋白质组在特定条件下的适应情况。虽然元转录组学和元蛋白质组学可以提供一些见解，但如果没有基本的生理学知识作为支撑，这些方法产生的数据仍然难以解读。因此，在没有纯培养物的情况下，许多关于生物在自然环境中作用的问题仍然没有明确答案。

为了增进人们对未培养的微生物多样性的了解，必须提高从环境中培养微生物的能力（Thrash，2019；Stewart，2012；Overmann et al.，2017）。微生物自然生存环境的复杂多变性赋予了微生物丰富的多样性，包括结构多样性、代谢多样性、行为多样性、进化多样性和生态多样性。传统的微生物学方法是极其重要且不可或缺的培养资产，并不断被用来成功分离出众多感兴趣的微生物。然而，这些方法往往需要大量的时间和耐心才能取得成功，还需要对培养基组合和不同理化条件进行艰苦细致的测试。此外，使用传统微生物学培养技术测定不同生境微生物的可培养性时发现，海水中微生物的可培养比例为 0.001%～0.1%，淡水约为 0.25%，土壤约为 0.3%，而活性污泥达到 1%～15%。研究表明，有些微生物实际上处于活跃但不可培养的状态。据报道，至少有 16 属的 30 种细菌存在这种现象（Rahman et al.，2001）。

目前用于富集特定分类的技术如图 1.3 所示，主要包括以下几种：①底物限制性培养。通过设计选择性培养基，使用特定的底物，使得特定分类的微生物能够在培养基上生长，而其他微生物则受到限制。②物理化学条件的控制。通过应用选择性物理化学条件，如温度、pH、盐的浓度和气相成分等，以影响特定分类的微生物的生长和数量。③选择性抑制剂的添加。添加选择性抑制剂，如抗生素、有毒化合物及代谢抑制剂等，可以抑制其他微生物的生长，从而富集特定分类的微生物。④特定生长因子的添加或省略。通过添加或省略特定的生长因子，如氨基酸、维生素和金属离子等，可以促进或抑制特定分类的微生物的生长。

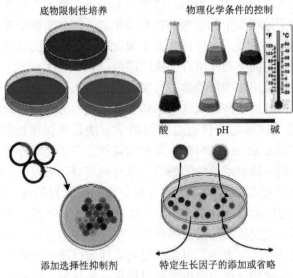

图 1.3　富集特定分类的技术

　　这些技术可以单独使用，也可以结合使用，以实现对特定分类微生物的富集。它们被广泛应用于环境微生物学、临床微生物学、食品微生物学等领域，对于深入研究和了解微生物的生态学与生物学特性具有重要的意义。这些策略可以用于监测某种因素对特定微生物种群生长和数量的影响，以便更好地了解它们的生态学和生物学特性，并用于确定进一步的分离方法。总之，这些技术和手段对于富集特定分类的微生物具有重要的意义，可以帮助人们更好地了解它们的生态学和生物学特性，为进一步的分类、鉴定和研究提供重要的参考。

　　显微镜检查培养物是一个有用的策略，可以帮助确定微生物隔离的方法。举例来说，当目标微生物在大小或形状上与其他微生物明显不同时，可以利用不同孔径的过滤器进行粒度分馏或梯度离心，以实现有效的微生物质量分离。此外，通过长时间的显微观察，有时可以观察到微生物的不同生长速度，这可以用来确定在后续传代中选择更快生长的微生物，这通常是通过在早期培养时期将其传递来实现的。

　　另一种常见的分离方法是在固体培养基上培养微生物，通常使用琼脂等物质。通过菌落采集，可以有效地将不同微生物分离开。此外，可以根据需要使用其他不同的固化剂，如结冷胶或琼脂糖，以适应不同类型的微生物。液体培养基中的分离可以通过稀释至无法观察到微生物生长的程度来实现。在此基础上，可以设计实验以选择具有特定运动性表型的微生物，如趋光性、趋氧性、趋化性、趋流性或趋磁性（Yu and Alam，1997）。

最后，对生长培养基进行灭菌是确保微生物实验成功的重要步骤之一。高压灭菌是最常见的方法，但需要小心处理，因为除了可能导致成分降解，还可能产生有毒副产物，如过氧化氢，从而抑制微生物的生长。为了避免这些问题，可以选择单独灭菌培养基的组分或者使用过滤器来进行灭菌，这已被证明是有效的方法。

富集特定分类的技术虽然可以有效地富集和分离特定分类的微生物，但仍然存在一些局限性：①培养基和培养条件的限制。不同微生物对培养基和培养条件的要求各不相同，而设计选择性培养基和选择适当的培养条件可以影响微生物的生长和繁殖。因此，这些技术可能无法富集和分离那些对特定培养基与条件不敏感的微生物。②抑制剂的特异性。选择性抑制剂通常只能抑制特定类型的微生物，而对其余微生物没有影响。然而，某些抑制剂可能会影响多个微生物的活性，从而降低分离的特异性。③生长因子的复杂性。添加或省略特定生长因子可以影响特定微生物的生长和繁殖，但生长因子的作用是复杂的，可能对不同微生物产生不同的影响。因此，这种方法可能无法准确地富集和分离特定分类的微生物。④微生物多样性的损失。在富集特定分类的微生物时，可能会损失一些多样性。例如，某些方法可能只能富集特定类型的微生物，而无法捕获其他类型的微生物。⑤操作复杂性和成本。这些技术需要特定的设备和专业知识，并且可能比较昂贵，因此它们可能不适用于所有实验室和研究机构。

因此，目前只有极少部分微生物能够在自然环境中得到培养，这严重阻碍了对微生物尤其是极端微生物生命活动规律和资源开发的研究。表 1.2 总结了自然界部分已分离培养的细菌。改进传统培养方法、采用新型培养技术以提高微生物的可培养性，大量培养自然环境和极端环境中存在的微生物，能够更全面、准确地了解微生物细胞的生命规律，了解微生物群落中不同微生物之间的动态相互作用和协调规律。这对于准确设计、精细调控和高效利用极端微生物工艺具有重要意义。因此，本书对提高微生物可培养性的策略进行了总结（图 1.4），详述如下。

表 1.2　自然界部分已分离培养的细菌

微生物名称	存在环境介质	培养方式	研究选择原因
铁细菌	酸性矿山或酸性土壤	常规培养基	研究酸性微生物对酸性环境的适应性和金属氧化能力
盐耐受古菌	高盐度湖泊、盐矿或盐田	高盐培养基	研究古菌在高盐度环境中的适应性、抗逆性和生物活性物质的产生
游动弧菌	海水、淡水或生物体肠道	TCBS 培养基	研究细菌感染、生物降解、食品安全和环境污染等方面的问题

微生物名称	存在环境介质	培养方式	研究选择原因
青霉菌	土壤、水、植物或家庭用品	麦芽琼脂培养基	研究真菌代谢产物如抗生素、酶、蛋白质的生产和生态功能
硫醇杆菌	硫矿山、硫泉或硫化物含量高的土壤	硫酸铁培养基	研究微生物对硫化物的氧化能力、生物浸取和环境修复
异养细菌	土壤、水体或废水处理厂	氮气培养基	研究氨氧化细菌在氮循环中的作用和废水中氨氮去除中的应用
大肠杆菌	肠道内、水体、土壤等	大肠杆菌培养基	基因调控、代谢研究、感染病原性研究
枯草芽孢杆菌	土壤、动物尸体中的孢子形态细菌	孢子培养基	炭疽研究、生物恐怖袭击、感染控制、疫苗开发
拟单胞菌	水体、土壤、生物体内等	普通培养基、葡萄糖盐琼脂培养基	生物降解、生物修复、生物农药、基因工程研究
酿酒酵母	自然发酵食品、水果、酒厂	酵母培养基、葡萄糖琼脂培养基	发酵工业、基因调控、酒类生产、生物燃料研究
铁硫杆菌	酸性矿山、硫化物矿床	含铁硫培养基、酸性条件	硫化物氧化、生物浸取、酸性环境适应性、环境修复
氨氧化古菌	土壤、废水处理厂中的氨氮丰富环境	氨氮培养基、低氧条件	氨氮去除、氮循环、废水处理、土壤生态学研究
嗜热古菌	高温温泉、深海热液喷口	高温培养基、DNA 聚合酶酶源	PCR 技术、热稳定酶、分子生物学研究
酪酸菌	发酵食品、肠道内等	MRS 培养基、酸性条件	发酵食品制备、肠道健康、益生菌研究
结核分枝杆菌	人类肺部、土壤	Lowenstein-Jensen 琼脂培养基	结核研究、抗生素敏感性测试、感染控制
嗜盐细菌	高盐度湖泊、盐场、海水	高盐培养基、极端盐度条件	极端嗜盐生存、光驱动离子泵、生物能源研究
甲烷氧化古菌	沉积物、湖泊、土壤	带甲烷培养基、低氧条件	甲烷生物过滤、温室气体控制、生态学研究
铁还原细菌	水体、土壤、沉积物	含铁培养基、低氧条件	铁还原、环境修复、微生物燃料电池研究
硫醇菌	沼气、水体、土壤、肠道内	硫醇菌培养基、厌氧条件	硫醇代谢、生物甲烷产生、沼气生产研究
蓝藻	水体、土壤、湖泊等	光合培养基、氧气条件	氧气产生、生态学、生物柴油生产、生态恢复

续表

微生物名称	存在环境介质	培养方式	研究选择原因
硝化细菌	海洋、废水处理厂中的氨氮丰富环境	氨氮培养基、低氧条件	氨氮去除、氮循环、废水处理、海洋生态学研究
弯曲菌	动物肠道、水体、食品	微气压培养基、微氧条件	食品安全、食源性疾病研究、感染病原性研究
硫酸还原细菌	沼气、海洋底部、沉积物	硫酸还原培养基、厌氧条件	硫酸还原

注：TCBS 培养基，硫代硫酸盐柠檬酸盐胆盐蔗糖琼脂培养基；MRS 培养基，DeMan-Rogosa-Sharpe 培养基

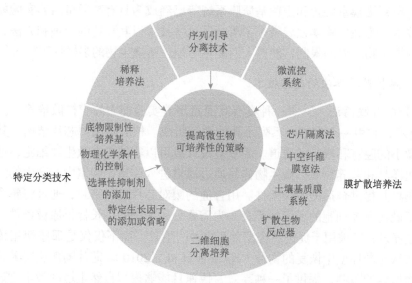

图 1.4　提高微生物可培养性的策略饼状图

1.2.1　膜扩散培养法

膜扩散培养是一种常用的微生物培养技术，旨在解决许多微生物无法用传统培养方法培养的问题。该技术不仅用于微生物的分离和鉴定，也在生态学和环境科学领域发挥着重要作用。随着现代生命科学的发展，对微生物多样性和功能的研究日益深入，膜扩散培养也变得越发重要。本部分将深入探讨膜扩散培养法的原理、实验操作步骤、优点及其在微生物学研究中的应用。

1. 膜扩散培养法的原理

膜扩散培养法是一种通过分子扩散实现微生物的分离与培养的方法。该方法基于物质分子在固体或凝胶膜中的扩散性质，实现了微生物的分离。膜扩散培养法的核心原理是通过物理方法将生物体细胞与自然生境中的生长因子分离，同时

允许它们与自然栖息地进行有限的接触。通常情况下，分离是通过过滤器或膜实现的，其孔径小到足以使生长因子而非细胞扩散。在这些装置中，细胞可以从其自然环境中获得必要的生长因子，同时进行隔离复制，形成理想的培养物或菌落（Kaeberlein et al.，2002）。此外，微生物产生的潜在生长抑制代谢物不会在局部积聚，而是通过自由扩散被隔离（Dorofeev et al.，2014）。以这种方式模拟原位环境生长条件，可避免精心开发的人工培养条件造成的不利影响，特别是传统培养基通常提供过量的营养物质，这些营养物质可能对某些物种的生长不利（Bartelme et al.，2020）。近年来，膜扩散培养法及其衍生技术，如（隔离）芯片、中空纤维膜室装置和土壤基质膜系统等已经成为具有高通量培养实验能力的重要技术，为微生物学领域带来了革新。这些技术以其独特的原理和方法，突破了传统微生物培养的限制，使得人们能更好地理解微生物的多样性和生态作用。

2. 膜扩散培养法的具体技术

1）芯片隔离法　　是一种具有高通量培养实验能力的膜扩散培养法。如图1.5 所示，它由一个容纳一系列小孔的平板组成。核心是微型芯片结构，其主要包括微小的腔室和微小的通道。腔室被设计成可以容纳单个微生物细胞，通道负责输送样品和营养物质。微生物样品通过通道进入腔室，腔室中的微生物细胞随后被隔离并提供合适的生长条件。用合适的膜对芯片进行密封，通过将整个装置放置于最初取样细胞的环境中孵育，为需要分离的细胞生长提供原位条件。这种扩散培养设备已被用于促进系统发育新物种的生长，而不仅仅是那些使用传统培养方法从相同环境中恢复的物种（Nichols et al.，2010）。芯片隔离法突破了传统微生物培养的限制，提供了一种高效、快速且能够模拟自然生境的微生物研究新途径，这也为极端微生物的可培养性提供了新的方法。

芯片隔离法的具体方法步骤为：①设计和制备芯片。设计并制备具有微小腔室和通道的微型芯片，腔室的尺寸要适合容纳单个微生物细胞。②样品输入。将待测试的微生物样品通过微通道输入到微芯片中。③微生物捕获。样品中的微生物细胞会被逐一捕获到微小腔室中。④生长条件提供。为每个微生物细胞提供适宜的生长条件，如合适的营养物质和温度。⑤观察与分析。观察微生物在腔室中的生长情况，分析其生长特性、代谢产物等。

芯片隔离法具有以下优点：①高通量性。能够同时处理大量微生物样品，实现高通量的微生物培养。②原位模拟生长条件。模拟微生物在自然环境中的原位生长条件，更贴近真实情况。③高效分离和捕获。能够高效捕获并分离微生物细胞，提高了微生物培养的效率。

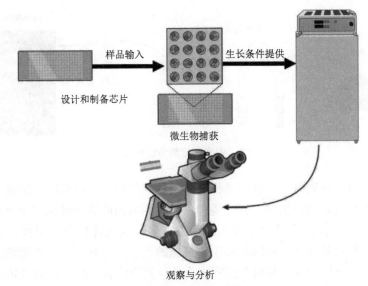

样品输入

生长条件提供

设计和制备芯片

微生物捕获

观察与分析

图 1.5 芯片隔离法流程图

研究表明,芯片隔离法的微生物回收率超过了标准培养的许多倍,并且生长的物种具有显著的系统发育新颖性。该方法允许访问大量以前无法接近的微生物,非常适合基础和应用研究。目前,芯片隔离法可用于新微生物种类的发现。通过芯片隔离法,可以捕获并培养新的微生物种类,丰富微生物资源库。在药物研发方面,能够为其提供更多的微生物样本,寻找新的药物来源。此外,在各种环境的微生物研究中能够探索环境中微生物的多样性、特性及其生态功能。芯片隔离法作为微生物学领域的创新方法,将在未来得到更广泛的应用。随着技术的不断发展和完善,芯片隔离法有望为人们提供更多微生物研究的工具,加深对微生物世界的认知,推动微生物学领域的进一步突破和创新。

2)中空纤维膜室法(HFMC) 是一种基于微生物培养的创新技术,通过特殊设计的中空纤维膜结构,实现对微生物的分离和培养。这种方法能够为微生物提供原位生长的条件,模拟其自然生境,对微生物研究具有重要意义。如图 1.6 所示,中空纤维膜室装置由 48~96 个腔室单元组成,可同时对多个样品进行纯培养。一个腔室单元由多孔中空纤维聚偏二氟乙烯膜(平均孔径为 0.1μm,孔隙率为 67%~70%,长度为 30cm,外径为 1.2mm,内径为 0.76mm)组成,通过注射器与注入和取样装置相连。在培养过程中,上部(注射和取样部分)用盖子盖住,保持无菌(Aoi et al.,2009)。

图 1.6　中空纤维膜室法流程图

在操作时，首先将从环境中采样并连续稀释的微生物细胞注入腔室。腔室系统可以放置在真正的自然或工程环境中，以达到所需的孵育时间。中空纤维膜室装置中的膜部分在培养过程中浸入液相中，多孔膜允许化合物交换，如营养物质、代谢物和信号分子，但限制微生物细胞的运动。因此，各种类型的纯培养细胞可以在环境模拟条件下在每个腔室中生长。腔室体积一般设置为 130μL，但也可以使用更长或更短的中空纤维膜分别增加或减少体积。利用中空纤维特性，每个腔室都具有高比表面积和膜表面积，这是商业多孔膜板的 20~40 倍。

HFMC 的分离和纯培养可以在半开放系统和原位环境条件下进行。这些条件提供了环境微生物恢复和生长所需的各种因素与条件。因此，该系统高度模拟了环境中的快速分子交换，同时保持了微升到毫升尺度的腔室体积，具有一定的高培养能力，主要表现在以下几个方面：①HFMC 允许合养伴侣，或者种间或种内相互作用微生物的生长（Nichols et al.，2008）。②在 HFMC 系统中可以实现各种类型的基材供应，如低浓度基材的连续进料。这种基质供应可能有助于回收顽固的微生物，因为高浓度的有机或无机基质有时对环境微生物有毒。此外，在培养过程中可以改变底物培养基或培养条件（如好氧/厌氧）。中空纤维膜具有较大的特定面积，允许内部条件对外部条件的变化做出即时响应。环境中作为底物或生长因子的特定有机和无机化合物可以利用这种原位环境培养通过膜提供给微生物（Ferrari et al.，2005）。③在培养过程中可以保持稳定的生长条件。例如，可能抑制微生物生长和活性的代谢副产物和分泌物质通过膜扩散立即被连续去除（Wdtsuji et al.，2007）。但是，还有一些限制需要改进，以实现更广泛的使用。首先，当 HFMC 装置被限制在一定的化学试剂或微生物种群梯度环境下时才能将微生物放置在正确的位置。其次，将微生物细胞接种到基于 HFMC 的培养物中依赖于稀释。例如，微生物细胞每室接种 1~5 个细胞，那么在一个装置中只能获得少量的分离株。高通量培养需要进一步改进。联合使用细胞分选系统进行单细胞分选以在每个腔室中接种一个细胞可能是更有效的。因此，将 HFMC 与其他先进方法相结合，也将是培养和了解不可培养微生物生态学和生理学的有力方法。最重要的是，HFMC 有可能扩大任何类型环境中可培养微生物的范围，从而有助于增进对微生物生理学和生态学的了解，并提供新的生物制品来源。

3）土壤基质膜系统　　是一种专门针对栖息在土壤中的古菌和细菌的膜扩散方法。该系统是将环境（土壤）提取物中的细胞涂抹在膜的上侧；然后将膜置于土壤样本之上，细胞就可以进入土壤并将其用作生长基质；然后对该系统进行培养，使其形成克隆菌落，并对其进行以下筛选（Ferrari et al., 2005）（图1.7）。利用这种方法可以分离出感兴趣的菌种，或将感兴趣的菌种接种到培养基中继续培养。一些研究以聚碳酸酯（PC）膜作为生长载体，以土壤浆液作为培养基。土壤浆液是在含有固定无孔膜的倒置组织培养插件（TCI）中制备的。这为在 PC 膜上生长的土壤细菌提供了养分，同时还起到了防止细菌污染的作用。

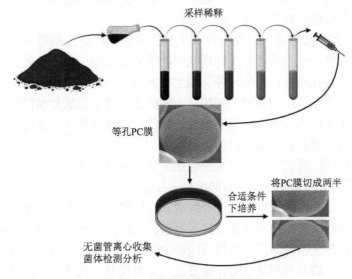

图 1.7　土壤基质膜系统流程图

在土壤基质膜系统中进行培养时，首先需要将土壤样品按一定的比例进行稀释，涡旋使沙粒沉淀。然后用注射器将接种液过滤到等孔 PC 膜上，并将接种的 PC 膜放在无菌的无孔膜上，无孔膜固定在 25mm 的 TCI 内。在加入 PC 膜之前，先将 TCI 倒置，然后装入土壤并用蒸馏水浸湿。轻轻搅拌土壤，直到土壤破碎成泥浆状。然后将接种 PC 膜的底面放在 TCI 的固定无孔膜上。无孔膜的顶面也是无菌的，可作为非无菌土壤浆液与 PC 膜底面（无菌的）之间的屏障。将培养皿放在合适的条件下培养一段时间后，从 TCI 中取出 PC 膜，将其切成两半，放入装有无菌水的无菌离心管中，将每个样品用力涡旋以去除细菌细胞，然后丢弃滤膜。

　　通过土壤基质膜系统进行生物培养，土壤细菌大量生长到显微镜可以监测到的微菌落大小，这证实了稀释底物环境中的微生物可能具有不同于经典生长措施所揭示的生长策略，如浊度和菌落发育。利用这种方法不仅可以分离出感兴趣的菌种，也可以将其接种到培养基中继续培养。

　　膜扩散培养法作为微生物学领域的创新，将在未来得到更广泛的应用。随着技术的不断改进和完善，这些方法将为人们提供更多的研究工具，以深入了解微生物的多样性、生态学特征和生命活动。未来可望通过这些技术找到更多的极端微生物，拓展人们对微生物世界的认知。

　　对宏基因组的分析结果显示，在正常的实验室条件下很难培养出绝大多数细菌种群，这些尚未培养成功并且不能够在合成培养基上正常生长的细菌称为不可培养细菌，但是"不可培养"并不意味着这些细菌永远不能培养，而是目前缺乏这些细菌的自然栖息地和生长要求的信息。

　　4）扩散生物反应器　　是一种在生物技术领域广泛应用的重要设备，主要涉及细胞、生物活性物质等在受控环境中的培养和反应。利用扩散生物反应器进行富集培养，这在培养以前未培养的微生物方面是一种很可行的方法。它通过创造自然环境来丰富微生物物种，并使微生物能够获得生长成分和信号化合物，而且它为细菌相互作用提供了环境，扩散生物反应器也适用于从土壤、沉积物、水样等各种样品中培养各种微生物种类。

　　扩散生物反应器的工作原理主要包括生物反应器的结构、介质的流动方式及传质过程等方面。①生物反应器的结构：扩散生物反应器通常由反应室、进料口、出料口、热交换器、控制系统等组成。反应室是细胞生长的主要场所，其设计需考虑细胞的贴壁生长和气体交换等因素；进料口和出料口用于添加与移除培养基和细胞；热交换器则用于维持反应器内的温度。②介质的流动方式：在扩散生物反应器中，培养基和氧气等介质通过一定的流动方式进入反应室，以提供细胞所需的营养和氧气。常见的流动方式包括层流、湍流等，这些流动方式可促进介质在反应室内的均匀分布，提高细胞的生长速率。③传质过程：扩散生物反应器通过分子扩散和有效扩散等机制实现物质的传递。在反应室内，细胞和介质之间存在浓度差，这使得物质可以通过分子碰撞进行传递。此外，通过搅拌、鼓泡等手段可促进有效扩散的发生，提高物质传递的效率。

　　扩散生物反应器大致的操作流程如图 1.8 所示：先从环境（土壤、海洋）中采样，对样品进行预处理后放入扩散生物反应器中培养，可另取样在正常培养基培养作为对照组，经过一段时间后分析对照培养结果。

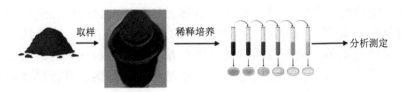

图 1.8　扩散生物反应器流程图

相对于其他类型的反应器，扩散生物反应器具有许多优势：①模拟生物环境。扩散生物反应器能够模拟生物体内的环境，为细胞提供类似体内的生长条件，从而促进细胞的生长和繁殖。②操作简便。扩散生物反应器的操作相对简单，只需控制几个关键参数如温度、压力、流量等即可实现细胞的生长和代谢。③适应性强。扩散生物反应器适用于各种类型的细胞和微生物的培养，能够适应不同的生产需求。④自动化程度高。现代扩散生物反应器通常配备自动化控制系统，可实现自动加料、控制流量、监测参数等功能，提高生产效率。⑤节能环保。扩散生物反应器采用封闭式培养系统，能够减少培养基的浪费和污染物的排放，同时降低能源消耗。

1.2.2　稀释培养法

稀释培养法是微生物学中一种常用的实验方法，通过逐步稀释样本并将其接种到培养基上，以分离单个微生物细胞并培养纯培养物。本部分将详细介绍稀释培养法的原理、操作步骤、优缺点及其在微生物学研究中的应用。

1. 稀释培养法的原理

稀释培养法的基本原理是通过连续稀释的方式，将微生物样品逐步稀释至单个细胞水平，并将其接种于含有适宜养分的培养基上。每次稀释样品后，将适量的稀释液接种于培养基上，形成单菌落，然后进行培养。

逐步稀释：通过连续稀释样品，确保在一定程度上稀释到只有少量微生物细胞，甚至单个微生物细胞。

单菌落形成：将适量的稀释液均匀涂布于固体培养基表面，每个细胞都有机会在培养基上生长形成一个单菌落。

单菌落分离：每个单菌落来源于单个微生物细胞，因此培养后的菌落一般为纯培养物，即同一微生物种类。

2. 稀释培养法的操作步骤

具体的操作步骤如图 1.9 所示：①样品采集与预处理。采集样品，可能是环境样品、生物体内样品等，然后将样品进行预处理，如稀释、过滤等。②逐步稀释。取一定量的样品，并将其加入含有适宜稀释液的试管中，进行第一轮稀释。再从第一轮稀释液中取样，加入新的试管中进行第二轮稀释，以此类推。③接种与培养。从每轮稀释液中取适量样品，接种在含有适宜养分的培养基上，形成菌落。④观察与分离。观察培养后的菌落，选择单菌落进行分离培养，得到纯培养物。

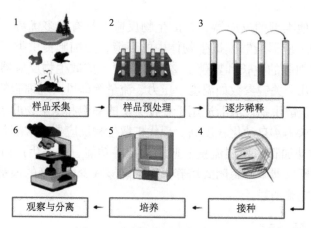

图1.9   稀释培养法流程示意图

3. 稀释培养法的优缺点

稀释培养法具有以下优点：①能够分离出单菌落，得到纯培养物。②操作简单。实验步骤相对简单，不需要复杂的设备和技术。③适用广泛。适用于不同样品类型，可用于环境微生物、临床微生物学等研究中。但其也存在一定的限制，如时间消耗较大，需要逐步稀释、接种、培养，耗时较多；对特定微生物可能不适用，某些微生物可能不易于分离，或者可能被其他微生物抑制。

4. 稀释培养法在微生物学研究中的应用

稀释培养法在微生物学研究中有着广泛应用，包括但不限于：①新微生物种类的分离。通过分离单菌落，得到新的微生物种类，丰富了微生物资源库。②药物研发。为药物研发提供纯培养物，进行药物敏感性测试等。③环境微生物研究。研究不同环境中微生物的分布、特性等。

稀释培养法作为微生物学中的重要实验方法，通过分离单菌落得到纯培养物，为微生物学研究提供了重要工具。在不断发展和完善的过程中，它将为微生物学领域的进一步研究和应用做出更多贡献。

1.2.3 序列引导分离技术

序列引导分离技术是一种基于 DNA 或 RNA 序列信息的微生物分离和筛选技术（Gutleben et al.，2018）。它结合了高通量测序技术和微生物学实验方法，旨在从复杂的微生物群落中分离并鉴定特定目标微生物或基因型。本部分将详细介绍序列引导分离技术的原理、实验步骤、优缺点及其在微生物学研究中的应用。

1. 序列引导分离技术的原理

序列引导分离技术利用 DNA 或 RNA 序列信息作为指导，通过设计引物或探针，将目标微生物或基因型的特定序列与其他微生物区分开。通常，这些引物或探针是基于特定基因、序列保守区域或功能基因设计的，能够选择性地结合目标微生物或基因型的 DNA 或 RNA。样品制备是从复杂的微生物群落中提取 DNA 或 RNA 样品，保留目标微生物或基因型的序列信息。将设计好的引物或探针与样品中的 DNA 或 RNA 结合，形成引物-目标序列复合物。利用分子生物学实验方法，如聚合酶链反应（PCR）、杂交等，将引物-目标序列复合物分离并筛选出目标微生物或基因型。

2. 序列引导分离技术的操作步骤

具体的实验操作步骤如图 1.10 所示：①确定基因型。确定目标微生物或基因型。②引物设计。选择特定基因或序列区域作为引导目标；设计引物或探针，保证特异性和高效性。③样品制备。从样品中提取 DNA 或 RNA；进行必要的样品处理和纯化。④引物结合。将设计好的引物与提取的 DNA 或 RNA 反应，形成引物-目标序列复合物。⑤PCR 扩增。使用 PCR 等技术，扩增引物与目标序列的复合物。⑥筛选产物。进行凝胶电泳，筛选出扩增产物中目标序列的阳性样品。

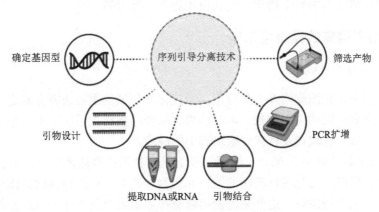

图 1.10 序列引导分离技术示意图

3. 序列引导分离技术的优缺点

序列引导分离技术具有以下优点：①精准性和特异性。序列引导分离技术利用特定基因的序列信息，能够精准引导分离目标微生物，避免非目标微生物的干扰，具有高度的特异性。②快速和高效。基于基因组序列信息进行引导，可以快速获得目标微生物，加速研究过程，提高效率。③多样性覆盖。可以基于不同基因的序列信息进行分离，适用于多种微生物类群，具有较强的适用性和广泛的研究范围。④开发新研究领域。可以发掘未知微生物群体，有助于发现新物种、新代谢途径等，推动微生物学领域的研究进展。但其也具有一定的局限，比如：①依赖基因序列信息。该技术依赖于目标基因的序列信息，对于尚未了解其序列的微生物可能不适用，限制了其应用范围。②仪器和设备要求高。需要高度配套的测序设备、生物信息分析软件等，对实验室设备和技术的要求较高，成本也较大。③数据处理复杂。序列信息的处理和分析需要专业的生物信息学技能，数据处理复杂，对研究者的要求较高。

4. 序列引导分离技术在微生物学研究中的应用

在微生物学研究中，序列引导分离技术具有广泛的应用。在新微生物种类的发现中，序列引导分离技术可以帮助科研人员发现新的微生物种类，解析其特征和代谢途径，拓展微生物学的研究范畴。在菌群结构分析方面，序列引导分离技术可以用于分析特定环境中微生物的菌群结构，了解不同微生物在生态系统中的分布和作用，以及它们之间的相互关系。在寻找特定基因方面，可以用于快速筛选富含特定基因的微生物，如具有特定降解能力的微生物，为环境修复等应用提供基础研究支持。在代谢途径研究方面，可以利用已知基因的序列信息引导研究目标微生物的代谢途径，揭示其生物合成、降解及其他代谢功能的机制。因此，序列引导分离技术为微生物学研究和应用提供了有力的支持。

1.2.4　用于培养的微流控系统

1. 微流控系统概述

微流控系统在细胞培养中的应用是微流体学领域的重要研究方向之一，具有极大的潜力和广泛的应用前景。本部分将详细介绍微流控系统在细胞培养中的原理、操作步骤、优缺点及其在细胞培养中的应用。

1) 微流控系统的原理　　微流控系统是一种基于微流体学原理的微米尺度通道网络，可以对细胞进行精准的操控和监测。其基本原理包括微流体动力学、表面张力、毛细现象等，这些原理使得微流控系统可以精准地控制细胞的环境，如营养物质、生长因子、温度、气体浓度等。微流控系统通过微米尺度的通道网络，可以模拟细胞在体内的微环境，包括细胞周围的流体流动、化学梯度、机械力等，从而更好地理解和研究细胞的生理、生化和功能特性。微流控系统能够提供更加接近生理条件的培养环境，有助于研究细胞在不同生理和病理条件下的行为（Jiang et al.，2016）。

2）微流控系统的操作步骤　　微流控系统在细胞培养中的实验步骤一般包括系统设计、制备、细胞培养和实验操作。系统设计是微流控实验的关键步骤。根据研究需求，设计合适的通道网络、混合器、分离器等微结构，确保细胞可以在系统中稳定生长、分化和实现特定的细胞操作。制备微流控芯片是微流控实验的基础。常用的制备材料包括聚合物、玻璃、硅等。利用微加工技术，制作出设计好的微通道结构，确保微流控系统的稳定性和可靠性。将细胞悬浮液注入微流控芯片中，通过流体控制手段，使细胞稳定地分布在所设计的培养区域，以保证细胞的正常生长、分化和实验需要。根据具体实验设计，控制微流控系统的流速、浓度梯度、温度等参数，对细胞进行培养、观察、实验和记录（Zhang et al.，2021）。

3）微流控系统的优缺点　　微流控系统在细胞培养中具有以下优点：①精准控制环境参数。微流控系统可以实现对细胞培养环境的高度精准控制，包括流速、浓度梯度、温度等，模拟更接近体内情况的培养环境。②高效、节省资源。微流控系统具有微小的流体体积，可大幅度减少试剂、细胞样品的使用量，节省实验成本，实现高通量实验（Anggraini et al.，2022）。但其也存在一定的局限性，比如：①制备难度高。微流控系统的制备需要复杂的微加工技术，对实验人员的技术要求较高，制备周期较长。②封闭性较差。微流控系统的微小通道容易受到环境因素的影响，封闭性较差，可能导致实验结果的波动。③高成本。制备微流控系统的设备和材料成本较高，限制了其在一些实验室和研究机构的普及与应用。

4）微流控系统在细胞培养中的应用　　微流控系统在细胞培养中的应用非常广泛，涵盖了生物学、医学、药物研发等多个领域。①研究细胞行为：微流控系统可以模拟细胞的生理环境，帮助研究细胞的迁移、增殖、分化等行为，为细胞生物学研究提供了便利条件（Nocera et al.，2022）。②肿瘤研究：微流控系统可以模拟肿瘤的生长环境，帮助研究肿瘤细胞的侵袭、转移、药物耐受性等特性，为肿瘤研究和药物筛选提供了平台（Lv et al.，2019；Chung et al.，2017）。③药物筛选和药理学研究：微流控系统可以用来研究微环境中药物对细胞的作用，帮助筛选药物、优化药物剂量和研究药物的机制（Zhai et al.，2019）。④细胞间相互作用研究：微流控系统可以模拟细胞间相互作用的情况，如细胞信号转导、共生、细胞凋亡等，为细胞间相互作用的研究提供了新的手段（Tong et al.，2018）。

2. 微流控系统的具体技术

1) 纳米多孔微尺度微生物培养箱　　纳米多孔微尺度微生物培养箱（NMMI）能够对多物种共培养物进行高通量筛选和实时观察。纳米多孔水凝胶用于在透明载玻片上创建微孔阵列。每个孔都是一个扩散室，有助于物理隔离的细胞培养，同时允许化学扩散。当在理想情况下接种时，每种细菌占据一个孔并在孔内生长。细菌不能穿过纳米多孔壁，而细菌分泌的代谢物和其他化合物可以。纳米多孔壁是通过复制成型软光刻制成的，使用软光刻技术，可以轻松获得 10μm 分辨率的特征，非常适合于微生物培养。在这项工作中，每个腔室的尺寸为100μm×100μm×100μm，壁厚为 25μm，因此 10 000 个孔可以占据不到 3cm^2 的面积。

NMMI 的主要创新在于将高通量筛选、物理物种分离和物种间通信整合到一个单一的设备中。当人们面临物种间化学通信的性质未知的情况时，尤其是在环境样本中，NMMI 可用于回收在隔离室中培养的微生物簇。随后，可以对从NMMI 中回收的细胞进行测序，以获取回收样品的基因组图谱。相对于直接对环境中的细胞进行测序，对 NMMI 中回收的细胞簇进行测序可能更经济实惠，因为每个腔室都包含具有共同祖先的细胞。这有助于降低测序成本。

NMMI 系统在筛选导致细胞生长的共生相互作用方面具有显著作用。一旦通过测序识别出可能存在相互作用的微生物，就将它们从系统中取出，然后在另一个设备中培养，该设备可用于筛选代谢物。这有助于深入研究共生关系中的相互作用和生产的代谢产物。

此外，NMMI 还可用于定量研究已知的种间化学通信。通过博弈论的模拟，可以了解公共产品的扩散性如何影响微生物的共生。通过调整所使用材料的孔隙率和厚度，可以轻松地调节 NMMI 系统中微生物之间的化学传输，从而更好地控制相互作用。

最后，NMMI 的效用已在一对工程群体感应生物体上得到验证，突显了物理分离生物体的好处，同时促进了化学通信的研究和应用。

2) 微流控滑片技术　　微流控滑片技术（SlipChip）是基于一种微流控设备，用于进行液态样本的高通量分析和处理。其主要特点是具有两个密切配合的微流控板，每个板都有一组微孔或微通道。这两个板可以相对滑动（或"滑动"），使得上下板的微孔或通道对齐或错开。通过这种滑动操作，样本和试剂可以被有效地隔离、混合或转移。以下是 SlipChip 的一些关键特点和应用。

（1）简单的操作：SlipChip 不需要复杂的泵或阀门，仅通过滑动上下板来控制样本。

（2）高通量筛选：SlipChip 允许在一个单一的设备上同时处理和分析多个

样本。

（3）多重化学反应：可以在一个设备上进行多个不同的化学或生物反应。

（4）可与数字 PCR 结合使用：数字 PCR 是一种具有高灵敏度的聚合酶链反应技术，SlipChip 可以与数字 PCR 结合，用于绝对量化 DNA 样本。

（5）灵活的样本处理：由于其简单和模块化的设计，SlipChip 可以被应用于多种生物和化学实验中。

（6）低成本、便携：与其他微流控设备相比，SlipChip 通常较为简单和廉价，且不需要复杂的外部设备。

在生物技术和诊断领域，SlipChip 因其高度的灵活性和便携性，被视为一种有潜力的工具，尤其适用于点对点诊断和现场应用。

未来，微流控系统在细胞培养中将有更广阔的应用前景。①微流控系统将朝着更高集成度的方向发展，集成更多的功能单元，实现更复杂的实验和操作，为细胞研究提供更强大的工具。②微流控系统将从细胞层面扩展到组织和器官层面，实现对生物体更多层次、更全面的研究，推动细胞生物学、医学和药物研发的发展。③微流控系统将通过智能化数据处理技术，实现对大量复杂数据的实时分析和处理，为细胞研究提供更深入的理解。④微流控系统有望为定制化医疗提供平台，根据个体的生理特征和病理情况，实现个性化的药物筛选和治疗方案的制订（Tauber et al.，2020）。

1.2.5　二维细胞分离培养

二维细胞分离培养是一项实验技术，用于在微生物学和细菌学研究中分离与培养微生物。该方法不需要复杂的仪器，但能有效提高天然微生物的可培养性。通过采用梯度离心结合连续稀释，即二维细胞分离，在处理包括土壤、厌氧污泥和垃圾渗滤液等环境样品时，与单独使用连续稀释相比，可显著增加分离出的细菌数量。这种简单而强大的方案可以针对任何环境和培养基进行修改，本部分将详细介绍。

这里的"二维"通常是指在实验室条件下进行的细胞培养。细胞培养是一种用于生长和繁殖细胞的技术，通常在培养皿或培养瓶中进行。细胞培养提供了控制和研究微生物或细胞的机会。从环境样品中分离出代表性微生物是一项重要且具有挑战性的工作。微生物的分离，加上生理测试和基因组组装，对于解决微生物生态学问题、评估微生物危害及微生物培养都有着至关重要的作用。采用细胞分离或分离后生长的技术通常比采用混合生长后分离的培养策略更能成功地恢复分离多样性。微生物不可培养性的各种原因包括：细胞从天然环境（通常是低营养环境）转移到营养丰富的合成培养基期间底物加速死亡，缺乏足够或适当的营养物质，种间和种内细胞信号转导和通信的破坏，等等。而二维细胞分离培养通过增加离心力对微生物细胞进行顺序离心，然后连续稀释。由于环境样品包含一系列不同形状、大小和生物量的微生物，这些细胞可以在不同的离心力下通过沉降进行分馏，细胞将根据生物量、表面积、细胞形状、结块趋势和浮力差异沉积。

1. 二维细胞分离培养的具体方法

（1）样本的准备：在实验过程中，会进行混合样本的收集，这些样本可能包含了多种不同类型的微生物。这些混合样本可以来源于多种环境，如土壤、水样本、食品样本或者临床样本。这些样本的获取是研究的起点，也是后续实验和分析的基础。通过对这些样本的详细分析，人们可以深入了解其中微生物的种类和特性，从而为接下来的研究工作奠定坚实的基础。

（2）通过差速离心和稀释至消光的二维细胞分离：在无菌条件下将土壤、渗滤液或污泥悬浮在无菌生理盐水中。将这些悬浮液涡旋 2min 以从固体颗粒中分离微生物细胞。随后，每个悬浮液在增加的离心力下进行连续的离心。对于每种样品类型，将 1mL 的初始悬浮液转移到新管中进行离心，将从每轮离心中获得的上清液进行更高水平的离心。对于每个样品，每次转移上清液后，将剩余的细胞沉淀重悬于 1mL 生理盐水中进行稀释接种。使用具有相同培养基和生长条件但没有离心步骤的传统连续稀释方法稀释到消光。

（3）孵育和菌落分离：将来自每种稀释液的接种物一式三份接种在 LB 琼脂平板上，并在固定温度下孵育以获得可见的菌落生长。将 LB 琼脂平板放在有氧条件下孵育样品。然后将具有不同形态型的菌落在新鲜 LB 琼脂平板上划线，纯化并保存在缓冲液中。

（4）观察与分析：在实验过程中，我们会定期观察培养皿中微生物的生长情况，并记录不同类型微生物的形态特征。这些形态特征可以包括颜色、形状、大小等。通过这些观察，我们能够初步了解不同微生物的外部特征，这有助于初步分类和鉴定它们。有时，进一步的分析是必要的。这包括使用分子生物学技术如 DNA 测序来鉴定微生物的遗传特征。这种分子层面的分析允许人们更准确地确定微生物的种类和亲缘关系，因为微生物在形态上可能相似，但其遗传信息可能不同。通过将形态特征和分子遗传信息结合起来，人们可以更全面地了解并鉴定微生物的特性，这对于科学研究和应用非常重要。

2. 二维细胞分离培养的应用优势

二维细胞分离培养在许多方面都有优势。

（1）细胞分离：允许将混合细胞样本中的不同细胞类型分离开。这对于研究复杂样品如组织样本或血液非常有用，因为它能够用来研究和分析单个细胞类型而不受其他细胞的干扰。

（2）生物样本纯度：通过分离细胞，人们可以获得高度纯净的细胞群，而不会受到其他细胞类型的干扰。这对于分子生物学、细胞生物学和基因组学研究非常重要。

（3）功能分析：二维细胞分离技术允许对不同细胞类型进行更深入的功能分析。人们可以研究它们的代谢、基因表达、蛋白质表达和其他生物学功能。

（4）药物筛选和治疗研究：这项技术在药物筛选和治疗研究中非常有用。可以测试药物对不同细胞类型的影响，以了解其在不同疾病条件下的疗效。

（5）疾病研究：对于疾病研究，尤其是癌症研究，可以使用二维细胞分离技术分离肿瘤细胞和正常细胞，以便进行比较研究，从而了解癌症的机制和潜在治疗方法。

（6）单细胞分析：这项技术使单细胞分析成为可能，允许研究人员研究和比较不同细胞的特性，以便更好地理解生物多样性和细胞异质性。

基于沉降速率的二维细胞分离方法被证明是一种新颖有效的微生物高通量培养技术。这种方法可以在实验室中以更少的劳动力和复杂性与最少的仪器相结合。由于培养是一种非常适合资源较少的微生物实验室的工作流程，我们相信可培养性的提高可以增加低资源实验室与专注于高资源独立培养方法的团体之间进行科学合作的机会。

1.3　极端微生物的筛选方法

微生物群落在地球生态系统和人类健康方面发挥着重要作用，因此，探索它们的多样性和功能是应对 21 世纪紧迫问题的关键途径（杨珍等，2019）。为了更全面地认识地球环境中微生物群落的数量和功能，2015 年，*Nature* 杂志倡导启动了国际微生物组大科学计划。该计划旨在为解决能源、传染病、农业等多个领域的问题提供重要的资源支持（Dubilier et al.，2015）。但是，越来越多的科学家意识到，仅仅通过基因组、蛋白质组学和代谢组学层面的研究，虽然可以得到统计上的相关性结果，但不能得到因果性结果。这一问题的根源在于缺乏对微生物种群的验证性实验（荣楠等，2021）。

因此，在面对极端微生物的研究需求时，我们必须将菌种筛选置于研究的前沿。获取目标微生物后，进行因果性验证实验是不可或缺的，因为这有助于科学家获得最为直观和准确的结论。这一过程将推动相关科学领域的发展，并在实际应用方面取得重要进展。这种深入了解极端微生物的研究不仅可以揭示它们在生态系统中的角色，还可以为创新能源、应对传染病威胁及改进农业等领域的解决方案提供关键支持。

实际上，科研工作者一直致力于筛选菌种，新的极端微生物的挖掘可以推动医学、工业和环境工程等领域的进步。例如，Dean-Ross 等（2002）分离出两种能够降解多环芳烃的细菌，这推动了生物修复工业污染地区的进展，有望减轻环境污染的影响。Hong 等（2009）在中国的红树林中筛选出了金黄色葡萄球菌等微生物，这些微生物可能对抗癌和抗感染起到关键作用，为新药物的研发提供了潜在线索。Yadav 等（2015）从印度喜马拉雅山西北部寒冷沙漠采集的不同样本中筛选出了 232 种细菌，这些细菌丰富了人们对寒冷高海拔地区的微生物多样性的了解。同年，在俄罗斯的一口石油井管壁上，科学家发现了一种能够单独完成硝化过程的微生物，这种微生物打破了科学界长期认为硝化需要两类微生物协作的观念（Daims et al.，2015）。Mitra 等（2018）从印度一个钢铁厂附近的水稻田土壤中分离出了一种对重金属有抗性的 S2 菌株，这为开发和研究重金属污染农业土壤的生物修复方法提供了重要的参考，有助于提高农业土地的可持续性。总之，这些成就不仅仅是科学界的胜利，它们也对解决实际问题产生了深远的影响。本节主要系统总结了一些极端微生物的筛选方法。

1.3.1　直接可视化法

微生物筛选方法的主要思路是先培养后筛选，即首先根据合适的培养条件（如培养基和培养环境）来分离目标微生物，然后从中进行筛选。这种选择压力取决于所需的感兴趣活性、地理条件、资源可用性及微生物的生理特性（张红芳等，2018）。虽然现代生物技术的进步使得人们可以更便捷地检测特定微生物物种中所需的活性并分离该微生物，但仍然存在着天然分离源具有特定选择压力的情况，这对于生物技术领域仍然具有重要价值。

然而，随着新的、更好的微生物技术的开发，具有特定选择压力的天然分离源仍然是生物技术感兴趣的领域。用于分离微生物的天然样品在选择压力下进行调节。随着时间的推移，只有那些能够承受选择压力的微生物才会激增。例如，可以将从稻田农业土壤获得的土壤样品置于淀粉和高盐溶液中，以分离产生淀粉酶的嗜盐微生物（Olicon-Hernandez et al.，2022）。这一策略利用了选择性条件来促使特定微生物生长和繁殖，从而更容易地分离出具有特定活性的微生物。这种方法不仅有助于筛选出感兴趣的微生物，还可以研究它们在不同环境条件下的生存策略和适应性。

当然，选择标准是揭示微生物群落中感兴趣的活性或产物的定性和（或）定量特征，并作为选择人们感兴趣的微生物的基础（Iris et al.，2020）。这些选择标准各有不同，取决于所寻求的生物技术活动，可能包括集落形态、酶活性、抑制或水解晕等特征。在这个过程中，直接可视化法可以作为一种选择标准的补充，通过使用荧光标记或其他可视化方法，直接观察和检测微生物的存在，从而更快速地识别和筛选出感兴趣的微生物。根据选择标准的不同，微生物筛选通常分为两种类型：初级筛选和二次筛选。初级筛选旨在初步分离可能具有人们感兴趣活性的微生物。它根据定性且通常是间接的选择标准来揭示活动或所需产物，而不需要详细描述所需活性。这对于需要处理大量样品的情况特别有用。相反，二次筛选则基于定性和定量标准来确定具有人们感兴趣活性的最佳生产者，通过更深入地描述初级筛选的定性标准，进一步探讨该活性。这一过程有助于确定哪些微生物最适合生产所需的活性或产物。

初级筛选可以通过适当地修改培养基来实现对特定极端微生物的筛选。例如，可以在含有 1%淀粉作为唯一碳源的培养基中培养微生物以筛选具有淀粉酶活性的微生物；或者在以胶体壳聚糖为碳源的基本培养基中筛选壳聚糖降解活性的微生物；还可以在 Foster 培养基中通过 pH 指示剂的变化来选择产生有机酸的真菌；以及在 CAS（Chromeazurol S）培养基中观察菌落周围是否形成红晕，以筛选具有产生嗜苷酸盐能力的丝状真菌。此外，也可以通过一些染剂来完成对微生物的筛选。例如，通过能否观察到被布拉德福德试剂染色的晶体来筛选具有抗昆虫和线虫活性的微生物。

初级筛选的成功与多个因素密切相关，包括分离来源、培养条件及分离技术的选择等。常见的主要筛选标准包括水解圈、抑制圈、沉淀或乳化圈、pH 指示剂的颜色变化、固体培养基中的生长情况及菌落或显微形态等。

另外，对于极端微生物的筛选，直接可视化法还可以采用更加精确和直接的定量色谱或分光光度方法，以确保可靠的结果。使用定量技术来准确测量感兴趣的活性，如酶活性，通常通过分光光度法来直接测量感兴趣代谢物的数量。当然，初级筛选和二次筛选通常可以同时进行，以确保选出最具潜力的微生物菌株。

在某些情况下，初级筛选也可以被省略，具体取决于所寻求的活动、要分析的样本数量及可用的资源等因素。这种筛选方法的灵活性使其适用于不同类型的微生物筛选项目。

1.3.2　生长的光学检测

极端微生物的传统平板筛选的方法经过多年的发展和完善已经形成较为完善的体系，然而其仍然存在以下一些问题。

（1）低丰度和生长缓慢：对于那些丰度很低或生长速度缓慢的目标微生物，

传统筛选方法往往无法有效检测和分离。某些微生物需要较长的培养时间，而且在培养基中容易被忽略。要想解决这个问题，需要采用特殊的培养条件和筛选策略，如减少其他细菌的竞争，才能成功分离出这些微生物。

（2）培养基适应性差：传统筛选方法所使用的培养基通常富含营养物质，有利于生长速度较快的微生物。然而，极端微生物可能来自原生环境，其生存要求与传统培养基的养分条件存在巨大差异（Tamaki et al., 2005）。因此，这些微生物在富含养分的培养基中可能无法生存和生长。为了解决这个问题，需要改进培养条件和培养基的设计，以适应目标微生物的特殊需求。

（3）生存策略影响：某些微生物具有生存策略，当它们处于缺乏自然栖息地中特有信号分子等生存要素的培养基时，可能会选择进入低代谢状态，而无法在培养基上增殖并形成菌落。这种现象使得传统培养方法无法有效分离这些微生物。

（4）菌种数量和多样性有限：传统的平板筛分方法通常只能获得数量和多样性有限的微生物菌株，无法满足农业、环境、医疗等领域对微生物资源的广泛需求。

综上所述，传统的微生物筛选方法在筛选极端微生物时面临丰度低、生长缓慢、培养基适应性差等一系列挑战，需要进一步改进和创新，以更有效地分离和研究这些特殊微生物。新的微生物筛选方法的思路主要为先筛选后培养，这一方法的优势在于能够有效规避传统方法的劣势。实现这一方法的关键在于从复杂样本中识别及分离单个微生物细胞技术的进步。这些技术涉及计算方法、光学技术、成像技术及数据解析，生物信息学工具的发展显著提高了微生物学家筛分微生物的成功率，并且极大地减少了人力成本。在光学技术中，光与物体相互作用会引起多种现象，包括散射、透射和吸收等。这些现象可以通过吸收光谱、散射光谱和透射光谱等信息进行分析。通过相应的数据处理方法，可以对待测物进行研究和分析，实现快速、无损和准确的检测。在细菌鉴定中，光谱学被广泛应用。光谱学提供了一种重要的手段，能够快速准确地鉴定细菌样本。为了避免实验结果受到自然光干扰的影响，通常采用单一光源或特制的光源进行实验。这种方法提高了实验的精确度和可靠性，使得光学技术在细菌鉴定中成为一种可靠的分析工具。以下简要介绍几种适用于极端微生物生长的光学检测筛选的技术方法。

1. 光镊技术

光镊通常被称为光阱，是一项利用光辐射压力原理，借助高度聚焦的激光束提供引力或斥力，从而以物理方式固定和移动微观中性物体的技术。光动力产生于光与物质的相互作用，主要包括两种力：散射力和梯度力。光子的动量转移导致了散射力的产生。当物体将光以不同于入射光方向散射时，光的动量发生变化，传递到物体上。梯度力则存在于非均匀光场中。当物体透明且尺寸远大于波长时，梯度力可解释为散射力的叠加。对于亚波长物体，光场会感应出偶极子，当光场不对称时，这些偶极子会受到力的作用。通过使用紧密聚焦的高斯光束，微粒可以被光学力捕获在焦点内。简而言之，光学力包括将微粒吸引向焦点的光学梯度力和沿着光束传播方向推动微粒的光学散射力。在光学梯度力和光学散射力相等的地方，微粒将处于稳定平衡位置，这可以被描述为谐振弹簧振荡器。

光镊的靶向性和非侵入性使得人们可以通过光学陷阱精确地操纵生物体。这项技术赋予了人们深入了解细胞内分子事件的能力，并且可以在单分子水平上揭示潜在的生物物理机制和原理。通过对体内单个细胞和器官的操纵，人们能够根据需求改变细胞动力学并控制个体活动。光镊可以通过使用显微镜定位、捕获、收集单个细胞并将其转移到新鲜培养基中，从混合培养物中分选、培养和分离单个细菌细胞（Zhang and Liu，2008）。光镊已被证明是一种快速有效的工具，可以成功地从混合微生物群落中分离出超嗜热菌和极度嗜盐古菌。

2. 拉曼光谱

拉曼光谱是一种通过评估材料的振动能量模式来获取信息的分析方法。它得名于印度科学家拉曼，拉曼于 1928 年与他的同事克里希南首次观测到拉曼散射现象。拉曼光谱具有独特的优势，可以提供材料的化学和结构细节，并且通过其特有的拉曼"指纹"可以识别化合物。该技术通过检测样品的拉曼散射来提取这些信息。

拉曼光谱是一种基于单色光非弹性散射的光学方法，在研究极端微生物方面具有显著优势。与其他分析方法相比，它不需要复杂的样品制备，避免了化学或物理处理，保持了样品的原始性，具备非破坏性的特性。这使得科学家可以在不损坏样品的情况下获取关键信息。随着便携式仪器的发展，现在可以在实地进行分析，为野外研究提供了便利。此外，拉曼光谱适用于各种样品大小，从微观到宏观，即使是小样本区域也能通过显微镜进行分析。由于不需要烦琐的制备步骤，该技术降低了实验的重复率，提高了研究效率。

在面对低波长、高能紫外线辐射、低温、高压、极端干燥和高盐度等极端环境时，极端微生物群落会合成特定的保护性化学物质。这些化学物质的特征对于建立指示残余或残留物存在的生物标志物至关重要。拉曼光谱技术可以揭示单个分子的"指纹"，提供外部标记的化学信息，包括序列、蛋白质、碳水化合物和氨基酸等。它可以区分不同的细胞类型、生理状态、营养状况和可变表型，进而揭示极端微生物在极端环境中的生长和适应机制。拉曼光谱通过识别这些保护性化学物质的关键生物分子特征，提供有关极端生存策略的重要信息，从而成为揭示微生物生存策略的独特工具。例如，可以通过拉曼光谱来表征生存在富含铁环境（Varnali and Edwards，2013）、炎热沙漠（Villar et al.，2006；Vitek et al.，2010）、寒冷环境（Moody et al.，2005）中的极端微生物，也可以用来表征嗜盐微生物（Edwards et al.，2007）和温泉生物（Jorge-Villar and Edwards，2013）。

3. 拉曼光镊技术

基于拉曼光谱和光镊技术开发了一种新兴的细胞筛选技术：光学镊子结合拉曼光谱（laser tweezer and Raman spectroscopy，LTRS），简称拉曼光镊技术，可用于分析悬浮在水/空气环境中的单细胞和生物颗粒。这种技术通过将光学捕获与拉曼光谱技术相结合，能够捕获单个微小细胞（如细菌），并提高采集的拉曼光谱数据的信噪比，从而缩短了光谱采集时间。

与传统的拉曼光谱技术相比，LTRS 技术具有以下独特优点：①LTRS 技术允许分析悬浮在水中的细胞和颗粒，而不需要将它们固定在激光束上。传统方法通常需要使用其他物理或化学手段将细胞固定在桌面上，而这可能会改变细胞的微细结构，LTRS 技术则可以在细胞不受固定的情况下进行拉曼光谱分析。②LTRS 技术通过将细胞捕获在激光束的焦点上，优化了荧光光路，提高了信噪比和对称性。细胞可以被准确地定位在离任何表面足够远的位置，减少了来自玻璃表面的荧光和光路杂散光的干扰。③LTRS 技术是一种光学无标记技术，可以实时检测生命化过程。它利用特征峰替代荧光标记物，实时监测细胞内单分子及其在特定时间和空间内的生理变化。LTRS 技术在无标记中进行化学分析、利用单个激发激光进行多参数化学检测及定量和监测动态化学变化的非光漂白信号等方面具有明显的优势。这些特点使得 LTRS 技术在生物学、化学等领域中具有广泛的应用前景。该技术可实现无标记检测、区分及分选单细胞（Huang et al.，2009）。将 LTRS 技术与微流控芯片结合，可以进一步提高细胞分选率，使单个细胞能自动被捕获并通过拉曼检测分析，大大节省了人工成本（Casabella et al.，2016）。

拉曼光谱不仅可以提供细菌样本的 DNA、RNA、蛋白质、脂质、碳水化合物等生化信息，还可以提供有关微生物色素的相关信息。例如，普遍存在于微生物中的类胡萝卜素具有特定的拉曼特征峰，如 $1004cm^{-1}$、$1157cm^{-1}$、$1520cm^{-1}$（对应 C=C 伸缩振动）。拉曼光谱在研究活细菌和分析单个细菌方面发挥着重要作用，有助于深入了解微生物的生理过程。随着通过拉曼光谱技术检测单个细菌化学信息的技术不断进步，现在可以采用新的研究方法来探索各种生物有机物的功能及内部机制。此外，对细菌的生理过程进行研究对于环境科学、食品科学、医学、微生物学和药学等领域具有广泛的应用前景。Huang 等已经证明可以区分不同生长阶段的细菌，而且细菌的种属识别不会受到不同生长阶段的影响。

4. 荧光激活细胞分选法

荧光激活细胞分选法（FACS）代表着一项新颖、迅速发展的细胞分析技术。它的基本原理是利用激光束激发悬浮在液体中的单个细胞或生物颗粒，通过检测其荧光和散射光来进行高度定量的细胞物理和生化特性分析与分选（图 1.11）。荧光激活细胞分选法作为一种大规模细胞筛选方法，由流式细胞仪和特定荧光传感器组成，因其具有多样的测量指标、高速检测和分选纯度高的优势而被广泛应用于临床医学、细胞学、环境监测等领域的科学研究和实际应用中。特别是在新兴的生物技术领域（比如系统生物学、稀有细胞检测和干细胞分离）中，它展现出巨大的潜力。这种技术在极端微生物的生长光学检测和筛选方面也具备重要的应用前景。

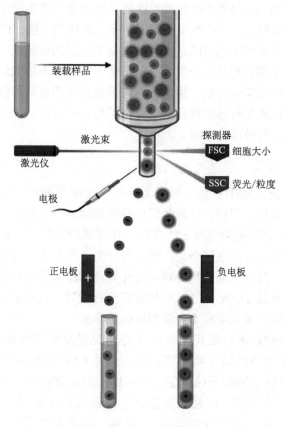

图 1.11　FACS 的原理

FACS 可提供有关大量细胞群中单个细胞的快速、客观、灵敏且丰富的信息。通过检测功能性单细胞的荧光信号，FACS 可以提供内在的化学"指纹"，从而使直接可视化细胞成分、识别细胞种类、区分细胞生理状态成为可能，因此 FACS 技术在微生物工程中具有广泛的应用前景。这项技术原则上可以直接用于筛选产生荧光或者能够被荧光染料标记的微生物。例如，FACS 已被成功用于分离产生荧光类胡萝卜素的改良微生物生产者，仅需 1h 即可从包含超过 10^6 个克隆的文库中分离出虾青素。相较于传统的微量滴定板筛选，FACS 的吞吐量高出两个数量级，而且筛选速度更快。当目标化合物不具有荧光特性时，也可以使用染料来检测产物形成引发的生理相关变化。例如，通过使用尼罗红对积累可生物降解聚酯聚 3-羟基丁酸酯的活细胞进行染色，或者用异硫氰酸荧光素对产生短杆菌肽 S 的短芽孢杆菌进行染色，就可以实现对非发光产物的检测。然而，令人遗憾的是，大多数生物技术中感兴趣的小分子要么不具备荧光特性，要么目前还没有合适的染料可用。

尽管如此，FACS 的灵活性和高效性使其成为未来微生物工程和药物生产领域的重要工具。研究人员正在积极探索新的标记和检测方法，以扩大 FACS 在生物分子筛选和生产中的应用范围，为科学家提供更多的可能性。最近，有研究人员将 FACS 与纳米探针相结合开发了一种不依赖物种、不依赖培养物且以功能为导向的方法，最终可实现灵敏、快速、高通量地筛选偶氮降解微生物。该策略为构建基于荧光共振能量转移的检测系统提供了另一种方法，该系统可从复杂的微生物群落中分离出各种功能细菌。

5. 荧光原位杂交

荧光原位杂交（FISH）是一种强大且被广泛使用的针对特定微生物群的方法，可以同时可视化、识别、计数和定位目标微生物（如细菌、古菌、酵母和原生动物）。该技术利用短荧光标记的探针，在属或种水平上鉴定微生物，这些探针与细胞内的特定互补靶序列杂交。该过程分为 4 个步骤：首先，固定微生物、涂片或组织标本；其次，通过预处理和透化处理样品，使探针能够接近核酸；再次，标记的探针与其 DNA 或 RNA 靶标杂交；最后，通过清洗去除未结合的探针，并使用显微镜或流式细胞术安装和可视化样品。

荧光原位杂交技术已被广泛应用于在常见地球化学和矿物学条件下研究各种酸性矿山环境中的微生物群落。这一技术的应用推动了在这些极端环境中发现嗜酸古菌新物种的原位鉴定（Bond et al., 2000）。此外，通过使用真核生物特异性探针和荧光原位杂交鉴定了缺氧高盐（海洋）盆地的微生物，最终发现这种环境中的居民并不是"简单"的嗜盐生物，而是多嗜盐生物（Stock et al., 2012）。

6. 激光诱导向前转移技术

激光诱导向前转移（laser induced forward transfer，LIFT）是利用脉冲激光束作为动力，将材料从金属或聚合物薄膜投射到接收衬底上。在这个过程中，被投射的材料会在接收衬底上沉积形成薄膜。这种工作原理使得 LIFT 技术能够同时适用于固体和液体薄膜的传递。科学家利用 LIFT 技术能够非接触地将目标单细胞从复杂生物样本中精确弹射到接收器中，实现单细胞的准确分离，而且分选后的细胞可以直接进行全基因组扩增或纯培养等后续实验，确保不损害其生物特性。与传统的细胞分离方法相比，基于 LIFT 技术的细胞筛分方法具有更高的精度、更简便的流程及更广泛的适用性。与此不同，LIFT 技术与传统的流式细胞分选（FC）方法的区别在于它配备了高分辨率的显微成像系统，不需要标记，根据目标微生物的细胞形态和尺寸等自身特征来识别生物体和非生物颗粒，然后进行目标单细胞的自动或手动分选。总之，LIFT 技术开创了微生物单细胞基因组学研究的新方法，有望扩展对未培养微生物的认知。例如，研究人员曾成功从复杂的口腔细菌样本中使用 LIFT 技术分离出不同类型的细菌，验证了该方法的可行性。类似地，他们还从海水样品中分离出产类胡萝卜素的光合细菌，并通过单细胞全基因组测序进一步研究类胡萝卜素合成途径。此外，Haider 等使用氧化钛作为能量吸收层，研究了激光能量对酵母和大肠杆菌活力的影响。还有一些研究人员利用其优势从自然界的土壤中分离培养"不可培养"的微生物或分析土壤微生物群落。然而，利用 LIFT 辅助细胞分离后通常无法培养细胞。从单细胞中实现活细胞分离和后续培养是一个挑战。

1.3.3　基于 PCR 与测序的筛选

1. PCR 技术

PCR 技术是传统的分子生物学技术，其主要以核酸为研究对象，通过扩增特定核酸片段，为探究微生物的多样性和结构特征提供了重要工具（图 1.12）（Li et al.，2011）。在核酸扩增过程中，常选取那些具有保守性且可以区分不同类群的基因片段，如细菌和古菌常用的 16S rRNA，或者真菌的 18S rRNA 或内在转录间隔区（ITS）等（Tringe and Hugenholtz，2008；Nilsson et al.，2009）。同时，也可以使用功能基因片段来进行功能微生物多样性的分析。基因指纹图谱是通过 PCR 扩增环境微生物样品的总 DNA，然后利用适当的电泳技术将其分离而得到的图谱，具有特定的条带。在获得目标基因的 PCR 产物后，可以运用各种分析方法进行分析。

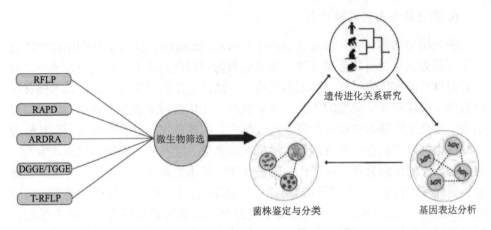

图 1.12　PCR 技术在微生物鉴定中的应用

1）限制性片段长度多态性（RFLP）　　结合 PCR 技术，RFLP 作为一种分子标记技术，被广泛用于研究环境样品中的微生物群落结构和多样性。该方法通过限制性内切酶对 PCR 扩增产物进行特异性消化切割，得到不同大小的片段，然后利用琼脂糖凝胶电泳进行分离。这样，不同大小的片段将停留在不同的位置，形成特定的限制性片段长度多态性指纹图谱。RFLP 广泛分布于低拷贝编码序列，具有稳定性，但由于实验操作烦琐、检测周期长和成本高昂，因此不太适用于大规模应用。然而，在小规模的研究中，RFLP 依然是一种有效的工具，能够帮助科学家深入了解微生物群落的多样性和结构。

不同微生物株之间的 DNA 序列变异会导致不同的 RFLP 图谱，通过比较不同样本的 RFLP 图谱，可以了解不同株之间的遗传关系和多样性。RFLP 数据经常被用于构建微生物物种的系统发育树，帮助揭示不同物种之间的进化关系。在疫情暴发和传播的研究中，RFLP 起着很重要的作用。通过比较病原微生物株的 RFLP 图谱，可以确定那些病原微生物是否属于相同的毒株，从而帮助疫情追踪和控制。除此之外，RFLP 还可用于研究微生物对抗生素和其他药物的抗性。某些抗性特征可能与特定的 RFLP 模式相关联，从而有助于了解抗性机制（Zheng et al.，1999）。

2）随机扩增多态性 DNA（RAPD）　　RAPD 技术采用随机寡核苷酸作为引物（这些引物通常由 10～20 个碱基组成），不需要合成特异性引物即可对基因组 DNA 进行随机扩增，扩增产物在琼脂糖或聚丙烯酰胺凝胶电泳后形成长度多态性指纹图谱（Williams et al.，1990）。这个指纹图谱可以被用来比较不同微生物株之间的 DNA 多态性（Babu et al.，2021），并且能够直接在基因组水平上推断遗传变异性，提供偏差较小的基因组样本，产生几乎无限数量的标记。

相较于 RFLP，RAPD 克服了合成特异性引物的麻烦，操作更为简便，但也容易受随机引物的限制，结果表现出重现性，为解决重现性这一问题，需要严格控制 PCR 反应的扩增条件，并多次优化其扩增条件，以确保产生多态性 DNA 片段，从而提高其重复性。RAPD 技术在降低操作复杂性的同时，也需要更加精准的实验条件，以确保结果的准确性和可重复性。

由于 RAPD 引物具有随机性，通过选择特定的随机引物，将会完成特定的 DNA 片段扩增。同时不同物种中的片段通常具有差异，而这些随机扩增出来的片段则可以用于区分不同的微生物物种，因而 RAPD 也为评估不同菌株之间的遗传关系提供了一种新的方法，可以用来研究微生物种群的遗传多样性（Valencia-Ledezma et al.，2022）。与 RFLP 技术类似的是，RAPD 技术也经常被用于追踪疫情。通过比较不同病原菌株的 RAPD 图谱，可以了解不同病原菌株之间的进化关系（Stefańska et al.，2022）。此外，RAPD 技术还可以被应用于突变检测方面，通过检测微生物的基因座突变，以了解微生物对抗生素或者其他药物的作用机制（Sahilah et al.，2014）。

3）扩增 rDNA 限制性分析（ARDRA）　　ARDRA 技术是将 PCR 技术与 RFLP 技术相结合发展而来的方法，被广泛用于 rDNA 限制性片段长度多态性的分析（Vaneechoutte et al.，1992）。其基本原理是利用 PCR 扩增细菌或真菌的 16S rRNA 或 18S rRNA 基因，通过限制性内切酶的消化，生成不同长度、种类和数量的限制性片段。随后，通过分析这些酶切片段的图谱，可以揭示菌类间的多样性。ARDRA 技术为研究生物多样性提供了一种有效的分析工具。

ARDRA 技术是一种相对简单且经济的技术，可以用于高通量的微生物鉴定和研究。相较于 RAPD 技术，ARDRA 技术具有高度特异性，适用于鉴定和分类，特别适用于 16S/18S rRNA 高度保守的区域。但是 ARDRA 技术需要多步酶切操作，实验所需时间相对较长。此外，ARDRA 结果的解释需要与已知数据库进行比较和验证。

与 RAPD 技术和 RFLP 技术一样，ARDRA 技术也被广泛应用于菌株鉴定、疫情追踪和遗传变异等方面的研究。除此之外，ARDRA 技术可用于研究不同环境中微生物群体的组成和多样性（Chandna et al.，2013）。通过分析样品中的微生物 DNA，可以了解特定环境中的微生物群体及其相对丰度，这对于生态学研究具有非常重要的意义。ARDRA 还可以用于检测食品中的微生物污染或品质问题。通过分析食品样品中的微生物 DNA，可以迅速确定是否存在特定的微生物污染或食品中的微生物组成（Dong et al.，2020）。

4）变性/温度梯度凝胶电泳（DGGE/TGGE）　　DGGE/TGGE 技术是一种用于分析核酸序列的分离技术，该技术的原理是根据 DNA 片段的序列组成和长度差异，在变性/温度梯度凝胶（变性/温度梯度是指从一个侧面到另一个侧面逐渐升高的变性/温度梯度，从而导致 DNA 在凝胶中逐渐变性。这样，DNA 片段在不同部分的凝胶中会以不同速度迁移）中进行电泳分离，根据凝胶电泳最终的带状图谱来进行分析（Heuer et al.，2001）。DGGE 技术最早由 Fischer 和 Lerman 于 1979 年提出，用于检测 DNA 突变。DGGE 分离依赖于 DNA 片段在带有变性梯度的聚丙烯酰胺凝胶中的不同迁移率，而 TGGE 则利用物质在不同温度下性质的差异进行分离。DGGE 技术不仅可以用于微生物群落的检测和监测，还能够从 DGGE 图谱中确定群落中最丰富的菌种。

DGGE/TGGE 技术具有很高的分辨率，能够分辨细微的序列差异。这使其非常适合研究微生物的遗传多样性（Mühling et al.，2008）。DGGE/TGGE 技术的优点包括：①不需要先验知识。与 ARDRA 技术和 RFLP 技术相比，DGGE/TGGE 技术通常不需要预先了解目标序列的限制酶切位点或 PCR 引物的选择，这使该技术更适用于未知物种的研究。②更快速。一次 DGGE/TGGE 通常在数小时之内完成。除了上述这些优点，DGGE/TGGE 技术也存在不足之处，该技术操作相对复杂，对梯度凝胶制备、PCR 条件和电泳条件有较高的技术要求。另外，尽管这种技术具有高突变检测率的优势，但其只能检测 600bp 以下的小 DNA 片段，因此可能无法提供完整的 16S 或 18S rRNA 序列信息。

DGGE/TGGE 技术也在菌株鉴定、遗传多态学研究、食品中微生物的追踪和疫情追踪中提供了有力的帮助。此外，DGGE 被广泛应用于研究不同环境中微生物的多样性和动态变化，如水体、土壤、湿地、海洋和空气中的微生物群落（Nkongolo and Narendrula-Kotha，2020），它可以帮助科学家了解不同环境中微生物生态学和功能潜力的差异。DGGE 还可用于研究基因表达的多态性。通过分析 RNA 的 DGGE 图谱，可以了解在不同条件下基因表达的变化（Teixeira et al.，2008），如在细菌生长的不同生境中。

5）末端限制性片段长度多态性（T-RFLP）　　　T-RFLP 是一种基于 PCR 产物限制性消化的指纹技术。这项技术利用在 PCR 过程中使用荧光标记的引物，在酶限制性消化后生成特定大小的荧光标记末端限制性片段（T-RF）。随后，这些片段通过非变性聚丙烯酰胺凝胶电泳或毛细管电泳进行分离，然后通过激光诱导荧光检测进行区分（Liu et al.，1997）。T-RFLP 具有高度的重现性，可用于对微生物群落中的基因（如 16S rDNA）进行定量和定性分析。其优势在于能够检测样本中的稀有群体。此外，T-RFLP 还可以利用数据库中已知细菌序列的 T-RF 大小来推断系统发育信息，包括时间分辨荧光免疫分析技术（TRFMA）、转录组数据比对技术（T-Align）、过程分析技术（PAT）和异常糖链糖蛋白（TAP）等相关方法。最重要的是，T-RFLP 可以标准化，并用于比较不同研究人员之间的结果。这种方法为研究微生物群落提供了一个可靠且高效的工具，使得科学家能够更深入地了解微生物群落的结构和多样性。

　　然而，与 DGGE 相比，T-RFLP 分析更为昂贵且耗时，因为在酶促限制性消化之前，PCR 片段需要进行纯化处理。T-RFLP 的另一个缺点是实验片段的大小可能与理论长度不完全相同，通常观察到 1～4bp 的差异。因此，T-RFLP 似乎适用于表征具有低到中等多样性的微生物群落，但可能不适用于具有高多样性的样本。此外，T-RFLP 的重现性可能会受到不完全限制性消化的影响。

　　这些方法是早期用于环境微生物多样性分析的分子生物学技术，通常利用电泳对 PCR 产物进行分型，从而研究微生物群落的组成特征。研究者利用 DGGE 方法分析深海沉积物中的细菌组成，包括南中国海和大西洋中脊等地。同时，许多科学家也采用 T-RFLP 分析方法，研究深海细菌和古菌的多样性，如在深海环境中进行的研究，在地中海高盐渍土壤空间进行微生物群落结构与生物多样性分析（Canfora et al.，2015）。

2. 测序技术

　　事实上，极端微生物并不仅限于极端环境。在研究工业化前人类活动影响地区的土壤样本时，科学家已经多次发现了古菌领域的特殊细菌类型和其他极端微生物。然而，要准确筛选非极端环境中的极端微生物，我们需要更多、更精确的数据来验证这一观点。通过深入的研究和全面的数据分析，我们可以更好地了解极端微生物的分布范围和适应能力。这种研究有助于拓展人们对微生物生态系统的认知，同时也为生物多样性研究提供新的视角。

　　随着科技的进步，高通量测序技术，也被称为第二代测序技术或深度测序，能够同时测定数百万条基因序列。它具备了在单个实验中同时检测样品中优势、稀有和未知微生物物种的能力，还可以精确地确定微生物群落的组成及各个成员的相对丰度。同时，该技术还能深入挖掘单个物种的基因组、转录组、蛋白质组和代谢组等特征，为极端微生物的筛选提供了更加准确和全面的分析手段。使用高通量测序技术对扩增产物进行分析，这样可以了解微生物群落的物种组成、多样性特征，以及微生物与环境参数的关联性等。

　　宏基因组学（metagenomics），又被称为元基因组学，是一种利用高通量测序技术获取样本中所有微生物基因组信息的方法。它允许人们对微生物群落的成分、功能分布、种群关系，以及其与环境因素的关系进行深入分析。在深海环境中，许多微生物无法在实验室中培养。但是，宏基因组学的应用可以帮助人们检测并研究这些难以培养的微生物，以更全面地了解深海微生物群落的结构特征。这项技术的广泛应用为人们提供了独特的机会，使人们能够深入探究微生物在极端环境中的生态学和功能学特征。例如，在南极海洋的微生物中，科学家应用宏基因组发现存在的极端微生物并不多，但是可以从中鉴定出一些罕见或新颖的功能（Dickinson et al.，2016）。

　　宏转录组测序技术是一种高通量测序方法，用于获取样品中微生物群落的转录组信息。通过分析微生物在不同环境中的基因表达差异，揭示其适应机制。这项技术通常与其他高通量测序技术结合使用，形成多组学研究。比如，结合宏转录组和宏蛋白质组数据，科学家研究了深海热液喷口生态系统中氢氧化菌的作用（Adam and Perner，2018）；同时，利用宏基因组和宏转录组相结合的方法，研究了深海石油降解菌的丰度和活性（Tremblay et al.，2019）。

　　蛋白质组学是一种研究生物体内所有蛋白质的组成、结构、功能、相互作用和调控的方法，它是基因组学的延伸，更多关注的是生物体内的蛋白质。因为蛋白质是生命活动的主要执行者，负责执行绝大多数生物学过程。蛋白质组学的目标包括了解蛋白质如何协调和调控生命过程，以及如何与疾病、环境变化和药物相互作用。研究人员运用蛋白质组学技术，表征了黄铁矿生物浸出过程中氯化物胁迫下菌株混合培养物的蛋白质组学变化，揭示了嗜酸微生物主要通过修饰细胞膜、积累相关氨基酸及基因表达参与抗酸和渗透胁迫的策略（Zammit et al.，2012）。利用转录组学和蛋白质组学对嗜碱生物进行研究，发现了新型微生物的嗜碱适应策略（Kaya et al.，2018）。

　　代谢组学专注于研究生物体内的代谢产物（代谢物）的全谱分析和量化。这些代谢物包括小分子有机化合物，如葡萄糖、氨基酸、脂质、核苷酸和其他代谢产物。代谢组学的目标是了解代谢通路、生物化学反应和生物体内代谢的整体状态，以及它们与生物学和环境变化之间的关系。代谢组学方法可以用于分析极端微生物的代谢产物，从而了解其在极端环境中的生存策略和生态角色。结合宏基因组学和代谢组学，对火山口和火山湖的极端微生物进行研究，发现了活火山中碳和硫的生物地球化学循环之间存在密切关系，同时首次揭示了这种多极端环境中嗜热酸细菌和古菌的能量代谢关系（Peña-Ocaña et al.，2022）。

　　多组学技术是指综合运用两种或更多种组学研究方法，如基因组、转录组、蛋白质组或代谢组，通过整合这些多组学数据来深入研究生物样本。综合多组学分析是比单一组学分析更强大的方法，利用其可以全面研究更复杂的生物系统，解决更复杂的问题。在微生物群落特征的研究中，结合微生物多样性测序、宏基因组、宏转录组、宏蛋白质组、宏代谢组等多组学分析，可以更深入地了解微生物群落的结构与功能，以及微生物与环境之间的相互作用。这种高度准确的分析方法使得人们能够更全面地了解极端环境中微生物的多样性和功能，为相关研究提供了有力的支持。

1.3.4　质谱筛选法

　　质谱是"组学科学"领域的一种新兴分析技术，包括代谢组学、蛋白质组学和脂质组学。它是一种已经被广泛应用于非靶向和靶向研究的方法，具备识别数千种生物活性化合物，并在各种样品中进行高度敏感的定量分析的能力。质谱是一种强大的分子鉴定工具，它将待测样品转化为高速运动的离子，并根据不同离子的质荷比（m/z）分离和检测目标离子或片段。随后，通过测量飞行时间和丰度值，实现了对分子的定性和定量分析。质谱仪根据离子源和质量分析器的工作方式与原理的不同，分为多种类型，如基质辅助激光解吸电离飞行时间质谱（MALDI-TOF MS）、液相色谱-质谱（LC-MS）、气相色谱-质谱（GC-MS）、电子轰击离子源飞行时间质谱（ELTOF）、电感耦合等离子体质谱（ICP-MS）、大气压化学电离离子源质谱（APCLMS）、三重四极杆质谱（QQQ）、电喷雾离子源质谱（ESLMS）和离子阱质谱（ion trap mass spectrometry，ITMS），还有串联质谱（MS-MS）等（图 1.13）。这些质谱仪在检测样本类型、分子量范围和分辨能力等方面有所差异。根据具体应用需求，选择适合的质谱仪，以充分发挥其各自的优势。

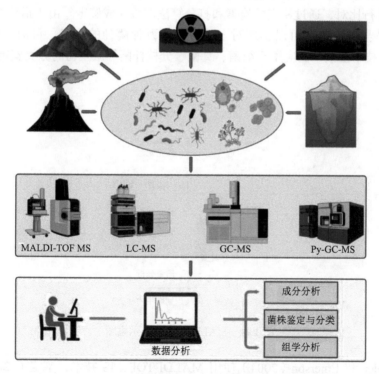

图 1.13　质谱技术在极端微生物中的应用

Py-GC-MS，热解-气相色谱-质谱联用法

　　极端微生物最主要的筛选方法是 MALDI-TOF MS。MALDI-TOF MS 因其高通量的微生物鉴定系统和强大、可靠的数据库，已经成为一种快速、准确、操作

简单、成本低廉的鉴定微生物的方法。Claydon 等（1996）首次利用 MALDI-TOF MS 采集微生物完整细胞的蛋白质量谱图，实现了微生物的快速鉴定。该技术能够避免待测分子产生碎片，解决了非挥发性和热不稳定性生物大分子的离子化问题，因此被广泛应用于氨基酸、多肽、蛋白质、核酸和脂肪酸等生物分子的检测和鉴定中。

在未知微生物鉴定中，MALDI-TOF MS 技术是目前最成熟、应用最广泛的方法（图 1.14）。在质量 2000～20 000Da 内，微生物的质谱图受培养基和代谢物的影响较小，对微生物生长阶段差异表达不敏感，但对高丰度的蛋白质表达（即微生物进化过程中较为保守的蛋白质表达）非常稳定。这种特性使其具备良好的重复性，在属和种的水平上表现出特异性，因此被称为肽质量指纹谱（PMF）。该技术已经发展到可以用于多种水平的微生物鉴定。为此，可以通过特定的统计要求和标准，收集已知属和种的菌株的多张质谱图，通过统计算法形成一张标准谱，建立标准菌库。在未知菌株鉴定时，只需将获得的质谱图与标准菌库中的指纹图谱进行比对，通过特定的检索和打分算法即可完成鉴定。由于指纹图谱具有很好的特异性，因此可以实现对上千甚至上万种菌种的鉴定。目前，MALDI-TOF MS 技术已被广泛应用于细菌、真菌、分枝杆菌等微生物的分类鉴定中。

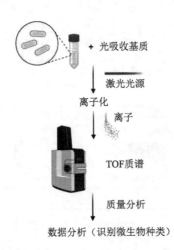

图 1.14　MALDI-TOF MS 示意图

Krader 和 Emerson（2004）使用 MALDI-TOF MS 技术，鉴定了 28 种古菌（包括 4 个甲烷古菌属和 3 个嗜盐古菌属）及一些耐极端环境的细菌。Shih 等（2015）利用 MALDI-TOF MS 建立了快速鉴定环境新分离古菌的方法和数据库，实现了嗜盐古菌和甲烷古菌的快速鉴定。此外，MALDI-TOF MS 技术在嗜冷酵母的表征中也显示出潜力（Dalluge et al., 2019）。

1. 液相色谱-质谱

与 MALDI-TOF MS 相比，液相色谱-质谱（LC-MS）通常可以在单次运行中以极高的分辨率和极高的质量准确度检测大量信号。LC-MS 技术由液相色谱（LC）和质谱（MS）两部分组成，该技术经常被用于分析和鉴定复杂混合物中的化合物。待测样品首先在色谱系统中被流动相带着以不同的速度被洗脱分离，之后进入质谱系统。通常使用电喷雾离子源（electrospray ionization，ESI）或大气压化学电离源（atmospheric pressure chemical ionization source，APCI）将待测物质离子化后转成电信号，经计算机数据处理后，根据质谱峰进行分析。

LC-MS 对具有特定理化性质的蛋白质类别的限制要小得多，并且已证明可以提高动态灵敏度，并且还可以灵敏地检测低丰度肽。LC-MS 曾用于鉴定各种培养的微生物。Berendsen 等（2020）利用 LC-MS 鉴定了来自血培养瓶中的多种微生物。此外，基于 LC-MS 的蛋白质组学方法通常被用来鉴别极端微生物［嗜热细菌（Kolouchova et al.，2021；Yamini et al.，2022）、嗜冷菌（Kawamoto et al.，2017）、耐盐细菌（Rubiano-Labrador et al.，2014）］背后的分子机制。

2. 气相色谱-质谱

与 LC-MS 技术类似的是，气相色谱-质谱（GC-MS）技术由气相色谱（GC）和质谱（MS）两部分组成；与 LC-MS 技术不同的是，GC-MS 中的待测产物是被一个称为载气的惰性气体（通常是氮气、氦气或氩气）来洗脱分离的。然后洗脱的化合物与氢气和空气一起进入火焰区域，有机化合物在火焰离子化检测器（flame ionization detector，FID）中被燃烧，产生离子和电子。接着，这些被洗脱的化合物进入质谱部分进行质谱分析，通过电子轰击或化学电离过程［如化学电离源（chemical ionization source）］被离子化。不同的菌株通常具有特定的代谢产物谱，包括有机酸、酮、醇和其他有机物。

不同的微生物在不同的环境条件下，无论是竞争中还是在养分匮乏的情况下，都会产生多种化合物，包括毒素、抗生素及挥发性有机化合物等（Szulc et al.，2021）。这些代谢物的产生具有微生物种类特异性，因此检测和分析这些化合物对于鉴定和表征微生物非常关键。运用 GC-MS 技术可以对这些化合物进行化学特征的鉴定，从而实现对菌株的分类与鉴定，这为微生物研究提供了重要的信息。GC-MS 还可以用于分析微生物中尚未鉴定的新生物活性物质（Marchei et al.，2021），这些物质可能具有潜在的药物或工业应用价值。GC-MS 经常与其他质谱检测技术联用于极端微生物的研究中，Al-Tohamy 等（2023）将 GC-MS 与傅里叶变换红外光谱（FTIR）、高效液相色谱法（HPLC）联用，对嗜盐菌株的代谢产物进行鉴定，揭示了该嗜盐菌株的代谢途径，为其在高盐废水生物修复中的应用提供了重要的理论依据和重要视角。

3. 热解-质谱

热解-质谱（Py-MS）是通过将样品中的化合物在快速加热阶段解吸和挥发，然后通过电子轰击进行电离，并通过质谱进行检测。在指纹识别技术中，Py-MS 具有分析速度快、灵敏度高和样品通量高等优点。Salter 等（2022）利用将 Py-MS 与 GC-MS 结合的 Py-GC-MS，分析了一系列的陆地古菌和细菌，形成了独特的质谱指纹，为极端微生物的鉴定提供了依据。

在寻找来自复杂环境的目标微生物时，传统的菌种筛选方法耗费时间和精力。而现代的单细胞分选技术尽管被广泛使用，却面临着靶标性不足等问题，难以实现精准筛选。因此，在实际研究中，不宜偏好某一单一技术，而是应结合多种技术，充分利用各自的优势，弥补彼此的不足。只有通过多种技术的综合运用，才能推动微生物菌种筛选工作的进展。

综合运用多个角度、多方位和多种技术，不仅能提高筛选效率，而且可以更精准地捕捉极端微生物。例如，将传统的培养方法与现代的基因组学技术相结合，可以加速微生物鉴定的过程。此外，利用高通量测序技术，可以更全面地了解微生物群落的结构，从而指导筛选工作。此种多技术耦合的策略，不仅能更快速地发现微生物，还有助于深入了解其生态特性。

只有充分整合不同技术的优势，才能真正推动极端微生物的筛选和研究。这种综合性的方法不仅有助于科学家更好地理解微生物在极端环境中的生存机制，还能够为生物技术和生态学领域的研究提供有力支持。通过不同技术手段的协同作用，人们可以更好地挖掘极端微生物领域的潜力，为人类社会和环境的可持续发展提供更多的可能性。

1.4　培养组学应用于极端微生物的分离培养

1.4.1　难培养微生物的培养方法

微生物是地球上最古老、最丰富的生命形式之一，它们存在于各种不同的环境中，从海洋深处到高山巅峰，从火山熔岩到极端的酸碱湖泊。然而，尽管微生物具有多样性且分布广泛，但仍然有许多微生物难以在实验室中培养。这些"难培养微生物"具有极端的生存策略，使它们在自然界中可以生存，但在实验室中却难以生长。为了解决这个问题，科学家不断开发和改进各种策略与技术，以培养难培养微生物。本部分将探讨不同策略用于难培养微生物的培养，包括富集培养、共培养、单细胞培养、仿生学培养等（图 1.15）。

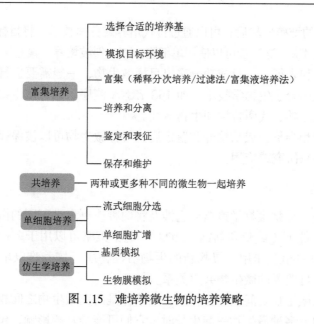

图 1.15　难培养微生物的培养策略

1. 富集培养

微生物的富集培养是一种用于增加特定微生物种群数量的培养策略，通常用于难以培养或低浓度微生物的样品（崔运来等，2023）。这个方法通过提供特定的生长条件来促进目标微生物的增殖，从而使其更容易被分离和鉴定。以下是富集培养的一些常见策略和步骤。

（1）选择合适的培养基：首先，根据目标微生物的生活习性和生态环境，选择合适的培养基。培养基应包含目标微生物所需的碳源、氮源、微量元素和其他必要的营养物质。对于某些难培养微生物，可能需要使用富含有机物质或特殊成分的培养基。

（2）模拟目标环境：了解目标微生物所生存的环境条件是非常重要的。如果可能的话，模拟自然环境的物理和化学条件，如温度、pH、氧气浓度、盐度等。这有助于提供最适宜的生长条件。

（3）富集步骤：为了富集目标微生物，可以采用不同的筛选方法，包括以下几种常见的方法：①稀释分次培养法。将样品连续分次稀释到不同的培养皿中，以分离出目标微生物。每次稀释后，将培养皿培养在适当的条件下，以富集目标微生物。②过滤法。将样品通过微孔滤膜，选择性保留目标微生物，并将滤膜放置在适当的培养基上，以富集目标微生物。③富集液培养法。将样品置于富集培养基中，其中包含目标微生物生长所需的特殊条件，如特定的碳源或环境。这种方法有助于提供最适合目标微生物生长的条件。

（4）培养和分离：在经过一定时间的富集培养后，培养皿或培养液中可能会出现目标微生物的增殖。然后，可以通过传代培养或分离技术，将目标微生物从其他微生物中分离出来。这一步可以使用单细胞分离、斜坡培养、聚光培养等方法。

（5）鉴定和表征：一旦成功分离出目标微生物，一般需要进行鉴定和表征。这一步可以使用分子生物学技术（如 16S rRNA 测序）进行微生物的分子鉴定，以及研究其生态学、代谢特性和生物活性。

（6）保存和维护：成功培养和鉴定后，目标微生物可以被保存在微生物资源库中，以备将来研究或应用。

2. 共培养

共培养是一种微生物学策略，它涉及将两种或更多种不同的微生物一起培养在同一培养条件下（武梦和刘钢，2022）。这个策略可以用于多种目的，包括研究微生物之间的相互作用、寻找新的生物活性物质、培养难以单独培养的微生物，以及模拟自然界的微生物共生关系。

（1）研究微生物之间的相互作用：共培养是研究微生物之间相互作用的有力工具。当两种或多种微生物一起生长时，它们可能会互相影响，包括竞争资源、协同合作、抑制其他微生物的生长等。通过观察共培养中的微生物群落，科学家可以更好地理解这些相互作用，以及它们对生态系统和生物过程的影响。

（2）寻找新的生物活性物质：微生物共培养也可以用于寻找新的生物活性物质，如抗生素、酶和代谢产物。某些微生物在共培养中可能会产生特定的代谢产物，这些代谢产物可能对其他微生物具有生物活性，或者可应用于医药、工业或农业上。因此，共培养可用于筛选具有生物活性的天然产物。

（3）培养难以单独培养的微生物：一些微生物在自然环境中与其他微生物共生，无法独立生存或繁殖。共培养可以模拟这种共生关系，提供目标微生物所需的环境条件和共生微生物所提供的支持。这有助于培养难以单独培养的微生物，从而使其能够被研究和利用。

（4）模拟自然界的微生物共生关系：自然界中存在着大量的微生物共生关系，这些关系对于生态系统的稳定和功能至关重要。通过在实验室中模拟这些共生关系，科学家可以更好地理解微生物共生对于生态系统的影响，以及如何保护和管理生态系统。此外，在进行微生物共培养时，研究人员通常需要选择合适的微生物组合、优化培养条件及监测微生物的生长和相互作用。此外，现代生物技术方法，如分子生物学技术和代谢组学，也可以用于更深入地研究共培养中发生的生物化学和分子生物学过程。

3. 单细胞培养

微生物的单细胞培养是一种用于分离、培养和研究微生物中单个细胞的策略

（马智鑫等，2021）。这个方法通常用于难以培养的微生物，如某些细菌和古菌，以便深入研究它们的生物学特性、代谢活动、基因表达和生长条件。其方法主要分为以下两种。

（1）流式细胞分选：流式细胞分选是一种将微生物单细胞从混合物中分离出来的技术。流式细胞仪通过将细胞或颗粒悬浮在液体中，然后通过一束激光束对其进行逐个扫描和分析。当激光束照射到细胞时，细胞中的荧光染料或荧光标记的抗体会发出荧光信号。探测器捕获这些荧光信号，并根据不同波长的信号进行分析，以确定细胞的特征和表型。在免疫学中，流式细胞术常用于免疫细胞的分析和分类，检测抗体结合和表达水平。在细胞生物学中，它可用于细胞周期分析、细胞凋亡检测和细胞表面蛋白的定量分析。在肿瘤学、血液学和药物开发中，流式细胞术可用于检测药物的效果和研究肿瘤细胞的性质。在环境检测和食品卫生防疫中，它可以用于检测微生物、细胞和颗粒。相对于传统的细胞分离方法，如机械法或免疫磁珠法，FACS 具有分选参数多、分选群体多、分选纯度高和灵活性强等优势。科研工作者可以利用 FACS 进行细胞纯化、单克隆制备、稀有细胞分选和单细胞研究。

（2）单细胞扩增：单细胞扩增是一种通过将单个微生物细胞放置在小型培养皿中，然后提供适当的营养物质来培养它们的策略。这种方法通常需要高度纯净的实验室条件，以避免细菌或其他微生物的污染。单细胞扩增的原理根据所要分析的分子类型（DNA、RNA、蛋白质）有所不同。单细胞 DNA 扩增包括多重位点扩增（multiple displacement amplification，MDA）和 PCR。MDA 是一种用于扩增基因组 DNA 的方法，它通过随机引物扩增 DNA，适用于 DNA 浓度较低的单细胞。PCR 也可以用于单细胞 DNA 扩增，但需要特殊的 PCR 方法来应对单细胞 DNA 的特点；单细胞 RNA 扩增通常包括逆转录（reverse transcription）和 PCR 步骤。逆转录将单细胞的 RNA 转录成相应的 cDNA，然后通过 PCR 进行扩增。一种常见的方法是单细胞 RNA 测序（single-cell RNA sequencing，scRNA-seq），它通过扩增和测序单细胞的转录本来分析单细胞基因表达；单细胞蛋白质扩增分析通常涉及荧光标记的抗体，如免疫荧光。单细胞可以被固定、渗透化，然后与荧光标记的抗体相结合，以检测和定量特定蛋白质。目前已有许多案例突显了单细胞扩增技术在生物学研究中的广泛应用。单细胞 DNA 扩增已经被应用于肿瘤研究，允许研究人员了解肿瘤内部的遗传异质性。通过分析单个肿瘤细胞的基因组，可以发现不同细胞的变异和突变情况。单细胞 RNA 测序技术可以分析大脑中的不同细胞类型，揭示大脑的细胞多样性和功能分化。通过单细胞 RNA 测序，研究人员可以识别不同类型的免疫细胞，了解它们在免疫反应中的作用，以及识别癌细胞中的特定表达模式。单细胞蛋白质分析可用于研究免疫细胞中的蛋白质表达差异，这有助于了解免疫细胞在不同免疫反应中的功能。

4. 仿生学培养

仿生学培养是一种通过模拟自然环境中的微生物生存策略来培养难培养微生物的策略，这种方法依赖于对微生物在其自然环境中的行为的深入了解（马海乐，2020）。其方法主要分为以下两种。

（1）基质模拟：基本培养基是仿生培养的关键组成部分，应根据目标微生物的需求精心配制。这可能包括提供特定的碳源、氮源、微量元素和其他必要的营养物质。通过了解目标微生物的代谢途径和生长要求，可以设计合适的培养基。仿生学培养通常在 37℃ 条件下培养，模拟体内温度，以确保细胞正常生长和代谢。pH 是一个重要参数，要根据特定细胞类型的需求来调整。大多数培养基维持在接近生理 pH 的范围内，通常为 7.2～7.4。某些细胞类型需要在特定气氛下培养，如含有 5% CO_2 的培养箱，以维持适当的 pH 和氧气水平。仿生学培养基可能包含生长因子，如表皮生长因子（EGF）、细胞因子等，以模拟体内的信号通路并促进细胞增殖。细胞需要营养物质，如氨基酸、糖类、维生素和矿物质，以满足其生长和代谢需求。这些成分通常会被调整以适应特定的细胞类型。有时仿生学培养基可能包含基质组分，如胶原蛋白或明胶，以模拟细胞在体内的微环境。某些细胞类型需要添加激素，如甲状腺激素、胰岛素等，以模拟体内的激素调节。为防止细菌和真菌污染，仿生学培养基通常含有抗生素和抗真菌药物。渗透调节剂如甘露醇用于控制渗透压，以确保细胞在适当的渗透压条件下生长。通常使用磷酸盐缓冲液、N-2-羟乙基哌嗪-N'-2-乙磺酸（HEPES）等维持培养基 pH 的稳定。某些培养基可能需要添加血清，以提供细胞所需的生长因子和其他细胞外基质成分。具体的仿生学培养基配方会根据所研究的细胞类型、研究目的和实验条件而有所不同。科研人员通常会根据需要进行培养基的定制和优化，以确保细胞在体内模拟条件下获得最佳的生长和功能表现。例如，培养神经细胞时通常需要仿生学培养基来模拟中枢神经系统的微环境。其中包括维持生理温度、含有神经细胞生长因子［如神经生长因子（NGF）］以促进神经细胞生长，以及提供适当的离子平衡（如 K^+ 和 Na^+）；仿生学培养基用于培养肝细胞，需要模拟肝的微环境。其中可能包括添加胶原蛋白、肝细胞生长因子及维持适当的氧气和二氧化碳水平；为了培养肌肉细胞，仿生学培养基可能包含肌肉生长因子、适当的电解质浓度以模拟细胞内外的离子平衡，并保持生理温度；仿生学培养基用于培养造血干细胞时可以模拟骨髓或血液环境，包括添加细胞因子，如促红细胞生成素（erythropoietin）或粒细胞-巨噬细胞集落刺激因子（granulocyte-macrophage colony-stimulating factor）；在肿瘤细胞培养中，仿生学培养基可以被设计为模拟实体肿瘤微环境，包括低氧、酸性条件和细胞外基质成分；仿生学培养基用于培养干细胞时可以模拟干细胞的生理环境，包括添加适当的生长因子和维持细胞外基质；培养心脏肌细胞时需要模拟心脏的生理环境，包括维持生理温度，提供适当的离子平衡，以及添加心脏肌肉生长因子。

（2）生物膜模拟：一些微生物在自然环境中附着于固体表面或生物膜上生长。为了仿生培养这些微生物，可以在培养皿表面或培养器具中添加生物膜或固体表面，以提供微生物附着的机会，这种方法模拟了微生物在自然界中的附着生长行为。

难培养微生物的培养是微生物学领域的一项重要挑战，但也是一项具有潜力的领域。通过使用富集培养、共培养、单细胞培养和仿生学培养等策略，科学家正在不断努力克服这一挑战，并为了解微生物多样性、生态学和生命起源提供了宝贵的信息。在未来，随着技术的不断发展和创新，人们有望更全面地了解这些微小但极其重要的生命形式。这些了解将有助于解锁微生物在地球和其他行星上的奥秘，以及它们在生态系统中的重要角色。

1.4.2　培养组学概述

培养组学（culturomics）是一门新兴的学科领域，结合了微生物培养和组学技术，通过对微生物的培养和分离，利用高通量测序技术对微生物的基因组、转录组、代谢组等进行分析，从而揭示微生物的生态、代谢和功能等方面的信息。培养组学的兴起是为了解决微生物学中的"暗物质"问题。传统的微生物学研究方法主要依赖于培养基的选择和条件的优化，但是只有极少部分微生物可以在人工培养条件下生长，估计有大约 99%的微生物无法在实验室中获得培养和研究。这些"暗物质"微生物的存在使得人们对于微生物的多样性、功能和生态角色的了解非常有限。

然而，高通量测序技术的发展，特别是 16S rRNA 基因测序和整个基因组测序的突破，为培养组学提供了新的机会。培养组学通过将微生物体外培养和高通量测序相结合，可以突破传统培养的限制，获得更多微生物物种的信息。具体而言，培养组学通过优化培养条件，并利用高通量测序技术对培养物中的 DNA 或 RNA 进行测序，从而鉴定和描述微生物群落中的丰度、多样性和功能。

培养组学的研究方法包括样品收集、微生物培养、高通量测序和数据分析。首先，需要收集样品，可以是来自环境、动植物组织或人体等不同来源的样品。接下来，将样品进行微生物培养，通过优化培养条件，创造适合微生物生长的环境，并选择适当的培养基。培养组学的一个关键挑战是开发新的培养策略，以获得传统方法无法培养的微生物。

在获得所要培养的微生物后，进行高通量测序是培养组学的核心步骤。通过提取微生物培养物中的 DNA 或 RNA，并使用关键的基因片段（如 16S rRNA 基因）或整个基因组测序，可以获得微生物的遗传信息。通过对测序数据的分析，可以鉴定和分类培养物中的微生物物种，并进一步推测其可能的功能和生态角色。培养组学的研究应用非常广泛。首先，培养组学为人们提供了了解微生物多样性的新途径。通过获得更多微生物物种的信息，可以揭示微生态系统中未知的微生物多样性，丰富我们对微生物世界的认识。其次，培养组学对于研究微生物的功能和生态角色也非常有价值。通过对微生物的培养和基因组测序，可以预测微生物的代谢能力、生态功能及与其他生物的相互作用等。此外，培养组学还有助于发现新的生物产物，如抗生素、酶和其他有用的生物活性物质。

　　然而，培养组学也面临一些挑战和限制。首先，培养组学需要耗费大量的时间和资源，某些微生物需要特殊的条件和培养基，培养周期可能较长。此外，由于存在一定的选择性，某些微生物可能在培养过程中适应性变异或损失特定功能，因此可能无法反映其在自然环境中真实的功能。同时培养组学也受限于测序技术的局限性，如测序深度、质量和分析方法等。

　　尽管培养组学面临一些挑战，但它为研究微生物世界提供了重要的补充和进展。通过将微生物培养和高通量测序相结合，培养组学为人们提供了更多的微生物物种和功能信息，拓展了人们对微生态系统的认识。未来，随着技术的发展和方法的改进，培养组学将继续为微生物学和生态学领域的研究带来新的突破和发现。

1.4.3　培养组学的发展

　　第一批提出培养组学研究的是环境微生物学家，2007 年，海洋微生物学家通过在扩散室中孵化环境样本，模拟了海洋微生物的自然生长环境，成功地增加了可培养微生物的数量和多样性，使得培养菌落数量增加到了原来的 300 倍。但是初期的培养组学工作需要进行大量劳动密集型实验。Lagier 等（2012）在研究人类肠道微生物时尝试了 212 种不同的培养条件，从中鉴定出 341 种独特的细菌物种，超过 30 000 个菌落，尤其是一半以上是首次从人类肠道中鉴定的。随着研究的深入，培养组学方法不断发展。例如，在粪便样本中添加乙醇以促进孢子细菌的生长，成功分离出 69 种新细菌（Browne et al.，2016）。尽管培养组学在获得微生物纯培养物方面具有很大的实用性，但它通常被认为是劳动和资源密集型方法，并且可能会忽略微生物群落中重要的特定目标群体。因此，通过系统培养组学产生全面的菌株集合仍然是一个重要且尚未解决的挑战。

　　基于人工智能（AI）和深度学习模型的最新进展，现在可以通过训练来识别多维成像和生物数据中微小的差异。结合表型和基因组数据的机器学习（ML）正在朝着改变下一代微生物培养组学的方向发展。Huang 等（2023）开发了一种机器学习算法,利用菌落形态和基因组数据来最大限度地提高分离微生物的多样性,并能够有针对性地挑选特定属。使用 CAMII(支持内存推理的内容寻址存储器)技术从 20 名健康个体中分离得到了一个广泛的生物库。按照丰度计算,这个库涵盖了超过 80%的微生物群。这个分离菌库包括健康肠道中的大部分微生物,是迄今为止描述得最广泛的一个个性化分离菌库。未来,将更多类似 CAMII 的人工智能技术与培养组学结合起来,可用于从其他微生物组(土壤、水生或农业环境的微生物组)进一步分离和分析噬菌体、真菌和原生动物。机器人自动化系统还可以帮助人们生成系统菌株库,如功能基因组表达库或微生物底盘细胞。

随着宏基因组学与培养组学的结合,微生物领域迎来了新的发展机遇。然而,随之而来的是挑战:在海量的测序数据中,大部分预测基因缺乏已知功能注释,这限制了代谢功能的准确预测。此外,由于存在不完整的代谢途径和对微生物蛋白质功能认识的局限,传统的培养方法依然具有挑战性,尤其是对于与宿主微生物相互作用的极端微生物。单纯依赖宏基因组测序难以解决这些问题。

为了克服这些难题,计算生物学的进步至关重要。新的生物信息学工具的开发,能够分析和注释元基因组组装基因组(MAG)中的假设蛋白质,将成为解决这些问题的关键(Sood et al., 2021)。这些工具不仅能够帮助发现微生物新的代谢途径和地球化学循环中的新联系,还能够揭示微生物群落内部动态的重要性。在确定特定的电子供体、碳源和电子受体,以及必需的培养基成分方面,遗传信息发挥着关键作用。因此,基于基因组信息设计的培养基将有助于分离那些基因组有所减少的微生物。

随着宏基因组学和培养组学的进展,我们有望探索到新的微生物种类及其在特定生态系统中的关键作用。这些新发现将深刻影响人们对培养知识和极端微生物生物技术潜力的认知,为极端微生物研究带来崭新的前景。

在微生物研究中,培养组学的研究最为深入。相较于 16S rRNA 高通量测序仅能达到属水平、全基因组测序仅能达到种水平的分类精度,培养组学可深入到微生物株的水平。然而,培养组学存在一个重要限制,即其分析结果通常是定性的,难以提供准确的定量信息。虽然可以通过将培养组学与实时 PCR 相结合来弥补这一不足,但会增加研究的成本。如何降低精准定量的成本也是未来需要解决的问题。

参 考 文 献

崔运来, 张徽, 李玉龙, 等. 2023. 镇江香醋醋酸发酵阶段细菌的垂直分布与富集培养[J]. 食品工业科技, 44(18): 193-199

侯昭志. 2022. 高盐腌制蔬菜亚硝酸盐微生物自行降解机制研究[D]. 镇江: 江苏大学

黄志勇. 2021. 不同地质环境中微生物群落与极端微生物的研究[D]. 兰州: 兰州大学

李军, 武满满, 胡佳俊, 等. 2012. 非光合固碳微生物菌群最佳组合氮源的正交实验分析[J]. 工业微生物, 42(5): 14-18

李青, 吴洪, 冯倩, 等. 2018. 耐高温拟微绿球藻诱变株的筛选与培养[J]. 生物技术, 28(1): 81-84, 76

马海乐. 2020. 基于仿生学的未来食品工业展望[J]. 食品科学技术学报, 38(6): 1-10

马智鑫, 邓宇芳, 于跃, 等. 2021. 基于微流控技术实现严格厌氧条件下的细菌单细胞培养与实时观测[J]. 集成技术, 10(4): 115-125

梅承, 范硕, 杨红. 2018. 昆虫肠道微生物分离培养策略及研究进展[J]. 微生物学报, 58(6): 985-994

邱旭. 2021. 深海细菌 Shewanella sp. F12 低温、高压适应性的多组学分析[D]. 北京: 中国地质大学

荣楠, 李备, 唐昊冶, 等. 2021. 微生物菌种筛选技术方法研究进展[J]. 土壤, 53(2): 236-242

王艳涛, 陈泉睿, 明红霞, 等. 2020. 海洋低氧区的微生物效应研究进展[J]. 海洋环境科学, 39(2): 321-328

武梦, 刘钢. 2022. 基于微生物共培养的隐性基因簇激活策略[J]. 微生物学报, 62(11): 4247-4261

杨珍, 戴传超, 王兴祥, 等. 2019. 作物土传真菌病害发生的根际微生物机制研究进展[J]. 土壤学报, 56(1): 12-22

曾静, 郭建军, 邱小忠, 等. 2015. 极端嗜热微生物及其高温适应机制的研究进展[J]. 生物技术通报, 31(9): 30-37

张红芳, 何刚, 吴绿英, 等. 2018. 一株高效解钾脱硅真菌的筛选、鉴定及培养条件优化[J]. 土壤, 50(5): 934-941

张文凯, 董松岭, 滕蔓, 等. 2022. 马立克病病毒分子生物学检测技术研究进展[J]. 畜牧与兽医, 54(8): 132-138

赵春海. 2005. 无机盐及微量元素对乙酰乳酸脱羧酶发酵活力的影响[J]. 中国酿造, (6): 26-29

Adam N, Perner M. 2018. Microbially mediated hydrogen cycling in deep-sea hydrothermal vents[J]. Front Microbiol, 9: 2873

Al-Tohamy R, Ali S S, Xie R, et al. 2023. Decolorization of reactive azo dye using novel halotolerant yeast consortium HYC and proposed degradation pathway[J]. Ecotoxicology and Environmental Safety, 263: 115258

Amatto I V D S, Rosa-Garzon N G D, Simoes F A D O, et al. 2022. Enzyme engineering and its industrial applications[J]. Biotechnol Appl Biochem, 69: 389-409

Anggraini D, Ota N, Shen Y G, et al. 2022. Recent advances in microfluidic devices for single-cell cultivation: methods and applications[J]. Lab on a Chip, 22: 1438-1468

Aoi Y, Kinoshita T, Hata T, et al. 2009. Hollow-fiber membrane chamber as a device for *in situ* environmental cultivation[J]. Applied and Environmental Microbiology, 75: 3826-3833

Babu K N, Sheeja T E, Minoo D, et al. 2021. Random amplified polymorphic DNA(RAPD) and derived techniques[J]. Methods in Molecular Biology (Clifton, N. J.), 2222: 219-247

Bartelme R P, Custer J M, Dupont C L, et al. 2020. Influence of substrate concentration on the culturability of heterotrophic soil microbes isolated by high-throughput dilution-to-extinction cultivation[J]. mSphere, 5: DOI:10.1128/mSphere.00024-20

Berendsen E M, Levin E, Braakman R, et al. 2020. Untargeted accurate identification of highly pathogenic bacteria directly from blood culture flasks[J]. Int J Med Microbiol, 310: 151376

Bond P L, Druschel G K, Banfield J F. 2000. Comparison of acid mine drainage microbial communities in physically and geochemically distinct ecosystems[J]. Appl Environ Microbiol, 66: 4962-4971

Browne H P, Forster S C, Anonye B O, et al. 2016. Culturing of 'unculturable' human microbiota reveals novel taxa and extensive sporulation[J]. Nature, 533: 543-546

Canfora L, Lo Papa G, Vittori Antisari L, et al. 2015. Spatial microbial community structure and biodiversity analysis in "extreme" hypersaline soils of a semiarid Mediterranean area[J]. Applied Soil Ecology, 93: 120-129

Casabella S, Scully P, Goddard N, et al. 2016. Automated analysis of single cells using laser tweezers Raman spectroscopy[J]. Analyst, 141: 689-696

Castelle C J, Banfield J F. 2018. Major new microbial groups expand diversity and alter our understanding of the tree of life[J]. Cell, 172: 1181-1197

Chandna P, Mallik S, Kuhad R C. 2013. Assessment of bacterial diversity in agricultural by-product compost by sequencing of cultivated isolates and amplified rDNA restriction ana lysis[J]. Applied Microbiology and Biotechnology, 97: 6991-7003

Chung M, Ahn J, Son K, et al. 2017. Biomimetic model of tumor microenvironment on microfluidic platform[J]. Adv Healthc Mater, 6: DOI:10.1002/adhm.201700196

Claydon M A, Davey S N, Edwards-Jones V, et al. 1996. The rapid identification of intact microorganisms using mass spectrometry[J]. Nat Biotechnol, 14: 1584-1586

Crognale S, Venturi S, Tassi F, et al. 2022. Geochemical and microbiological profiles in hydrothermal extreme acidic environments (Pisciarelli Spring, Campi Flegrei, Italy)[J]. FEMS Microbiology Ecology, 98: DOI:10.3390/microorganisms3030344

Daims H, Lebedeva E V, Pjevac P, et al. 2015. Complete nitrification by *Nitrospira bacteria*[J]. Nature, 528: 504-509

Dalluge J J, Brown E C, Connell L B. 2019. Toward a rapid method for the study of biodiversity in cold environments: the characterization of psychrophilic yeasts by MALDI-TOF mass spectrometry[J]. Extremophiles, 23: 461-466

Dean-Ross D, Moody J, Cerniglia C E. 2002. Utilization of mixtures of polycyclic aromatic hydrocarbons by bacteria isolated from contaminated sediment[J]. FEMS Microbiology Ecology, 41: 1-7

Dickinson I, Goodall-Copestake W, Thorne M A, et al. 2016. Extremophiles in an antarctic marine ecosystem[J]. Microorganisms, 4(1): DOI:10.3390/microorganisms4010008

Dong Y, Zhao P, Chen L, et al. 2020. Fast, simple and highly specific molecular detection of *Vibrio alginolyticus* pathogenic strains using a visualized isothermal amplification method[J]. BMC Veterinary Research, 16: 76

Dorofeev A G, Grigor'eva N V, Kozlov M N, et al. 2014. Approaches to cultivation of "nonculturable" bacteria: Cyclic cultures[J]. Microbiology, 83: 450-461

Dubilier N, McFall-Ngai M, Zhao L. 2015. Microbiology: Create a global microbiome effort[J].

Nature, 526: 631-634

Edwards H G M, Currie K J, Ali H R H, et al. 2007. Raman spectroscopy of natron: shedding light on ancient *Egyptian mummification*[J]. Analytical and Bioanalytical Chemistry, 388: 683-689

Ferrari B C, Binnerup S J, Gillings M. 2005. Microcolony cultivation on a soil substrate membrane system selects for previously uncultured soil bacteria[J]. Applied and Environmental Microbiology, 71: 8714-8720

Gutleben J, de Mares M C, van Elsas J D, et al. 2018. The multi-omics promise in context: from sequence to microbial isolate[J]. Critical Reviews in Microbiology, 44: 212-229

Heuer H, Wieland G, Schönfeld J, et al. 2001. Bacterial community profiling using DGGE or TGGE analysis[C]. *In*: Rouchelle P A. Environmental Molecular Microbiology: Protocols and Applications. International Microbiology: 177-190

Hong K, Gao A H, Xie Q Y, et al. 2009. Actinomycetes for marine drug discovery isolated from mangrove soils and plants in China[J]. Mar Drugs, 7: 24-44

Huang W E, Ward A D, Whiteley A S. 2009. Raman tweezers sorting of single microbial cells[J]. Environmental Microbiology Reports, 1: 44-49

Huang Y, Sheth R U, Zhao S, et al. 2023. High-throughput microbial culturomics using automation and machine learning[J]. Nat Biotechnol, (10): 1424-1440

Hug L A, Baker B J, Anantharaman K, et al. 2016. A new view of the tree of life[J]. Nature Microbiology, 1: 16048

Iris L, Antonio M, Antonia B M, et al. 2020. 15-Isolation, selection, and identification techniques for non-saccharomyces yeasts of oenological interest[C]. *In*: Grumezescu A M, Holban A M. Biotechnological Progress and Beverage Consumption. New York: Academic Press: 467-508

Jiang C Y, Dong L B, Zhao J K, et al. 2016. High-throughput single-cell cultivation on microfluidic streak plates[J]. Applied and Environmental Microbiology, 82: 2210-2218

Jorge-Villar S E, Edwards H G. 2013. Microorganism response to stressed terrestrial environments: a Raman spectroscopic perspective of extremophilic life strategies[J]. Life (Basel), 3: 276-294

Kaeberlein T, Lewis K, Epstein S S. 2002. Isolating "uncultivable" microorganisms in pure culture in a simulated natural environment[J]. Science, 296: 1127-1129

Kawamoto J, Kurihara T, Esaki N. 2017. Proteomic insights of psychrophiles[C]. *In*: Margesin R. Psychrophiles: From Biodiversity to Biotechnology. Cham: Springer International Publishing: 423-435

Kaya F E A, Avci F G, Sayar N A, et al. 2018. What are the multi-omics mechanisms for adaptation by microorganisms to high alkalinity? A transcriptomic and proteomic study of a bacillus strain with industrial potential[J]. Omics : a Journal of Integrative Biology, 22: 717-732

Kolouchova I, Timkina E, Matatkova O, et al. 2021. Analysis of bacteriohopanoids from thermophilic bacteria by liquid chromatography-mass spectrometry[J]. Microorganisms, 9: DOI: 10.3390/microorganisms9102062

Krader P, Emerson D. 2004. Identification of archaea and some extremophilic bacteria using matrix-assisted laser desorption/ionization time-of-flight (MALDI-TOF) mass spectrometry[J]. Extremophiles, 8: 259-268

Lagier J C, Armougom F, Million M, et al. 2012. Microbial culturomics: paradigm shift in the human gut microbiome study[J]. Clin Microbiol Infect, 18: 1185-1193

Li R Y, Zhang T, Fang H H. 2011. Application of molecular techniques on heterotrophic hydrogen production research[J]. Bioresour Technol, 102: 8445-8456

Liu W T, Marsh T L, Cheng H, et al. 1997. Characterization of microbial diversity by determining terminal restriction fragment length polymorphisms of genes encoding 16S rRNA[J]. Appl Environ Microbiol, 63: 4516-4522

Lv S, Yu J, Zhao Y, et al. 2019. A microfluidic detection system for bladder cancer tumor cells[J]. Micromachines(Basel), 10: DOI:10.3390/mi10120871

Marchei E, Ferri M A, Torrens M, et al. 2021. Ultra-High Performance Liquid Chromatography-High Resolution Mass Spectrometry and High-Sensitivity Gas Chromatography-Mass Spectrometry Screening of Classic Drugs and New Psychoactive Substances and Metabolites in Urine of Consumers [M]. Basel: International Journal of Molecular Sciences

Mitra S, Pramanik K, Sarkar A, et al. 2018. Bioaccumulation of cadmium by *Enterobacter* sp. and enhancement of rice seedling growth under cadmium stress[J]. Ecotoxicol Environ Saf, 156: 183-196

Moody C D, Jorge Villar S E, Edwards H G, et al. 2005. Biogeological Raman spectroscopic studies of *Antarctic lacustrine* sediments[J]. Spectrochim Acta A Mol Biomol Spectrosc, 61: 2413-2417

Mortezaei Y, Amani T, Elyasi S. 2023. High-rate anaerobic digestion of yogurt wastewater in a hybrid EGSB and fixed-bed reactor: Optimizing through response surface methodology[J]. Process Safety and Environmental Protection, 171: 895

Mühling M, Woolven-Allen J, Murrell J C, et al. 2008. Improved group-specific PCR primers for denaturing gradient gel electrophoresis analysis of the genetic diversity of complex microbial communities[J]. The ISME Journal, 2: 379-392

Ness T E, DiNardo A, Farhat M R. 2022. High throughput sequencing for clinical tuberculosis: An overview[J]. Pathogens, 11: 1343

Nichols D, Cahoon N, Trakhtenberg E M, et al. 2010. Use of ichip for high-throughput *in situ* cultivation of "uncultivable" microbial species[J]. Applied and Environmental Microbiology, 76: 2445-2450

Nichols D, Lewis K, Orjala J, et al. 2008. Short peptide induces an "uncultivable" microorganism to grow *in vitro*[J]. Applied and Environmental Microbiology, 74: 4889-4897

Nilsson R H, Ryberg M, Abarenkov K, et al. 2009. The ITS region as a target for characterization of fungal communities using emerging sequencing technologies[J]. FEMS Microbiology Letters, 296: 97-101

Nkongolo K K, Narendrula-Kotha R. 2020. Advances in monitoring soil microbial community dynamic and function[J]. Journal of Applied Genetics, 61: 249-263

Nocera G M, Viscido G, Criscuolo S, et al. 2022. The VersaLive platform enables microfluidic mammalian cell culture for versatile applications[J]. Communications Biology, 5(1): DOI: 10.1038/s42003-022-03976-8

Nunoura T, Chikaraishi Y, Izaki R, et al. 2018. A primordial and reversible TCA cycle in a facultatively chemolithoautotrophic thermophile[J]. Science, 359: 559-562

Olicon-Hernandez D R, Guerra-Sanchez G, Porta C J, et al. 2022. Fundaments and concepts on screening of microorganisms for biotechnological applications[J]. Mini Review Curr Microbiol, 79: 373

Overmann J, Abt B, Sikorski J. 2017. Present and future of culturing bacteria[J]. Annual Review of Microbiology, 71: 711-730

Peña-Ocaña B A, Ovando-Ovando C I, Puente-Sánchez F, et al. 2022. Metagenomic and metabolic analyses of poly-extreme microbiome from an active crater volcano lake[J]. Environmental Research, 203: 111862

Rahman M H, Suzuki S, Kawai K. 2001. Formation of viable but non-culturable state (VBNC) of *Aeromonas hydrophila* and its virulence in goldfish, *Carassius auratus*[J]. Microbiological Research, 156: 103-106

Rekadwad B N, Li W J, Gonzalez J M, et al. 2023. Extremophiles: the species that evolve and survive under hostile conditions[J]. 3 Biotech, 13(9): 1

Rubiano-Labrador C, Bland C, Miotello G, et al. 2014. Proteogenomic insights into salt tolerance by a halotolerant alpha-proteobacterium isolated from an Andean saline spring[J]. Journal of Proteomics, 97: 36-47

Sahilah A M, Laila R A S, Sallehuddin H M, et al. 2014. Antibiotic resistance and molecular typing among cockle(*Anadara granosa*) strains of *Vibrio parahaemolyticus* by polymerase chain reaction (PCR)-based analysis[J]. World Journal of Microbiology & Biotechnology, 30: 649-659

Salter T L, Magee B A, Waite J H, et al. 2022. Mass spectrometric fingerprints of bacteria and archaea for life detection on icy moons[J]. Astrobiology, 22: 143-157

Shih C J, Chen S C, Weng C Y, et al. 2015. Rapid identification of haloarchaea and methanoarchaea using the matrix assisted laser desorption/ionization time-of-flight mass spectrometry[J]. Sci Rep, 5: 16326

Sood U, Kumar R, Hira P. 2021. Expanding culturomics from gut to extreme environmental settings[J]. Msystems, 6: e0084821

Stefańska I, Kwiecień E, Górzyńska M, et al. 2022. RAPD-PCR-based fingerprinting method as a tool for epidemiological analysis of (*Trueperella pyogenes*) infections[J]. Pathogens (Basel, Switzerland), 11: 562

Stewart E J. 2012. Growing unculturable bacteria[J]. Journal of Bacteriology, 194: 4151-4160

Stock A, Breiner H W, Pachiadaki M, et al. 2012. Microbial eukaryote life in the new hypersaline deep-sea basin Thetis[J]. Extremophiles, 16: 21-34

Szulc J, Okrasa M, Majchrzycka K, et al. 2021. Microbiological and toxicological hazards in sewage treatment plant bioaerosol and dust[J]. Toxins, 13: 691

Tamaki H, Sekiguchi Y, Hanada S, et al. 2005. Comparative analysis of bacterial diversity in freshwater sediment of a shallow eutrophic lake by molecular and improved cultivation-based techniques[J]. Appl Environ Microbiol, 71: 2162-2169

Tauber S, von Lieres E, Grunberger A. 2020. Dynamic environmental control in microfluidic single-cell cultivations: from concepts to applications[J]. Small, 16: e1906670

Teixeira R L F, von der Weid I, Seldin L, et al. 2008. Differential expression of *nifH* and *anfH* genes in *Paenibacillus durus* analysed by reverse transcriptase-PCR and denaturing gradient gel electrophoresis[J]. Letters in Applied Microbiology, 46: 344-349

Thrash J C. 2019. Culturing the uncultured: Risk versus reward[J]. mSystems, 4: e00130-e00190

Tong Z Q, Rajeev G, Guo K Y, et al. 2018. Microfluidic cell microarray platform for high throughput analysis of particle-cell interactions[J]. Analytical Chemistry, 90: 4338-4347

Tremblay J, Fortin N, Elias M, et al. 2019. Metagenomic and metatranscriptomic responses of natural oil degrading bacteria in the presence of dispersants[J]. Environ Microbiol, 21: 2307-2319

Tringe S G, Hugenholtz P. 2008. A renaissance for the pioneering 16S rRNA gene[J]. Curr Opin Microbiol, 11: 442-446

Valencia-Ledezma O E, Castro-Fuentes C A, Duarte-Escalante E, et al. 2022. Selection of polymorphic patterns obtained by RAPD-PCR through qualitative and quantitative analyses to differentiate (*Aspergillus fumigatus*)[J]. Journal of Fungi (Basel, Switzerland), 8: 296

Vaneechoutte M, Rossau R, de Vos P, et al. 1992. Rapid identification of bacteria of the Comamonadaceae with amplified ribosomal DNA-restriction analysis (ARDRA)[J]. FEMS Microbiol Lett, 72: 227-233

Varnali T, Edwards H G M. 2013. A potential new biosignature of life in iron-rich extreme environments: An iron (III) complex of scytonemin and proposal for its identification using Raman spectroscopy[J]. Planetary and Space Science, 82-83: 128-133

Videvall E, Burraco P, Orizaola G. 2023. Impact of ionizing radiation on the environmental microbiomes of Chornobyl wetlands[J]. Environmental Pollution, 330: 121774

Villar S E J, Edwards H G M, Benning L G. 2006. Raman spectroscopic and scanning electron microscopic analysis of a novel biological colonisation of volcanic rocks[J]. Icarus, 184: 158-169

Vitek P, Edwards H G, Jehlicka J, et al. 2010. Microbial colonization of halite from the hyper-arid Atacama Desert studied by Raman spectroscopy[J]. Philos Trans A Math Phys Eng Sci, 368: 3205-3221

Wdtsuji T O, Yamada S, Yamabe T, et al. 2007. Identification of indole derivatives as self-growth inhibitors of *Symbiobacterium thermophilum*, a unique bacterium whose growth depends on coculture with a *Bacillus* sp.[J]. Applied and Environmental Microbiology, 73: 6159-6165

Williams J G K, Kubelik A R, Livak K J, et al. 1990. DNA polymorphisms amplified by arbitrary primers are useful as genetic markers[J]. Nucleic Acids Research, 18: 6531-6535

Winand L, Sester A, Nett M. 2021. Bioengineering of anti-inflammatory natural products[J]. ChemMedChem, 16: 767-776

Xu J, Wang C, Cong Z. 2019. Strategies for substrate-regulated P450 catalysis: from substrate engineering to co-catalysis[J]. Chemistry, 25: 6853-6863

Yadav A N, Sachan S G, Verma P, et al. 2015. Prospecting cold deserts of north western Himalayas for microbial diversity and plant growth promoting attributes[J]. J Biosci Bioeng, 119: 683-693

Yamini C, Sharmila G, Muthukumaran C, et al. 2022. Proteomic perspectives on thermotolerant microbes: an updated review[J]. Mol Biol Rep, 49: 629-646

Yu H S, Alam M. 1997. An agarose-in-plug bridge method to study chemotaxis in the archaeon *Halobacterium salinarum*[J]. FEMS Microbiol Lett, 156: 265-269

Zammit C M, Mangold S, Jonna V R, et al. 2012. Bioleaching in brackish waters—effect of chloride ions on the acidoph ile population and proteomes of model species[J]. Applied Microbiology and Biotechnology, 93: 319-329

Zhai J, Yi S H, Jia Y W, et al. 2019. Cell-based drug screening on microfluidics[J]. Trac-Trends in Analytical Chemistry, 117: 231-241

Zhang F, Zhang R, Wei M, et al. 2021. A novel method of cell culture based on the microfluidic chip for regulation of cell density[J]. Biotechnol Bioeng, 118: 852-862

Zhang H, Liu K K. 2008. Optical tweezers for single cells[J]. J R Soc Interface, 5: 671-690

Zheng X Y, Wolff D W, Baudracco-Arnas S, et al. 1999. Development and utility of cleaved amplified polymorphic sequences(CAPS) and restriction fragment length polymorphisms (RFLPs) linked to the Fom-2 fusarium wilt resistance gene in melon (*Cucumis melo* L.) TAG[J]. Theoretical and Applied Genetics, 99: 453-463

第 2 章　极端微生物资源库构建

引　　言

当前，极端微生物基因资源的开发是国际微生物资源开发的热点。随着高通量测序技术的不断进步，传统测序技术、第三代测序技术及单管长片段测序技术等方法的发展，人们现在能够更加高效、精确地解析极端微生物的基因组信息，为极端微生物资源库的构建提供了强有力的技术支持。通过这些高通量测序技术，人们不仅能够深入了解极端微生物的遗传背景和生存策略，还能够发现和挖掘出许多具有重要应用价值的生物元件，如酶蛋白元件、次级代谢产物、多肽类功能分子及基因调控元件等。构建极端微生物资源库，包括极端微生物菌种库和基因组数据库，对于高效利用这些宝贵的生物资源至关重要。此外，随着机器学习等人工智能技术在生物信息学中的应用，生物元件的高通量挖掘效率和准确性将进一步提高，极大地推动了生物技术的发展和创新。

2.1　高通量测序技术

2.1.1　DNA 测序技术

1946～1968 年，科学家先后证实了 DNA 是生命最主要的遗传物质（McCarty and Avery，1946；Hershey and Chase，1952），解析了 DNA 双螺旋结构（Watson and Crick，1953；Franklin and Gosling，1953；Wilkins et al.，1953），破译了 DNA 复制遗传密码（Lagerkvist，1968），并提出"中心法则"以阐明遗传信息的传递方式（Crick，1958），奠定了现代分子生物学研究的基础。随后，测定 DNA 的序列信息、破译物种基因组的全部遗传信息成为研究生命科学的重要基础，DNA 序列的测定技术是 20 世纪至今生命科学技术的前沿热点。虽然早在 1964 年，美国康奈尔大学生物化学教授 Robert Holley 就通过 RNA 酶切反应产物的重叠序列间接推导出酵母 Ala-tRNA 的 77 个核苷酸序列，5 人累计耗时 3 年测定了生命科学史上的第一条核苷酸序列（Holley et al.，1965）。但这种称为前直读法的测序技术，流程烦琐、重复性差，且无法进行双链 DNA 测序。而当时进行 DNA 序列分析的方法为通过放射自显影技术直接在凝胶上按顺序直观读取 DNA 的碱基。这种方法称为直读法，不仅对样品的要求高、定量误差大、测定速度缓慢，还对人体有很强的辐射性，难以广泛应用（尹烨，2018）。现代 DNA 测序技术（也称为基因测序技术）的奠基人实为华人生物学家吴瑞先生。1968 年，吴瑞先生发表了第一篇测定 DNA 碱基组成的论文，并将引物延伸法用于 DNA 测序，首次完成对噬菌体黏性末端的 12 个碱基的测序（Wu and Kaiser，1968）；随后他们首创了 DNA 测序方法及其他一些 DNA 克隆技术，实现了在测定 DNA 碱基组成的同时测定出碱基序列（Wu，1970；Wu and Taylor，1971）。这些方法经过其他科学家的进一步改进后，一直被应用到今天，为日后的桑格测序法提供了技术基础，也为包括人类和水稻等基因组的测序奠定了基础（Shendure et al.，2017）。

基于吴瑞先生测序方法的启发，Gilbert 和 Maxam（1973）测定了乳糖操纵子（*lac* operon）的 24 个核苷酸，但其测序方法还是很烦琐，每个核苷酸的测定需耗时一个月。在进一步深入研究和改进方法后，Sanger 等（1977a）发明的双脱氧链终止法及 Maxam 和 Gilbert（1977）发明的化学降解法可在数小时内完成数百个碱基的解读，极大地推动了 DNA 测序技术领域的发展，成为当时生命科学领域划时代的测序技术，Sanger 和 Gilbert 也因此与发明重组 DNA 技术的 Paul Berg 共同获得了 1980 年的诺贝尔化学奖。由于化学降解法对 DNA 纯度的要求很高，且受制于当时电泳的分辨能力，最多只能测序 200~250 个核苷酸序列，再加上操作烦琐、试剂毒性大且难以改进等原因，因此始终未成为主流的测序技术。而 Sanger 基于 DNA 聚合酶的 DNA 合成反应开发的双脱氧链终止法（dideoxy chain-termination method），也称为桑格法测序技术，具有试剂无毒、操作容易、结果准确而稳定等优点，迅速为全球生命科学研究实验室所接受。Sanger 等（1977b）利用该技术成功测定了 φX174 噬菌体的基因组序列，长度为 5386 个碱基。这是继 Fiers 等（1976）测定噬菌体 MS2 RNA 基因组之后，人类测定的第一个完整的生物体 DNA 基因组全序列。

桑格法测序技术的发明带动了基因组学的发展，各大生物公司开始不断进行提升测序效率、实现测序的高效化和自动化的尝试。1986 年，美国的 ABI 公司（Applied Biosystems Inc.）利用四色荧光标记法改进了电泳技术，并用扫描仪替换了放射性物质的使用，率先发明了全球第一台商品化的平板电泳全自动测序仪 ABI 370A。随后，通过毛细管电泳技术替代平板电泳技术，Molecular Dynamics 公司于 1997 年推出 MegaBACE 1000 毛细管电泳测序仪，ABI 公司于 1998 年推出了第一台可实现上样、数据收集、质控和初步分析的全自动化测序仪 ABI Prism 3700，两者是人类基因组计划成功实施的重要机型。2002 年，ABI 公司推出的升级版 ABI 3730 机型，其测序读长更长，能达到 800~1000bp，且用时缩短，只需要几十分钟即可完成一次测序，准确度高达 99.999%，至今仍是桑格法测序仪的主力机型，其测序结果是 DNA 序列测定的金标准。双脱氧链终止法、化学降解法都被确定为第一代 DNA 测序方法，但化学降解法如今已不再使用，而利用双脱氧链终止法的测序原理，结合荧光标记和毛细管阵列电泳技术实现了测序的自动化，使很多物种的基因组破译得以实现，我们常规所说的第一代测序技术通常指基于双脱氧链终止法的全自动 DNA 测序技术，桑格也因此被称为"基因组学之父"。

随着双脱氧链终止法测序技术的发展，DNA 测序数据的产出呈现指数级增长，也促进了"人类基因组计划"（Human Genome Project，HGP）于 1990 年正式启动。人类基因组计划与曼哈顿原子弹计划、阿波罗登月计划被并称为人类 20 世纪三大科学工程，由来自美国、英国、法国、德国、日本和中国的 2000 多名科学家共同参与，旨在测定组成人类染色体的 30 亿对碱基核苷酸序列，从而绘制人类基因组图谱，鉴定人类基因组中的所有基因及其序列，达到破译人类遗传信息的最终目的。人类基因组计划采用层次鸟枪测序法（hierarchical shotgun sequencing）技术，首先将基因组的大片段 DNA 克隆到细菌人工染色体（bacterial artificial chromosome，BAC）中，随后对每个 BAC 的 DNA 进行打断、片筛、亚克隆和纯化，最后使用自动化桑格法测序仪进行 DNA 测序。我国科学家承担了 3 号染色体短臂区域的测序工作。2000 年 6 月 26 日，人类基因组工作草图绘制完成，时任美国总统的克林顿向各国科学家表示祝贺，并特别感谢了中国科学家的参与和贡献（International Human Genome Sequencing Consortium et al.，2001）。2003 年 4 月 14 日，历时 13 年、耗费 38 亿美元后，六国联合发布了《六国政府关于完成人类基因组序列图的联合声明》，宣告人类基因组计划正式完成，标志着生命科学进入了功能基因组研究的新时代（International Human Genome Sequencing Consortium，2004）。HGP 在研究过程中建立起来的策略、思想与技术，构成了生命科学领域新的学科——基因组学，随后被广泛应用于微生物、植物及其他动物的研究中（杨焕明，2016）。人类基因组计划是人类自然科学史上最伟大的创举之一。

虽然第一代桑格法测序技术具有长读长、准确率高等优势，但存在通量低、成本高、耗时长等缺点，限制了其在深度测序和重复测序等大规模基因组测序任务中的应用，阻碍了其真正大规模的推广。为了提升效率、降低成本，在 HGP 执行期间，美国科学家 Craig Venter 开始尝试使用全基因组鸟枪测序法（whole genome shotgun sequencing）进行 DNA 测序。全基因组鸟枪测序法的基本原理是将基因组 DNA 随机切割成小片段，然后同时对这些片段进行桑格法测序，最后通过计算机算法将这些测序结果拼接起来，得到物种的全基因组序列。早在 1995 年，Venter 团队就利用该技术破译了流感嗜血杆菌（*Haemophilus influenzae*）的基因组信息（Fleischmann et al.，1996），然而该技术的可靠性广受当时科学家的质疑。1998 年，在帕金·埃尔默公司 3.3 亿美元投资的支持下，Venter 成立了塞莱拉公司（Celera Genomics），宣称要在 3 年内完成人类基因组的序列测定。2000 年，Venter 团队完成了黑腹果蝇基因组序列的破译（Myers et al.，2000）。2001 年 2 月 16 日，人类基因组计划研究团队在 *Nature* 杂志发表人类基因组测序报告的第二天，Venter 团队的人类基因组测序报告在 *Science* 杂志上发表（Venter et al.，2001），证实了全基因组"鸟枪法"测序可成功破译基因组遗传信息，在此基础上揭开了高通量测序技术的序幕。

在 20 世纪 80～90 年代，多个团队开展了电泳测序法替代方案的研究。基于全基因组"鸟枪法"测序的原理，大规模平行测序技术（massively parallel sequencing），也称为新一代测序技术（next-generation sequencing，NGS，即第二代测序技术）、高通量测序技术（high-throughput sequencing），在 HGP 执行期间得到迅速发展，并在其完成后的 10 年内几乎完全取代了桑格法测序（图 2.1）（Shendure and Ji，2008）。

在高通量测序技术起步和发展这一阶段中，利用桑格法中可中断 DNA 合成反应的脱氧核苷酸（deoxynucleotide，dNTP），逐步开发出焦磷酸法、DNA 聚合酶法、连接酶法等测序技术，前两者为边合成边测序（sequencing-by-synthesis，SBS）策略，后者为边连接边测序（sequencing-by-ligation，SBL）策略。1996 年，Ronaghi 开发了焦磷酸测序（pyrosequencing）（Ronaghi et al.，1998），随后，2005 年 Jonathan Rothberg 创建了 454 Life Sciences 公司，将焦磷酸测序与液滴 PCR 和光纤芯片技术相结合，开发出大规模平行焦磷酸合成测序技术，并推出第一台商用高通量测序仪 454 Genome Sequencer 20（Rothberg and Leamon，2008），这是基因测序技术发展史上里程碑式的事件。2007 年，Roche 公司收购 454 公司后推出了性能更优的升级版设备 Roche 454 GS FLX，读长超过 400bp，可在 10h 内完成 100 万条读长（reads）测序并获得 4 亿～6 亿个碱基信息，准确率超过 99%。与此同时，1998 年，英国剑桥大学化学家 David Klenerman 基于 DNA 聚合酶介导的合成测序法开发了 Solexa 测序法，并在 2006 年成立 Solexa 公司推出高通量测序仪 Genome Analyzer（GA），完成了第一个非洲人基因组重测序（Bentley et al.，2008）。随后，Illumina 公司在 2007 年收购了 Solexa，使 GA 得以商品化，将测序读长由双端 35bp 逐渐提升到 75bp 乃至更长，准确率可达 99%。此前以桑格法测序仪一直占据着测序市场最大份额的 ABI 公司受到了极大的冲击。为了保持竞争优势，ABI 公司开始自主研发基于连接酶法的高通量测序系统，并于 2007 年推出基于磁珠的大规模并行克隆连接 DNA 测序法的高通量测序仪 ABI SOLiD 测序仪。SOLiD 测序系统将目标序列的所有碱基都读取了 2 遍，因此具有极高的准确率（99.999%），但该技术最大读长只能达到 75bp（Shendure et al.，2005）。

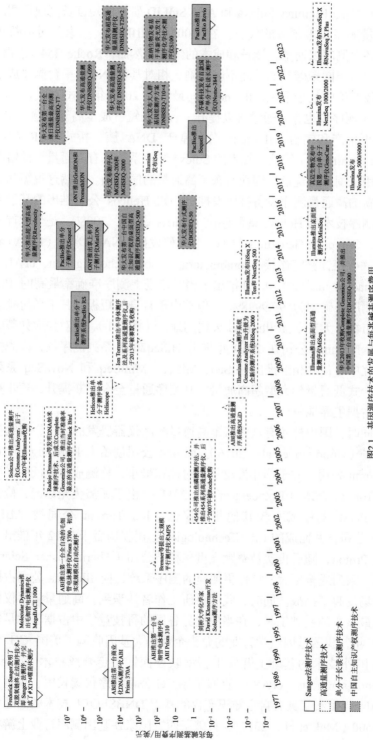

图2.1　基因测序技术的发展与每兆碱基测序费用

Roche 454、Illumina Solexa 和 ABI SOLiD 研发的短读长高通量测序系统为当时高通量测序技术领域的代表。在 2006～2010 年，三家公司不断地推出新品，刷新各自测序仪通量、读长和成本的纪录。然而，Roche 454 测序仪由于测序通量低、对于同聚碱基的检测不够准确、相对其他 NGS 平台测序成本高等原因，在市场竞争中处于下风，Roche 公司最终在 2013 年正式关闭了 454 测序服务。SOLiD 测序仪也存在通量难以提升，且读长短、成本高等问题，于 2013 年停产，不再生产和销售。Illumina 公司基于 DNA 簇、桥式 PCR 和可逆阻断（reversible terminator）等核心技术的 Solexa 测序系统具有高通量、低错误率、低成本、应用范围广等优点，因而占领了高通量测序市场。虽然这短短几年时间，也有一些新的高通量测序设备被研发推出，如 Helicos 公司推出的基于大规模并行单分子测序技术的 Heliscope 测序仪（Harris et al., 2008），是全球首个单分子测序系统，Complete Genomics（CG）公司研发出 DNA 纳米球（DNA nanoball, DNB）与联合探针锚定连接（combinatorial probe-anchor ligation, cPAL）测序技术（Drmanac et al., 2010），并推出了当时市场上测序准确率最高的 Black Bird 测序仪（测序准确度为 99.9998%），但都由于自身的短板，其市场份额逐渐缩小甚至退出市场，无法动摇 Illumina 公司的地位（图 2.1）。面对如火如荼的高通量测序市场，Illumina 公司在 2010 年推出 HiSeq2000 系列测序仪，率先搭建大型基因组研究中心，并相继推出 HiSeq、MiSeq、MiniSeq 和 NovaSeq 系列产品，类型覆盖台式低通量到大型超高通量，其测序通量至今不断提升，逐步在高通量测序市场占据主导地位。

与此同时，国内外还有众多从事高通量测序仪器研发的公司，持续扩充高通量测序市场（Goodwin et al., 2016）。原 454 公司创始人 Rothberg 于 2010 年创办 Ion Torrent 公司，并于同年推出了当时体积最小、检测成本最低的半导体法测序仪 Ion Torrent PGM（Rothberg et al., 2011）。由于无需荧光标记、检测和成像等设备，PGM 测序成本较其他测序仪低。Ion Torrent 公司被 ABI 公司与 Invitrogen 公司合并而成的 Life Technologies 公司收购后于 2012 年推出了通量更高的 Ion Proton，随后再次被赛默飞世尔科技公司（ThermoFisher Scientific）收购并推出一系列通量更大、操作更便捷的测序系统，向 Illumina 公司占据的高通量测序市场发起了挑战。同时，我国科研工作者认识到，高通量测序仪作为生命科学研究最核心的基础工具，在当前世界各国的科技竞争中占据了举足轻重的地位。2013 年，我国基因组学行业的龙头企业华大基因收购了美国 CG 公司，在吸收融合国外技术的基础上开发出新型联合探针锚定合成技术（combinatorial probe-anchor synthesis, cPAS），克服了原 CG 公司测序仪读长短、小型化困难等问题，2014 年发布了具有自主知识产权的基于 DNBSEQ™ 技术的高通量测序仪 BGISEQ-500（Mak et al., 2017），打破了西方国家在基因测序行业上游核心仪器设备端的长期垄断局面。随后，华大基因陆续发布了 BGISEQ-500、MGISEQ-2000/200、DNBSEQ-T7、DNBSEQ-T20×2、DNBSEQ-E5/25 等满足不同测序通量、不同应用场景、不同时间需求等条件的测序平台。其中，超高通量测序仪 DNBSEQ-T20×2 每年可完成高达 5 万人全基因组测序，单例成本低于 100 美元，开启了生命科学"工业 4.0"的时代。此外，随着我国自主研发实力的增强，我国基于自主核心知识产权的国产基因测序仪取得一系列突破。真迈生物先后研发推出了基于表面荧光测序技术（surface restricted fluorescence sequencing）的 4 款短读长高通量单分子测序仪（Liu et al., 2021a），其 2023 年最新发布的 SURFSeq 5000 拥有测序速度快、数据质量好、运行成本低等优点。塞纳生物通过其发明的一种革新荧光发生与纠错编码结合的测序技术（fluorogenic degenerate & error-correction code sequencing）（Chen et al., 2017），也于 2023 年发布了具有完全知识产权的 S100 基因测序仪。百花齐放的基因测序领域将会打破目前垄断的局面，为生命科学研究提供更多的精准研究工具。

对比桑格法测序技术，虽然高通量测序技术的序列读长较短，目前大多只有双端 100～150bp，但高通量测序在大幅度提高测序速度的同时还大大降低了测序成本，并保持了高碱基测序准确性。1977 年，桑格法测序刚发明时，单碱基测序成本需要 10 美元，当时完成一个人类基因组计划预估需要耗费 300 亿美元；ABI 推出平板电泳测序以后，单碱基测序成本为 3～5 美元，直至全自动化毛细管电泳测序技术出现后，单碱基成本才降到 0.1 美元或更低，在高通量测序技术出现之前完成一个人类全基因组测序也还需 5000 万美元（图 2.1）。而自高通量测序技术出现之后，测序成本开始以"超摩尔定律"的速度断崖式下降，2008 年，高通量测序技术使每百万碱基测序成本降至将近 100 美元；到 2010 年，每百万碱基测序成本已经可以控制在 0.5 美元之内，随后到 2017 年降低到了 0.01 美元；到今天，每百万碱基测序成本仅需不到 0.001 美元，实现了 100 美元即可完成人类全基因组测序（图 2.1）。高通量测序技术的出现革命性地改变了 DNA 测序的方式。在基因组的组装和重测序研究方面，2005 年第一个高通量测序数据组装物种生殖支原体（*Mycoplasma genitalium*）基因组、2008 年第一个人类基因组重测序、2010 年第一个通过高通量测序数据组装的动物大熊猫基因组、2012 年第一个六倍体物种小麦基因组、2013 年斑马鱼基因组及各种超大基因组物种（如 2014 年火炬松、2017 年非洲爪蟾、2021 年非洲肺鱼、2023 年南极磷虾）基因组的破译相继完成，目前在美国国家生物技术信息中心（National Center for Biotechnology Information，NCBI）管理的 DNA 序列及相关信息公共数据库 GenBank 上已有超过 15 万种接近 200 万个基因组被公布，总共测序数据超过 23Pb（GenBank，截至 2023 年 11 月 7 日的数据），物种基因组的解读进入了爆发期。此外，高通量测序技术还在无创产前诊断、病原微生物感染检测、肿瘤早筛、精准治疗等临床方面得到了应用。通过高通量、高效率、低成本的基因组、转录组、表观基因组、单细胞转录组、空间转录组等多组学测序，高通量测序技术现已被广泛应用于基因组学、遗传学、生物医学、生态学和农学等领域，极大地推动了人们对基因组和生物多样性及其遗传资源的理解与应用。

随着测序成本的下降，科学家对于基因组信息解读的准确性和完整性追求也不断提高。基于"鸟枪法"的高通量测序技术，由于读长短、PCR扩增错误或者偏向性等原因，在进行基因组拼接时始终会有一些区域没有很好地被完整组装，尤其是在高复杂度或高重复度的区域。目前高通量测序技术发展的一大趋势是追求长读长测序技术的突破。2010年之后，美国PacBio公司（Pacific Biosciences）发布了单分子实时测序（single-molecule real time sequencing，SMRT）技术，英国的ONT（Oxford Nanopore Technologies）公司发布了纳米孔单分子测序技术，两者统称为单分子长读长测序技术，补充了高通量测序技术在读长方面的缺陷（Eid et al., 2009; Clarke et al., 2009）。单分子长读长测序技术具备单分子测序、测序过程无需PCR扩增、超长读长等优势，被 *Nature Methods* 评选为2022年的年度方法，这是测序技术新的里程碑式事件。PacBio公司SMRT技术应用边合成边测序，结合使用极高活性的DNA聚合酶，可使测序读长超过10kb，目前已相继推出PacBio RSⅡ、PacBio Sequel/SequelⅡ、PacBio Revio等主要机型，在不断增加测序读长的同时，其测序准确率也不断提升，目前最新Revio测序仪的碱基准确率可达99%，是所有单分子测序平台中最高的。ONT公司的纳米孔测序技术是基于电信号的测序技术，利用单链DNA分子通过纳米孔时对局部电流的改变来完成序列的测定，测序读长可超过150kb，已推出便携式MinION平台、台式GridION和高通量台式PromethION平台等适用不同场景的测序设备，其独特的Ultra-long测序能够产生超长测序片段，测序序列N50可达2Mb，能够显著提升物种基因组组装效果。2021年，齐碳科技发布了我国首台纳米孔基因测序仪QNome-3841，填补了国内单分子长读长测序技术的空白。而常规高通量测序数据也并未因此退出舞台，我国华大基因和美国10X Genomics公司基于高通量测序技术分别独立研发了单管长片段测序技术（single tube long fragment read，stLFR）（Wang et al., 2019）、Linked-Reads技术（Mostovoy et al., 2016），通过给来自相同DNA分子的短读长测序片段都标记上相同的分子标签（co-barcode），从而实现了在短读长测序数据中获取长读长信息。这种方法在实现了长读长的同时，还保留了高通量测序的低成本、高准确度的优势，已被广泛应用于基因组结构变异分析、高质量动植物基因组组装、染色体水平微生物基因组构建等研究中。同时高通量测序结合全基因组染色体构象捕获测序技术（Hi-C）也能进一步对基因组进行完善，甚至使组装结果达到染色体水平（Burton et al., 2013）。总体而言，单分子长读长测序技术解决了高通量测序的多个关键技术难点，具有无测序偏好、测序读长长、测序时间短、试剂消耗少、测序信息丰富、测序过程简单等多方面的优点，已被广泛应用于基因组学各领域的研究中，但同时也存在相对成本高、测序错误率高、数据处理消耗计算资源大等缺点，目前还在持续发展中。

自从发明桑格法测序技术开始，基因测序技术已经被广泛而创造性地重新利用，也为诸多应用领域带来了前所未有的机遇。此外，基于全基因组鸟枪法测序诞生的"BT（生物技术）+IT（信息技术）"新交叉学科——生物信息学，通过将生物学与数学、计算机学进行有效结合，进而揭示大量而复杂的生物数据所包含的生物学意义，现已在基因组学、蛋白质组学的研究领域发挥着重要作用，成为现代生命科学和医学研究的重要工具与方法。从桑格法测序技术、短读长高通量测序技术到单分子长读长测序技术，各种技术浪潮在过去短短 30 年间风云激荡，不断谱写解读生命密码的华章。未来，基因测序技术还将继续发展，不断提升测序速度、精度和成本效益，为基因组学、生命科学及相关领域的深入研究及应用提供更强大的工具支撑和更多新的解决方案，也将为人类健康和生物学研究带来更大的突破。

2.1.2　极端微生物高通量测序数据研究方法

从第一代测序技术桑格法起，从小至几千碱基的病毒基因组到数百万碱基的微生物基因组，再到 30 亿对碱基的人类基因组乃至更大更复杂的基因组逐步被破译，基因组的神秘面纱一步步被揭开。从大量的测序数据中破译出完整的物种基因组需要通过读取读长（reads）间的连接关系［即重叠（overlap）］构建出更长的连续性片段［即重叠群（contig）］，并基于连续性片段按照一定顺序进一步搭建成更长的序列（scaffold），这一关键过程即基因组组装。基于 OLC（overlap layout consensus）算法开发的软件 Celera Assembler 在人类基因组计划中表现出色，攻克了基因组研究的第一座高峰。以 Roche 454、Illumina Solexa 和 ABI SOLiD 等为代表的短读长、高通量测序数据逐渐成为主流后，开发合适而又高效的算法，使其能从短至几十个碱基的测序片段中从头组装（de novo）出高质量的基因组尤其重要。设计多种不同片段大小的测序文库进行双端高深度测序，同时结合德布鲁因图（de Bruijn graph）的组装策略成为高通量测序时代常用的基因组组装方案。2010 年，华大基因使用自主开发的 SOAPdenovo 软件（Luo et al.，2012）绘制出大熊猫基因组精细图谱，项目使用的组装和分析软件方法成为当时基因组绘图的国际标准，体现了我国的科技竞争力和科学家的创新能力。随后 Velvet、Spades、IDBA 等一系列组装软件陆续被开发出来并推出，为高通量测序数据的基因组组装提供了多种多样的解决工具。针对单分子长读长测序技术，基于 String graph 算法开发的 SGA（string graph assembler），以及基于 OLC
算法开发的 FALCON、Canu、Nextdenovo 等一系列组装软件能高效地处理长读
长数据，并通过校正测序错误和拼接优化等算法最终获得高准确性和高连续性的
完整基因组序列。

　　极端环境分离的细菌、古菌等原核微生物，可通过高通量测序数据获得单菌
基因组框架图（也称为草图），或者通过单分子长读长测序数据结合高通量测序
数据获得基因组染色体水平完全图（Zhang et al.，2021）。单菌基因组的生物信
息分析流程主要分为建库测序、数据过滤、基因组组装、基因及结构预测、功能注
释、比较基因组学分析等。针对高通量测序数据，通过高通量测序仪产生原始数据
后，为提高组装的准确性和速度，需要使用如 FastQC、FastP、Trimmomatic、
SOAPnuke 等软件对数据进行质量控制处理，去除测序过程中产生的低质量序
列、测序接头序列和 PCR 重复序列。随后，使用 SOAPdenovo 或 SPAdes 软件对
获得高质量的短读长序列进行从头组装，以获得宏基因组组装基因组。对于单分
子长读长测序及高通量测序结合的数据，可使用专门针对分离培养单菌基因组完
成图组装开发的软件 Unicycler 或 Trycycler，获得微生物染色体环状完成图基因
组，同时能完整地组装出菌株中含有的质粒基因组。而针对极端环境真菌、原生
生物、动植物等真核生物的基因组的组装则较为复杂，一般采用高通量测序数据
及单分子长读长测序数据结合的策略，针对不同的单分子测序平台选择
FALCON、Canu、Flye、Hifiasm 等合适的混合组装软件进行基因组组装，使用
Pilon、GATK 等软件对组装结果进行纠错矫正后获得最终高质量的基因组序列，
同时还可以结合其他的辅助组装技术 Hi-C、Bionano 等以获得更高质量乃至染色
体水平的基因组（Zeng et al.，2020）。最后，通过 GC 含量深度分布图和测序数
据 Kmer 频率分布图对组装基因组质量进行评估后，可对基因组进行非编码
RNA、重复序列及基因预测，通过与功能数据库（如 KEGG、GO、CAZy）和蛋
白质家族数据库（如 COGs、Pfam、TIRGfam）进行比较，解析基因组的功能组
成。同时基于组装完成的基因组可进一步进行比较基因组学及泛基因组等研究，
解读极端环境微生物的适应性演化机制。

　　受培养技术方法的限制，目前可培养微生物仅约占总量的 1%，各类环境中
均存在大量的未知微生物及已知存在但未能在实验室培养的微生物。宏基因组学
（metagenomics），又称为微生物环境基因组学、元基因组学，绕过对微生物纯培
养的依赖，通过直接从环境样品中提取全部微生物的 DNA，构建宏基因组文
库，利用基因组学的研究策略研究环境样品所包含的全部微生物的遗传组成及其
群落功能（徐迅等，2023）。经过 15 年的发展，目前已有许多专门为宏基因组学
分析开发的算法、软件及分析流程（Liu et al.，2021b），宏基因组及相关技术迅
速地改变了环境微生物基因组学、微生物生态学的研究方式。针对宏基因组学分

析流程，通过高通量测序平台产生测序数据，对数据质量进行处理获得高质量测序数据后，宏基因组学分析最关键的一步是生成准确的基因组序列集。因为环境样本包含不同丰度、亲缘关系远近不定的大量物种，所以测序数据在不同物种间的覆盖范围和深度存在差异，导致宏基因组的组装远比细菌基因组组装复杂和更具挑战性。现在常用 metaSPAdes、MEGAHIT、IDBA-UD 等软件生成准确的基因组序列集。但微生物群落结构的复杂性是决定组装质量最关键的因素，虽然可以通过 MetaQUAST 等软件对不同组装方法的结果进行评估，但针对宏基因组组装结果还没有一个明确的评判规则，实际分析中需要根据待分析的宏基因组数据来源选择最优的组装算法。

通过宏基因组数据组装获得微生物基因组序列片段后，根据分析方法的不同，后续分析可分为"以基因为中心"或"以基因组为中心"两种策略。"以基因为中心"的分析策略首先是对宏基因组组装序列进行基因预测，随后通过 CD-HIT 软件对基因序列进行去冗余，构建非冗余基因集，并使用 SOAPaligner、Bowtie2 等短序列比对软件将基因集与测序数据进行短序列比对，获取基因丰度表；其次，使用 MEGAN 软件对基因集进行物种分类注释，解析物种的组成和多样性；最后，通过与各功能数据库和蛋白质家族数据库进行比较，对基因集进行功能注释。该策略最终可获得基于非冗余基因集的物种和功能丰度信息，为宏基因组关联分析（metagenome-wide association study，MGWAS）、生态网络分析等提供数据基础。"以基因为中心"的宏基因组分析策略最早由我国科学家在人类肠道宏基因组学（metagenomics of the human intestinal tract，MetaHIT）研究计划中提出，基于该策略的肠道微生物、环境微生物宏基因组学研究取得了大量重要成果。例如，2010 年 MetaHIT 研究团队在 *Nature* 封面发表人类肠道微生物基因集（Qin et al.，2010），是我国生命科学领域引用率最高的文章之一；2015年，Tara Ocean 研究团队在 *Science* 发表海洋微生物基因集，解析全球海洋微生物的结构与功能（Sunagawa et al.，2015）；2016 年，土壤微生物基因集（Bahram et al.，2018）及 2022 年地球微生物基因集（Coelho et al.，2022）先后在 *Nature* 杂志发表。针对大范围的微生物资源调查基础性研究，建立其参考基因集将为鉴定和表征难培养微生物的基因与功能提供一种稳定且可靠的研究方案。

"以基因组为中心"的分析策略重点是将宏基因组组装的基因组序列通过分箱（binning）聚类到不同的分类箱（bin）中，其中每个箱能有效地代表一个宏基因组组装基因组（metagenome-assembled genome，MAG）。宏基因组的分箱主要基于序列的四核苷酸频率、GC 含量和覆盖深度等特征，开发出了一系列高效的分箱算法，如 CONCOCT、Metabat2、Maxbin2、DAS tools 等，实现对宏基因组组装基因组的快速重构（Liu et al.，2021c）。同时，为对分箱重构得到的基因组的完整性和污染程度进行评估，研究人员开发了根据已经确定的古菌和细菌保守单拷贝基因（universal single copy gene）对重构基因组进行质量评估的分析流程 CheckM，现已被广泛用于分析和计算基因组的完整性、污染度和异质性。然而，大多数分箱得到的基因组都没有物种分类信息。2018 年，*Nature Biotechnology* 报道了使用 120 个细菌单拷贝和 122 个古菌单拷贝，在大量氨基酸水平差异的基础上通过平均核苷酸鉴定标准来设定物种分类界限，构建了新的分类系统 GTDB（Genome Taxonomy Database），并根据该基因组数据库分类法进一步开发出为细菌和古菌基因组进行客观分类注释的工具 GTDB-Tk（Chaumeil et al.，2019），从而实现直接从环境样本中获得数百或数千个由宏基因组组装而来的基因组（MAG）并行进行物种分类。通过上述分析，"以基因组为中心"还可以进一步构建非冗余参考基因组集，比较不同微生物基因组的丰度分布特征，同时也可参考单菌基因组分析流程进行基因组功能注释和演化分析。基因组重构策略现已被应用于从各种环境中获得的宏基因组测序数据进行分析，如红树林（Liao et al.，2020）、冰川（Liu et al.，2022）、热液喷口（Dombrowski et al.，2017）、深海冷泉（Han et al.，2023）、深渊海沟（Chen et al.，2021）等，并使研究人员能够在这些环境中识别和探索新的细菌与古菌谱系。例如，深圳大学李猛教授团队对来自红树林和深海沉积物的样本进行宏基因组数据及分箱分析，从中发现了 6 个尚未被报道的阿斯加德古菌新门，其中更为古老的阿斯加德古菌新门被命名为悟空古菌（Wukongarchaeota）（Liu et al.，2021a；Cai et al.，2020）；李文均教授团队联合来自美国的科学家团队从美国瓜伊马斯海盆的高温深海底泥和中国滇藏两地的高温热泉生态系统中分箱重构出 15 个新类群古菌，并将其命名为布罗克古菌门（Brockarchaeota）（De et al.，2021）。总之，"以基因组为中心"的方法在发现未培养的细菌和古菌研究中越来越受欢迎，是探索极端环境微生物系统发育多样性和功能多样性的重要策略。

宏基因组学研究中还有一个"以测序序列为中心"的分析策略，不需要组装，通过直接将测序数据与已知的物种和功能数据库进行比较，获得环境样本中的物种和功能组成及丰度信息，其分析流程常用的软件有 Kraken2、HUMAnN3、Metaphlan3、FMAP 等（Liu et al.，2021c），但由于该方法的鉴定分辨率较低、假阳性出现概率较高，使用相对较少。另一个进行极端环境样本微生物功能研究的策略是功能基因芯片（functional gene array，FGA）。2004 年，周集中教授团队设计的功能基因芯片 GeoChip，可基于寡核苷酸探针选择性地与样品的目标功能基因序列杂交，获得环境样本中涉及生物地球化学过程（如氮和碳循环）、金属氧化和抗性及有机污染物降解相关功能基因的定性和半定量结果。其最新 GeoChip 5.0 版本涵盖超过 570 000 种探针，可靶向属于细菌、古菌、真核生物和病毒中与基础生物地球化学循环、能量代谢及热点研究主题密切相关的

2400 多种功能基因家族中的 260 000 余种编码基因。目前该技术也被应用在极端环境微生物的功能研究中，如用于检测阿拉斯加 Barrow 半岛不同成土年龄和不同融化程度的冻土土壤微生物群落结构和功能特征（Ji et al.，2020），Juan de Fuca Ridge 热液喷口样品中参与关键代谢过程（CO_2 固定、甲烷循环和氮循环）的不同微生物种群等（Wang et al.，2009）。除此之外，针对环境微生物多样性调查的另一个研究方法是扩增子测序（amplicon sequencing）（Liu et al.，2021a），通过对原核生物 16S 或者真核生物的 18S、内在转录间隔区（ITS）序列进行扩增及高通量测序之后，使用 QIIME2 或 USEARCH 等软件进行数据过滤、操作分类单元（operational taxonomic unit，OTU）聚类、系统发育分析、群落多样性分析，并可进一步通过 PICRUSt2、tax4fun、FAPROTAX 等软件进行群落功能预测，是一种快速、低成本对极端环境样本微生物群落进行解析的方法。围绕微生物基因组学、宏基因组学、扩增子等研究，研究人员还开发了众多在线生物信息分析工具，如 Glaxy、GAAC、MG-RAST 等（Liu et al.，2021c），为广大科研人员提供了便利，推动了对极端环境微生物基因组的解读和遗传资源解析。

在极端环境微生物组学数据随着高通量测序技术发展迅猛增加的同时，从海量的极端环境微生物遗传资源进行高活性极端酶的筛选鉴定也需要开发创新的高通量筛选策略。目前，基于生物信息学及人工智能算法可实现序列-功能或序列-结构及结构-功能的关联，从而使以序列作为输入，通过计算模拟预测酶的结构，从而推断其活性及功能；实现高通量突变体虚拟筛选设计等逐步成为可能。以基于序列的同源蛋白筛选作为基础，将 Alphafold2 等人工智能预测的相似性用于潜在生物酶的功能预测，将为提高筛选精度、缩小筛选范围提供新的技术手段（Jumper et al.，2021）。根据人工智能最优化理论模拟高价值代谢产物通路，可实现产物源头的设计、合成优化，突破极端环境微生物产物重复发现和低产量的瓶颈，建立高价值产物生物制造平台，助推极端酶基因资源高值化利用。

地球上陆地热泉、深海热液喷口、深海冷泉、高盐湖泊、高原冻土、极地冰川等各类极端环境中的微生物蕴含结构新颖、功能多样的极端酶基因资源宝库，是国际生物技术竞争的主要领域。高通量测序获得的海量基因组信息将推动极端环境微生物多样性研究与基因资源开发利用。国际上现已实施了几大微生物组学计划，主要包括全球海洋采样计划（Global Ocean Sampling，GOS）（Rusch et al.，2007）、塔拉科考计划（Tara Expeditions）（Sunagawa et al.，2015；Paoli et al.，2022）、地球微生物组计划（Earth Microbiome Project，EMP）（Nayfach et al.，2021）、极端环境微生物组计划（Extreme Microbiome Project，XMP）（Tighe et al.，2017），积极进行极端环境微生物样本和遗传资源采集。目前，我国也已经建立了相当规模的极端环境微生物资源库。在科技部、原国家海洋局与中国大洋协会的共同支持下，自然资源部第三海洋研究所通过近 20 年的努力，建立了国际上最大的海洋微生物菌种资源库；新疆农业科学院微生物应用研究所历时 15 年，建立了全球第一个耐辐射微生物菌种资源库；同时我国也分别于2021 年依托上海交通大学牵头发起了"马里亚纳海沟生态环境科研计划"（Mariana Trench Environment and Ecology Research Project，MEER），2022 年依托中国科学院深海科学与工程研究所牵头发起"全球深渊深潜探索计划"（Global Trench Exploration and Diving Programme，Global TREnD）。这些成果推动了极端环境微生物资源的应用潜力评价，获得了在医药、环保、工农业等方面有重要应用价值的菌种、基因、酶和化合物。预计未来 20 年内极端环境微生物的资源开发利用将在新药开发、工业催化、环境保护、日用化工、绿色农业、新型食品等多个领域中形成重要产业。

2.2　极端微生物资源库

极端微生物是生活在一种或多种物理或化学参数超出大多数生物体正常范围的环境中的微生物。根据其生活的具体极端条件进行分类，主要包括以下几类：①嗜热微生物（最适生长温度在 60℃以上）和超嗜热微生物（最适生长温度在80℃以上），如热纤梭菌和嗜热球菌；②嗜冷微生物（最适生长温度在 15℃以下）和耐冷微生物（在接近水的冰点温度下能生长，但在 20℃以上时生长速度最快），如李斯特菌和假单胞菌；③嗜酸微生物（酸性，pH<3），如产酸硫杆菌和嗜酸铁微菌；④嗜碱微生物（碱性，pH>9），如巴氏芽孢杆菌和嗜碱芽孢杆菌；⑤嗜盐微生物（能够在盐浓度为 15%～20%的环境中生长，有的甚至能在32%的盐水中生长），如盐杆菌和盐球菌；⑥嗜压微生物（在压强<50MPa 条件下无法生长，但在 100MPa 条件下能生长良好），如地中海嗜压发光菌；⑦嗜金属微生物（高金属浓度），如铁细菌和硫氧化菌；⑧嗜干旱微生物［在干燥、水分活度（a_w）<0.8 条件下生长］，如内石蓝细菌；⑨耐辐射微生物，如奇球菌和耐伽马热球菌；⑩微需氧微生物（在<21%氧气中生长），如空肠弯曲菌和幽门螺杆菌。

2.2.1　极端微生物菌种库

极端微生物菌种库是一个专门收集、保存和管理来自各种极端环境的微生物菌株的资源中心。极端微生物菌种库的主要目标是促进科学研究、工业应用和环境保护等领域的发展。目前，常见的极端微生物菌种库有（图 2.2）：①ATCC（American Type Culture Collection），是世界上最大的生物资源中心之一，包括来自极端环境的菌株。它提供了广泛的微生物资源，以支持科研和工业应用。②DSMZ（Deutsche Sammlung von Mikroorganismen und Zellkulturen），是德国的一个生物资源中心，专门收藏、保存和研究微生物、真菌和细胞系，收藏了包括来自极端环境的微生物。③JCM（Japan Collection of Microorganisms），是日本的一个微生物资源中心，致力于保存和提供微生物菌株以支持科学研究，包括来自各种生态环境的微生物。④NCIMB（National Collection of Industrial, Food and Marine Bacteria），位于英国，专门保存和提供工业、食品和海洋领域的微生物资源，其中可能包括来自极端环境的菌株。⑤CCUG（Culture Collection University of Gothenburg），是瑞典哥德堡大学的微生物文化收藏机构，收集了多种微生物菌株，包括一些耐受极端条件的菌株。⑥NCTC（National Collection of Type Cultures），是英国的一个菌株文化收藏机构，提供了多种微生物文化，包括一些来自不同环境的微生物。

图 2.2 各极端微生物菌种库首页

1. 极端微生物菌种库的建立与管理

在建立极端微生物菌种库之前，首先需要仔细选择采样地点。这些地点应该包括各种极端环境，如高温泉、深海热液喷口、盐湖、极寒地区和高压环境等。选择多样化的采样地点有助于获取不同类型的极端微生物。

选择合适的极端微生物采样地点是科研和应用项目的关键步骤。科学家和研究者需要考虑目标环境的极端条件类型、季节变化、安全因素、坐标定位及多样性等因素。预先了解和计划采样策略，确保遵守伦理和法规，与其他研究者合作和共享数据是确保获得有代表性、有价值样本的关键。选择合适的采样地点将为深入研究极端微生物的生态学、应用潜力和环境适应性提供重要支持。

采集到的样本需要经过严格的处理和分离过程。由于样本可能包含大量的杂质，如有机物、粉尘、沉积物等。在处理之前，通常需要进行样本前处理步骤，如过滤、沉淀或离心，以去除这些杂质。样本中的微生物通常是混合的，包括各种细菌、古菌和其他微生物。分离的目标是从中获得纯净的微生物菌株。分离通常通过稀释分层、平板分离、过滤分离、渗透膜分离等方法来实现。一旦分离出单个微生物菌株，它们通常需要在适当的培养基上培养。培养条件应模拟目标极端环境的温度、盐度、酸碱度等参数，以确保微生物的生长和繁殖。对培养出的微生物进行鉴定和分类也是重要的步骤之一。这可能涉及形态学观察、生化测试、分子生物学技术（如 16S rRNA 测序）等方法，以确定微生物的种属和亚属分类。

极端微生物的保存通常采用冷冻保存和液氮保存两种主要方法。冷冻保存是保存极端微生物常见的方法之一。菌种通常保存在-80℃低温冰箱中，以确保其长期保存。在进行冷冻保存之前，确保菌株已经被纯化，并且处于最佳的生长状态。分离出的单个菌株应该在培养基上生长并形成单一的培养物。然后将培养物分装到冷冻保存液中，常用的保存液包括甘油（glycerol）、DMSO（二甲基亚砜）冻液等。这些保存液中添加了保护剂，以防止细胞损伤。通常，一份培养物分装到一份保存液中，形成称为"冻存"的样本。确保记录每个样本的详细信息，包括菌株的名称、来源、保存日期和其他相关信息。

对于一些特别耐寒的极端微生物，液氮保存技术可能更为适用。这种方法可以将菌种保存在极低温度的液氮下（通常为-196℃），以确保其保存完好。液氮保存技术的主要优势在于提供了极低的温度，远低于常规冷冻或冷藏条件，因此可以有效延长微生物菌株的保存时间。在液氮的极低温度下，水分子几乎完全凝固成无水晶状态，避免了冷冻过程中产生的冰晶对微生物细胞的损伤。液氮保存技术的步骤包括使用专用冷冻容器（如液氮罐或冷冻管）容纳样本，对微生物样本进行制备，包括冷冻和添加保护剂以减少细胞损伤，迅速将样本浸入液氮中以确保迅速冷冻并避免大型冰晶的形成，标记和记录每个样本的详细信息以便日后识别，最后存放在液氮罐中。

每个保存的菌种都需要进行鉴定和分类。这通常涉及形态学观察、生化测试和分子生物学分析等多个步骤。首先，通过显微镜观察微生物的形态特征，包括细胞形状、大小、结构、颜色和细胞壁类型等。进一步的生化测试包括酶活性测试、代谢途径测试等。这些测试可以帮助确定微生物的代谢特性。分子生物学技术，如 16S rRNA 或 18S rRNA 基因测序，可以确定微生物的遗传信息。

通过比对这些序列与数据库中的已知微生物序列，可以更准确地鉴定微生物的种属和亚属。

为了有效管理保存的菌种信息，建立一个菌种数据库是必要的。这个数据库应该包括菌种的基本信息，如名称、来源、采集地点和日期，以及鉴定结果，如种属和亚属分类。此外，还需要记录菌种的保存条件，包括温度、湿度和保存液等。同时，维护菌种库也是关键，包括定期检查菌种的保存状态，确保其生物活性和遗传稳定性，并更新相关信息以反映最新的研究成果和文献引用。

2. 极端微生物菌种库的应用领域

极端微生物中的酶具有出色的稳定性和活性，适用于生产生物燃料、生物塑料、食品添加剂等。它们在高温、高盐或高压等极端条件下表现出众，为工业生产提供了宝贵资源。例如，嗜热发酵厌氧菌（*Clostridium thermophilus*）能够在60～70℃条件下利用多种纤维素酶和半纤维素酶降解含木质素的材料并发酵为乙醇，有效解决生物燃料生产中木质纤维素分解的难题（Lamed and Zeikus，1980）。有研究表明，极端微生物通过积累聚羟烷酸类物质（PHA）和聚羟基丁酸酯（PHB）等化合物，以适应高盐度和高温度环境，提高了其细菌的耐受性。钙单胞锰氧化菌 JCM 10698T（*Caldimonas manganoxidans* JCM 10698T）被证明是PHB 生产中竞争力最强的嗜热菌株之一。通过优化其发酵条件，*C. manganoxidans*的最高 PHB 含量可以达到 65%（Hsiao et al.，2016）。此外，嗜冷性 β-半乳糖苷酶可用于生产低乳糖牛奶（专用于乳糖不耐受个体的乳制品）（Zhuang et al.，2022）。与中温酶相比，嗜冷性 β-半乳糖苷酶能够在低温（<10℃）条件下有效水解乳糖，使乳糖水解可以在牛奶运输或储存期间进行控制，从而显著缩短了生产所需时间，降低了中温微生物污染风险，同时防止了非酶促褐变产物的形成。

极端微生物在废水处理和环保应用中扮演着重要角色。例如，嗜热微生物如嗜热古菌在高温环境下可以降解有机废水中的烃类化合物，提高废水处理效率（Ghosh and Dam.，2009）。嗜盐微生物如硫酸盐还原菌具有使用硫酸盐作为电子受体的独特呼吸能力，生长在极低或极高 pH、极低或高温及高或低盐浓度的环境中。它们适用于高盐度废水处理，减少盐分浓度（Muyzer and Stams，2008）。嗜辐射微生物，如耐辐射奇异球菌（*Deinococcus radiodurans*），可用于生物修复，降解放射性物质（Daly，2009）。这些应用有望改善环境质量，降低废水污染，促进资源回收，为环保和可持续发展提供新的工具和方法。

极端微生物中存在着未知的微生物物种，它们生存在极端环境中，生产着可能具有强大生物活性的化合物。这些微生物可能成为新型抗生素、抗癌药物或其他药物的潜在来源。一项研究表明，来自极端深海热液环境的细菌热泉硫微螺旋菌（*Thiomicrospira crunogena*）能够产生一种叫作 Cratolyl 的抗生素，对耐药细菌的最小抑制浓度（MIC）显著低于一些传统抗生素，表明其可能在应对耐药性细菌中发挥作用（Lam，2006）。这种发现提供了潜在的新型抗生素来源。某些嗜盐细菌产生的类胡萝卜素（carotenoid）具有抗氧化和抗炎作用（Fraser and Bramley，2004）。这些物质已经被应用于抗氧化剂和抗炎药物的研究中。研究表明，这些类胡萝卜素可以减少氧化应激和炎症反应，对人体健康和药物开发具有积极影响。

极端微生物的特殊特性还可以用于改进医疗设备和材料，如生物降解医疗材料、抗菌涂层等，以提高医疗保健领域的性能和效果。这些抗菌生物材料可以减少医疗设备相关感染的风险，改善手术和治疗效果。聚羟基烷酸酯（PHA）和聚羟基丁酸酯（PHB）等聚酯是重要的生物材料，但大多数微生物在高盐和高温环境下难以生产它们。极端微生物放线菌属红杆菌已被证明含有编码 PHA 合成机制的基因，嗜木红杆菌和斯巴达红杆菌等菌株能够积累高达细胞干质量 50%的PHA（Kouřilová et al.，2021）。

通过研究极端微生物的生存和繁殖机制，可以更深入地了解极端生态系统，如深海热液喷口、盐湖和极寒地区。研究极端生态系统中的微生物有助于了解它们的多样性和适应性机制。这些生态系统包括极端温度、高压力和辐射等因素，使微生物必须具备特殊的适应性特征。对极端微生物群落进行遗传分析和生态学研究，有助于揭示它们的生存策略和生态学角色（Stetter，2006）。极端微生物可能在生态系统的恢复、污染处理和生态管理中发挥关键作用，帮助维护和恢复受损的生态系统，促进生物多样性的保护。因此，极端微生物还可以用于恢复受损的生态系统，如矿山废弃地或受污染的水体（Gadd，2007）。它们能够降解有害物质，改善土壤质量，促进植被生长。这些微生物介入的生态系统恢复项目可以帮助修复生态系统功能，提高生物多样性。此外，极端微生物可以用于构建生态工程系统，如人工湿地、生态滤池和水体修复项目。它们有助于净化水体、处理废水，以及维护健康的水生生态系统（Vymazal，2013）。在生态工程项目中，极端微生物的参与有助于改善水体质量，维护水生生物多样性。

3. 极端微生物菌种库的未来展望

极端微生物中的生物酶和代谢途径通常具有在极端条件下高度稳定和活跃的特性。这些特殊的酶可以被应用于生物技术和生物工程中，如用于生物燃料生产、有机合成和药物合成。菌种库的基因组信息将有助于发现和利用这些新型酶与代谢途径。这些酶和代谢产物可以用作高效的生物催化剂。它们在高温、高盐、高压等恶劣条件下仍能保持活性，这对于工业生产中的反应条件灵活性至关重要。这些催化剂的开发将促进可持续生产和环保。

极端微生物中的特殊蛋白质和多糖物质可以用于生产生物材料，如生物降解塑料和纳米材料。这些材料在医疗、材料科学和电子工程等领域具有广泛的应用前景。极端微生物的基因组信息可以被用于基因编辑和合成生物学中。科学家可以利用这些信息来设计和构建新的微生物菌株,以执行特定任务,如污水处理、有机废物降解和环境修复。利用极端微生物的特性,可以开发环保技术,如用于处理有毒废物、净化受污染的水体和改善土壤质量。这有助于解决环境污染和资源可持续性等全球性问题。

总之,极端微生物菌种库为生物技术和生物工程领域的创新提供了丰富的资源和机会。这些微生物的独特性和基因组信息将在生产、材料科学、环保和医疗等多个领域推动新技术的发展,为可持续发展和环境保护做出贡献。极端微生物的研究有助于人们更深入地理解极端环境的生态系统,为环境保护、资源开发和可持续发展提供指导。这将有助于人们利用极端微生物来解决环境问题和发展新型生态技术。

2.2.2 极端微生物基因组数据库

极端微生物基因组数据库是一个特殊领域的数据库,专门用于存储和共享极端微生物的基因组信息。这些数据库包括各种类型的极端微生物,如嗜热微生物、嗜盐微生物、嗜压菌等,以及它们在不同极端环境下的基因组数据。目前,常见的极端微生物基因组数据库有:①IMG/ER(Integrated Microbial Genomes/Expert Review),由美国能源部(DOE)的联合基因组研究所(JGI)维护,提供广泛的微生物基因组数据,包括极端微生物。它包括了详细的生物信息学和生物学注释,以及对基因组的比较和分析工具。②HALOGEN,一个专注于嗜盐微生物的基因组数据库,致力于收集和研究生活在高盐环境中的微生物的基因组信息。③*Thermococcus sibiricus* MM 739,是一个嗜热古菌的基因组数据库,包含了 *Thermococcus sibiricus* MM 739 这种生活在高温环境下的微生物的基因组信息。④Thermotogae Genome Database,专注于热袍菌门(Thermotogae)的基因组数据库,提供了多种嗜热微生物的基因组数据。⑤XMP(Extreme Microbiome Project),不是一个传统的数据库,而是一个旨在收集和分析各种极端环境中微生物的项目。它的目标是理解极端微生物的多样性和生态学。

1. 极端微生物基因组的采集与测序

采集极端微生物样本是一项复杂的任务,采样者需要克服的挑战主要有:①极端温度。对于嗜热微生物,采样者必须在高温下工作,这需要特殊的装备和保护措施。相反,嗜冷微生物的采样则需要在极低温度下进行。②高盐度和高压力。在盐湖或深海中采样可能需要使用特殊的采样器具,以防止样本受到污染或破坏。③污染风险。采样者必须小心防止来自外部环境的污染,以确保样本的纯度。采集完样本后，样本的处理和保存至关重要，以确保样本的完整性和 DNA 的稳定性。处理与保存的步骤包括：①样本处理。样本需要在采集后立即进行处理，以防止微生物的生物活性或 DNA 的降解。这可能涉及将样本过滤、离心、冷冻等步骤，以分离和保护微生物。②添加保护剂。为了减少样本中 DNA 的降解和细胞的损伤，通常会向样本中添加保护剂，如甘油或甘露醇。这些保护剂可以维持细胞的完整性和 DNA 的稳定性。③冷冻保存。样本通常需要在极低温度下保存，以减缓微生物活性和 DNA 降解的速度。液氮罐或专用冷冻设备通常用于这一目的。④样本标识与记录。每个样本都应该被标记并记录详细信息，包括采集地点、日期、采集者等。这有助于后续的数据管理和样本追踪。⑤定期监测。存储的样本需要定期监测温度和样本状态，以确保它们在保存期间稳定。极端微生物样本的处理与保存是微生物学研究的关键环节，对于后续的实验和基因组测序至关重要。

基因组测序是一项关键的生物学技术，它使科学家能够解码生物体内的遗传信息，深入了解生物的基因组结构和功能。随着科学技术的不断发展，基因组测序方法也日新月异，不断演进和改进，以满足不同研究领域的需求。以下是一些常用的基因组测序方法，包括桑格法测序、Illumina 测序、PacBio 测序、Oxford Nanopore 测序、Roche GS FLX 测序、ABI SOLiD 测序和单细胞测序技术。

桑格法测序基于 DNA 链延伸的原理，通过合成标记的链终止核苷酸来测定 DNA 序列。桑格法测序的步骤包括 DNA 片段扩增、标记、电泳分离和序列分析。尽管桑格法已经有几十年的历史，但它仍然被广泛用于小规模的 DNA 测序项目和验证。通过桑格法测序，一研究小组获得了地中海富盐菌 CGMCC 1.2087（*Haloferax mediterranei* CGMCC 1.2087）的完整基因组（Han et al., 2012）。该细菌是一种极其嗜盐的古菌，已显示出从不相关的廉价碳源生产聚（3-羟基丁酸酯-3-羟基戊酸酯）（PHBV）的前景（Quillaguamán et al., 2010; Koller et al., 2007）。基因组分析显示，这一细菌具有多个盐适应基因，如钠转运蛋白和离子调节基因，以适应极端盐度条件。

Illumina 测序是一种高通量测序方法，被广泛应用于全基因组测序、RNA 测序和甲基化测序等领域。它基于"桥式扩增"技术，通过将 DNA 分子固定在表面，反复扩增和测序，从而实现高效的测序。Illumina 测序具有高通量、高精度和低成本的优势，已成为基因组学研究的主要工具之一。通过 Illumina 测序，Anderson 等（2017）获得了深海热液喷口处的嗜热微生物的基因组序列。这些数据揭示了这些微生物在高温环境中的代谢策略和适应性基因，以研究海底种群内的基因组变异模式。

PacBio 测序由 Pacific Biosciences 公司开发，采用了单分子实时测序

（SMRT）技术。它通过监测 DNA 聚合酶在合成过程中释放的荧光信号来测定 DNA 序列。PacBio 测序具有极长的读长（长于 Illumina 测序），这使得它在解决复杂基因组、检测结构变异和分析 DNA 修饰时具有优势。PacBio 长读长可以产生更长的重叠群、更完整的基因和更好的基因组分箱，从而提供有关宏基因组样本的更多信息（Xie et al.，2020）。

Oxford Nanopore Technologies 开发的 Nanopore 测序技术是一种第三代测序技术，它基于 DNA 分子通过纳米孔时的电信号变化。这种方法具有实时测序的能力，允许研究人员直接观察 DNA 序列的合成过程。Oxford Nanopore 测序具有潜在的长读长、便携性和实时性，适用于野外环境和即时基因组分析。Johnson 等（2017）使用 Oxford Nanopore 测序技术在南极洲麦克默多干谷监测耐寒微生物，该技术的实时测序特性允许他们实时监测微生物群落的多样性和 DNA 修复基因的表达。

Roche GS FLX 采用焦磷酸测序技术。焦磷酸测序技术依赖于检测核苷酸合并过程中释放的焦磷酸，而不是使用双脱氧核苷酸来终止链扩增。该测序仪具有速度快、读取长度长、通量大、准确度高等特点，可进行 pin-end（PE）测序研究。但是在长度超过 6bp 的多碱基方面具有相对较高的错误率。Hans J. Bohnert 团队利用 Roche GS FLX 测序技术对嗜盐藻小盐芥（*Thellungiella parvula*）的基因组进行组装（Oh et al.，2010），*T. parvula* 基因组结构的完成有望揭示该物种极端微生物生活方式背后的独特遗传元素。

ABI SOLiD 测序仪采用基于连接测序的双碱基测序技术。测序使用了连锁反应，具有较高的稳定性和准确性，有效解决了多核苷酸序列难以读取的问题。每个 DNA 碱基被检测两次，这增加了序列读数的准确性。

单细胞测序技术是一种相对较新的测序方法，它能够对单个细胞的基因组、转录组或表观基因组进行高分辨率测序和分析。它的核心原理是从单个细胞中提取和扩增 DNA 或 RNA，然后进行测序，从而获得该细胞的遗传信息。这项技术已经在生命科学研究中产生了革命性的影响，因为它可以揭示不同细胞之间的基因表达差异、细胞类型的多样性和细胞发育过程中的动态变化。单细胞测序技术的关键步骤包括单个细胞的分离、DNA 扩增、测序和数据分析。Stephen R. Quake 团队使用单细胞基因组和宏基因组方法的组合对新型低盐度氨氧化古菌（AOA）的基因组进行测序（Blainey et al.，2011）。单细胞测序技术可用于从异质样本中获取生物体特异性序列数据集，并进一步提供对群体水平的微观异质性的洞察。基因组数据揭示了在其他 AOA 中未观察到的序列特征，以及与已发表的 AOA 基因组的相似性，这说明了这些生物体的代谢潜力和环境相关性。

2. 单细胞测序技术在极端微生物研究中的应用

由于其生存环境的极端性质，极端微生物具有许多独特的生物学特征。然而，传统的群体测序方法在研究极端微生物时存在一些限制，因为它们无法提供单细胞水平的信息。在这种情况下，单细胞测序技术的应用成为研究极端微生物的重要工具。

（1）解析极端微生物的多样性和功能：极端微生物生存在极端环境中，因此具有多样的生态学特性。单细胞测序技术可以帮助研究人员更好地理解这些微生物的多样性，包括不同菌株之间的遗传差异、基因组大小和结构的变化，以及它们在生态系统中的功能。这对于生态学研究和环境保护至关重要。澳大利亚维多利亚州泰瑞尔湖是一个极端高盐环境。研究人员使用单细胞测序技术对从中采集的微生物进行了深入分析（Podell et al., 2014）。他们发现湖泊中存在多个不同的极端嗜盐微生物，每个微生物菌株具有独特的遗传差异和代谢潜力。通过分析这些微生物的基因组和功能基因，研究人员对它们的多样性和在高盐度环境中的适应能力有了更进一步的理解，为生态学研究和环境保护提供了重要信息。

（2）探索新的代谢途径：极端微生物通常具有独特的代谢途径，可以在极端条件下生存和繁殖。利用单细胞测序技术，研究人员可以研究这些微生物的基因组，揭示它们的代谢潜力和新型代谢途径。这对于生物技术和工业应用具有潜在的价值，如生物燃料生产和有机废物降解。Sievert 等（2008）采集了来自深海热液喷口的微生物样本，其中存在极端高温和高硫化氢浓度的环境。为了代表沿海海洋沉积物中存在的丰富的硫氧化性 ε 蛋白细菌，他们选择对硫氧化石自养菌脱氮嗜硫单胞菌 DSM1251（*Sulfomonas denitrificans* DSM1251）的基因组进行测序和分析，并揭示了一种新型硫氧化代谢途径。基因组分析还表明，*S. denitrificans* DSM1251 拥有结构清晰的支链电子传递链，其基因组编码了一系列关键酶复合体，这些酶复合体能够催化包括分子氢、还原硫化合物、甲酸盐及硝酸盐等多种能源物质的氧化过程，并且可以利用氧气作为末端电子受体进行有氧呼吸。值得注意的是，*S. denitrificans* DSM1251 的基因组中还存在完整的自养还原柠檬酸循环，这表明其具备潜在的自养固碳能力。这些多样的代谢能力共同作用，使得 *S. denitrificans* DSM1251 能够高效利用硫化氢等能源，并在各种极端环境中成功生存和繁衍。

（3）研究耐辐射性和耐高压性：一些极端微生物具有出色的耐辐射性和耐高压性，这使它们成为研究辐射生物学和深海生态学的理想对象。利用单细胞测序，可以研究这些微生物的 DNA 修复机制、生存策略及在不同压力和辐射水平下的基因表达变化。一项研究聚焦于深海底部的放射性核废料存放地点，采集了地下水样本，其中存在高水平的辐射（Daly et al., 2004）。研究人员使用单细胞测序技术对这些水样中的极端微生物进行了分析。他们揭示了一种新型微生物菌株 *Deinococcus radiodurans*，其表现出出色的耐辐射性。*D. radiodurans* 积累了非常高的细胞内锰和低铁水平，并且抗性表现出对氯化锰的浓度依赖性反应。由此研究人员推测，锰的积累有助于 *D. radiodurans* 从辐射损伤中恢复。

（4）揭示共生和互惠关系：极端环境中的微生物通常存在于复杂的共生网络中，彼此之间相互依赖。单细胞测序可以帮助研究人员揭示这些共生关系的分子机制，包括共生微生物之间的物质交换和信号转导。这对于生态学、生物技术和药物研发具有潜在的应用前景。Gregory J. Dick 研究团队在极端高温的温泉中采集了微生物样本，其中存在多种共生微生物，彼此之间存在互惠关系（Anantharaman et al., 2013）。利用单细胞测序技术，他们深入分析了这些微生物之间的分子机制。他们揭示了一种物质交换网络，其中某些微生物产生代谢产物，供其他微生物使用，从而使整个生态系统更稳定。

（5）挖掘新的生物活性产物：极端微生物可能合成具有生物活性的化合物，如抗生素、酶和抗氧化剂。通过单细胞测序，可以识别和分析这些微生物的生物合成基因簇，从而挖掘新的生物活性产物，为药物发现和生物工程提供新的资源。例如，在低温下进化的微生物表达冷适应酶，与其嗜温同系物相比，具有独特的催化特性，即更高的催化效率、改进的柔韧性和更低的热稳定性。随着对极地地区海洋微生物的深入了解，已经报道了以前无法获得的生物产物，包括新的生物活性代谢物和具有潜在商业应用的蛋白质/酶（Cavicchioli et al., 2002）。它们的生物技术用途可以采取多种形式，从农业生产到工业过程、食品化学、合成生物学和生物医学用途（Joseph et al., 2019；Dhamankar and Prather, 2011；Weber and Fussenegger, 2011）。

3. 极端微生物基因组数据库的建立与维护

极端微生物基因组数据库的首要任务之一是有效组织和标准化数据，包括对基因组序列、注释信息、生物学特性等数据进行分类和整合。通常，数据库将采用标准数据格式，如 FASTA 格式用于序列数据和 GFF（通用特征格式）用于注释信息，以确保数据的一致性和可比性。为了使科研人员能够方便地访问数据库中的信息，数据库应提供强大的搜索和查询功能，包括文本搜索、序列比对、基因功能查询等多种功能，以满足不同用户的需求。数据库的界面和查询工具应设计成用户友好的类型，使科研人员能够轻松地获取所需信息。

极端微生物基因组数据库的关键部分是基因识别和功能注释。这需要利用生物信息学工具对基因组序列进行分析，识别潜在的基因和蛋白质编码区域。同时，每个基因的功能和生物学特性也需要进行注释，以便科研人员了解其在生物过程中的作用，包括预测蛋白质结构、酶功能、代谢途径等信息。

极端微生物基因组数据库还应提供比对工具，允许用户比较不同基因组之间的相似性和差异。这有助于研究极端微生物的进化历史、遗传多样性和环境适应性。比对结果可以用于构建系统发育树、寻找同源基因簇等研究。

极端微生物基因组数据库必须定期更新，以包括最新的基因组数据和注释信息。基因组数据的更新频率取决于可用新数据的速度，但通常应定期检查和更新，以确保数据库的时效性。同时，过时或错误的数据也需要进行修正和纠正。数据库的质量控制是数据库维护的关键环节，包括检查新数据的质量，如序列完整性、注释准确性等。如果发现错误或不一致性，必须及时修正。此外，数据库还应定期进行备份，以防止数据丢失。

4. 极端微生物基因组数据库的应用

极端微生物基因组数据库为科研人员提供了在各种极端环境中生存的微生物基因组数据，这些环境包括高温、高盐、高压、酸碱等。科研人员可以利用这些数据进行微生物多样性研究，了解不同环境中微生物的种类和丰度，以及它们在生态系统中的作用。这有助于揭示生态系统中微生物群落的结构和功能，以及它们对环境的影响。

极端微生物基因组数据库为生态学家提供了强大的工具，用于研究微生物在不同环境中的适应性和相互作用。通过比较不同微生物基因组的数据，可以分析它们的生活史、生活方式和遗传多样性。此外，极端微生物基因组数据库还为构建生态系统模型和预测环境变化对微生物群落的影响提供了数据支持。

极端微生物基因组数据库中的基因注释信息可以用于预测和分析基因的功能。科研人员可以利用生物信息学工具对基因进行功能预测，包括蛋白质功能、酶催化作用、代谢途径等。这有助于揭示微生物如何在极端条件下生存和繁衍，并了解它们在环境中的生态角色。

极端微生物基因组数据库中的基因组数据还可用于代谢通路分析。科研人员可以研究微生物的代谢途径，寻找潜在的生物合成途径和产物。这些信息对于生物技术应用非常重要，如生物燃料、生物塑料、食品添加剂等的生产。通过深入了解微生物的代谢途径，可以设计和优化工程菌株，提高产物的产量和质量。

极端微生物基因组数据库中的数据可用于寻找新的生物活性分子，如抗生素、天然产物等。科研人员可以筛选微生物基因组中潜在的生物合成途径，以发现新的药物候选物。此外，还可以通过基因工程方法合成这些天然产物，提高其产量和稳定性。

极端微生物中的酶具有出色的稳定性和活性，适用于生物催化和生物工程应用。科研人员可以利用基因组数据库中的信息，筛选和优化具有特定功能的酶，用于合成化学品、废水处理、食品加工等领域。这有助于推动生物技术创新和环保技术的发展。

5. 极端微生物基因组数据库的未来发展

数据库扩展与丰富是首要任务。科研人员将持续收集和测序来自各种新颖极端环境包括深海热液喷口、高山冰川、深层岩石等的微生物样本。极端微生物基因组数据库需要积极扩展其数据集，以包括这些新的数据来源，从而提供更全面的资源。数据库内容的多样性也是未来发展的关键。除了继续收录新的极端微生物基因组数据，数据库还可以包括更多的元数据信息，如样本采集条件、环境参数等。这有助于更好地理解微生物生态系统的背景和生存环境。

数据分析工具的进一步集成也将成为发展趋势。随着数据库中数据的积累，将需要更强大的数据分析工具来挖掘潜在的模式和关联。机器学习算法可以用于预测基因功能、酶的特性、生态系统的结构等。这将使数据库成为一个更具洞察力的工具，有助于解决更复杂的科研问题。数据可视化在基因组研究中起着关键作用。未来的数据库将需要提供更多的数据可视化工具，以帮助研究人员直观地理解基因组数据，包括基因组图谱、代谢通路可视化等工具的集成。

跨学科合作与国际共享将促进全球科研的合作。极端微生物研究通常涉及多学科的合作，包括生物学、生物信息学、地质学等。未来的数据库可以促进跨学科的合作，通过与其他国际数据库和项目进行数据共享，加强全球研究力量的合作。极端微生物基因组数据库可以在全球范围内发挥更大的作用，为解决全球性的科研和环境问题提供支持。例如，通过研究极端微生物的基因组，可以提供更多关于气候变化、环境污染和生态系统健康的信息。

2.3　极端微生物中生物元件的高通量挖掘

2.3.1　酶蛋白元件规模化挖掘

酶蛋白元件是生物体内的重要分子机器，它们在生命过程中扮演着至关重要的角色。酶蛋白元件是由蛋白质组成的功能单元，通常由多个氨基酸组成，具有特定的生物催化活性。这些催化活性可以加速生化反应的进行，从而维持生命的正常运行。例如，酶蛋白元件可以在消化系统中帮助分解食物，或在细胞内催化代谢途径，将废物转化为能量或有用的分子。

酶蛋白元件之所以如此重要，是因为它们参与了生物体内的几乎所有生化过程。生命的关键反应，如 DNA 复制、细胞分裂、新陈代谢等，都需要酶蛋白元件的参与。此外，酶蛋白元件还在医药、工业和环境保护等领域发挥着关键作用。例如，制药行业利用酶蛋白元件来生产药物，工业领域使用酶蛋白元件来优化生产过程，环境科学家则依赖酶蛋白元件来处理废物和净化水源。

在过去，酶蛋白元件的挖掘主要依赖于传统的实验室方法，这些方法通常耗时且费力。然而，随着生物信息学、生物工程和机器学习等领域的发展，现代科学家已经开发出一系列高效的规模化挖掘方法，用于识别和利用酶蛋白元件，如元件组学、生物工程和合成生物学方法、机器学习和数据驱动方法等。

1. 酶蛋白的结构和功能

酶蛋白的基本结构是蛋白质，而蛋白质又是由氨基酸组成的多肽链。氨基酸是生物体内的基本结构单元，共有 20 种不同的氨基酸。蛋白质的多样性源于氨基酸的种类和排列方式。蛋白质的结构可以分为 4 个层次：①一级结构。一级结构是指蛋白质的氨基酸序列，也称为蛋白质的主链。这个序列由一系列氨基酸残基按照特定的顺序连接而成。②二级结构。二级结构描述了氨基酸主链的空间排列方式。常见的二级结构包括 α 螺旋、β 折叠和无规则结构，这些二级结构形成了蛋白质的局部折叠和结构特点。③三级结构。三级结构是蛋白质的整体立体构象，描述了蛋白质中各个氨基酸残基的三维排列，它是由二级结构和其他局部结构组合而成的。④四级结构。四级结构是多个蛋白质亚基或多个多肽链之间的相对排列，这种结构仅存在于由多个亚基组成蛋白质中，如一些酶和膜蛋白。

酶蛋白的特殊之处在于其三级结构和活性位点的结构。活性位点是酶蛋白分子上的一个特定区域，能够与底物结合并催化反应。酶蛋白的活性位点通常由氨基酸残基组成，这些残基在催化过程中发挥关键作用。酶蛋白的结构和活性位点高度特化，使其能够高效催化特定的生化反应。

酶蛋白的功能是由其结构决定的。它们作为生物催化剂，参与了各种生化反应，包括以下几个方面。

1）底物结合和催化　　酶蛋白的活性位点与特定底物结合，形成酶底物复合物。这种结合使底物分子变得更加稳定，降低了活化能，从而加速了反应的进行。酶蛋白通过提供合适的环境和催化基团，促使底物发生化学变化。不同的酶蛋白具有不同的催化能力，因此可以催化多种类型的反应，如氧化还原、水解、缩合等。

2）反应速率的调节　　酶蛋白不仅可以催化生化反应，还可以通过调节其活性来控制反应速率。这种调节可以通过多种机制实现，包括底物浓度、辅因子或共活化子的存在及蛋白质的磷酸化等。酶蛋白的活性调节是维持生物体内代谢平衡的关键因素。

3）特异性和选择性　　酶蛋白表现出高度的特异性和选择性。它们能够与特定的底物结合，并在相应的活性位点上催化反应。这种特异性是由酶蛋白的三维结构和活性位点的特定排列决定的。由于特异性和选择性，酶蛋白能够在复杂的细胞环境中精确地催化特定的反应，而不干扰其他生化过程。

2. 酶蛋白元件的分类

酶蛋白元件是一类生物分子，它们具有催化生化反应的能力。酶蛋白元件可以根据不同的分类标准进行分类，这有助于我们更好地理解它们的多样性和功能，以下是一些常见的酶蛋白元件分类方法。

1）按反应类型分类

（1）氧化还原酶（oxidoreductase）：一类催化氧化还原反应的酶蛋白元件。它们参与了电子的转移过程，将电子从一个底物转移到另一个底物，同时伴随着氧化和还原反应。常见的氧化还原酶包括过氧化物酶、还原酶和氧化酶等。

（2）转移酶（transferase）：一类催化底物之间转移特定功能团的酶蛋白元件。它们能够将特定的化学基团从一个分子转移到另一个分子，如磷酸基团、甲基基团等。例如，激酶是一种常见的转移酶，它能够将磷酸基团从 ATP 转移到底物蛋白上。

（3）水解酶（hydrolase）：一类催化水解反应的酶蛋白元件。它们能够在反应中加入水分子，将底物分子分解成两个或多个分子。水解酶在许多生物过程中起着关键作用，包括食物消化、代谢废物的处理等。

（4）裂合酶（lyase）：一类催化分子中特定键裂解或形成的酶蛋白元件。它们能够在不涉及水解或氧化还原反应的情况下改变底物分子的结构。裂合酶在气象化学和生物合成中发挥着重要作用。

（5）连接酶（ligase）：一类催化底物分子之间形成新键的酶蛋白元件。它们通常需要能量输入，以促使底物分子结合在一起形成新的化合物。连接酶在 DNA 合成、蛋白质合成等生物过程中起着关键作用。

2）按底物类型分类

（1）蛋白酶（protease）：一类催化蛋白质水解的酶蛋白元件。它们能够将蛋白质分子分解成小的多肽链或氨基酸残基。蛋白酶在蛋白质降解、调节和信号转导等生物过程中发挥关键作用。

（2）核酸酶（nuclease）：一类催化核酸（DNA 和 RNA）水解的酶蛋白元件。它们能够将核酸分子分解成核苷酸单元。核酸酶在 DNA 修复、RNA 降解等生物过程中发挥重要作用。

（3）脂肪酶（lipase）：一类能水解长链脂肪酸三酰甘油的酶蛋白元件。它们能够将脂肪分解成脂肪酸和甘油。脂肪酶在脂肪代谢和消化过程中起着重要作用。

3）按位置和环境分类

（1）胞内酶：位于细胞内的酶蛋白元件，它们在细胞内部催化各种生化反应，包括代谢、信号转导和细胞生长等。

（2）胞外酶：位于细胞外的酶蛋白元件，它们在细胞外部催化反应，如消化食物、分解细胞外基质等。

（3）膜蛋白酶：嵌入细胞膜中的酶蛋白元件，它们通常在细胞膜上催化反应，包括信号转导和物质运输等。

3. 酶蛋白元件挖掘的传统方法

1）实验室筛选与鉴定　　酶蛋白元件的分离与提纯是酶学研究中至关重要的步骤，旨在从生物样本中分离出目标酶蛋白元件并将其纯化至足够的纯度，以供后续研究和应用。这个过程包括样本准备、分离酶蛋白元件和纯化酶蛋白元件三个主要步骤（图 2.3）。

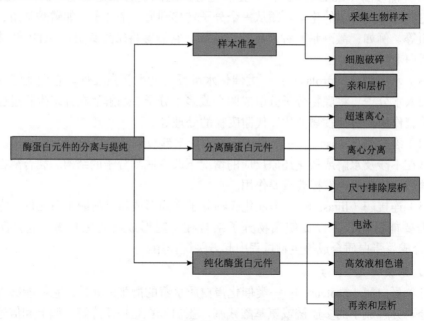

图 2.3　酶蛋白元件的分离与提纯

首先，样本准备阶段涉及采集生物样本并将其处理以释放酶蛋白元件，其中包括细胞破碎步骤，以确保细胞内的酶蛋白元件得以释放。其次，分离酶蛋白元件的步骤包括亲和层析、超速离心、离心分离和尺寸排除层析等方法，以从复杂的细胞或组织样本中将目标酶蛋白元件分离出来。最后，纯化酶蛋白元件的步骤涉及多种技术，包括电泳、高效液相色谱、再亲和层析等，以提高酶蛋白元件的纯度。成功的分离与提纯确保了高质量酶蛋白元件样品的获得，为后续的实验和应用提供了可靠的基础。需要注意的是，不同酶蛋白元件的特性可能导致分离与提纯方法的差异，因此在具体操作中可能需要根据样本的性质和酶蛋白元件的需求进行适当的调整。

酶蛋白元件的功能鉴定与特性分析是酶学研究中至关重要的阶段，它们有助于科学家深入理解和表征这些生物分子的功能、活性和特性。这个过程包括功能鉴定、特性分析和数据分析三个主要步骤。

功能鉴定涵盖了多个方面，包括通过底物与产物分析、酶动力学研究和底物特异性研究来确定酶的催化活性和底物特异性。酶的功能通常涉及底物到产物的特定转化，科学家通过分析底物的消耗和产物的生成来鉴定酶的催化活性。这可以使用不同的分析方法，如色谱法、质谱法、分光光度法等来实现。酶动力学是研究酶催化反应速率的领域，通过测定不同底物浓度下反应速率的变化，可以确定酶的动力学参数，如最大反应速率（v_{max}）和米氏常数（K_m）。酶通常对特定类型的底物具有特异性。科学家通过测试不同底物来确定酶的底物特异性，以确定其在不同代谢途径中的作用。

特性分析主要包括温度和 pH 敏感性、催化机制研究和抑制剂研究。酶活性通常受到温度和 pH 的影响，通过在不同温度和 pH 条件下测定酶的活性，可以确定其最适工作条件。科学家通过深入研究酶的催化机制来理解其工作原理，包括确定酶的亲和力、协同作用和底物结合方式。酶抑制剂可用于研究酶的功能和潜在医药应用，科学家可以评估各种抑制剂对酶的影响，以了解抑制机制并开发潜在的药物。

数据分析是不可或缺的步骤，通常以科学论文、报告或数据库的形式发布，以分享和传播这些关键信息。

2）基因组学和蛋白质组学分析　　酶蛋白元件的基因组学分析是指对生物体系中的基因组进行全面的测序、组装和分析，以识别可能编码酶蛋白元件的基因，并深入了解这些基因的结构和组织方式。基因组学分析对于理解生物体系中酶蛋白元件的来源、多样性及其在生物学和生物工程中的潜在应用具有重要意义。

基因组学的起点通常是对生物体系基因组的测序，可以是全基因组测序（whole-genome sequencing），也可以是特定基因组区域的有针对性测序。现代高通量测序技术，如 Illumina 测序、长读长距离测序等已经使基因组测序变得更加高效和经济。一旦基因组序列可用，生物信息学工具可以用来识别可能编码酶蛋白元件的基因，通常包括寻找编码蛋白质的开放阅读框（ORF）和确定潜在启动子区域。基因组注释是将已知基因的功能和特性与新发现的基因相关联的过程，涉及将新的基因序列与数据库中已有的序列进行比对，并通过功能预测来确定其可能的生物学功能。基因组学分析还可以揭示酶蛋白元件的基因家族和多态性，这对于理解酶蛋白元件的多样性和功能的进化起源至关重要。此外，基因组分析还有助于鉴定基因的调控元件，如启动子、增强子和转录因子结合位点，这些元件影响着酶蛋白元件的表达和调控。

酶蛋白元件的蛋白质组学分析是指通过质谱技术，对生物体系中的蛋白质进行全面的鉴定、定量和功能分析，以深入了解酶蛋白元件在生物体内的表达水平、功能、亚细胞定位等信息。

蛋白质组学分析的第一步是从生物样品中提取蛋白质，这些样品包括细胞、组织、生物液体或其他生物样品的样本。提取的蛋白质需要被分离、富集和清洁，以去除干扰物质。蛋白质样品经过质谱分析，通常采用质谱仪器，如质谱-质谱仪器。这些仪器可以将蛋白质分子分解成肽段，并测定其质量和荷电状态。这些数据被用来鉴定蛋白质的氨基酸序列和蛋白质的质量。然后，质谱数据与蛋白质数据库比对，以确定酶蛋白元件的存在，通常包括通过比对质谱峰和质谱图来鉴定蛋白质。定量质谱技术也可用于测定蛋白质的表达水平。蛋白质组学分析可以揭示酶蛋白元件的功能和亚细胞定位，可以通过蛋白质-蛋白质相互作用研究、蛋白质修饰分析及功能蛋白质注释来实现。这些数据有助于理解酶蛋白元件的生物学角色和调控机制。酶蛋白元件的蛋白质组学分析通常与系统生物学方法相结合，以综合分析蛋白质网络和生物通路，这有助于揭示酶蛋白元件在生物体系中的整体功能。蛋白质组学分析提供了深入了解酶蛋白元件在生物学中的作用和功能的能力，这些信息对于解锁生物学过程、药物研发和生物工程应用都具有重要价值。

近年来，酶蛋白元件筛选在基因组学和蛋白质组学研究方面取得了很大进展。硫化叶菌（*Sulfolobus solfataricus*）P2 是一种嗜热嗜酸的古菌代表，是一种成熟的模式生物，适应低 pH 环境（pH 2~3）和高温（80℃）。基因组的大小为 3Mb，其序列已被破译。确定了大约 3033 个预测的开放阅读框，并且基因组的特征在于大量不同的插入序列元件。在揭示生物体的新陈代谢和生活方式方面，蛋白质组学分析发挥了重要作用。通过蛋白质组学的帮助，在硫化叶菌 P2 中解析了独特的代谢途径，确定了调节蛋白磷酸化的靶标，并分析了病毒感染时的细胞反应及氧化应激（Kort et al.，2013）。

南极洲的条件极其多变，温度升高对适应寒冷的细菌的重要性仍然未知。为了研究南极细菌对变暖的分子适应，Cristina Cid 研究团队将冷海希瓦菌（*Shewanella frigidimarina*）培养物在 0~30℃下培养，模拟该菌株可以耐受的最极端条件。该团队开发了蛋白质组学方法来鉴定从 4℃、20℃和 28℃生长的细胞中获得的可溶性蛋白质。当细菌在 28℃下生长时，最严重的影响是热休克蛋白及与应激、氧化还原稳态或蛋白质合成和降解相关的其他蛋白质的积累，以及细胞膜的酶和成分的减少。此外，检测到适应温暖温度的两个主要反应：一些差异表达蛋白质中存在多种亚型，以及在生长温度极限下伴侣相互作用网络的组成。

蛋白质丰度的变化表明，变暖会引起冷海希瓦菌的应激状况，迫使细胞重组其分子网络，作为对这些环境条件的适应性反应，提出了冷海希瓦菌应对变暖环境的新见解（García-Descalzo et al.，2014）。

3）酶蛋白元件的预测和注释　　酶蛋白元件的预测和注释是指通过生物信息学方法和数据库资源来识别、描述和理解酶蛋白元件的性质、功能和潜在作用。这些方法可以帮助科学家更好地理解酶蛋白元件的生物学意义，并为生物学研究和工业应用提供有用的信息。

通过对生物体系的基因组数据进行分析，科学家可以预测潜在的酶蛋白元件基因。这通常涉及寻找开放阅读框（ORF），并使用基因识别工具来确定这些ORF 是否具有酶活性。酶蛋白元件的结构预测是一项关键任务，可以帮助科学家理解其功能。这通常通过比对已知酶蛋白元件的结构数据，并使用蛋白质结构预测工具来实现。一旦酶蛋白元件的基因和结构被识别，科学家需要进行功能注释。包括将新发现的酶蛋白元件与已知蛋白质数据库进行比对，以确定其可能的生物学功能。功能注释还包括寻找蛋白质结构中的功能域和活性位点。通过已知酶蛋白元件的序列和结构与新发现蛋白质的比对，科学家可以使用同源性信息来预测其功能。这可以揭示新酶蛋白元件与已知酶的功能相似性或差异性。酶蛋白元件通常参与生物通路和相互作用网络。通过将新发现的酶蛋白元件与生物通路数据库和蛋白质相互作用数据库相结合，科学家可以理解它们在细胞过程中的位置和相互作用。预测和注释的结果通常需要通过实验验证来确认，包括酶活性测定、蛋白质结构解析和生物学功能研究。

嗜热酶现在通常在重组嗜温宿主中生产，用作离散生物催化剂。极端嗜热微生物的基因组和宏基因组序列数据为用于各种生物转化的假定生物催化剂提供了有用的信息，尽管最多涉及几个酶促步骤。过去几年中，在建立极端嗜热微生物的分子遗传学工具方面取得了前所未有的进展，以至于将这些微生物用作代谢工程平台已成为可能。通过结构预测工具，研究者分析了极端嗜热微生物中的酶蛋白元件的结构，以了解其功能和稳定性。这不仅扩大了工业生物技术的热范围，还有可能为这些微生物特有的生物转化提供生物多样性选择。目前，针对最佳生长温度为 70～100℃的极端嗜热微生物，已开发出多种遗传工具包。这些工具包可应用于涵盖古菌和细菌、需氧菌和厌氧菌等多种类型的极端嗜热微生物，代表性菌属包括热解纤维素菌属（*Caldicellulosiruptor*）、硫叶菌属（*Sulfolobus*）、热袍菌属（*Thermotoga*）、热球菌属（*Thermococcus*）和火球菌属（*Pyrococcus*）等。这些生物体表现出不寻常且可能有用的天然代谢能力，包括纤维素降解、金属溶解及无核酮糖-1,5-双磷酸羧化酶/加氧酶（Rubisco）途径的碳固定（Zeldes et al.，2015）。

酶蛋白元件的预测和注释是一个综合性的过程，结合了多种生物信息学工具和实验验证，这些方法有助于科学家深入了解酶蛋白元件的性质和功能。

4. 酶蛋白元件规模化挖掘的新方法

1）元件组学　　基因组规模的酶蛋白元件挖掘是一种高通量的方法，旨在在整个生物体系的基因组中识别和分析大量的酶蛋白元件。这种方法利用了高通量测序技术和生物信息学工具，以快速、有效地挖掘和理解酶蛋白元件在生物体内的分布、多样性和功能。

基因组规模的酶蛋白元件挖掘通常从对生物体系的基因组测序开始，包括微生物、植物或动物的基因组。高通量测序技术，如二代测序（next-generation sequencing，NGS）被广泛应用，以生成大量的 DNA 序列数据。生成的基因组序列数据需要经过生物信息学分析，以识别潜在的酶蛋白元件基因，如使用基因识别工具（基因预测软件等）来识别开放阅读框（ORF）和可能的蛋白质编码基因。一旦潜在的酶蛋白元件基因被预测出来，接下来的任务是对这些基因进行鉴定和分类，如比对这些基因的序列和结构与已知的酶蛋白元件数据库。对于识别出的酶蛋白元件基因，科学家可以使用生物信息学工具来预测其编码的酶活性，如确定其可能的催化反应和底物特异性。挖掘到的酶蛋白元件通常需要进行功能注释，将它们与已知蛋白质数据库比对，以确定其可能的生物学功能。功能注释还可以包括酶活性的实验验证。基因组规模的酶蛋白元件挖掘通常与系统生物学方法相结合，以综合分析蛋白质网络和生物通路，这有助于揭示酶蛋白元件在细胞过程中的位置和相互作用。

蛋白质-蛋白质相互作用网络分析也是一种关键的方法，用于理解酶蛋白元件在细胞内的相互作用和参与的生物学网络。这种分析揭示了酶蛋白元件在细胞过程中的位置、调控、信号传递及与其他蛋白质之间的相互作用，为生物学研究和应用提供了重要的信息。

这种分析的第一步是收集蛋白质-蛋白质相互作用数据。这些数据可以有多个来源，如实验室实验、文献报道、蛋白质互作数据库等。高通量技术，如质谱法和酵母双杂交法已经用于大规模生成这些数据。收集的数据需要进行整合和标准化，以确保一致性和可比性。包括将不同来源的数据整合到一个统一的数据集中，并清除可能的误报或假阳性结果。通过将蛋白质之间的相互作用数据表示为图形，可以构建蛋白质-蛋白质相互作用网络。在这个网络中，蛋白质通常表示为节点，而相互作用则表示为边。网络分析的目的是识别关键的节点（蛋白质）和网络结构，包括寻找具有高度连接性的节点，也就是在网络中有着大量相互作用的蛋白质。这些高度连接的节点通常被认为在生物学过程中具有重要作用。识别的关键节点可以用于生物学解释，如确定这些节点在细胞过程中的功能、参与的信号通路及它们与酶蛋白元件之间的相互作用，这有助于理解酶蛋白元件在细胞中的位置和作用。对于蛋白质-蛋白质相互作用网络中的蛋白质,科学家通常进行功能注释,以确定它们的生物学功能和参与的通路,这可以通过比对已知蛋白质数据库来实现。蛋白质-蛋白质相互作用网络分析的结果可以应用于多个领域,包括基础研究、生物工程、药物研发和疾病研究。它们有助于揭示细胞过程中的复杂性,为新的研究方向和生物技术应用提供了基础。

Justice 等(2012)曾记录从里士满矿酸性矿山排水(AMD)系统和实验室培养的生物膜中采样的微生物生物膜中从以细菌为主到以古菌为主的群落转变。考虑针对极端酸性环境中的铁氧化细菌的研究,共检测了约 2400 种不同的蛋白质,包括参与蛋白质水解和肽摄取的子集。通过元基因组学和蛋白质-蛋白质相互作用网络分析,研究人员揭示了这些微生物的酶蛋白元件在细胞内的位置和功能。使用复杂碳基质的实验室培养实验证明了铁原体和非原体的厌氧富集与三价铁的还原相结合。这些发现表明嗜酸古菌在降解生物膜中占主导地位,并表明它们在低 pH 条件下的厌氧营养循环中发挥作用。

2)生物工程和合成生物学方法　　合成酶蛋白元件的设计与构建旨在创造具有特定功能的酶蛋白元件,以满足各种生物技术和工业应用的需求。这个过程涉及合成、优化和改造酶蛋白,以使其具有所需的催化活性、特异性和稳定性。

首先,确定所需的酶蛋白元件的设计目标。包括确定所需的催化活性、底物特异性、温度稳定性、pH 稳定性及其他功能特性。设计目标通常基于应用的需要,如生物燃料生产、药物合成或废水处理。根据设计目标,选择适当的酶蛋白元件基因或基因片段。包括从天然来源中选择已知的酶基因,或者通过合成 DNA 来设计全新的酶蛋白元件基因。对于合成酶蛋白元件的设计,通常需要进行 DNA 合成和改造,包括合成目的基因的 DNA 序列,并根据需要进行基因工程修改。改造包括点突变、插入、删除或融合,以调整酶的性质。选择适当的表达系统来生产合成酶蛋白元件,如细菌、酵母、真核细胞或其他表达宿主。表达系统的选择取决于合成酶蛋白元件的性质和应用需求。将设计的酶蛋白元件基因导入所选的表达宿主,并通过培养和诱导表达来获得目的蛋白。之后,进行蛋白质的纯化,以获得高纯度的酶蛋白元件。对合成的酶蛋白元件进行活性评估,以确定其是否符合设计目标,可以通过测定催化活性、底物特异性和稳定性等参数来完成。根据评估的结果,进行必要的优化和改进,如进一步的基因工程修改、突变积累或其他方法,以改善酶蛋白元件的性能。最终,将合成酶蛋白元件应用于具体的生物技术或工业应用中,如在生物反应器中进行大规模生产,或将酶蛋白元件用于特定的化学合成过程。

代谢工程与酶蛋白元件优化旨在改进代谢途径和提高生物合成过程中酶蛋白元件的效率,如通过基因工程和生物过程控制调整代谢途径,以及通过优化酶蛋白元件的性质来提高其催化活性、稳定性和底物特异性。

首先，确定所需的代谢途径或生物合成过程，如生产特定化合物、药物、生物燃料或其他有用产品。代谢途径设计包括选择合适的代谢途径、底物和产物，并确定适当的酶蛋白元件，以实现所需的反应。根据代谢途径的需求，选择适当的酶蛋白元件，如天然酶、改造酶或合成酶蛋白元件，以满足催化反应的特定要求。其次，通过基因工程技术修改所选的酶蛋白元件，以改进其性质，包括点突变、插入、删除或融合，以提高酶的催化活性、底物特异性或稳定性。再次，进行代谢工程优化，以调整代谢途径中酶的表达水平，这可以通过调整基因表达、反应条件、底物浓度和代谢通路的通量来实现。优化旨在最大限度地提高目的产物的产量。然后，对酶蛋白元件进行进一步的特性改进，以提高其在反应中的表现，如改善酶的热稳定性、pH 稳定性、共因子依赖性或底物特异性。最后，在生物合成过程中实施反馈控制，以确保代谢途径中的酶蛋白元件根据需要调节酶的活性，这可以通过监测产物浓度并根据需要调整酶的表达来实现。确保底物供应对于酶蛋白元件的催化效率至关重要，这可能需要优化底物输送、浓度和反应条件。一旦在实验室中成功优化了代谢途径和酶蛋白元件，可以考虑将生产规模扩展到工业水平，如生物反应器的设计和操作、底物供应链的管理及产品纯化和回收。

库德里亚毕赤酵母（*Pichia kudriavzevii*）NG7 是一种极端耐酸酵母，可以在 pH 2.0 和 50℃ 下生长（Toivari et al.，2013）。通过用源自植物乳杆菌的 D-乳酸脱氢酶基因（*D-LDH*）替换丙酮酸脱羧酶基因（*PDC1*），*P. kudriavzevii* NG7 的乙醇发酵途径被重定向为乳酸（LA），并能适应高浓度的乳酸。这种修饰使 *P. kudriavzevii* NG7 成为一个强大的酵母平台，可在低 pH 条件下高效生产 D-LA。最终的工程菌株在 pH 3.6 和 pH 4.7 下分别产生 135g/L 和 154g/L D-LA，生产率分别超过 3.66g/（L·h）和 4.16g/（L·h）（Park et al.，2018）。

3）机器学习和数据驱动方法　　酶蛋白元件的数据挖掘与模式识别是一项重要的研究领域，可利用机器学习和数据分析方法来处理大规模生物数据，以识别有用的模式、趋势和信息。

酶蛋白元件研究涉及多种数据源，包括基因组序列、蛋白质结构、催化活性数据等。数据挖掘的第一步是整合这些数据，建立一个综合的数据集，以便更全面地分析酶蛋白元件的性质和功能。在数据挖掘过程中，需要从复杂的生物数据中提取相关特征，这些特征可以用于模型训练和分析。对于酶蛋白元件，特征可以包括氨基酸序列的生物信息学特征（如氨基酸组成、生物活性位点）、蛋白质结构信息（如二级结构、残基相互作用）、催化活性相关信息（如反应底物和产物）等。利用机器学习算法和数据分析技术，对数据进行模式识别，以识别酶蛋白元件的特征、性质和功能，主要包括：序列模式识别——识别氨基酸序列中的保守模式或结构域，以预测酶的底物特异性或功能；结构模式识别——分析蛋白质结构数据，识别结构域、催化位点或蛋白质-底物相互作用的模式；活性模式识别——已知酶蛋白元件的催化活性数据，建立预测模型，以预测未知酶蛋白元件的活性。数据挖掘的结果通常需要通过可视化来呈现，以便研究人员更好地理解和解释模式和趋势。可视化工具可以用于展示蛋白质结构、序列特征、反应通路等信息。利用训练好的机器学习模型，对新的酶蛋白元件进行预测和分类，如预测酶的功能、底物特异性、结构域、活性等，这些预测有助于加速酶蛋白元件的筛选和设计过程。

预测酶蛋白元件的功能和活性是酶工程和生物技术领域的重要任务之一，它可以帮助研究人员更好地理解酶的性质，并为特定应用（如药物设计、生物燃料生产等）优化酶的性能。

酶蛋白元件的功能预测通常从氨基酸序列入手。常见的序列分析方法有：①保守性分析。通过比对酶的氨基酸序列与已知的功能相关酶的序列，识别共有的保守性氨基酸残基，以推断功能。②功能域识别。利用蛋白质结构和序列信息，鉴定酶的功能域或结构域，从而预测其可能的功能。

酶的结构信息对功能预测至关重要。常见的结构分析方法有：①活性位点分析。通过分析酶的结构，特别是活性位点的结构，可以预测酶的催化机制和底物特异性。②蛋白质-底物相互作用模拟。使用分子动力学模拟或分子对接方法，预测酶与底物之间的相互作用，以预测催化反应的可能性。

机器学习算法可以应用于功能和活性预测，基于已知的酶蛋白元件数据训练模型，然后用于预测新的酶蛋白元件。常见的机器学习算法有：①支持向量机（SVM）。用于分类问题，可以预测酶的功能类别。②随机森林。用于回归和分类问题，可以预测酶的催化活性和底物特异性。③深度学习。使用深度神经网络模型，可以学习复杂的功能和活性关系。

预测的功能和活性需要进行实验验证，通常涉及酶的表达、纯化和活性测定。验证实验可以验证预测的结果，并进一步优化酶的性能。

5. 挑战与未来展望

规模化挖掘酶蛋白元件时，数据的质量和可靠性是一项至关重要的挑战。这一挑战涵盖了多个方面，包括数据的来源多样性、数据准确性、数据完整性、数据标准化和一致性检查及基础科学研究的复杂性。首先，挖掘过程通常需要整合来自多个不同实验室、平台和数据库的数据，这些数据可能存在质量和一致性方面的差异。其次，数据准确性对于酶蛋白元件的挖掘至关重要，因为错误或不准确的数据可能导致误导性的结果。此外，数据完整性也是一个关键问题，缺少关键信息可能限制对某些酶蛋白元件的准确分析和应用。数据标准化和一致性检查是确保数据的可靠性和可比性的重要步骤。最后，由于酶蛋白元件的挖掘通常涉及复杂的数据分析和生物信息学方法，因此需要谨慎处理数据，并采用适当的质量控制和验证策略。为解决这一挑战，研究人员需要采用严格的数据管理和质量控制策略，包括数据清洗、验证和标准化。此外，跨学科合作也是解决这一问题的关键，不同领域的专家可以共同努力，开发更可靠的数据挖掘方法和工具，以提高对酶蛋白元件的研究和应用的成功率。最终，确保数据的质量和可靠性将有助于推动生物技术和生命科学领域的进步。

合成和优化酶蛋白元件也是一项复杂的任务，涉及多个挑战性难题。首先，需要提高酶蛋白元件的催化效率，包括提高反应速率、选择性和底物范围，以满足特定应用的需求。其次，酶蛋白元件在不同环境条件下的稳定性至关重要，需要增强其抗高温、高盐浓度和酸碱条件的能力。蛋白质工程是实现这一目标的关键方法，包括点突变、插入、删除或重组蛋白质结构域。此外，优化酶蛋白元件的底物特异性和寻找适当的载体也是挑战性任务。在工业应用中，酶蛋白元件通常需要固定在特定载体上，需要选择适当的固定化方法和载体材料。同时，将酶蛋白元件嵌入代谢通路中以实现高产量和高效率也是复杂的任务。高通量筛选方法和计算模拟技术的开发可以加速酶蛋白元件的优化过程。

此外，酶蛋白元件的合成、优化和应用涉及一系列法律和伦理问题。在酶蛋白元件的研究和开发中，涉及新的发现和技术创新。因此，知识产权问题如专利申请和专利侵权可能会出现，需要仔细管理和解决。合成生物学和基因编辑技术的发展使得创造新的生物体更容易，这可能引发生物安全风险。确保酶蛋白元件的合成和应用不会导致危险的生物体的产生，需要谨慎考虑生物安全问题。酶蛋白元件的合成和优化可能涉及对生物材料的处理和修改，这引发了生物伦理问题，包括对生物体的尊重、实验动物权益、生物材料来源等问题。另外，在工业和生产中的应用可能对环境产生影响，如废水处理、废物处理和生产过程中的环境影响，需要考虑如何最小化这些影响并符合环境法规。酶蛋白元件的研究和应用可能需要伦理审查和监管，这包括确保实验室研究符合伦理标准及遵循政府和行业规定的工业应用。酶蛋白元件的应用还可能引发公众关注和争议，尤其是在基因编辑和合成生物学领域，因此了解公众的担忧并与社会进行对话是重要的。因为酶蛋白元件的研究和应用通常是国际性的，因此需要考虑国际合作和标准化，以确保全球范围内的一致性和合规性。

总之，酶蛋白元件的研究和应用需要综合考虑伦理和法律问题，确保科学和技术的发展不仅具有创新性，还具有社会责任感和可持续性。这需要科学家、政府、行业和公众之间的密切合作，以建立适当的法规和伦理框架，应对不断发展的挑战。

2.3.2　次级代谢产物相关元件的挖掘

次级代谢产物是生物体内产生的化学物质，通常不是维持生命所必需的，但在生态系统中起着重要的作用。它们与生物体的基本生存和生长无直接关联，但在生态系统和生物体内发挥着关键作用。首先，它们在生态系统中起着平衡作用，可以抵御外部侵害，维护植物的健康，以及调节微生物群落的平衡。其次，次级代谢产物对药物和医学应用具有巨大的价值，许多重要药物源自它们。此外，次级代谢产物展现出广泛的多样性，不仅在化学结构上多种多样，还源自不同的生物体，具有各种不同的功能。这种多样性不仅丰富了生命的表象，也为科学家提供了广阔的研究领域，从而更好地理解生态系统的运作方式，开发新型药物，并探索自然界的奥秘。

1. 次级代谢产物的类型和相关元件的分类

极端微生物的次级代谢产物类型多种多样，取决于它们生存的极端环境和生态特征。这些微生物在适应高温、高压、高盐度、低温、酸性或碱性等极端条件时合成出具有独特功能的化合物，包括各种耐盐物质、耐热酶、特殊色素、抗氧化物质、生物表面活性剂和生物聚合物、生物矿化物等。耐盐物质维持细胞在高盐度环境中的稳定性（Oren，2006）；耐热酶在高温环境下仍然保持活性（Vieille and Zeikus，2001）；特殊色素用于保护 DNA 免受极端条件下的损害（Brock and Freeze，1969）；抗氧化物质如超氧化物歧化酶，用于对抗氧自由基（Vetriani et al.，1998）；生物表面活性剂和生物聚合物具有生态学和工业应用潜力；生物矿化物参与地球化学循环（Banat et al.，2010）。这些次级代谢产物帮助极端微生物在极端环境中生存，保护细胞免受外部压力，同时也为科研、医药、工业和生态学领域提供了重要的应用潜力，丰富了对生命多样性和适应性的认识。

极端微生物的次级代谢产物合成涉及多个相关元件，主要包括酶和催化物质、底物、中间产物、调控因子、基因和酶促反应路径等。

酶和催化物质是合成次级代谢产物的关键组成部分。酶是催化化学反应的蛋白质，它们促使次级代谢合成途径中的化学反应发生。催化物质如辅酶和辅酶 A 也可以与酶协同作用，帮助催化反应的进行。酶可以根据其功能分类，如合成酶、氧化还原酶、脱氢酶等。

底物是合成过程的起始物质，通过酶催化反应逐步转化为最终的次级代谢产物。底物的性质和结构因次级代谢途径的不同而异，它们是合成过程的输入。

在次级代谢合成过程中，通常会生成一系列中间产物。这些中间产物是反应的中间步骤，它们在后续的反应中进一步转化为最终产物。中间产物的累积和转化是次级代谢途径的关键步骤。

次级代谢产物的合成通常受到严格的调控。调控因子可以是基因表达调控蛋白、信号分子或环境因素。它们决定了何时启动或停止合成过程，以适应生物体的需求或环境条件的变化。例如，某些次级代谢产物在受到外部压力时才会合成，以提高生物体的生存机会。

合成次级代谢产物的基因编码了合成途径中所需的酶和调控蛋白。基因通过转录和翻译过程产生功能性的蛋白质，这些蛋白质是次级代谢产物合成的关键组成部分。

酶促反应路径是次级代谢产物的合成步骤序列，其中每一步都由特定的酶催化。这些路径明确定义了从底物到最终产物的化学反应过程，确保合成的精确性和效率。

2. 次级代谢产物相关元件在生物学和应用领域的重要性

极端微生物的次级代谢产物相关元件在生物学和应用领域扮演着关键角色。首先，它们在生物学研究中提供了重要的模型，帮助科学家深入了解酶的催化机制、基因表达调控、代谢途径和生物多样性，从而拓展了我们对生命的理解。其次，这些元件为药物发现和医学应用提供了宝贵资源，包括抗生素、抗癌药物和抗真菌药物等，有助于改善医疗保健和应对耐药性问题。此外，它们在工业应用中发挥作用，如高温酶用于生物燃料生产、特殊色素用于食品工业和纺织工业、生物表面活性剂用于环境清洁等，促进了工程和生产的创新。此外，这些元件还在环境应用中发挥作用，有助于废物处理和环境修复。最后，它们在食品工业和科学探索中也有应用，改善了食品的质量和颜色，并支持对地球和外星生命的科学研究。因此，极端微生物次级代谢产物相关元件的研究和应用具有广泛的前景和潜力，对于推动多个领域的创新和发展都起到了重要作用。

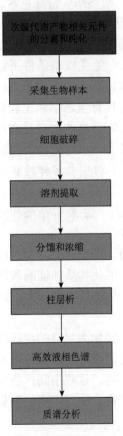

图2.4　次级代谢产物相关元件的分离和纯化

3. 传统的次级代谢产物相关元件挖掘方法

次级代谢产物相关元件的分离和纯化是科研和应用领域的重要步骤（图2.4）。

首先，需要采集含有目的次级代谢产物的生物样本，可以是微生物培养物、植物组织、动物组织等，取决于研究或应用的对象。对于微生物或植物样本，通常需要将细胞破碎以释放次级代谢产物和相关元件，可以通过机械方法、声波处理或化学方法来实现。然后使用适当的有机溶剂，如甲醇、乙酸乙酯或氯仿，将次级代谢产物从细胞残渣中提取出来。这些溶剂的选择取决于目的产物的特性。通过蒸馏或液液分离等方法，将混合物中的次级代谢产物分离出来。随后，通常需要将其浓缩以增加样品的浓度。使用各种柱层析技术，如凝胶过滤层析、离子交换层析、亲和层析等，进一步分离和纯化次级代谢产物，这些方法根据产物的性质和大小进行选择。接着使用高效液相色谱（HPLC）进一步地分离和纯化，它可以提供高分辨率和高纯度的产物。利用质谱技术（如质谱-质谱联用技术）对纯化后的产物进行分析，以确定其分子质量和结构，这有助于确认产物的纯度和特性。

次级代谢产物相关元件的生化和生理特性研究是对这些元件进行深入探究的关键过程，这一研究涵盖了多个重要方面。首先，研究酶的催化机制，包括底物特异性、反应速率、催化位点和催化中间体，有助于理解次级代谢产物合成的详细步骤。其次，分析整个代谢途径，包括鉴定反应和产物，了解底物的来源和中间产物的转化，揭示次级代谢途径的复杂性。同时，研究基因的表达调控机制，包括信号通路、调控蛋白质和外部环境对基因表达的影响，有助于理解次级代谢产物的合成调控。结构分析是另一个重要方面，通过质谱技术、核磁共振（NMR）和 X 射线晶体学等方法确定分子结构，确认产物的纯度和特性。此外，定量和动力学研究酶的催化活性，提供了关于酶活性、底物亲和性和抑制剂敏感性的信息，对于药物发现和工业应用具有关键意义。生物活性的研究则包括测试产物对生物系统的影响，如抗微生物活性、抗氧化活性、抗肿瘤活性等，有助于评估产物的应用潜力。另外，从生态学角度考虑产物在自然环境中的生态角色、竞争优势和相互作用，也为生理特性研究提供了更深层次的理解。这些生化和生理特性研究为深入了解次级代谢产物相关元件的性质、功能和应用提供了关键信息，对于推动科学研究和创新应用领域具有重要价值。

Yanhe Ma 研究团队详细分析了来自嗜碱芽孢杆菌 N16-5 β-甘露聚糖酶（工业上很重要的酶）的催化结构域结构，探究该酶如何适应极端碱性条件（Zhao et al.，2011）。研究揭示了酶的催化机制、底物特异性和反应速率，以及酶的结构特征。通过将该酶与之前报道的 GH5 β-甘露聚糖酶进行比较，结果发现，该酶显著增加了疏水性和精氨酸残基含量，并减少了极性残基。此外，广泛的结构比较表明碱性 β-甘露聚糖酶具有一系列特征。其中，典型的（α/β）$_8$ 折叠桶结构的一些螺旋、链和环的位置和长度发生改变，这在一定程度上影响了这些酶的催化环境。分子表面带负电的残基数量增加，暴露于溶剂的极性残基减少。这些发现被认为是 GH5 β-甘露聚糖酶碱性适应的可能因素，将有助于进一步了解碱性适应机制。

4. 现代的次级代谢产物相关元件挖掘方法

1）基因组学和元件组学方法　　次级代谢产物相关元件的基因组规模的元件挖掘是一项重要的任务，旨在识别和分析与次级代谢合成相关的基因、蛋白质和其他调控元件。首先，需要对目标微生物的基因组进行测序，可以是细菌、真菌、植物或其他生物体。现代高通量测序技术，如全基因组测序（WGS）和二代测序（NGS），使得整个基因组的测序变得更加可行和经济。通过生物信息学工具，对测序得到的基因组数据进行基因预测和注释。这一步骤有助于确定潜在的次级代谢合成相关基因，包括合成酶、调控基因和转运基因等。对预测的基因进行家族分析，以鉴定特定于次级代谢的基因家族。这些家族可能在多个生物体中都存在，因为它们在次级代谢合成中起着重要作用。对已鉴定的基因进行功能注释，涉及将序列与已知数据库中的信息比对，以确定其功能、亚细胞定位和调控特性。通过比较不同微生物基因组的数据，可以揭示不同物种之间次级代谢产物合成相关元件的差异和共同点，从而了解多样性和保守性。

次级代谢产物相关元件的转录组学和蛋白质组学研究是深入了解这些元件的表达、调控和功能的关键手段。使用 RNA 测序（RNA-seq）技术，研究者可以分析次级代谢产物相关元件的基因表达情况。这包括检测在不同生长阶段、环境条件或处理方式下的基因表达变化，从而确定哪些基因与次级代谢合成相关。通过比较不同条件下的基因表达数据，可以识别差异表达的基因，即在特定条件下显著上调或下调的基因，这有助于找到与次级代谢合成相关的潜在基因。对差异表达基因进行功能富集分析，以确定哪些生物学过程、通路和功能与次级代谢产物的合成和调控相关，这可以揭示潜在的调控机制。通过转录组数据，可以鉴定与次级代谢产物相关的调控因子，如转录因子和微 RNA（miRNA），这些因子可能在次级代谢合成途径的调控中发挥关键作用。利用质谱技术，特别是 LC-MS/MS，可以鉴定和定量与次级代谢产物相关的蛋白质，这有助于确定哪些蛋白质在合成途径中起作用。蛋白质组学也可以用于研究蛋白质的修饰，如磷酸化、甲基化和糖基化等，这些修饰可以影响蛋白质的功能和稳定性。通过蛋白质组学方法，可以鉴定蛋白质之间的相互作用，从而揭示次级代谢产物合成途径中的蛋白质互作网络。对已识别的蛋白质进行功能注释，确定其生物学功能和可能的参与通路，这有助于了解蛋白质在次级代谢合成中的角色。

Angel Manteca 研究团队曾使用 RNA-seq 技术分析了天蓝色链霉菌（*Streptomyces coelicolor*）在固体产孢培养中的转录组（Yagüe et al., 2013）。这是 *Streptomyces coelicolor* M I（营养型）转录组的首次研究，分析了它与 M II（生殖型）转录组的不同之处。通过比较在不同生长条件下的基因表达，揭示了与次级代谢合成相关的差异表达基因。结果表明，参与生物活性化合物生产（放线紫红素、灵菌红素、钙依赖性抗生素、生物合成基因簇、土臭素）或疏水性包膜形成-孢子形成（*bld*、*whi*、*wbl*、*rdl*、*chp*、*ram*）的关键发育/代谢基因的表达与 MⅡ分化相关。此外，链霉菌属中保守的 122 个基因在 MⅠ或 MⅡ中被发现存在差异表达（超过 4 倍），这些基因的生物学功能此前尚未被表征。关于 MⅠ和 MⅡ转录组之间差异的知识代表了链霉菌生物学的巨大进步，这将使未来的实验成为可能，旨在表征控制孢子形成前发育阶段和链霉菌次级代谢激活的生化途径，这有助于确定合成途径和调控机制。

2）生物工程和合成生物学方法　　合成次级代谢产物相关元件的设计与构建是一项重要的任务，通常涉及合成生物学和基因工程技术（图 2.5）。

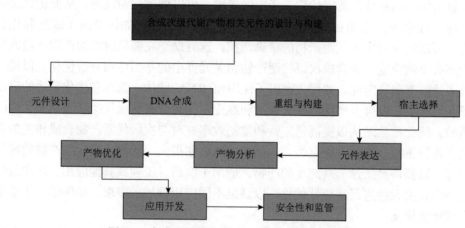

图 2.5　合成次级代谢产物相关元件的设计与构建

首先，需要设计合成次级代谢产物相关元件的基因组、DNA 序列和相关调控元件，包括选择适当的启动子、终止子、启动子强度、调控元件和编码蛋白质的基因序列等。一旦设计好元件的 DNA 序列，可以利用化学合成或基因合成技术来合成这些序列。这可能涉及定制合成 DNA 片段，包括基因、启动子和其他元件。合成的 DNA 序列可以被重组和构建到目标宿主生物体的基因组中。这可能需要使用 DNA 修饰工具，如 CRISPR/Cas9 系统，来实现定点插入或替换。选择适当的宿主生物体，通常是微生物（如大肠杆菌、酵母、青霉菌等）或植物，以容纳和表达合成元件。宿主的选择取决于合成次级代谢产物的性质和用途。通过调整宿主生物体的生长条件，如培养基成分、温度和 pH 等，以促使合成元件的表达，这可能需要进一步优化以提高产物的产量。对产生的次级代谢产物进行分析和检测，通常使用质谱分析、核磁共振（NMR）和高效液相色谱（HPLC）等技术来确定产物的结构和纯度。根据分析结果，可以对合成产物进行进一步优化，包括改进产量、提高纯度、增强稳定性和调整功能。一旦合成次级代谢产物相关元件成功构建和表达，可以将其应用于医学、农业、工业或环境应用等领域，这可能需要进一步研究和开发。在合成次级代谢产物相关元件的设计和构建过程中，需要考虑安全性和监管问题，确保符合生物安全和法规要求。

次级代谢产物相关元件的代谢工程和元件优化旨在增强次级代谢产物的产量、改进产物质量和扩大应用范围。首先，研究者可以通过改进次级代谢合成途径来增加产物的产量，涉及调节合成酶的表达水平、优化底物供应和中间产物转化的速率。通过调整启动子、终止子和调控元件的设计，可以改变产物的表达模式和调控，从而提高产量和稳定性。选择合适的宿主生物体，并进行宿主工程以提高其合成次级代谢产物的能力，包括基因组修饰、宿主改造和代谢通路工程。通过增加或删除特定酶或代谢途径中的步骤，可以调整代谢流向，从而优化次级代谢合成途径，增加目的产物的产量。利用调控因子，如转录因子或外源化合物，可以实现对次级代谢产物的精确调控，这有助于在需要时增加产物产量或减少不必要的合成。对合成次级代谢产物相关元件中的基因序列进行优化，以提高其表达效率和稳定性，如优化密码子使用和 RNA 结构。选择和优化合适的启动子和终止子，以确保产物的高效表达和终止。构建含有次级代谢产物相关元件的质粒，优化质粒结构以提高稳定性和复制效率。对与次级代谢产物合成相关的蛋白质进行工程，增加其稳定性，从而减少降解和损失。优化次级代谢产物的纯化方法，以获得高质量、高纯度的产物，适用于医药、工业或其他应用。对次级代谢产物相关元件进行适应性优化，以满足不同应用领域的需求，如医学、工业生产或环境修复。

例如，科达卡热球菌（*Thermococcus kodakarensis*）经过代谢工程改造以提高氢气产量，从而产生比野生型多几倍氢气的菌株（Santangelo et al., 2011）。为了探索体内还原剂通量和氢气产生的可能竞争，对 *T. kodakarensis* TS517 进行了突变，以精确删除还原剂处理、氢气产生和消耗的每条替代途径。获得的结果证实，H_2 主要由膜结合氢化酶复合物（Mbh）产生，证实 SurR（TK1086p）调节剂在体内的重要作用，阐明了硫（S^0，硫原子以单质形式存在）调节子的作用，并证明阻止氢气消耗会导致氢气净产量的大幅增加。复制质粒中 TK1086（SurR）的组成型表达恢复了 *T. kodakarensis* TS1101（$\Delta TK1086$）在缺乏 S^0 的情况下生长的能力并刺激 H_2 产生，揭示了增加 H_2 产生的第二种机制。为进一步阐明 SurR 在 Mbh 复合物组成型表达中的调控作用，以及其在 H_2 代谢网络中的功能，将携带不同 SurR 突变体的质粒转化至 *T. kodakarensis* TS1101（$\Delta TK1086$）株中。这些 SurR 突变体经特异性设计，旨在实现 Mbh 复合物的组成型表达，同时抑制 S^0 调控元件的启动，仅在缺乏 S^0 的条件下具可行性。在无 S^0 的条件下，转化菌株展现出与野生型相当的生长能力及 H_2 产量；而在 S^0 存在时，其生长速率低于 *T. kodakarensis* TS517，但单位生物量的 H_2 合成量显著提高，进一步揭示了调控 H_2 产生的可行机制。

3）机器学习和数据驱动方法　　次级代谢产物相关元件的数据挖掘和模式识别是关于这些元件信息分析和模式发现的重要领域。需要收集与次级代谢产物相关的大量数据，包括基因组学、转录组学、蛋白质组学和代谢组学数据。这些数据可以来自不同生物体和不同条件下的研究。然后对数据进行清洗和预处理，以去除噪声、处理缺失值和标准化数据，确保数据的质量和一致性。从数据中提取有意义的特征，如基因表达模式、蛋白质互作网络、代谢通路和次级代谢产物的结构信息，这些特征可以用于后续的分析和模式识别。利用统计学和机器学习技术，对数据进行分析，以发现与次级代谢产物相关的模式、趋势和关联，包括聚类分析、差异表达分析和关联分析等方法。基于数据分析的结果，可以建立预测模型，用于预测次级代谢产物的合成途径、产量、生物活性或其他相关特性，这有助于加速新次级代谢产物的发现和优化。利用模式识别技术，识别与次级代谢产物相关的重要模式或特征。这可能包括基因表达的模式、蛋白质互作网络中的模块、代谢通路的模式和次级代谢产物结构的模式等。运用生物信息学工具和算法，将模式识别应用于次级代谢产物相关元件的序列、结构和功能数据，这有助于揭示潜在的生物学意义。通过关联分析，发现不同元素之间的关联关系，如基因与产物之间的相关性、蛋白质互作网络中的关键节点等，这有助于理解元件之间的相互作用。解释模式识别的结果，确定发现的模式或特征与次级代谢产物合成、调控或生物活性之间的关系，这有助于深入理解次级代谢产物相关元件的功能和调控机制。

次级代谢产物相关元件的功能和活性预测是重要的研究领域，它可以帮助我们理解这些元件在生物合成途径中的角色及它们的生物活性。通过将次级代谢产物相关元件的基因序列与已知的数据库进行比对，可以进行功能注释，这可以帮助确定这些元件可能涉及的生物学功能。对于蛋白质或酶蛋白元件，结构分析可以提供关于其功能的线索。蛋白质结构预测和分析工具可以揭示其可能的功能和底物结合位点。对于调控元件，如启动子和终止子，可以通过生物信息学工具来鉴定其可能的调控功能，如确定转录因子结合位点和响应元素。通过分析次级代谢产物相关元件在代谢通路中的位置，可以推测其可能的功能，这有助于了解元件如何参与次级代谢合成。对于次级代谢产物本身，可以通过分析其结构与活性之间的关系来预测其生物活性。结构类似物分析和定量构效关系研究有助于理解其生物活性。实验室测试和生物学评估是评估次级代谢产物相关元件活性的重要手段，包括对细胞毒性、抗微生物活性、抗肿瘤活性等进行测试。利用机器学习和计算方法，可以建立模型来预测次级代谢产物相关元件的活性，包括使用已知活性的数据集来训练模型，并将其应用于新的元件。对于次级代谢产物的化学结构，可以进行化学分析来确定其可能的生物活性，如分析其化学成分、毒性和药理学特性。

细菌聚酮（PK）和非核糖体肽（NRP）一直是药物发现和开发的化学多样性的重要来源。这些复杂的次级代谢产物对临床药物的研发具有广泛影响，几乎覆盖所有治疗领域。因此，迫切需要开发专门的生物信息学工具，以高效地识别、注释，并从其生物合成基因簇中准确预测这些天然产物的结构。最常见的鉴定方法是使用来自该途径的预期蛋白质的直系同源物查询翻译的基因组或者使用隐马尔可夫模型（HMM）（Boddy，2014）。HMM 是从多个序列生成的统计模型，在检测远亲同源物方面优于 BLAST 等成对搜索方法（Eddy，2004）。因此，HMM 已被广泛应用于生物信息学领域，并被专门开发用于识别 I 型、II 型和 III 型 PK 和 NRP 生物合成途径中的特征蛋白（Finn et al.，2010；Kim and Yi，2012；Kwan et al.，2008；Medema et al.，2011）。这些工具已成功整合到基于Web 的搜索工具中，如 AntiSMASH（Medema et al.，2011）、NP.searcher（Li et al.，2009）、NaPDoS（Ziemert et al.，2012）、PKMiner（Kim and Yi，2012）（专门关注 II 型 PK）和 SMURF（Khaldi et al.，2010）（专门关注真菌基因组）。这些工具都使研究人员能够扫描大型 DNA 数据集的 PK 和 NRP 生物合成途径。

从基因组数据集中鉴定出 PK 或 NRP 生物合成基因簇后，AntiSMASH 的ClusterBlast 和 Subcluster Blast 工具提供了一种更加自动化的方法来鉴定相关基因簇（Medema et al.，2011）。ClusterBlast 算法主要针对保守的核心 PKS 和NRPS 基因执行以下操作：它首先统计每个基因簇内保守基因的数量，然后计算不同基因簇之间共有的保守基因对的数量。通过对这两类数量求和，最终量化簇间的相似性。该工具能够将新的基因簇与存放在 NCBI 数据库中的基因簇进行快速比较。与 ClusterBlast 算法侧重于基因簇整体保守性不同，Subcluster Blast 工具则着眼于基因簇内的功能亚簇或模块的相似性。它可以识别基因簇中更精细的功能单元，并量化这些亚簇在不同基因簇之间的共性。Subcluster Blast 不仅关注核心 PKS 和 NRPS 基因，更囊括基因簇中的各种功能基因，如修饰酶基因和转运蛋白基因等。通过对亚簇间相似性的量化，该工具能够揭示基因簇的模块化结构和功能模块的保守性，并辅助用户深入理解基因簇的功能和进化关系。Subcluster Blast 同样能够快速比较新的基因簇与数据库中的基因簇，但比较的层面更加精细，着重于功能模块的相似性比对。

从基因簇 DNA 序列数据进行从头结构预测极具挑战性。已经开发出出色的工具来预测 PK 和 NRP 生物合成途径中单个催化域的功能。立体化学的一些预测模型已被纳入生物信息学工具。对于 NRP，AntiSMASH 和 NaPDoS 都为氨基酸 α 碳立体化学提供了明确的预测，AntiSMASH 在其预测核心结构图像中明确提供了氨基酸构建块的立体化学，NaPDoS 同样能够预测氨基酸构建块的立体化学，并以互作结构域预测和底物特异性预测结果为依据，辅助用户深入理解非核糖体肽合成酶的立体选择性。

5. 挑战与未来展望

次级代谢产物相关元件的数据质量和可靠性是科学研究和应用的基础。

在数据质量方面，良好的实验设计、标准化、重复性和质量控制都是确保数据质量的关键因素。实验应该经过精心设计，包括明确的实验目的和合适的对照组。数据采集和处理过程中的标准化能够降低误差，并确保数据的可比性。重复性实验是验证数据可信度的关键，它有助于确定结果的稳定性。此外，质量控制步骤和数据处理（如噪声过滤和异常值检测）也是确保数据质量的重要环节。

在数据可靠性方面，验证方法、独立验证、数据共享和透明性是关键。数据的可靠性可以通过可靠的实验方法来验证，包括基因敲除、蛋白质表达和生物活性测试。独立验证由不同实验室或研究小组进行，以增加数据的可信度。数据共享和透明性有助于其他科学家验证和重现结果，这对于科学研究的可信度至关重要。文献审查和同行评审是确保数据可靠性的机制之一，而复现性研究和详细的元数据记录也有助于确认数据的可靠性。

合成和优化次级代谢产物相关元件是一项具有挑战性的任务，涉及多个难题。首先，许多次级代谢产物的合成途径非常复杂，包括多个催化步骤和中间产物，需要深入的生物化学和代谢学知识来设计和优化。低产量是另一个常见的问题，限制了这些产物在工业应用中的可行性，需要通过代谢工程和元件优化来提高产量。同时，理解和调控这些复杂途径的确切机制也是一个挑战。中间产物的积累和不稳定性也是合成过程中需要解决的问题，需要设计有效的代谢通路工程来应对。底物供应、毒性和代谢副产物、高度特异性的反应及法律和伦理问题都是需要考虑的因素。解决这些难题需要跨学科的合作，结合生物化学、生物工程、分子生物学和计算生物学等多领域的专业知识。此外，新的技术和方法的不断发展也有望帮助克服这些挑战，推动次级代谢产物相关元件的合成和优化，为生物医学、工业和环境领域的应用提供更多可能性。

次级代谢产物相关元件的研究和应用涉及一系列法律和伦理问题，这些问题需要在科学研究和实际应用中认真考虑。发现新次级代谢产物或相关元件可能引发知识产权争议。科研人员和机构可能会争夺与这些发现相关的专利权，这可能会影响科研合作和产品开发。修改微生物或植物以合成次级代谢产物相关元件可能会引发生物安全和环境风险。释放经过基因工程改造的生物体到自然环境中可能会引发生态系统的不稳定性，需要谨慎处理。一些次级代谢产物具有潜在的危险性，如毒性或生物战剂潜力。研究人员和实验室必须遵守相关法规和道德准则，确保这些物质不被滥用。科研人员在研究和应用次级代谢产物相关元件时，必须考虑其研究对社会和人类健康的影响。必须权衡潜在的益处与风险，确保科研的社会价值。许多国家都有生物安全法规，对基因工程微生物和生物体的处理和释放进行了规定。科研人员必须遵守这些法规，以确保实验和应用的安全性。知识产权法律涉及专利、版权和商标等方面，次级代谢产物相关元件的发现和应用可能涉及知识产权争议，需要依法处理。如果次级代谢产物相关元件用于药物开发，需要遵守药物法规，包括药物注册、临床试验和药物安全性的法规要求。释放经过基因工程改造的生物体到自然环境中时需要遵守环境法规，以减少潜在的生态风险。

次级代谢产物相关元件的挖掘是一个多层次的过程，包括生物信息学分析、实验验证和功能评估。各种方法，如基因组学、蛋白质组学、代谢组学、转录组学、结构生物学、生物信息学和机器学习等，为该领域提供了有力工具。基因组学可以鉴定合成基因簇，蛋白质组学用于酶的鉴定和功能研究，代谢组学分析揭示代谢通路，转录组学研究揭示基因表达模式，结构生物学解析酶和产物的结构，生物信息学和机器学习加速数据分析和模式识别。

未来的研究和技术发展将进一步推动次级代谢产物相关元件挖掘领域的前景。高通量技术的不断进步将加速数据获取和分析，单细胞研究将揭示微生物多样性，合成生物学方法将促进新产物的合成，人工智能和深度学习将改进数据挖掘，功能元件组合将开辟新的合成途径，同时法律和伦理问题也将随着领域的发展变得更加复杂，需要科研人员和政策制定者的密切合作来解决。这些前景展望将推动次级代谢产物相关元件的研究和应用，为生物医学、工业和环境领域的发展提供更多机会。

2.3.3　多肽类功能分子的挖掘

多肽类功能分子是指具有多种生物学活性或功能的分子化合物或生物分子，这些分子通常能够在不同的生物过程中发挥多种作用，包括药物治疗、生物技术应用和生态系统中的关键功能。多肽类功能分子可能具有抗炎、抗氧化、抗菌、抗肿瘤、神经保护等多种生物活性，因此具有广泛的应用潜力。

挖掘多肽类功能分子至关重要，因为它们不仅可以成为多种治疗效果的药物候选物，提高治疗效果，还有助于对抗微生物和肿瘤细胞的耐药性，在生物技术应用中广泛发挥作用，维持着自然生态系统的平衡，同时为可持续资源的发现和应用提供可能性，涵盖食品、医药和能源等多个领域。

1. 数据收集与准备

获取极端微生物多肽类功能分子的数据是一个复杂的过程，包括于极端环境采集样本，如深海底部或高山，分离并培养微生物，随后提取其 DNA 并进行高通量基因组测序。获得的基因组序列数据随后需要进行生物信息学分析，包括基因预测和注释，以鉴定潜在具有多肽类功能的基因。同时，也需要收集相关的元数据，如环境条件等信息，以便将多肽类功能分子与其环境联系起来。最终，这些数据通常会被共享到公共数据库，以促进其他研究者进一步研究这些具有生态适应性和潜在应用价值的极端微生物多肽类功能分子，这个过程有助于揭示极端环境中微生物多肽类功能分子的潜在作用和应用潜力。

极端微生物多肽类功能分子的数据清洗与预处理是确保研究数据质量和可用性的关键步骤（图 2.6）。

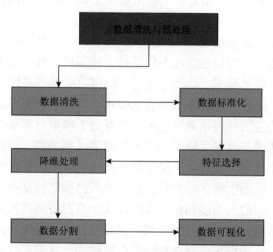

图 2.6　多肽类功能分子数据清洗与预处理

首先，需要检查数据中的错误、异常值和噪声，如删除重复数据、修复缺失值、处理异常值，并确保数据格式的一致性。清洗数据有助于减少分析中的偏差和误差，提高数据的可靠性。在数据清洗后，对数据进行标准化处理，以确保不同样本或来源的数据具有一致的度量单位和比例。标准化包括归一化、标准化分数转换等方法，以便进行可比性分析。根据研究的具体目标，选择合适的特征或变量。不是所有的特征对多肽类功能分子的研究都是相关的，因此需要筛选出最相关和有意义的特征。当数据维度较高时，可能需要降低维度以减少计算复杂性并提高分析效率。降维技术如主成分分析（PCA）或线性判别分析（LDA）可以用来保留主要信息并减少噪声。通常将数据分割成训练集和测试集，以便在模型开发和评估过程中进行验证，这有助于防止过度拟合模型。可视化工具和技术可以用来直观地探索数据，发现潜在的模式和趋势，这有助于更好地理解数据和指导后续分析。

2. 生物信息学工具与技术

研究极端微生物多肽类功能分子通常需要使用基因组学和转录组学方法，以深入了解这些微生物的基因组和基因表达情况。在基因组学方法中，首先，对目标极端微生物的基因组进行测序，可以是全基因组测序或部分基因组测序，具体取决于研究的目标。高通量测序技术，如 Illumina 测序或长读长测序技术（如 PacBio 或 Oxford Nanopore）可以用来获取基因组序列。获得基因组序列后，需要对基因进行注释，即确定基因的功能和特性，包括基因的位置、开放阅读框、编码蛋白质的功能和结构等信息。生物信息学工具，如 BLAST 和基因预测算法可用于基因注释。

转录组学方法主要包括 RNA 测序（RNA-seq）、差异表达分析和功能富集分析。通过 RNA 测序，可以确定在不同条件（如不同温度、压力或营养条件）下极端微生物的基因表达情况。这种方法可以提供有关哪些基因在特定条件下活跃的信息，从而揭示多肽类功能分子的表达模式。通过比较不同条件下的转录组数据，可以识别哪些基因的表达差异显著，这有助于确定与多肽类功能分子相关的基因。将差异表达的基因与生物学功能和代谢通路相关联，以便理解多肽类功能分子的合成和调控机制，这有助于揭示多肽类功能分子的生物学意义。

预测和分析极端微生物多肽类功能分子的蛋白质结构是一项关键任务，因为蛋白质结构决定了它们的功能和相互作用方式。蛋白质结构预测主要包括同源建模、蛋白质折叠预测和基于序列的预测。同源建模是一种常用的方法，其中利用已知蛋白质的结构作为模板来建立目的蛋白的结构。这需要找到与目的蛋白相似的已知结构蛋白质，然后将其结构信息应用于目的蛋白。蛋白质折叠预测中，使用物理化学原理和计算方法来模拟蛋白质折叠过程，以预测目的蛋白的三维结构，包括分子动力学模拟、蒙特卡罗模拟等方法。通过分析目的蛋白的氨基酸序列，可以预测其二级结构、疏水性区域、跨膜结构等信息，这些信息可以作为蛋白质结构预测的起点。

对蛋白质进行结构分析时使用蛋白质结构可视化工具，如 PyMOL 或 VMD，来可视化和分析蛋白质的三维结构，以便理解其拓扑结构和活性位点。分析蛋白质结构以识别可能的功能位点，这些位点可能与多肽类功能分子的活性相关，这可以通过分析蛋白质的亲和力和电荷分布等性质来实现。如果多肽类功能分子与其他蛋白质相互作用，分析蛋白质互作网络可以揭示其与其他分子的潜在相互作用。通过分子动力学模拟等技术，模拟蛋白质在不同条件下的结构和动态变化，以了解其在不同环境中的行为和响应。

在研究极端微生物多肽类功能分子时，科研者可以充分利用多个数据库和资源，以获取相关信息（图 2.7）。

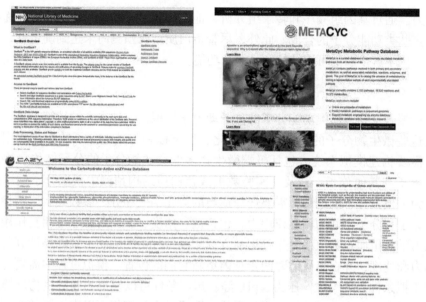

图 2.7　代表性数据库首页

　　NCBI 的 GenBank 提供了丰富的基因组和蛋白质序列数据，而 UniProt 则为蛋白质的结构、功能和注释信息提供了可靠来源。此外，KEGG 和 MetaCyc 数据库分别提供了生物学通路、代谢途径和相关基因信息，对于了解多肽类功能分子的代谢和生物合成途径非常有帮助。CAZy 数据库则关注碳水化合物酶的信息，为研究极端微生物在碳水化合物代谢中的角色提供了线索。此外，生物信息学工具如 BLAST 和 InterPro 可帮助研究者查找相似序列和预测蛋白质结构与功能域。对于获取高通量测序数据，NCBI 的 Sequence Read Archive（SRA）则是宝贵的资源。同时，众多文献数据库提供了相关研究的文献资源，为研究者提供了广泛的学术支持。通过充分整合和利用这些资源，研究者可以更全面地了解极端微生物多肽类功能分子的特性、功能和潜在应用，推动相关领域的深入研究。

　　Schneider 等曾深入研究一种特殊的产多种抗生素和多肽类功能分子的微生物——紫黑链霉菌（*Streptomyces violaceusniger*）Tü4113，以探索其多肽类功能分子生产的机制、调控和结构（Danis-wlodarczyk et al., 2009）。研究首先对 *S. violaceusniger* Tü4113 的基因组进行了全面测序，包括确定基因的序列、开放阅读框和基因组结构。使用 RNA 测序技术，研究者研究了在不同生长条件下该微生物的基因表达情况，这帮助他们确定在何种条件下多肽类功能分子的生产最为活跃。使用生物信息学工具，研究者尝试对 *S. violaceusniger* Tü4113 合成的多肽进行结构预测，这可以为多肽的功能和生物活性提供线索。研究表明，*S. violaceusniger* Tü4113 是一种潜在的多抗生素生产者，具有广谱抗生素生产能力。通过基因组测序和转录组分析，他们确定了一些关键基因和调控途径，涉及多肽类功能分子的合成。此外，尽管蛋白质结构预测尚未达到确定性，但研究者尝试了解多肽的可能结构和可能的功能。

3. 分子模拟与计算化学方法

极端微生物多肽类功能分子的分子动力学模拟是一种强大的计算工具，用于研究这些微生物分子的结构、构象变化、稳定性和与其他分子的相互作用。首先，需要构建模拟系统，包括极端微生物多肽类功能分子的分子结构、溶剂环境、离子和其他分子，涉及从实验数据或蛋白质结构预测中获取分子的三维坐标。为了模拟分子的运动，需要选择适当的势能函数和分子参数集。这些参数描述了原子和分子之间的相互作用力，包括键、角度、二面角和非键相互作用。分子动力学模拟通过数值积分牛顿运动方程来模拟分子的运动，这需要计算每个原子的力和速度，并在离散的时间步长内更新它们的位置。模拟过程中需要定义一系列模拟条件，如温度、压力、pH 等。这些条件可以模拟不同的生物环境或实验条件，以研究多肽类功能分子的行为。分子动力学模拟可以在不同的时间尺度上进行，从纳秒到微秒或更长时间尺度。模拟的时间尺度应该根据研究问题的需要进行选择。模拟结束后，需要对模拟轨迹进行数据分析，以获取有关多肽类功能分子的信息，包括分析结构的稳定性、构象变化、动力学性质和相互作用等。分子动力学模拟可以用于预测多肽类功能分子的结构或评估其与其他分子的相互作用，这对于药物筛选和设计具有潜在多功能性的分子非常有用。

在研究极端微生物多肽类功能分子时，药物筛选和虚拟筛选技术可用于寻找具有药物潜力的分子，从而在药物发现和开发领域发挥作用。高通量筛选是一种快速测试大量化合物对多肽类功能分子活性的方法，它涉及将化合物库与多肽类功能分子进行实验性的体外或体内测试，以确定潜在的药物候选物。生物学活性测试包括测定多肽类功能分子与目标生物分子（如酶、蛋白质或细胞）之间的相互作用和效应，可以通过酶抑制、细胞毒性、抗微生物活性等生物学实验来完成。

虚拟筛选是一种计算方法，利用计算技术预测化合物与多肽类功能分子的结合亲和力，以识别潜在的药物候选物。分子对接、药物动力学模拟、分子对接动力学和药物-蛋白质相互作用分析等技术可用于虚拟筛选。分子对接技术模拟了分子之间的结合方式，预测化合物如何与多肽类功能分子结合。这有助于识别可能的药物候选物，从而节省实验时间和成本。药物动力学模拟使用计算方法来预测化合物在体内的吸收、分布、代谢和排泄（ADME）属性，以评估其潜在药物性质。创建三维结构数据库，其中包含大量化合物的结构信息，以供虚拟筛选使用。这些库可以用于大规模的分子对接研究。分析多肽类功能分子与潜在药物候选物之间的相互作用，以了解它们如何干预生物过程，如酶的活性或蛋白质-蛋白质相互作用。

结合能力和亲和力的预测对于药物发现、药物设计及生物技术领域的研究都具有重要意义。它们帮助研究者理解多肽类功能分子的相互作用机制，并为合理设计药物或生物分子工程提供了关键信息。使用分子模拟和量子化学计算，可以模拟多肽类功能分子与其他分子之间的相互作用，包括计算结合自由能、结合位点和构象变化，以评估结合能力。分子对接也可用于模拟蛋白质与小分子药物或化合物之间的相互作用，可以通过计算蛋白质-配体复合物的亲和力和结合自由能来预测结合能力。生物信息学工具可以分析蛋白质和小分子的相互作用模式，包括氢键、疏水效应和离子相互作用，有助于理解结合机制和亲和力。通过计算亲和力指标，如结合常数（K_d）或解离常数（K_i），可以定量描述多肽类功能分子与其他分子的结合亲和力。虽然计算方法可以提供预测，但最终的结合能力和亲和力通常需要通过生物学实验来验证，包括生物传感器实验、表面等离子体共振（SPR）等技术。近年来，机器学习和深度学习技术也被应用于亲和力预测。这些方法可以利用大规模数据集来构建预测模型，从而预测多肽类功能分子与其他分子之间的结合能力。

Jinfeng Ni 团队尝试寻找针对多药耐药的病原体绿脓杆菌（*Pseudomonas aeruginosa*）的潜在药物治疗方法（Shoaib et al.，2024）。该病原体通常对抗生素产生耐药性，而研究人员利用计算方法来寻找新的解决方案。研究通过筛选与白蚁共生的真菌产生的天然产物，鉴定出具有抗菌特性的化合物。随后，这些化合物通过分子模拟技术进行测试，以验证其对 *P. aeruginosa* 的抗菌潜力。研究发现，其中两种化合物（Fridamycin 和 Daidzein）表现出潜在的抗菌活性，可能用于治疗 *P. aeruginosa* 的多药耐药性。

4. 机器学习与人工智能方法

特征工程在多肽类功能分子研究中是一个关键步骤，它可以帮助优化数据的表示方式，提高数据分析和建模的效果，从而更好地理解多肽类功能分子的特性、功能和潜在应用。首先从多肽类功能分子的分子结构中提取信息，如原子类型、键类型、分子量、电荷等，这些特征可以用于描述分子的基本特性。从生物活性数据中提取特征，如抑制浓度（IC_{50}）、活性度、生物学效应等，以描述多肽类功能分子的生物活性。

然后通过计算特征与研究目标（如生物活性或结合能力）之间的相关性，选择与目标相关性高的特征，这可以帮助降低维度和减少噪声。利用机器学习算法（如随机森林或梯度提升树）来估计特征的重要性，以选择最具信息量的特征。

对特征进行标准化或归一化，以确保它们在相同的尺度上，便于建模和分析。将多个特征组合成新的特征，以提取更高级别的信息。例如，可以将分子的性质组合成分子描述符。在机器学习模型中，分析特征的重要性，以确定哪些特征对于预测生物活性或结合能力最具有影响力。特征工程通常需要迭代，根据模型性能反馈不断调整特征的提取、选择和变换策略。

分类和聚类算法可以帮助研究者理解多肽类功能分子的结构、功能和相似性，从而更好地组织和分析数据。这些算法在生物信息学、药物发现和化学领域中都有广泛的应用，有助于发现多肽类功能分子的潜在特性和应用。分类算法主要包含支持向量机（SVM）、随机森林、K 最近邻（K-NN）和朴素贝叶斯：①SVM是一种强大的监督学习算法，可用于将多肽类功能分子分为不同的类别（Cortes and Vapnik，1995）。它通过找到一个最佳的决策边界，将不同类别的分子分开。②随机森林是一种集成学习算法，可以用于分类多肽类功能分子（Breiman，2001）。它由多个决策树组成，通过投票来确定分子的分类。③K-NN 算法根据分子的特征和相似性度量，将每个分子分配到与其最近的 K 个邻居中，以确定其所属类别（Cover and Hart，1967）。④朴素贝叶斯算法基于贝叶斯定理，可以用于分类多肽类功能分子，并在文本分类和生物信息学中得到广泛应用（Rish，2001）。

聚类算法主要包含 K 均值聚类、层次聚类、DBSCAN、谱聚类和密度峰值聚类：①K 均值聚类将多肽类功能分子划分为 K 个簇，使得每个簇内的分子相似度较高，而不同簇之间的相似度较低（Hartigan and Wong，1979）。②层次聚类根据分子之间的相似性逐步构建聚类层次结构，可以帮助发现分子之间的关系和层次结构（Johnson，1967）。③DBSCAN 是一种基于密度的聚类算法，可以识别具有相似密度的分子簇，适用于不同密度和形状的聚类（Ester et al.，1996）。④谱聚类将多肽类功能分子表示为图，并基于图的拉普拉斯矩阵进行聚类，适用于复杂的数据结构（von Luxburg，2007）。⑤密度峰值聚类算法通过寻找数据中的局部密度峰值来识别聚类中心，适用于非均匀分布的数据（Sander et al.，1998）。

深度学习在多肽类功能分子挖掘中具有革命性的潜力，不仅加速了药物发现的进程，还推动了生物科学和化学领域的突破性研究。深度学习是一种机器学习技术，通过多层神经网络结构，能够自动从大规模的数据中学习复杂的特征和模式，从而更好地理解多肽类功能分子的结构、功能和相互作用。在药物发现和设计方面，深度学习已经成为一个强有力的工具。它可以通过学习分子结构和活性之间的非线性关系，预测潜在药物分子的生物活性，从而加速候选药物的筛选过程。深度学习还可以用于虚拟筛选，即在大型分子库中寻找可能的药物候选物，从而节省大量时间和资源。此外，深度学习方法还可以生成新的分子结构，有助于开发具有多重功能性的药物。在蛋白质研究方面，深度学习同样发挥了关键作用。它可以用于预测蛋白质的三维结构，这在药物设计和疾病治疗中至关重要。深度学习还可以用于预测蛋白质与其他蛋白质或分子之间的相互作用，这有助于理解细胞信号转导、蛋白质功能和疾病机制。通过深度学习，研究人员可以更准确地模拟生物体内复杂的蛋白质互作网络，从而加深对生命科学的认识。此外，深度学习还在分子图谱分析方面发挥作用。它可以应用于图神经网络，帮助分析分子的化学图谱，从中提取特征，进行分类、聚类或预测。这种方法尤其适用于处理具有复杂结构和大量原子的分子，有助于揭示它们的相似性和差异性。深度学习还可以用于预测药物的副作用和毒性。通过分析分子的结构和属性，深度学习模型可以帮助识别潜在的副作用，有助于提高药物的安全性。最后，深度学习还可用于药物再利用，即发现已批准药物的新用途。通过挖掘大规模的生物医学文献和数据，深度学习可以识别现有药物可能适用于新的治疗领域，加速新药物的开发。

在抗菌肽中，某些类型的残基优于其他残基，特别是在 N 端和 C 端。因此，Raghava 等开发一种从氨基酸序列预测蛋白质中抗菌肽的方法（Lata et al.，2007）。首先，利用人工神经网络（ANN）、定量矩阵（QM）和支持向量机（SVM）对抗菌肽进行 N 端残基预测，准确率分别为 83.63%、84.78% 和 87.85%。然后，利用 C 端残基开发预测方法，使用 ANN、QM 和 SVM 的准确率分别为 77.34%、82.03% 和 85.16%。最后，利用 N 端和 C 端残基建立了 ANN、QM 和 SVM 模型，精度分别为 88.17%、90.37% 和 92.11%。在开发的方法中，SVM 在预测抗菌肽方面表现出最佳性能，其次是 QM 和 ANN。

Veltri 等（2018）应用深度学习方法来解决抗菌肽的分类问题。他们开发了一个基于深度神经网络（DNN）的分类器，用于自动识别抗菌肽。与现有方法相比，该分类器在抗菌肽的识别性能方面表现更好。通过使用深度学习，该模型能够自动提取特征，不需要依赖领域专家进行特征构建。该研究还提供了一个抗菌肽扫描程序 Web 服务器，用于高效筛选具有抗菌潜力的抗菌肽，并支持高通量筛选实验。他们还提出 DNN 模型的简化字母表可以帮助减小探索新型抗菌肽序列空间的大小，从而提供帮助。此外，该研究强调了抗菌肽研究中的挑战，即计算抗菌肽预测与实际生物活性之间的关系，以及与抗菌肽结构特性相关的概率。

5. 实验验证

在多肽类功能分子挖掘的过程中，一旦候选分子被筛选出来，接下来的关键步骤是进行生物学实验来验证其生物活性和潜在应用。这些生物学实验包括体外和体内实验，旨在评估候选分子与生物体系的相互作用、毒性和药理学特性。在体外实验中，常常使用细胞培养系统来测试候选分子对细胞的影响，包括细胞增殖、凋亡、细胞周期等生物学活性的评估。在体内实验中，可以使用小鼠或其他模型生物来评估候选分子在整个生物体内的表现。这些实验可以帮助确定候选分子是否具有所期望的生物活性，以及它们是否适合进一步开发为药物或其他应用。

　　在候选分子的生物学实验中，严格的实验设计和控制是至关重要的。研究人员需要确保实验条件的一致性，以减少实验误差。此外，实验需要进行多次重复，以获得可靠的结果。最终的目标是验证候选分子的生物活性和安全性，以确定其是否适合用于进一步的开发和应用。

　　分子活性评估是多肽类功能分子挖掘中的关键环节。这一步骤涉及确定候选分子与目标生物分子之间的相互作用和活性。常用的方法包括分子对接、生物传感器技术、酶活性测定等。通过这些方法，研究人员可以确定候选分子是否能够与目标生物分子结合，以及它们的结合强度和方式。这有助于理解候选分子的生物活性机制，并为后续的开发提供重要信息。例如，分子对接是一种常用的方法，用于模拟候选分子与生物分子的相互作用。通过计算和模拟，可以预测候选分子与生物分子之间的结合能力和空间构型，从而提供有关相互作用的详细信息。此外，生物传感器技术可以用来实时监测候选分子与生物分子之间的相互作用，以及相互作用的强度和动力学。这些方法为研究人员提供了有关候选分子活性的重要见解，有助于优化分子设计和改进活性。

　　在多肽类功能分子挖掘的实验验证过程中，结果的统计分析和解释是至关重要的。研究人员需要对实验数据进行统计分析，以确定结果的显著性和可靠性。这包括使用统计工具来评估实验组和对照组之间的差异，以及计算结果的可信度水平。此外，解释实验结果也是必要的，以理解候选分子的生物活性和潜在应用。

　　分子生物学、生物化学和药理学等领域的知识可以用来解释候选分子与生物体系的相互作用。研究人员需要理解候选分子如何影响生物分子的功能和生物过程，这有助于确定候选分子的机制，从而为其应用提供基础，结果的解释也可以为后续研究和开发提供重要的方向和策略。

　　6. 应用领域与前景

　　多肽类功能分子在药物发现与开发领域具有巨大的潜力。这些分子可以作为潜在的药物候选化合物的来源，因为它们具有多种生物活性，涵盖了抗生素、抗癌化合物、抗炎症药物、抗病毒药物等多个领域。这种多样性使得研究人员可以利用多肽类功能分子来开发具有多种治疗效果的药物，从而提高治疗效果，减少潜在的副作用。未来，随着计算化学和生物信息学技术的不断进步，预测多肽类功能分子的活性和相互作用将变得更加精确和高效。高通量筛选技术的发展也将加速多肽类功能分子的药物筛选过程。此外，多肽类功能分子还有助于克服药物耐药性问题，因为它们可以通过不同的机制攻击疾病目标，降低耐药性的风险。多肽类功能分子还可以用于药物再利用，即发现已批准药物的新用途。通过挖掘大规模的生物医学文献和数据，研究人员可以识别现有药物可能适用于新的治疗领域，从而加速新药物的开发。这一领域的不断发展将为药物发现和开发带来更多可能性。

多肽类功能分子在生物技术领域也有着广泛的应用。它们可以用于生物催化，提高化学反应的效率，从而降低了生产成本。这在生产酶、药物和生物燃料等生物制品时具有重要意义。多肽类功能分子还可以在分子传感领域用于检测生物分子和环境变化，这对于生物诊断和环境监测非常关键。在基因工程方面，多肽类功能分子可以被用来改进生物制造过程，生产更多的生物制品，如药物、酶和生物燃料，这将有助于提高生产效率，减少资源消耗，促进可持续发展。未来，随着生物技术的不断发展，多肽类功能分子的应用范围将继续扩大。这些分子的多功能性和适应性使其成为生物技术创新的关键组成部分，有望为生产、医疗和环保等领域带来新的突破。

多肽类功能分子的挖掘是一个多学科交叉领域，涵盖了生物学、化学、计算科学等多个领域。在这个过程中，研究人员需要收集和准备数据，利用生物信息学工具和技术进行基因组学和转录组学分析，预测蛋白质结构并分析其功能，利用数据库和资源进行信息检索，进行分子动力学模拟、药物筛选和结合能力预测等。机器学习和深度学习方法也逐渐得到应用。最终，实验验证和生物活性评估将验证多肽类功能分子的潜在价值。

多肽类功能分子挖掘研究的未来趋势涵盖多个关键领域，这些趋势将在推动科学和技术的前沿发展中发挥关键作用。未来，高通量筛选技术将变得更加高效和自动化，使研究人员能够更快地识别和测试多肽类功能分子，从而加速了研究进展。计算化学和生物信息学技术将广泛应用，提高了预测和分析的准确性，为药物发现、材料科学和生物技术等领域带来深远影响。多肽类功能分子的挖掘将继续为可持续性和资源开发领域提供新的机会，有助于满足不断增长的需求，并解决资源短缺和环境问题。此外，这些分子的应用将扩展到环境保护、废物处理和生态系统恢复，有望促进可持续的环境管理和保护。

2.3.4 基因调控元件的挖掘

基因调控元件是存在于生物体内的 DNA 序列，它们在控制基因表达方面起着关键作用。这些元件包括启动子、操纵子、增强子、沉默子等，它们通过与转录因子、RNA 聚合酶和其他调控蛋白相互作用，帮助决定基因何时、何地、何种程度地表达。极端微生物，如嗜热微生物、嗜盐微生物等，生存在极端的环境条件下，其基因调控元件可能具有独特的适应性特点。因此，挖掘极端微生物的基因调控元件对于深入了解它们在极端环境中的生存策略和生物技术应用具有重要意义。

基因调控元件的挖掘在多个应用领域具有重要意义。这些元件的挖掘不仅有助于深入了解极端微生物在极端环境中的生存策略，还在各种领域中具有广泛的应用前景。生物技术和合成生物学研究可以利用这些元件设计和构建新的生物合成途径，生产药物、生物燃料和化学品。同时，这些元件也有助于环境保护和污染治理，可以用于开发生物修复技术。此外，挖掘极端微生物的基因调控元件对于药物发现、基因治疗、生物能源生产等领域都具有重要意义，有望为这些领域带来创新和改进。因此，研究和应用极端微生物基因调控元件具有广泛的潜力和重要性。

1. DNA 序列分析方法

1）全基因组扫描　　启动子区域识别是 DNA 序列分析中的重要任务之一，它有助于确定基因调控的起始点，也就是基因的转录起点。这一过程对于理解基因的调控机制和研究基因表达非常关键。启动子是基因调控的关键元件。在基因表达过程中，启动子是一个位于基因上游区域的 DNA 序列，它包含一系列特定的序列元素和结构特征。这些序列元素包括 TATA 框、CAAT 框、GC 框等，它们与转录因子的结合位点相互作用，启动基因的转录过程。为了识别基因的启动子区域，研究人员使用生物信息学工具和算法来对 DNA 序列进行分析。这些工具会搜索基因的上游区域，寻找具有启动子特征的序列元素。这些特征包括特定的序列模式、保守性、核酸组成和结构。研究人员通常会借助专门设计的启动子预测软件来进行分析。这些软件使用不同的算法和方法，可以识别和预测潜在的启动子区域。一旦潜在的启动子区域被预测出来，通常需要进行实验验证以确认其功能。验证方法包括启动子活性实验、电泳迁移实验、染色质免疫沉淀等。这些实验可以确定是否存在与特定基因相关的启动子区域，以及它们是否与转录因子相互作用。启动子区域的识别对于研究基因的调控机制非常重要，它可以揭示哪些因子参与了基因的转录，以及在不同的生理或病理条件下，哪些因子对启动子的调控产生影响，这对于理解基因表达的调控网络和疾病机制具有关键作用。

转录因子结合位点预测是 DNA 序列分析的重要组成部分，它旨在识别 DNA 序列中转录因子可能结合的位点，从而揭示基因调控网络和转录因子的功能。转录因子是基因调控的主要调节分子，它们通过与 DNA 上特定的结合位点相互作用，调控基因的表达。这些结合位点通常包含特定的 DNA 序列模式，也称为结合序列或响应元素。为了预测转录因子结合位点，研究人员使用生物信息学工具和算法，通过比对 DNA 序列，寻找与已知转录因子结合位点相似的序列区域。这些工具会考虑到序列的核酸组成、序列保守性、序列复杂性和其他特征。转录因子结合位点预测通常依赖于专门设计的软件，如 MEME、TRANSFAC、JASPAR 等，这些软件具备强大的算法来预测结合位点（Bailey et al., 2006;

Matys et al.，2006；Mathelier et al.，2014）。它们允许研究人员输入 DNA 序列并分析其潜在的结合位点。一旦潜在的结合位点被预测出来，通常需要进行实验验证，以确定其是否确实与特定转录因子相互作用，这可以通过电泳迁移实验、染色质免疫沉淀、萤光素酶报告基因等实验技术来完成。转录因子结合位点预测有助于研究人员理解基因的调控机制，它可以揭示哪些转录因子与特定基因相互作用，以及在不同生理或病理条件下，这些因子如何影响基因的表达，这对于理解基因调控网络和相关疾病的发病机制具有关键作用。总的来说，转录因子结合位点预测是 DNA 序列分析中的重要任务，它有助于揭示基因的调控机制，包括哪些转录因子参与基因的转录，并为基因表达研究和生物学领域的进一步探索提供了基础。

2）序列比对与保守性分析　　序列比对与保守性分析是 DNA 序列分析的重要组成部分，它们旨在揭示 DNA 序列之间的相似性、同源性及保守区域，提供深入了解基因组和进化的机会。序列比对与保守性分析是 DNA 序列分析的关键步骤，它们为揭示基因组的结构、功能、同源性和进化提供了有力的工具。

DNA 序列比对是一项关键任务，通过将目的 DNA 序列与已知的参考序列进行比较，寻找相似性和不同性。比对算法会寻找目的序列与参考序列之间的相同或相似核酸碱基，从而确定它们的同源性和相似性。这有助于确定不同物种之间的同源基因，揭示它们的进化关系，还可用于注释未知序列中的基因和功能元件。

保守性分析是一种通过比对多个相关物种的 DNA 序列来研究序列区域的保守性的方法。在这种分析中，研究人员比较不同物种的同一基因或基因区域，以确定哪些部分在进化过程中保持不变，即保守。这些保守区域通常包含具有重要功能的序列元素，它们因其功能而受到选择压力而保持不变。保守性分析有助于确定关键的调控区域、结构域和功能元件，深入了解基因组的功能和进化历史。

序列比对与保守性分析的结果通常需要通过实验验证来确认，包括克隆和测序、功能分析、比较基因组学研究等实验技术，以确定预测的同源基因或保守区域是否真实存在，并具有相关功能。

序列比对与保守性分析在生物学、基因组学、遗传学和进化生物学等领域都有广泛的应用。它们不仅有助于理解基因的同源性和结构，还有助于研究进化、物种间关系及与疾病相关的基因变异。

3）DNA 甲基化分析　　DNA 甲基化分析是一项关键的分子生物学技术，它旨在研究 DNA 分子上的甲基化修饰，这是一种重要的表观遗传学标志。DNA 甲基化是将甲基基团（—CH$_3$）添加到 DNA 分子上的化学修饰。这种修饰通常发生在 CpG 位点，即 DNA 中的胞嘧啶（C）与鸟嘌呤（G）之间的核苷酸。DNA 甲基化在基因表达和细胞分化等生物学过程中起着关键作用，它可以影响某些基因的活性，从而调控基因的表达。

DNA 甲基化分析涉及多种实验和计算方法，用于检测和定量 DNA 甲基化水平。甲基化特异性聚合酶链反应（methylation specific PCR，MSP）通过使用甲基化和非甲基化 DNA 特异性引物，定性和定量地检测特定 CpG 位点的甲基化状态。甲基化敏感性限制性核酸内切酶（MSRE）可将未甲基化的 CpG 位点切割，从而可以通过 PCR 扩增和测序来确定甲基化位点的状态。测序技术可以用于全基因组的 DNA 甲基化分析，包括全基因组重亚硫酸盐测序（whole-genome bisulfite sequencing，WGBS）和甲基化特异性测序（methylation-specific sequencing）等方法，可以提供高分辨率的甲基化信息。甲基化微阵列技术可以同时分析大量 CpG 位点的甲基化状态，适用于高通量的甲基化研究。

DNA 甲基化分析在基因调控、疾病研究和表观遗传学等多个领域具有广泛应用。首先，它在基因调控研究中发挥关键作用，通过揭示基因的甲基化状态与表达水平的相关性，帮助理解基因的激活和抑制机制，为探索细胞内复杂的调控网络提供线索。其次，DNA 甲基化分析在疾病研究中至关重要。对于癌症、心血管疾病和神经系统疾病等多种疾病，它有助于识别潜在的生物标志物，提供早期诊断和治疗的指导，同时深入研究甲基化在疾病发生和进展中的机制。最后，DNA 甲基化分析在表观遗传学研究中发挥着关键作用，揭示环境和遗传因素如何相互作用以影响基因表达和细胞功能。通过研究 DNA 甲基化的动态变化，我们可以更好地理解这些影响的机制。综合而言，DNA 甲基化分析为深入了解生命的分子机制、推动疾病研究和表观遗传学研究提供了有力工具，对于生物医学研究和临床应用具有广泛价值。

2. RNA 序列分析方法

1）转录本定量与 RNA-seq 技术　　转录本定量是分子生物学中的一项重要任务，用于确定基因的表达水平。RNA-seq 技术则是一种高通量的方法，广泛用于测量转录本的相对丰度和差异表达。

转录本是由基因转录而成的 RNA 分子，它们在细胞中执行特定的生物学功能。转录本定量的目标是测量不同基因的 RNA 分子数量，以了解它们在不同条件下的表达水平。可以通过多种方法实现，包括定量 PCR（qPCR）、RNA 印迹（Northern blot）、DNA 微阵列和 RNA 测序（RNA-seq）等。

RNA 测序是一种先进的技术，用于分析细胞中的 RNA 分子。它通过将 RNA 转录本转化为 DNA 并进行高通量测序，可以量化每个转录本的相对丰度。RNA 测序技术不仅能够测量基因的表达水平，还可以检测新的转录本、剪接变异和单核苷酸多态性等信息。

转录本定量与 RNA-seq 技术在许多生物学和医学领域都有广泛的应用。它们用于研究基因表达的调控机制、生物学过程的调控、疾病的发病机制和药物研发。RNA-seq 技术特别适用于识别差异表达基因、寻找生物标志物和解析基因调控网络。

RNA-seq 分析包括 RNA 提取、库构建、测序、数据处理和生物信息学分析。生物信息学工具用于将测序数据映射到参考基因组、量化转录本的表达水平、寻找差异表达基因和通路分析等。

转录本定量与 RNA-seq 技术为我们提供了深入了解基因表达的工具，它们在生物学和医学研究中具有广泛的应用前景，有助于揭示基因调控机制、疾病机制和药物研发等重要问题。

2）基因调控元件与非编码 RNA　　基因调控元件和非编码 RNA（ncRNA）是基因表达调控的关键组成部分，它们在细胞中发挥着重要作用。基因调控元件可以增强或抑制基因的转录，使细胞可以根据需要对基因表达进行精细调控。

非编码 RNA 是一类不编码蛋白质的 RNA 分子，它们在细胞中的功能远不止于传递遗传信息。ncRNA 可以分为长链 ncRNA 和短链 ncRNA 两大类。长链 ncRNA 包括微 RNA（miRNA）和长链非编码 RNA（lncRNA），它们参与基因表达的调控、剪接、转录和翻译等过程。miRNA 可以通过靶向 mRNA 降解或抑制翻译来调节基因表达，而 lncRNA 则在多种生物学过程中发挥重要作用，如染色体重构、细胞周期调控和干细胞分化。

基因调控元件和非编码 RNA 在生物学研究和医学研究中具有广泛的应用。它们有助于揭示基因表达的调控机制、了解细胞分化和发育过程、研究疾病的发病机制和发展新的治疗策略。在疾病研究中，特别是癌症，基因调控元件和非编码 RNA 的异常表达与疾病的发生和发展密切相关。

研究基因调控元件和非编码 RNA 通常需要使用一系列实验和分析技术，如染色质免疫沉淀、RNA 测序、甲基化分析、功能实验等。生物信息学工具在数据分析和解释方面也发挥了关键作用。

3）差异表达分析　　差异表达分析是生物学研究中常用的一种方法，用于比较不同条件下基因的表达水平，以识别哪些基因在不同条件下表达发生显著变化。差异表达是指在不同生物条件（如不同组织、不同时间点、不同治疗条件等）下，基因的表达水平发生显著变化。这种变化可能是由于生物学过程、环境因素或疾病状态的影响。

差异表达分析的主要目的是识别在不同条件下表达显著差异的基因，这有助于理解生物学过程、疾病机制和药物响应。例如，在癌症研究中，差异表达分析可以帮助鉴定潜在的肿瘤标志物。

差异表达分析的主要方法有 RNA-seq、DNA 芯片（microarray）、qPCR、差异表达基因筛选和生物信息学分析。RNA-seq 是一种高通量的基因表达分析方法，它通过将 RNA 分子转化为 cDNA 并进行测序，可以量化每个基因的表达水平。RNA-seq 方法广泛用于差异表达分析，因为它具有高灵敏度和高分辨率。分析包括数据预处理、差异表达基因的筛选和生物学意义的注释。DNA 芯片技术可以同时测量大量基因的表达水平，在差异表达分析中，不同条件下的样本通常分别用不同的探针或探针组进行杂交，然后通过芯片扫描来获得表达数据。差异分析方法包括 t 检验、ANOVA 和线性模型等。qPCR 是一种用于定量测量特定基因表达水平的实验方法。虽然它不如 RNA-seq 和 DNA 芯片能够同时测量大量基因，但在一些研究中仍然是一种有用的方法，尤其是对于验证 RNA-seq 或 DNA 芯片结果的有效性。一旦获得了基因表达数据，研究人员需要使用统计方法来筛选出在不同条件下表达显著差异的基因。常见的方法包括 DESeq2、EdgeR、limma 等，这些方法考虑了基因表达的离散性和方差，并使用适当的统计检验来鉴定显著差异基因。差异表达分析通常需要进行生物信息学分析，包括通路富集分析、功能注释、基因本体（gene ontology，GO）分析和 KEGG 通路分析等。这些分析帮助研究人员理解差异表达基因的生物学功能和参与的通路。差异表达分析在生物学、医学研究、药物开发和农业科学等领域都有广泛的应用。它可以用于识别与疾病相关的基因、研究基因调控网络、评估药物效果及改进作物品质等。

3. 蛋白质-DNA 相互作用方法

1）红细胞色素谱分析　　红细胞色素谱分析的主要目的是研究基因调控如何影响血红蛋白的表达，包括了解基因调控元件如何调节血红蛋白基因的转录，以及在不同的调控条件下血红蛋白亚型的变化。这对于理解血红蛋白疾病（如镰状细胞贫血）的发病机制及开发相关治疗方法非常重要。

首先，对感兴趣的基因调控元件进行 DNA 测序以确定其序列和可能的变异。这一步骤有助于确定基因调控元件的特定结构和序列。采集包含感兴趣基因调控元件的细胞或组织样本，这些样本可能来自实验室培养的细胞、动物模型或患者样本，具体取决于研究目的。从采集的细胞或组织中提取 RNA，可以通过 RNA 提取试剂盒或其他方法来完成。随后，进行基因表达分析，通常包括逆转录聚合酶链反应（RT-PCR）或 RNA 测序。这一步骤有助于确定血红蛋白基因的表达水平，特别是与基因调控元件相关的亚型。使用色谱技术，如高效液相色谱（HPLC）或其他分析方法，对血红蛋白的亚型和衍生物进行分析，如测量不同类型的血红蛋白、氧合血红蛋白和去氧血红蛋白等。色素谱分析可以提供关于血红蛋白化学结构和相对含量的信息。将基因调控元件的信息与色素谱数据关联起来，以寻找基因调控元件与血红蛋白亚型之间的关系。可以通过统计分析方法来完成，以确定基因调控元件对血红蛋白亚型的影响，以及基因调控元件在基因表达调控中的作用。

2）染色质免疫沉淀（ChIP）技术　　基因调控元件的染色质免疫沉淀（ChIP）技术是一种用于研究基因调控元件与染色质之间相互作用的方法。ChIP 技术的核心思想是使用抗体选择性地富集与特定蛋白质或修饰（如转录因子或组蛋白修饰）结合的染色质片段。

首先，细胞或组织样本中的染色质与蛋白质通过交联剂（如甲醛）固定在一起，以保持它们的相互作用状态。交联可防止在后续步骤中染色质与蛋白质的非特异性结合。细胞或组织被处理以分离细胞核，这一步骤旨在从整个细胞中分离出染色质。染色质被酶（如核酶）或超声波等方法裂解成较小的片段，通常为200~500bp。这些小片段包含与蛋白质或修饰结合的区域。使用特定抗体，选择性地富集与目的蛋白或修饰结合的染色质片段。这些抗体通常与磁珠或琼脂糖珠结合，以便在下一步中进行分离。对免疫沉淀的染色质片段进行多次洗涤，以去除非特异性结合的染色质，确保保留与目的蛋白或修饰结合的片段。通过加热处理来破坏染色质与蛋白质的交联，使之分离出来。这一步骤将染色质片段与蛋白质解耦，使其在下一步中能够进行分析。对反交联的染色质进行 DNA 提取，以纯化和收集富集了目的蛋白或修饰的染色质片段。这些片段可以用于后续的分子生物学分析，如 PCR、测序或芯片分析（图 2.8）。

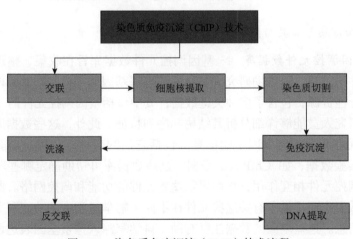

图 2.8　染色质免疫沉淀（ChIP）技术流程

3）DNA-蛋白质结合测定（DAPA）方法　　DAPA 技术的核心目标是确定特定 DNA 序列与蛋白质之间的相互作用，这有助于研究基因调控、转录因子结合位点、染色质结构及其他与 DNA 蛋白质结合相关的生物学问题。

首先，DNA 与蛋白质通过形成复合物结合在一起。这可以通过交联或其他方法来实现，以保持它们的结合状态。交联有助于稳定 DNA 与蛋白质之间的相互作用。将 DNA 片段化为较小的片段，通常在 100~500bp。这一步骤通过酶（如核酶）或超声波等方法实现，以使特定结合位点更容易被分析。使用特定抗体，选择性地富集与目的蛋白结合的 DNA 片段。通常，这些抗体与磁珠或琼脂糖珠结合在一起，以便后续的分离。对免疫沉淀的 DNA 片段进行多次洗涤，以去除非特异性的 DNA 片段和蛋白质，这有助于提高分离的纯度。通过加热处理来破坏 DNA 与蛋白质的交联，使之分离出来。这一步骤解耦了 DNA 片段和蛋白质，以备后续的分析。对反交联的 DNA 片段进行提取，以用于后续的分子生物学分析，如 PCR、测序或芯片分析。提取的 DNA 片段可以帮助确定与特定蛋白质结合的 DNA 序列（图 2.9）。

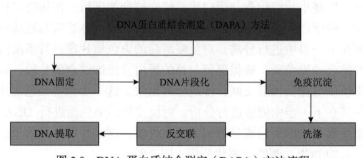

图 2.9　DNA-蛋白质结合测定（DAPA）方法流程

4. 生物信息学工具与数据库

1）基因调控元件数据库　　基因调控元件数据库旨在收集、整理和提供关于这些元件的信息，以帮助研究人员更好地理解基因调控机制。基因调控元件数据库是综合性资源，包含了多种关键数据，其中包括基因调控元件的 DNA 序列信息，使研究人员能够详细分析其结构和序列特征。此外，这些数据库还可能包含与这些元件相关的转录因子的信息，包括它们的名称、结构、功能和结合位点。通过实验数据，如 ChIP-seq 数据，这些数据库可帮助确定哪些转录因子与特定基因调控元件相互作用，从而揭示这些元件的功能和调控网络。此外，基因调控元件数据库还提供了有关这些元件在不同生物学过程中的功能和重要性的生物学功能信息。这些全面的数据注释有助于科学家深入探索基因表达调控机制，理解基因调控元件在细胞和生物体内的作用，以及它们在发育、疾病和其他生命过程中的贡献。

以下是各个基因调控元件数据库的内容的简要介绍（图 2.10）。

ENCODE（Encyclopedia of DNA Elements）：ENCODE 项目致力于识别和注释人类基因组中的调控元件。它提供了大量的 ChIP-seq、DNase-seq 等数据，涵盖了转录因子结合位点、开放染色质区域等信息（Feingold et al., 2004）。

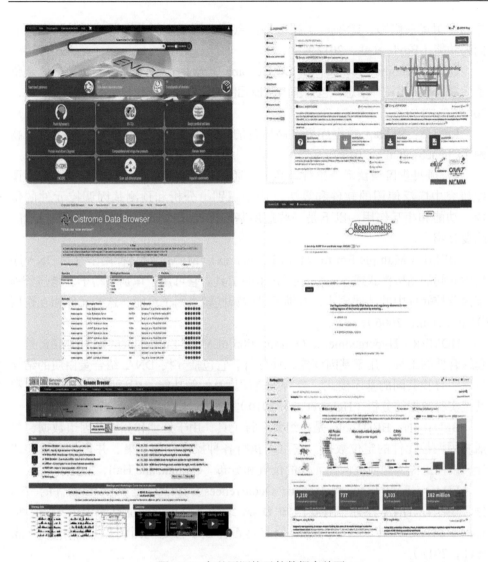

图 2.10 各基因调控元件数据库首页

JASPAR：JASPAR 数据库聚焦于转录因子结合位点的信息。它提供了转录因子结合位点的 DNA 序列和结合偏好信息，有助于研究人员预测调控元件和转录因子的相互作用（Mathelier et al.，2014）。

Cistrome：Cistrome 数据库聚焦于基因组调控和染色质数据，提供了大量的 ChIP-seq 数据，用于研究转录因子和组蛋白修饰与基因调控的关系（Mei et al.，2017）。

RegulomeDB：RegulomeDB 数据库整合了多种数据源，包括转录因子结合位点、组蛋白修饰、DNase Ⅰ超敏感位点等，用于注释基因调控元件和预测它们的功能（Boyle et al.，2012）。

UCSC Genome Browser：UCSC Genome Browser 是一个基因组浏览器，提供了大量的基因组注释信息，包括基因调控元件的位置和功能注释（Karolchik et al.，2004）。

ReMap：ReMap 数据库提供高质量的转录因子结合位点注释，覆盖多个物种（Chèneby et al.，2018）。

2）通用基因调控元件分析工具　　通用基因调控元件分析工具是在基因调控研究中广泛使用的软件和算法，用于识别、分析和预测基因调控元件的位置、功能和相互作用。以下是一些通用基因调控元件分析工具及其主要功能的简要介绍。

MEME（Multiple Em for Motif Elicitation）：MEME 是一种用于寻找 DNA 序列中共同的结构模式或 DNA 序列元素的工具。它可用于识别启动子、增强子等基因调控元件中的共同模式，有助于理解哪些转录因子可能与这些元件相互作用（Bailey et al.，2006）。

HOMER（Hypergeometric Optimization of Motif EnRichment）：HOMER 是一套综合性的工具，用于基因调控元件分析。它包括寻找 DNA 结合蛋白质的结合位点、寻找共同的基序模式、分析染色质可及性等功能，广泛用于 ChIP-seq 和其他实验数据的分析（Heinz et al.，2010）。

BEDTools：BEDTools 是一组命令行工具，用于处理和分析基因组数据，包括基因调控元件的定位数据。它可以执行各种操作，如交集、并集、过滤和统计，以便更深入地研究调控元件的位置和分布（Quinlan and Hall，2010）。

FIMO（Find Individual Motif Occurrences）：FIMO 是 MEME 套件的一部分，用于在 DNA 序列中寻找已知 DNA 结合蛋白质结合位点的个体实例。它有助于验证已知转录因子的结合位点是否存在于特定基因调控元件中（Grant et al.，2011）。

ChIPseeker：ChIPseeker 是用于分析 ChIP-seq 数据的 R 包，它可以用于鉴定转录因子结合位点、绘制基因调控元件的分布图、进行功能富集分析等，有助于理解 ChIP-seq 数据的生物学含义（Yu et al.，2012）。

Genome Browser：基因组浏览器，如 UCSC Genome Browser 和 Ensembl Genome Browser 提供了可视化基因调控元件数据的界面，使研究人员能够在基因组上直观地查看和分析元件的位置和注释信息（Kent et al.，2002）。

ChIP-Seq 分析软件：还有许多专用于 ChIP-seq 数据分析的软件，如 MACS2、PeakSeq、SICER 等，用于识别基因调控元件的高峰区域、寻找差异结合位点等（Zhang et al.，2008；Rozowsky et al.，2009；Zang et al.，2009）。

3）机器学习在基因调控元件挖掘中的应用 机器学习在基因调控元件挖掘中的应用已经引起了广泛的兴趣，因为它可以处理大规模基因组数据，识别模式和关联性，帮助研究人员更深入地了解基因调控机制。在基因调控元件的鉴定方面，机器学习模型能够使用 DNA 序列的特征，如核苷酸组成、结构模式和保守性来识别启动子和增强子。例如，随机森林和深度学习模型在启动子和增强子的预测中表现出色。此外，机器学习方法还可用于预测转录因子结合位点，从而识别新的结合位点并理解不同转录因子的结合偏好。支持向量机（SVM）和神经网络等算法已广泛应用于这一领域。

此外，机器学习可以用于识别组蛋白修饰位点，这些位点在染色质结构和基因调控中扮演关键角色。模型可以基于 ChIP-seq 数据和组蛋白修饰的模式来预测这些位点。同样，机器学习方法也可以帮助解析 DNA 甲基化数据，从而深入了解 DNA 甲基化在基因表达调控中的作用。例如，随机森林和深度学习模型可用于识别甲基化位点并预测其功能。

机器学习模型还可用于分析基因表达数据，帮助研究人员识别不同条件下基因表达的差异，从而有助于理解调控元件和调控网络。机器学习还在表观遗传学研究中发挥关键作用，通过整合多种数据类型，如 DNA 甲基化、组蛋白修饰和非编码 RNA 数据，来揭示调控元件的细致机制。深度学习模型在整合多模态数据方面表现出色。

机器学习应用于疾病相关基因调控元件的鉴定，有助于了解疾病发病机制和寻找潜在的生物标志物。此外，机器学习还支持疾病预测和个性化医疗，它还可用于预测药物对基因调控元件的影响，从而支持药物研发和药物筛选过程，有助于开发更精确和有效的治疗方法。

在这些应用中，机器学习模型通常使用监督学习、无监督学习和深度学习等技术，以从大规模生物数据中提取模式和关联性。这些模型需要大量的训练数据，并且需要不断改进和优化，以提高准确性和可解释性。

5. 实验验证与功能研究

1）EMSA 与 Dnase I 保护分析 基因调控元件挖掘中的 EMSA（电泳迁移率变动分析）和 DNase I 保护分析是两种常用的实验技术，用于研究基因调控元件的结合与保护。

EMSA 的基本原理是利用聚丙烯酰胺凝胶电泳来分析 DNA 与蛋白质的结合。在该实验中，通常使用已知的 DNA 片段（探针）或者预测的基因调控元件作为探针。探针与目的蛋白相互作用后，形成 DNA-蛋白质复合物。这些复合物的电荷和尺寸发生改变，因此在电泳过程中会以不同速度迁移，与未结合的 DNA 探针产生迁移率差异。通过将样品在聚丙烯酰胺凝胶中进行电泳，可以将

DNA-蛋白质复合物与未结合的 DNA 分开，从而在凝胶上观察到不同的迁移带。这些迁移带反映了不同的 DNA-蛋白质复合物。

EMSA 可以用来验证预测的转录因子结合位点是否真的与特定蛋白质结合，通常涉及将已知或标记的 DNA 序列与转录因子一起孵育，然后通过电泳分析检测是否发生了 DNA 与蛋白质的结合。EMSA 还可用于发现新的 DNA 结合蛋白质。通过使用 DNA 探针库和细胞核提取物，研究人员可以检查哪些蛋白质与探针结合，从而识别可能的新的调控蛋白质。EMSA 可以用来确定蛋白质与 DNA 的结合亲和性和特异性，通过变化 DNA 序列或添加竞争性抑制剂，可以了解结合的亲和性程度和特异性。

DNase I 是一种核酸酶，它能够降解未结合蛋白质的 DNA 序列，但不能降解与蛋白质结合的 DNA。DNase I 保护分析的基本原理是将 DNA 与蛋白质相互作用，形成 DNA-蛋白质复合物。这些复合物中的 DNA 受到保护，不会被DNase I 降解。在实验中，首先将 DNA 与蛋白质孵育，形成 DNA-蛋白质复合物。然后，添加 DNase I 来降解未结合的 DNA。经过 DNase I 处理后，DNA-蛋白质复合物的结合部分将保持完整，而未结合的 DNA 片段将被降解。这些受保护的 DNA 片段可以通过 DNA 提取和 PCR 扩增来检测。

在基因调控元件挖掘中，通过观察在某些区域中 DNA 受到保护，可以识别启动子和增强子的位置，因为这些区域通常与结合蛋白质有关。DNase I 保护分析还可以用于确认与受保护 DNA 片段相关联的结合蛋白质，这可以帮助确定哪些蛋白质与特定调控元件结合。此外，通过观察 DNase I 敏感性的变化，可以帮助确定调控元件的边界和核心结合区域。

2）转录因子功能验证　　转录因子是蛋白质，它们能够结合到 DNA 上特定的序列，称为转录因子结合位点（transcription factor binding site，TFBS），从而调控与这些位点相关联的基因的转录活性。转录因子功能验证的基本原理是通过实验验证某一转录因子是否与预测的基因调控元件相互作用，并确定其对基因表达的影响。

转录因子-基因调控元件互作验证是最常见的应用领域。研究人员验证预测的转录因子是否与调控元件中的结合位点相互作用，通常通过实验技术如电泳迁移率变动分析（EMSA）、染色质免疫沉淀（ChIP）或 Dnase I 保护分析等来进行验证。

一旦确定了转录因子与基因调控元件的互作，下一步是验证其对基因表达的调控功能。这可以通过转录因子的过度表达、基因敲除或 RNA 干扰等方法来实现。通过这些实验，可以确定转录因子是否激活或抑制了目的基因的表达。有时，转录因子不仅与 DNA 结合，还能够调控染色质状态，如组蛋白修饰。功能验证可以包括确定转录因子是否介导某些组蛋白修饰的改变。同时，通过验证多个转录因子与其靶基因之间的互作，研究人员可以建立基因表达调控网络，深入了解复杂的调控机制。

3）整合性研究方法　　基因调控元件挖掘是一个复杂的任务，通常需要将多种实验和计算方法整合在一起，以全面理解基因调控网络的复杂性。一种常见的整合方法是结合 ChIP-seq 和 RNA-seq 数据。ChIP-seq 用于识别转录因子与染色质上的结合位点，而 RNA-seq 则测量基因的表达水平。通过比较这两种数据，可以确定哪些转录因子与特定基因调控元件相关联，以及它们如何影响目的基因的表达。

多组学数据整合是另一种关键方法，它包括整合多种组学数据，如转录组学、表观遗传学、蛋白质组学和代谢组学数据。通过同时分析这些不同数据类型，研究人员可以更全面地了解基因调控元件的功能和调控网络。

此外，结合功能注释和通路分析也起到关键作用，帮助研究人员理解基因调控元件的生物学功能，包括鉴定与调控元件相关的功能注释信息，如基因本体（gene ontology）和通路数据库（pathway databases），以及预测与这些元件相关的生物学通路。

机器学习算法在整合和分析大规模基因调控元件数据方面发挥关键作用。这些算法能够识别模式、预测转录因子结合位点、发现潜在的调控元件，以及揭示调控网络的复杂性。

研究基因调控元件在不同发育阶段的活性变化通常需要整合时间序列数据。这种方法允许研究人员追踪基因调控元件在时间上的动态变化，从而更好地理解其在发育和疾病中的作用。

最后，基于已知数据和理论模型，计算建模和模拟是一种重要方法，可用于预测基因调控元件的功能和网络。这些方法允许研究人员进行虚拟实验，以测试不同假设和情景。数据可视化工具和软件也是不可或缺的，可帮助研究人员将多种数据类型可视化，以更好地理解基因调控元件的互作和功能。

6. 应用领域与前景

极端微生物基因调控元件的挖掘具有广泛的应用领域和前景。这一领域的研究不仅可以丰富我们对生命科学的理解，还可以为生物工程、环境科学和医学领域提供重要的创新解决方案。

首先，考虑到能源危机和气候变化的问题，基因调控元件的挖掘对生物燃料生产至关重要。通过分析极端微生物的基因调控元件，研究人员已成功改造微生物以生产生物燃料，如生物氢气、生物甲烷和生物乙醇，从而减少对有限化石燃料的依赖，降低温室气体排放。

其次，基因调控元件的挖掘也在药物生产方面具有重要作用。这一领域的研究可以鉴定潜在的药物生产菌株，加速新药的发现和生产，特别是在抗生素和抗癌药物等领域。研究人员可以改进药物生产微生物的性能，以提高药物的产量和效率。

再次，基因调控元件挖掘在酶工程和生物催化中具有巨大潜力，可帮助改进工业和生物催化反应的效率，如纤维素降解和废水处理。通过了解极端微生物的基因调控机制，研究人员可以改进生物酶的产生和性能，从而提高酶工程和生物催化反应的效率。

这项研究还涵盖了环境修复和生物材料领域，通过挖掘极端微生物的基因调控元件，可以改造微生物以降解有害化合物或生产生物材料，如生物塑料和纳米材料，这有助于解决环境问题，减轻污染和资源枯竭的压力。

第四，基因调控元件挖掘还对基因治疗、生态学和环境科学等领域具有重要影响。它可以用于研究基因治疗、深入了解生态系统的生物多样性和生态适应性，以及探讨生物在应对气候变化和环境污染方面的潜在作用。

最后，这项研究在基础科学研究中也具有重要价值，可以深入探讨极端微生物的基因调控机制，有助于拓宽我们对生命科学的理解，揭示生命的奥秘。未来，随着技术的进一步发展和对这些微生物的深入研究，我们可以期待更多新的应用领域和创新解决方案的出现，推动生物工程、环境科学和医学领域的发展。

基因调控元件挖掘是生物学和生物信息学领域的关键研究领域，为我们深入了解基因调控机制、疾病治疗、生物工程等提供了重要工具。本节中介绍了多种方法，包括 DNA 序列分析、转录因子结合位点预测、序列比对与保守性分析、DNA 甲基化分析等，这些方法在不同研究领域中都有广泛应用。通过这些方法，研究人员能够识别基因调控元件、理解其功能和作用机制，为科学研究和应用研究提供了坚实的基础。

未来的基因调控元件挖掘领域具有令人兴奋的前景和多样的研究方向。高通量技术的不断发展将使我们能够更全面地分析基因组数据，揭示更复杂的基因调控网络。单细胞调控元件研究将有助于理解细胞内的异质性和不同细胞之间的调控差异，为精确医学和个性化治疗提供支持。深度学习和人工智能的应用将提高基因调控元件预测的准确性和效率，推动研究领域的进步。多组学数据整合将使我们更全面地理解基因调控机制，揭示不同组学层面之间的相互关系。生物工程和基因编辑技术与基因调控元件挖掘的结合将创造新的生物资源和应用，如药物生产和环境修复。另外，基因调控元件挖掘在环境保护、医学诊断和疾病治疗等领域的应用前景广阔，有望为解决重要社会问题提供新的解决方案。这些研究方向将共同推动生命科学、生物工程和医学领域的不断进步，为人类社会带来更多福祉。

2.3.5　机器学习在生物元件挖掘中的应用

机器学习在生物元件挖掘中扮演着关键角色。生物元件挖掘涉及大规模的数据分析，如基因组序列、转录组数据、蛋白质互作网络等。机器学习算法可以帮助识别和预测基因调控元件、蛋白质结合位点、DNA 甲基化模式等生物学特征，从而深入理解基因调控机制和生物过程。例如，机器学习模型可以训练以识别转录因子结合位点的 DNA 序列模式，从而揭示哪些 DNA 区域可能是重要的调控元件。此外，机器学习还可以用于生物数据的分类、聚类和预测，为基因功能注释、蛋白质互作预测和药物筛选提供支持。因此，机器学习与生物元件挖掘的密切合作对于生物学和生物信息学领域的进展至关重要。

高通量数据分析已成为现代生物学研究的核心。生物学领域产生了大量的数据，如基因组测序数据、蛋白质质谱数据、RNA 测序数据等，这些数据规模庞大且复杂多样。机器学习在处理和解释这些数据方面发挥了至关重要的作用。首先，机器学习算法可以自动处理大规模数据，识别模式和趋势，减轻了烦琐的手动分析工作。其次，它可以帮助挖掘数据中的隐藏信息，如基因调控元件、蛋白质相互作用、生物通路等，为生物学研究提供了新的洞察力。最后，机器学习还用于数据预测，如疾病风险预测、药物候选物筛选等，有助于加速新药的发现和生物医学研究的进展。因此，机器学习在高通量生物数据分析中的应用已成为生物学和医学研究的重要组成部分，有望推动未来的生命科学领域的突破性发展。

1. 高通量数据生成与处理

生物元件数据主要来自各种高通量实验技术，包括基因组测序、转录组测序、蛋白质质谱、ChIP-seq、DNA 甲基化测序等。这些实验产生了大量的原始数据，如 DNA 序列、RNA 序列、蛋白质质谱图等，用于研究基因调控元件、基因表达、蛋白质相互作用和表观遗传学等生物学特征。

1）数据预处理与清洗　　数据预处理与清洗在生物信息学和数据分析领域起着至关重要的作用，它有助于确保从原始数据中获得准确可靠的结果。首要关注点是数据质量，特别是对于高通量数据如基因组测序和转录组测序数据。在这些数据中，需要进行质量控制，包括检查测序读长（reads）的质量分数，以识别并清除低质量数据点。通常使用工具如 FastQC 来执行这一步骤。

此外，数据预处理也要处理冗余信息，例如，可能存在相同的序列或样本被多次测序，需要进行数据去重或合并操作，以减少数据集的冗余性。还需要解决数据中的缺失值，可以选择删除包含缺失值的数据点，或者使用插值或填充等方法进行处理。

在进行数据比较时，特别是跨不同样本或实验的比较，数据需要标准化或归一化，以消除技术差异或样本间的差异。例如，在转录组数据中，可以使用 RPKM（Reads Per Kilobase Million）或 TPM（Transcripts Per Kilobase Million）来归一化基因表达量。RPKM 和 TPM 都是用于衡量基因表达水平的标准化方法。它们通常用于 RNA 测序数据的分析，以消除样本大小和基因长度的影响，从而更准确地比较基因的表达水平（Li and Dewey, 2011）。RPKM 表示每千个碱基对中的 reads 数，这种方法通过考虑每个基因的长度和测序深度，以便更好地比较不同基因的表达。TPM 是每千个碱基对中的转录本数，它也考虑了基因长度和测序深度，但是在估计基因表达时，还考虑了多个转录本的情况，因此更准确地反映了转录本的相对表达。

特征工程阶段涉及特征选择，即筛选最具信息量的特征或变量，以减少数据集的维度和噪声，提高后续分析的效率和准确性。

此外，异常值或离群值可能对分析结果产生不利影响，因此需要在数据预处理中检测并处理异常值，以确保结果的稳健性。

根据不同分析工具和算法的要求，可能需要对数据进行格式转换，以适应后续分析的需要。数据可视化是数据预处理的重要工具，可以帮助发现数据中的模式、趋势和异常，从而更好地理解数据的性质并为后续分析提供指导。

2）数据特征工程　　数据特征工程在数据科学和机器学习领域扮演着至关重要的角色，其目标是从原始数据中提取有意义的特征，以便于后续建模和分析。在生物元件挖掘中，数据特征工程变得尤为关键，因为它有助于深入理解生物学特征、模式和调控机制。

特征提取涉及从不同类型的生物数据中选择、转换或构建特征，包括从基因组、转录组、蛋白质质谱等数据中提取与基因调控元件、蛋白质结合位点、甲基化模式等相关的特征，如从 ChIP-seq 数据中提取转录因子结合位点的特征。

特征选择旨在选择最相关和最具信息量的特征，以减少数据的维度和减少噪声，从而提高后续分析的效率和模型的泛化能力。在生物元件挖掘中，特征选择有助于筛选与研究问题相关的特征，如用于基因调控元件的识别。

特征变换包括对特征进行数学变换，以改变其分布或表达形式。常见的特征变换操作包括数据归一化和标准化，以及使用降维技术如主成分分析（PCA）来减少冗余信息。

特征构建是根据领域知识和问题需求创建新的特征或变量。在生物元件挖掘中，可以构建各种基于序列、结构和功能的生物学特征，用于描述基因调控元件的属性。

特征交互涉及不同特征之间的组合或交互，以捕捉更高级的信息。这可以通过特征组合、交叉或多项式特征扩展来实现，有助于挖掘生物学特征之间的关系。

在数据特征工程中，可视化和探索性数据分析是帮助理解数据的重要工具。通过可视化，可以发现数据中的模式、趋势和异常，有助于选择合适的特征和变换。

数据特征工程的质量直接影响到后续数据分析和建模的效果。在生物元件挖掘中，它有助于揭示基因调控、蛋白质互作、表观遗传学等生物学机制，为生物学研究提供了有力的工具和洞察。

2. 机器学习模型与算法

在机器学习领域，监督学习和非监督学习是两种主要的学习范式。监督学习（supervised learning）需要训练数据集，其中每个数据点都有一个相关联的标签或目标输出。模型的任务是根据输入数据预测或分类目标标签。在生物元件挖掘中，监督学习常用于以下任务。

（1）基因调控元件的识别：使用已知的标记数据，如转录因子结合位点的位置，训练模型来预测新的结合位点，这可以帮助研究人员了解哪些区域可能涉及基因调控。

（2）基因分类：鉴别不同基因或序列的类别，如分类是否属于编码蛋白质的基因或非编码 RNA。监督学习模型可以使用已知的基因分类数据来进行训练。

（3）表达量预测：预测基因的表达水平或蛋白质的丰度，这对于理解基因调控网络和生物学过程非常重要。

非监督学习（unsupervised learning）不需要标签或目标输出，而是试图从数据中发现潜在的结构、模式或关系。在生物元件挖掘中，非监督学习常用于以下任务。

（1）聚类分析：将相似的数据点分组成簇，以识别数据中的模式和群集。在基因组学中，非监督学习可以用于聚类相似的基因或样本。

（2）降维分析：减少数据的维度，同时保留主要的信息。例如，主成分分析可以用于转录组数据的降维，以便可视化和分析。

（3）异常检测：发现数据中的异常或离群值，这对于识别基因组中的异常事件或生物学中的异常样本非常有用。

（4）关联规则挖掘：查找数据中的关联规则，以发现生物学中的相关性和关系。

3. 机器学习模型的评估与优化

评估机器学习模型的性能是非常重要的，因为它可以帮助研究人员了解模型在解决问题时的表现。对于极端微生物生物元件的应用，常见的性能指标包括：①准确性（accuracy），衡量模型正确预测的样本比例，适用于二分类和多分类问题。②精确度（precision），衡量模型在预测为正类别时的准确性，用于处理假阳性问题。③召回率（recall），衡量模型检测到的正类别样本的比例，用于处理假阴性问题。④F1 分数（F1-score），结合精确度和召回率的度量，适用于不平衡数据集。⑤ROC 曲线和 AUC（area under curve），用于评估二分类问题的模型性能，特别是在不同阈值下的性能变化。⑥均方误差（mean squared error，MSE），用于回归问题，衡量模型预测值与真实值之间的平方差。⑦R^2（决定系数），衡量回归模型的拟合程度，越接近 1 表示模型拟合得越好。正确选择性能指标取决于特定的问题和数据类型，优化模型的过程也可以基于选定的指标。

　　为了评估模型的泛化能力和防止过拟合或欠拟合，交叉验证是一种常用的技术。K 折交叉验证将数据集分成 K 个子集，然后模型在 K 轮中每次使用 $K-1$ 个子集进行训练，剩下的一个子集用于验证。这种方法可以提供多次性能评估，有助于确定模型是否具有稳定的性能。对于极端微生物生物元件的研究，这一步骤特别重要，因为可能存在数据的噪声或异质性，需要确保模型能够在不同数据子集上表现良好。

　　模型的调参也是优化模型性能的关键部分。超参数（如学习率、正则化参数、树的深度等）的选择会影响模型的性能。为了找到最佳超参数组合，研究人员可以使用网格搜索、随机搜索和贝叶斯优化等方法。这些技术可以自动化地搜索超参数的最佳值，从而提高模型的性能和稳定性。

　　在某些极端微生物生物元件的研究中，模型的解释性和可解释性也非常重要。解释性是指理解模型的决策过程，可解释性是指模型的解释结果是否容易理解和验证。这对于科学研究和应用非常关键，因为研究人员需要解释和理解模型的预测结果。

　　可解释性技术，如 LIME（局部可解释模型）和 SHAP（SHapley Additive exPlanations）可以帮助解释模型的决策过程（Ribeiro et al., 2016；Lundberg and Lee, 2017）。LIME 通过生成局部可解释模型来解释单个预测的原因，而 SHAP 使用博弈论的概念来解释每个特征对于模型输出的贡献。这些技术可以帮助研究人员理解模型的预测是如何产生的，特别是在深度学习等复杂模型中。

4. 机器学习在生物元件挖掘中的挑战

　　在许多生物学应用中，如基因调控元件挖掘、药物筛选、疾病检测等，不同类别的样本数量差异巨大。通常情况下，负样本（不包含感兴趣元件或事件）的数量远远多于正样本（包含感兴趣元件或事件），这种情况称为数据不平衡。举例来说，在基因调控元件挖掘中，只有少数的基因区域可能是真正的调控元件，而绝大多数区域都不是。这导致正负样本的比例极不平衡，可能是 1∶100 或更极端的情况。

数据集的大小对于机器学习模型的性能至关重要。在生物元件挖掘中，数据集的大小通常受到数据采集的限制。例如，获得大规模的基因组序列或蛋白质互作数据可能需要昂贵的实验或高度复杂的数据分析。小样本问题是数据集大小的一个方面，当可用样本数量有限时，机器学习模型容易过拟合，难以泛化到新的数据。解决小样本问题的方法包括数据增强、迁移学习和集成学习等。

数据质量是另一个关键因素，对于机器学习的结果和模型性能具有重要影响。生物学数据可能受到多种因素的干扰，如噪声、测量误差和实验条件的变化。低质量的数据会导致模型的不稳定性和不准确性。因此，在生物元件挖掘中，需要对数据进行预处理、清洗和质量控制，以去除噪声和错误，提高数据的可靠性。

生物系统在分子、细胞和组织水平上都具有高度的复杂性。例如，在基因调控元件挖掘中，基因的调控是通过复杂的信号转导通路、转录因子的相互作用及表观遗传学变化来实现的。此外，生物系统还受到环境因素的影响，如细胞外信号、代谢物等。这种生物复杂性使得生物学问题的建模变得复杂而具有挑战性。

为了捕捉生物复杂性，机器学习模型通常需要具有一定的复杂性。深度学习模型如神经网络在处理复杂的生物数据时表现出色，因为它们能够学习多层次的特征表示。然而，过于复杂的模型可能会导致过拟合，尤其是在数据有限的情况下，模型可能会过度适应训练数据，而无法泛化到新数据。

5. 未来发展与前景

随着技术的进步和方法的发展，这些领域面临着许多令人兴奋的机会和挑战。首先，机器学习在生物学研究中的潜在应用具有广泛的前景。未来，机器学习将继续在生物学研究中发挥重要作用，包括个性化医疗、新药发现、生物标志物发现、生态学研究和基因组学。例如，个性化医疗将受益于机器学习，通过分析个体的基因组、表观遗传学和临床数据，制订个性化治疗方案，提高疾病治疗的效果。此外，生态学研究也将受益于机器学习，以分析复杂的生态系统数据，揭示生态过程和物种互动的规律。在基因组学方面，机器学习的应用将进一步推动我们对基因和调控元件的理解，有助于解锁生命的奥秘。

其次，未来的发展将包括自动化与高效化的生物元件挖掘工具。随着高通量实验技术的发展，更多数据将被生成，并用于机器学习模型的训练。自动化实验平台和机器人将能够进行复杂的生物实验，加速生物元件的筛选和鉴定。数据集成和分析工具的改进将使研究人员更容易处理多组学数据，发现新的生物元件和相互作用。这些自动化和高效化的工具将加速生物学研究的进展，有助于更好地理解生物系统的复杂性。

最后，基因组学与药物开发中的机器学习趋势也备受期待。精准医学的兴起将受益于机器学习，帮助医生更好地预测患者的疾病风险和治疗效果。药物再定位将变得更加高效，机器学习可以用于寻找现有药物的新用途，以加速药物研发。此外，机器学习将与生物信息学工具集成，为研究人员提供更全面的工具来解析生物数据。药物剂量的优化也将受益于机器学习，以确保治疗的最佳效果。总之，未来因组学和药物开发领域将更加依赖机器学习，以加速研究进展和创新。然而，同时也需要应对伦理、隐私和数据安全等挑战，确保这些技术的应用是可持续和可靠的。

参 考 文 献

徐迅, 肖亮, 刘姗姗, 等. 2023. 宏基因组学: 方法与步骤[M]. 北京: 科学出版社

杨焕明. 2016. 基因组学[M]. 北京: 科学出版社

尹烨. 2018. 生命密码[M]. 北京: 中信出版集团

Anantharaman K, Breier J A, Sheik C S, et al. 2013. Evidence for hydrogen oxidation and metabolic plasticity in widespread deep-sea sulfur-oxidizing bacteria[J]. Proceedings of the National Academy of Sciences, 110(1): 330-335

Anderson R E, Reveillaud J, Reddington E, et al. 2017. Genomic variation in microbial populations inhabiting the marine subseafloor at deep-sea hydrothermal vents[J]. Nature Communications, 8(1): 1114

Bahram M, Hildebrand F, Forslund S K, et al. 2018. Structure and function of the global topsoil microbiome[J]. Nature, 560(7717): 233-237.

Bailey T L, Williams N, Misleh C, et al. 2006. MEME: discovering and analyzing DNA and protein sequence motifs[J]. Nucleic Acids Research, 34(suppl_2): W369-W373

Banat I M, Franzetti A, Gandolfi I, et al. 2010. Microbial biosurfactants production, applications and future potential[J]. Applied Microbiology and Biotechnology, 87: 427-444

Bentley D R, Balasubramanian S, Swerdlow H P, et al. 2008. Accurate whole human genome sequencing using reversible terminator chemistry[J]. Nature, 456(7218): 53-59

Blainey P C, Mosier A C, Potanina A, et al. 2011. Genome of a low-salinity ammonia-oxidizing archaeon determined by single-cell and metagenomic analysis[J]. PLoS One, 6(2): e16626

Boddy C N. 2014. Bioinformatics tools for genome mining of polyketide and non-ribosomal peptides[J]. Journal of Industrial Microbiology and Biotechnology, 41(2): 443-450

Boyle A P, Hong E L, Hariharan M, et al. 2012. Annotation of functional variation in personal genomes using RegulomeDB[J]. Genome Research, 22(9): 1790-1797

Breiman L. 2001. Random forests[J]. Machine Learning, 45: 5-32

Brock T D, Freeze H. 1969. *Thermus aquaticus* gen. n. and sp. n., a nonsporulating extreme thermophile[J]. Journal of Bacteriology, 98(1): 289-297

Burton J N, Adey A, Patwardhan R P, et al. 2013. Chromosome-scale scaffolding of *de novo* genome assemblies based on chromatin interactions[J]. Nature Biotechnology, 31(12): 1119-1125

Cai M, Liu Y, Yin X, et al. 2020. Diverse Asgard Archaea including the novel Phylum Gerdarchaeota participate in organic matter degradation[J]. Science China Life Sciences, 63: 886-897

Cavicchioli R, Siddiqui K S, Andrews D, et al. 2002. Low-temperature extremophiles and their applications[J]. Current Opinion in Biotechnology, 13(3): 253-261

Chaumeil P A, Mussig A J, Hugenholtz P, et al. 2019. GTDB-Tk: a toolkit to classify genomes with the Genome Taxonomy Database[J]. Bioinformatics, 36(6): 1925-1927

Chen P, Zhou H, Huang Y, et al. 2021. Revealing the full biosphere structure and versatile metabolic functions in the deepest ocean sediment of the Challenger Deep[J]. Genome Biology, 22(1): 207

Chen Z, Zhou W, Qiao S, et al. 2017. Highly accurate fluorogenic DNA sequencing with information theory-based error correction[J]. Nature Biotechnology, 35(12): 1170-1178

Chèneby J, Gheorghe M, Artufel M, et al. 2018. ReMap 2018: an updated atlas of regulatory regions from an integrative analysis of DNA-binding ChIP-seq experiments[J]. Nucleic Acids Research, 46(D1): D267-D275

Clarke J, Wu H C, Jayasinghe L, et al. 2009. Continuous base identification for single-molecule nanopore DNA sequencing[J]. Nature Nanotechnology, 4(4): 265-270

Coelho L P, Alves R, Del Río Á R, et al. 2022. Towards the biogeography of prokaryotic genes[J]. Nature, 601(7892): 252-256

Cortes C, Vapnik V. 1995. Support-vector networks[J]. Machine Learning, 20: 273-297

Cover T, Hart P. 1967. Nearest neighbor pattern classification[J]. IEEE Transactions on Information Theory, 13(1): 21-27

Crick F H. 1958. On protein synthesis[J]. Symp Soc Exp Biol, 12: 138-163

Daly M J, Gaidamakova E K, Matrosova V Y, et al. 2004. Accumulation of Mn(II) in *Deinococcus radiodurans* facilitates gamma-radiation resistance[J]. Science, 306(5698): 1025-1028

Daly M J. 2009. A new perspective on radiation resistance based on *Deinococcus radiodurans*[J]. Nature Reviews Microbiology, 7(3): 237-245

Danis-wlodarczyk K, Blasdel B, Jang H, et al. 2009. Genomic, transcriptomic, and structural analysis of a novel broad-spectrum multiantibiotic producer, *Streptomyces violaceusniger* Tü4113[J]. Applied Microbiology and Biotechnology, 2: 69-78

de Anda V, Chen L X, Dombrowski N, et al. 2021. Brockarchaeota, a novel archaeal Phylum with unique and versatile carbon cycling pathways[J]. Nature Communications, 12(1): 2404

de Pascale D, de Santi C, Fu J, et al. 2012. The microbial diversity of Polar environments is a fertile ground for bioprospecting[J]. Marine Genomics, 8: 15-22

Dhamankar H, Prather K L J. 2011. Microbial chemical factories: recent advances in pathway engineering for synthesis of value added chemicals[J]. Current Opinion in Structural Biology, 21(4): 488-494

Dombrowski N, Seitz K W, Teske A P, et al. 2017. Genomic insights into potential interdependencies in microbial hydrocarbon and nutrient cycling in hydrothermal sediments[J]. Microbiome, 5: 1-13

Drmanac R, Sparks A B, Callow M J, et al. 2010. Human genome sequencing using unchained base reads on self-assembling DNA nanoarrays[J]. Science, 327(5961): 78-81

Eddy S R. 2004. What is a hidden Markov model?[J]. Nature Biotechnology, 22(10): 1315-1316

Eid J, Fehr A, Gray J, et al. 2009. Real-time DNA sequencing from single polymerase molecules[J].

Science, 323(5910): 133-138

Ester M, Kriegel H P, Sander J, et al. 1996. A density-based algorithm for discovering clusters in large spatial databases with noise[J]. KDD, 96(34): 226-231

Feingold E A, Good P J, Guyer M S, et al. 2004. The ENCODE (ENCyclopedia of DNA elements) project[J]. Science, 306(5696): 636-640

Fiers W, Contreras R, Duerinck F, et al. 1976. Complete nucleotide sequence of bacteriophage MS2 RNA: primary and secondary structure of the replicase gene[J]. Nature, 260(5551): 500-507

Finn R D, Mistry J, Tate J, et al. 2010. The Pfam protein families database[J]. Nucleic Acids Research, 38(suppl_1): D211-D222

Fleischmann R D, Adams M D, White O, et al. 1996. Whole-genome random sequencing and assembly of Haemophilus influenzae Rd[J]. Science, 269(5223): 496-512

Franklin R E, Gosling R G. 1953. Molecular configuration in sodium thymonucleate[J]. Nature, 171(4356): 740-741

Fraser P D, Bramley P M. 2004. The biosynthesis and nutritional uses of carotenoids[J]. Progress in Lipid Research, 43(3): 228-265

Gadd G M. 2007. Geomycology: biogeochemical transformations of rocks, minerals, metals and radionuclides by fungi, bioweathering and bioremediation[J]. Mycological Research, 111(1): 3-49

García-Descalzo L, García-López E, Alcázar A, et al. 2014. Proteomic analysis of the adaptation to warming in the Antarctic bacteria Shewanella frigidimarina[J]. Biochimica et Biophysica Acta (BBA)-Proteins and Proteomics, 1844(12): 2229-2240

Ghosh W, Dam B. 2009. Biochemistry and molecular biology of lithotrophic sulfur oxidation by taxonomically and ecologically diverse bacteria and Archaea[J]. FEMS Microbiology Reviews, 33(6): 999-1043

Gilbert W, Maxam A. 1973. The nucleotide sequence of the lac operator[J]. Proceedings of the National Academy of Sciences, 70(12): 3581-3584

Goodwin S, McPherson J D, McCombie W R. 2016. Coming of age: ten years of next-generation sequencing technologies[J]. Nature Reviews Genetics, 17(6): 333-351

Grant C E, Bailey T L, Noble W S. 2011. FIMO: scanning for occurrences of a given motif[J]. Bioinformatics, 27(7): 1017-1018

Han J, Zhang F, Hou J, et al. 2012. Complete genome sequence of the metabolically versatile halophilic archaeon *Haloferax mediterranei*, a poly (3-hydroxybutyrate-co-3-hydroxyvalerate) producer[J]. Journal of Bacteriology, 194(16): 4463-4464

Han Y, Zhang C, Zhao Z, et al. 2023. A comprehensive genomic catalog from global cold seeps[J]. Scientific Data, 10(1): 596

Harris T D, Buzby P R, Babcock H, et al. 2008. Single-molecule DNA sequencing of a viral genome[J]. Science, 320(5872): 106-109

Hartigan J A, Wong M A. 1979. Algorithm AS 136: A K-means clustering algorithm[J]. Journal of the Royal Statistical Society Series C (Applied Statistics), 28(1): 100-108

Heinz S, Benner C, Spann N, et al. 2010. Simple combinations of lineage-determining transcription factors prime cis-regulatory elements required for macrophage and B cell identities[J]. Molecular

Cell, 38(4): 576-589

Hershey A D, Chase M. 1952. Independent functions of viral protein and nucleic acid in growth of bacteriophage [J]. J Gen Physiol, 36(1): 39-56

Holley R W, Apgar J, Everett G A, et al. 1965. Structure of a ribonucleic acid[J]. Science, 147(3664): 1462-1465

Hsiao L J, Lin J H, Sankatumvong P, et al. 2016. The feasibility of thermophilic Caldimonas manganoxidans as a platform for efficient PHB production[J]. Applied Biochemistry and Biotechnology, 180: 852-871

International Human Genome Sequencing Consortium, Lander E S, Linton L M, et al. 2001. Initial sequencing and analysis of the human genome [J]. Nature, 409(6822): 860-921

International Human Genome Sequencing Consortium. 2004. Finishing the euchromatic sequence of the human genome[J]. Nature, 431(7011): 931-945

Ji M, Kong W, Liang C, et al. 2020. Permafrost thawing exhibits a greater influence on bacterial richness and community structure than permafrost age in Arctic permafrost soils[J]. Cryosphere, 14(11): 3907-3916

Johnson S C. 1967. Hierarchical clustering schemes[J]. Psychometrika, 32(3): 241-254.

Johnson S S, Zaikova E, Goerlitz D S, et al. 2017. Real-time DNA sequencing in the Antarctic dry valleys using the Oxford nanopore sequencer[J]. Journal of Biomolecular Techniques, 28(1): 2-7

Joseph B, Kumar V, Ramteke P W. 2019. Psychrophilic Enzymes: Potential Biocatalysts for Food Processing[M]. Cambridge: Academic Press: 817-825.

Jumper J, Evans R, Pritzel A, et al. 2021. Highly accurate protein structure prediction with AlphaFold[J]. Nature, 596(7873): 583-589

Justice N B, Pan C, Mueller R, et al. 2012. Heterotrophic Archaea contribute to carbon cycling in low-pH, suboxic biofilm communities[J]. Applied and Environmental Microbiology, 78(23): 8321-8330

Karolchik D, Hinrichs A S, Furey T S, et al. 2004. The UCSC Table Browser data retrieval tool[J]. Nucleic Acids Research, 32(suppl_1): D493-D496

Kent W J, Sugnet C W, Furey T S, et al. 2002. The human genome browser at UCSC[J]. Genome Research, 12(6): 996-1006

Khaldi N, Seifuddin F T, Turner G, et al. 2010. SMURF: genomic mapping of fungal secondary metabolite clusters[J]. Fungal Genetics and Biology, 47(9): 736-741

Kim J, Yi G S. 2012. PKMiner: a database for exploring type II polyketide synthases[J]. BMC Microbiology, 12: 1-12

Koller M, Hesse P, Bona R, et al. 2007. Potential of various archae and eubacterial strains as industrial polyhydroxyalkanoate producers from whey[J]. Macromolecular Bioscience, 7(2): 218-226

Kort J C, Esser D, Pham T K, et al. 2013. A cool tool for hot and sour Archaea: proteomics of Sulfolobus solfataricus[J]. Proteomics, 13(18-19): 2831-2850

Kouřilová X, Schwarzerová J, Pernicová I, et al. 2021. The first insight into polyhydroxyalkanoates accumulation in multi-extremophilic Rubrobacter xylanophilus and Rubrobacter spartanus[J].

Microorganisms, 9(5): 909

Kwan D H, Sun Y, Schulz F, et al. 2008. Prediction and manipulation of the stereochemistry of enoylreduction in modular polyketide synthases[J]. Chemistry & Biology, 15(11): 1231-1240

Lagerkvist U. 1968. The 1968 Nobel prize in physiology or medicine. The genetic code and its translation [J]. Lakartidningen, 65(44): 4373-4381

Lam K S. 2006. Discovery of novel metabolites from marine actinomycetes[J]. Current opinion in Microbiology, 9(3): 245-251

Lamed R, Zeikus J G. 1980. Glucose fermentation pathway of *Thermoanaerobium brockii*[J]. Journal of Bacteriology, 141(3): 1251-1257

Lata S, Sharma B K, Raghava G P S. 2007. Analysis and prediction of antibacterial peptides[J]. BMC Bioinformatics, 8: 1-10

Li B, Dewey C N. 2011. RSEM: accurate transcript quantification from RNA-Seq data with or without a reference genome[J]. BMC Bioinformatics, 12: 1-16

Li M H T, Ung P M U, Zajkowski J, et al. 2009. Automated genome mining for natural products[J]. BMC Bioinformatics, 10: 1-10

Liao S, Wang Y, Liu H, et al. 2020. Deciphering the microbial taxonomy and functionality of two diverse mangrove ecosystems and their potential abilities to produce bioactive compounds[J]. mSystems, 5(5): e00851-e00819

Liu Y X, Qin Y, Chen T, et al. 2021a. A practical guide to amplicon and metagenomic analysis of microbiome data[J]. Protein & Cell, 12(5): 315-330

Liu Y, Han R, Zhou L, et al. 2021b. Comparative performance of the GenoLab M and NovaSeq 6000 sequencing platforms for transcriptome and lncRNA analysis[J]. BMC Genomics, 22: 1-12

Liu Y, Ji M, Yu T, et al. 2022. A genome and gene catalog of glacier microbiomes[J]. Nature Biotechnology, 40(9): 1341-1348

Liu Y, Makarova K S, Huang W C, et al. 2021c. Expanded diversity of Asgard archaea and their relationships with eukaryotes[J]. Nature, 593(7860): 553-557

Lundberg S M, Lee S I. 2017. A unified approach to interpreting model predictions[J]. Advances in Neural Information Processing Systems, 30: 4768 - 4777

Luo R, Liu B, Xie Y, et al. 2012. SOAPdenovo2: an empirically improved memory-efficient short-read *de novo* assembler[J]. Gigascience, 1(1): 18

Mak S S T, Gopalakrishnan S, Carøe C, et al. 2017. Comparative performance of the BGISEQ-500 vs Illumina HiSeq2500 sequencing platforms for palaeogenomic sequencing[J]. Gigascience, 6(8): 1-13

Mathelier A, Zhao X, Zhang A W, et al. 2014. JASPAR 2014: an extensively expanded and updated open-access database of transcription factor binding profiles[J]. Nucleic Acids Research, 42(D1): D142-D147

Matys V, Kel-Margoulis O V, Fricke E, et al. 2006. TRANSFAC and its module TRANSCompel: transcriptional gene regulation in eukaryotes[J]. Nucleic Acids Research, 34(suppl_1): D108-D110

Maxam A M, Gilbert W. 1977. A new method for sequencing DNA[J]. Proceedings of the National

Academy of Sciences, 74(2): 560-564

McCarty M, Avery O T. 1946. Studies on the chemical nature of the substance inducing transformation of pneumococcal types: ii. effect of desoxyribonuclease on the biological activity of the transforming substance[J]. The Journal of Experimental Medicine, 83(2): 89

Medema M H, Blin K, Cimermancic P, et al. 2011. antiSMASH: rapid identification, annotation and analysis of secondary metabolite biosynthesis gene clusters in bacterial and fungal genome sequences[J]. Nucleic Acids Research, 39(suppl_2): W339-W346

Mei S, Qin Q, Wu Q, et al. 2017. Cistrome Data Browser: a data portal for ChIP-Seq and chromatin accessibility data in human and mouse[J]. Nucleic Acids Research, 45(D1): D658-D662

Mostovoy Y, Levy-Sakin M, Lam J, et al. 2016. A hybrid approach for *de novo* human genome sequence assembly and phasing[J]. Nature Methods, 13(7): 587-590

Muyzer G, Stams A J M. 2008. The ecology and biotechnology of sulphate-reducing bacteria[J]. Nature Reviews Microbiology, 6(6): 441-454

Myers E W, Sutton G G, Delcher A L, et al. 2000. A whole-genome assembly of *Drosophila*[J]. Science, 287(5461): 2196-2204

Nayfach S, Roux S, Seshadri R, et al. 2021. A genomic catalog of Earth's microbiomes[J]. Nature Biotechnology, 39(4): 499-509

Oh D H, Dassanayake M, Haas J S, et al. 2010. Genome structures and halophyte-specific gene expression of the extremophile *Thellungiella parvula* in comparison with *Thellungiella* salsuginea (*Thellungiella* halophila) and *Arabidopsis*[J]. Plant Physiology, 154(3): 1040-1052

Oren A. 2006. Halophilic Microorganisms and Their Environments[M]. Dordrecht: Springer Science & Business Media

Paoli L, Ruscheweyh H J, Forneris C C, et al. 2022. Biosynthetic potential of the global ocean microbiome[J]. Nature, 607(7917): 111-118

Park H J, Bae J H, Ko H J, et al. 2018. Low　pH production of d　lactic acid using newly isolated acid tolerant yeast *Pichia kudriavzevii* NG7[J]. Biotechnology and Bioengineering, 115(9): 2232-2242

Podell S, Emerson J B, Jones C M, et al. 2014. Seasonal fluctuations in ionic concentrations drive microbial succession in a hypersaline lake community[J]. The ISME Journal, 8(5): 979-990

Qin J, Li R, Raes J, et al. 2010. A human gut microbial gene catalogue established by metagenomic sequencing[J]. Nature, 464(7285): 59-65.

Quang D, Xie X. 2016. DanQ: a hybrid convolutional and recurrent deep neural network for quantifying the function of DNA sequences[J]. Nucleic Acids Research, 44(11): e107

Quillaguamán J, Guzmán H, Van-Thuoc D, et al. 2010. Synthesis and production of polyhydroxyalkanoates by halophiles: current potential and future prospects[J]. Applied Microbiology and Biotechnology, 85: 1687-1696

Quinlan A R, Hall I M. 2010. BEDTools: a flexible suite of utilities for comparing genomic features[J]. Bioinformatics, 26(6): 841-842

Ribeiro M T, Singh S, Guestrin C. 2016. " Why should I trust you?" Explaining the predictions of any classifier[C]. San Francisco: Proceedings of the 22nd ACM SIGKDD International Conference

On Knowledge Discovery and Data Mining: 1135-1144.

Rish I. 2001. An empirical study of the naive Bayes classifier[C]. Seattle: IJCAI 2001 Workshop on Empirical Methods In Artificial Intelligence: 41-46

Ronaghi M, Pettersson B, Uhlén M, et al. 1998. PCR-introduced loop structure as primer in DNA sequencing[J]. Biotechniques, 25(5): 876-884

Rothberg J M, Hinz W, Rearick T M, et al. 2011. An integrated semiconductor device enabling non-optical genome sequencing[J]. Nature, 475(7356): 348-352

Rothberg J M, Leamon J H. 2008. The development and impact of 454 sequencing[J]. Nature Biotechnology, 26(10): 1117-1124

Rozowsky J, Euskirchen G, Auerbach R K, et al. 2009. PeakSeq enables systematic scoring of ChIP-seq experiments relative to controls[J]. Nature Biotechnology, 27(1): 66

Rusch D B, Halpern A L, Sutton G, et al. 2007. The Sorcerer II Global Ocean Sampling expedition: northwest Atlantic through eastern tropical Pacific[J]. PLoS Biology, 5(3): e77

Sander J, Ester M, Kriegel H P, et al. 1998. Density-based clustering in spatial databases: the algorithm GDBSCAN and its applications[J]. Data Mining And Knowledge Discovery, 2: 169-194

Sanger F, Air G M, Barrell B G, et al. 1977a. Nucleotide sequence of bacteriophage φX174 DNA[J]. Nature, 265(5596): 687-695

Sanger F, Nicklen S, Coulson A R. 1977b. DNA sequencing with chain-terminating inhibitors[J]. Proceedings of the National Academy of Sciences, 74(12): 5463-5467

Santangelo T J, Čuboňová L, Reeve J N. 2011. Deletion of alternative pathways for reductant recycling in *Thermococcus kodakarensis* increases hydrogen production[J]. Molecular Microbiology, 81(4): 897-911

Shendure J, Balasubramanian S, Church G M, et al. 2017. DNA sequencing at 40: past, present and future[J]. Nature, 550(7676): 345-353

Shendure J, Ji H. 2008. Next-generation DNA sequencing[J]. Nature Biotechnology, 26(10): 1135-1145

Shendure J, Porreca G J, Reppas N B, et al. 2005. Accurate multiplex polony sequencing of an evolved bacterial genome[J]. Science, 309(5741): 1728-1732

Shoaib M, Ali Y, Shen Y, et al. 2024. Identification of potential natural products derived from fungus growing termite, inhibiting Pseudomonas aeruginosa quorum sensing protein LasR using molecular docking and molecular dynamics simulation approach[J]. Journal of Biomolecular Structure and Dynamics, 42(3): 1126-1144

Sievert S M, Scott K M, Klotz M G, et al. 2008. Genome of the epsilonproteobacterial chemolithoautotroph Sulfurimonas denitrificans[J]. Applied and Environmental Microbiology, 74(4): 1145-1156

Stetter K O. 2006. Hyperthermophiles in the history of life[J]. Philosophical Transactions of the Royal Society B: Biological Sciences, 361(1474): 1837-1843

Sunagawa S, Coelho L P, Chaffron S, et al. 2015. Structure and function of the global ocean microbiome[J]. Science, 348(6237): 1261359

Tighe S, Afshinnekoo E, Rock T M, et al. 2017. Genomic methods and microbiological technologies for profiling novel and extreme environments for the extreme microbiome project(XMP)[J]. Journal of Biomolecular Techniques, 28(1): 31-39

Toivari M, Vehkomäki M L, Nygård Y, et al. 2013. Low pH d-xylonate production with *Pichia kudriavzevii*[J]. Bioresource Technology, 133: 555-562

Veltri D, Kamath U, Shehu A. 2018. Deep learning improves antimicrobial peptide recognition[J]. Bioinformatics, 34(16): 2740-2747

Venter J C, Adams M D, Myers E W, et al. 2001. The sequence of the human genome[J]. Science, 291(5507): 1304-1351

Vetriani C, Maeder D L, Tolliday N, et al. 1998. Protein thermostability above 100 C: a key role for ionic interactions[J]. Proceedings of the National Academy of Sciences, 95(21): 12300-12305

Vieille C, Zeikus G J. 2001. Hyperthermophilic enzymes: sources, uses, and molecular mechanisms for thermostability[J]. Microbiology and Molecular Biology Reviews, 65(1): 1-43

von Luxburg U. 2007. A tutorial on spectral clustering[J]. Statistics and Computing, 17: 395-416

Vymazal J. 2013. Emergent plants used in free water surface constructed wetlands: a review[J]. Ecological Engineering, 61: 582-592

Wang F, Zhou H, Meng J, et al. 2009. GeoChip-based analysis of metabolic diversity of microbial communities at the Juan de Fuca Ridge hydrothermal vent[J]. Proceedings of the National Academy of Sciences, 106(12): 4840-4845

Wang O, Chin R, Cheng X, et al. 2019. Efficient and unique cobarcoding of second-generation sequencing reads from long DNA molecules enabling cost-effective and accurate sequencing, haplotyping, and *de novo* assembly[J]. Genome Research, 29(5): 798-808

Watson J D, Crick F H C. 1953. Molecular structure of nucleic acids: a structure for deoxyribose nucleic acid[J]. Nature, 171(4356): 737-738

Weber W, Fussenegger M. 2011. Emerging biomedical applications of synthetic biology[J]. Nature Reviews Genetics, 13(1): 21-35

Wilkins M H, Stokes A R, Wilson H R. 1953. Molecular structure of deoxypentose nucleic acids[J]. Nature, 171(4356): 738-740

Wu R. 1970. Nucleotide sequence analysis of DNA: I. Partial sequence of the cohesive ends of bacteriophage λ and 186 DNA[J]. Journal of Molecular Biology, 51(3): 501-521

Wu R, Kaiser A D. 1968. Structure and base sequence in the cohesive ends of bacteriophage lambda DNA[J]. Journal of Molecular Biology, 35(3): 523-537

Wu R, Taylor E. 1971. Nucleotide sequence analysis of DNA: II. Complete nucleotide sequence of the cohesive ends of bacteriophage λ DNA[J]. Journal of Molecular Biology, 57(3): 491-511

Xie H, Yang C, Sun Y, et al. 2020. PacBio long reads improve metagenomic assemblies, gene catalogs, and genome binning[J]. Frontiers in Genetics, 11: 516269

Yagüe P, Rodriguez-Garcia A, López-García M T, et al. 2013. Transcriptomic analysis of Streptomyces coelicolor differentiation in solid sporulating cultures: first compartmentalized and second multinucleated mycelia have different and distinctive transcriptomes[J]. PLoS One, 8(3): e60665

Yu G, Wang L G, Han Y, et al. 2012. clusterProfiler: an R package for comparing biological themes among gene clusters[J]. Omics, 16(5): 284-287

Zang C, Schones D E, Zeng C, et al. 2009. A clustering approach for identification of enriched domains from histone modification ChIP-Seq data[J]. Bioinformatics, 25(15): 1952-1958

Zeldes B M, Keller M W, Loder A J, et al. 2015. Extremely thermophilic microorganisms as metabolic engineering platforms for production of fuels and industrial chemicals[J]. Frontiers in Microbiology, 6: 1209

Zeng X, Zhang Y, Meng L, et al. 2020. Genome sequencing of deep-sea hydrothermal vent snails reveals adaptions to extreme environments[J]. Gigascience, 9(12): giaa139

Zhang Y, Liu T, Meyer C A, et al. 2008. Model-based analysis of ChIP-seq (MACS)[J]. Genome Biology, 9: 1-9

Zhang Z, Liu G, Chen Y, et al. 2021. Comparison of different sequencing strategies for assembling chromosome-level genomes of extremophiles with variable GC content[J]. iScience, 24(3): 102219

Zhao Y, Zhang Y, Cao Y, et al. 2011. Structural analysis of alkaline β-mannanase from alkaliphilic *Bacillus* sp. N16-5: implications for adaptation to alkaline conditions[J]. PLoS One, 6(1): e14608

Zhuang Y, Liu R, Chen Y, et al. 2022. Extremophiles and their applications[J]. Scientia Sinica Vitae, 52(2): 204-222

Ziemert N, Podell S, Penn K, et al. 2012. The natural product domain seeker NaPDoS: a phylogeny based bioinformatic tool to classify secondary metabolite gene diversity[J]. PLoS One, 7(3): e34064

第 3 章　极端微生物：极端酶的创新源泉

引　言

极端微生物是地球留给人类独特的生物资源宝库和极其珍贵的科研素材。极端微生物的发现，对于研究生命起源和系统进化，认识细胞生命活动规律及胞内活性物质的合成机制，都具有极为重要的科学意义。极端微生物富含的极端酶的挖掘与应用将会改变整个生物催化剂的面貌。

3.1　极端酶的分类与特性

生活在海底火山口附近的微生物，能够耐高温、高压和高酸。欧洲一些国家的科学家从这种微生物中提取出了特殊的生物酶，添加到食品中，可以帮助食物在胃内的高酸环境中进行消化。这种特殊的生物酶，还能缩短面粉中的纤维长度，延长面制品的保鲜期。此外，由于这种特殊生物酶耐高温，因此在经过热处理的食品中也能生存。科学家从南极冰川中发现的微生物中提取出了特殊的生物酶，并制成了制剂。利用这种制剂，可融化排水管道里淤积的冰冻以保证排水管道的四季畅通。欧洲科学家还从死海海水中发现一种耐盐力极强的极端微生物，从这种极端微生物中提取的特殊生物酶，可以在盐度较高的条件下，创造出一个非常清洁的环境，因而有助于生产无菌药物。人们发现从极端环境中的微生物提取出的特殊生物酶，在食品、环境、医药等领域都具有巨大的使用价值。

3.1.1　极端酶概述

极端微生物（extremophile）又称为嗜极菌，目前主要发现于古菌和细菌领域，可以在包括温泉、海底热液在内的高温条件，冰川、深海、极地的低温条件，碱湖及工业、矿物废水的酸碱条件，盐湖、海洋的高盐条件，赤道、高原的高辐射条件，以及沙漠、戈壁的干旱条件等生长和繁殖。根据生存环境的不同，极端微生物可分为嗜热微生物、嗜冷微生物、嗜盐微生物、嗜碱微生物、嗜酸微生物、嗜压微生物、耐有机溶剂微生物、耐辐射微生物等（图3.1）。极端微生物进化并适应了环境，通过发展出适应于生存环境的独特机制来维持细胞组成的稳定和活性。通常情况下，极端微生物产生的酶可以耐受极端条件，是极端微生物在极其恶劣环境中生存和繁衍的基础（刘欣等，2017）。

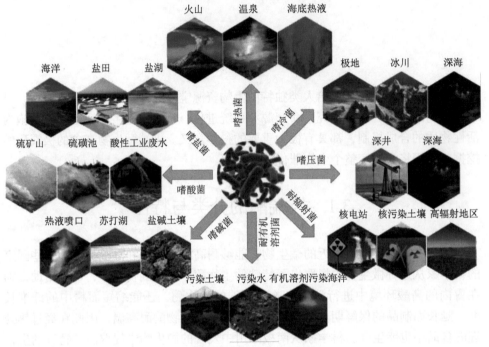

图 3.1　极端微生物的种类及其来源

极端酶（extremozyme）是由极端微生物产生的，具有超常生物学稳定性，能够在极端温度、pH、压力和离子强度等条件下表现出生物学活性的酶。根据其来源，极端酶大致分为三种：从生活在非常规条件下的微生物，如某些古菌中分离得到的酶；某些来源于常规微生物但也能在极端条件下起催化作用的酶，如能在有机试剂中催化反应的酶；通过人工改良或借助人工全合成技术制造出来的新型极端酶。其中，从极端微生物中筛选人们所需要的极端酶是目前获得极端酶的主要途径。

根据极端酶耐受的极端条件不同，可将极端酶分为嗜热酶、嗜冷酶、嗜盐酶、嗜酸酶、嗜碱酶和耐有机溶剂酶等（Adrio and Demain，2014）。其中，嗜热酶和嗜冷酶的研究最多，应用也最为广泛（表3.1）。

表 3.1　极端酶的种类、特性及其用途

极端酶的种类	极端酶的特性	极端酶的用途
嗜热酶	在 75～100℃条件下仍有良好的稳定性和催化活性	食品加工、造纸、氨基酸生产、洗涤剂制造、钻探操作等领域
嗜冷酶	具有较低的最适反应温度（25～45℃）；热不稳定，热变性温度比同类嗜温酶低 15～20℃	食品工业、医学研究、洗涤剂和化妆品等领域
嗜盐酶	能在高离子强度下保持稳定性和活性	食品工业、化学工业、环境修复等领域
嗜酸酶	能在较低的 pH 环境下（pH<4）起催化作用	食品工业、环境保护、贵重金属回收、原煤脱硫等领域
嗜碱酶	在极高的 pH 环境中保持稳定和活力	纺织工业、食品工业、医药、洗涤剂生产、纸浆漂白、廉价生物质转化等领域
耐有机溶剂酶	可以在有机溶剂中起催化作用	环境修复、医药、食品工业等领域

3.1.2　嗜热酶的特性及应用

1. 嗜热酶的特性

目前，人们已从嗜热微生物中鉴定出大量嗜热酶及超嗜热酶，包括淀粉酶、纤维素酶、蛋白酶、普鲁兰酶、果胶酶、葡萄糖苷酶、甘露聚糖酶、几丁质酶、蛋白酶、脂肪酶、木聚糖酶、酯酶、植酸酶及 DNA 聚合酶等，在 75～100℃具有良好的热稳定性。嗜热酶的耐受温度通常在 55～80℃，极端嗜热酶的耐受温度可达 80～113℃（Kelly et al.，2018）。

极端酶能在特殊的环境中发挥催化功能，其利用特殊的机制保持极端环境下蛋白质的稳定密切相关：①化学键的数量。通过研究同种嗜热酶与嗜中温酶的主要性质，发现其热稳定性不同主要是分子内部结构决定的，维持其内部立体结构的化学键和物理键，特别是氢键、二硫键和疏水键的存在及数量与酶的热稳定性有关（Burg，2003）。一般认为，当这些键存在及数量增加时，酶的热稳定性增强；这些键断开，则酶的热稳定性降低或丧失。②分子量的差异。一般分子量较小的蛋白质比分子量较大的蛋白质有更大的热稳定性。例如，嗜热栖热菌的 3-磷酸甘油脱氢酶分子量就较小，有利于热稳定。在芽孢形成过程中，芽孢杆菌的醛缩酶分子中有一部分与酶活性关系不密切的肽链被水解掉，从而使该酶的热稳定性提高。③结构组成的不同。嗜热酶分子的许多微妙结构很可能与热稳定性有关，如稍长的螺旋结构、三股链组成的 β 折叠结构、C 端和 N 端氨基酸残基间的离子作用及较小的表面环等形成了嗜热酶紧密而有韧性的空间结构，提高了热稳定性。④离子相互作用力的增减。高温谷氨酸脱氢酶和柠檬酸合成酶的结构研究表明了离子作用在嗜热酶中的重要性，嗜热酶在离子偶联的数量和程度上胜过嗜温酶，而且柠檬酸合成酶嗜热酶还包括亚单位的相互作用和羧基端氨基酸残基的作用。但是，高温稳定性和离子相互作用的正比关系并不是普遍存在的。Ca^{2+}能提高许多热稳定性酶的耐热性，起到类似二硫键样的桥连接作用，对稳定酶分子的三维结构有重要作用；锌离子对某些耐热酶也有热稳定作用，把嗜热脂肪芽孢杆菌编码腺苷酸激酶的基因转染给的大肠杆菌，分析所表达的蛋白质，可发现该腺苷酸激酶含有 1 个与 4 个半胱氨酸紧密结合的锌离子，形成 1 个锌指结构。如果用 PMPS 或者 EDTA 去除结合状态的锌离子，那么该酶的变性温度从74.5℃降至约 67℃。至于后者温度仍然比较高，是由于酶中存在大量的 Arg 和 Lys 残基。嗜热和超嗜热的产甲烷菌体内的钾离子和三阴离子环状二磷酸甘油酯的浓度分别达到 1.0～2.3mol/L 和 1.2mol/L，这些含碳化合物对相应的离体酶具有稳定作用。

2. 嗜热酶的应用

从嗜热微生物中分离出来的酶具有独特性：具有极高的热稳定性，能抵抗化学变性剂如表面活性剂、有机溶剂和高酸高碱环境，其催化功能优于在各种工业生产中应用的酶。超嗜热微生物中存在一种逆促旋酶，它能够诱导 DNA 形成正性超螺旋。高热稳定的淀粉酶用于生产葡萄糖和果糖，对改进工业淀粉转化工艺非常有意义。已从热袍菌门（Thermotoga）中分离出一种超级嗜热的木糖异构酶，这种酶能把葡萄糖转化为果糖，这样就能在高温条件下提高果糖的产量。一种高热稳定普鲁兰酶能专一水解支链淀粉形成长链线性多糖；木糖酶用于纸张漂白；蛋白酶用于氨基酸生产、食品加工、洗涤剂、固定化制造天冬甜精；纤维素酶用于钻探操作、促进石油或天然气流入油井孔。嗜热菌有相对高的生长率，代谢快，世代时间短，酶的热稳定性高，用于微生物发酵工程可减少污染、节约能量、降低成本、提高处理效果和产品质量（刘爱民和黄为一，2004）。

3.1.3　嗜冷酶的特性及应用

1. 嗜冷酶的特性

地球上有超过 3/4 的区域处于低温环境，地球上大部分的生物质都是在 5℃以下生成的（Siddiqui and Cavicchioli，2006）。嗜冷微生物通常生存在−2～20℃，从中分离的极端酶在低温下有活性，但在常温及高温环境下失活。嗜冷酶具有较低的最适反应温度（一般在 25～45℃），有的南极海冰细菌所产胰蛋白酶（trypsin）最适反应温度仅为 12℃（Nichols et al.，1999）。在低温条件下具有高催化效率和高柔顺性分子构象，是嗜冷酶中普遍存在的酶学特性。从嗜冷酵母分离纯化的琥珀酸脱氢酶的最适反应温度为 20℃，而在 0℃能保持最高活性的60%。从嗜冷海洋微生物中分离的蛋白酶在 20℃时活性约为 40℃时的 50%，而从土壤中分离的蛋白酶在 20℃时活性仅为 40℃时的 25%。嗜冷酶的最适反应温度与嗜温酶相比要低 20～30℃（邱秀宝等，1991）。

嗜冷酶的结构特点主要有如下几点：①蛋白质相互作用力减弱。嗜冷酶的结构域之间及亚基之间，含有较少的氢键、二硫键及其他相互作用力，金属结合位点较少。酶分子间的作用力减弱，与溶剂的作用加强，使其具有比常温同工酶更柔软的结构，使酶在低温下容易被底物诱导产生催化作用。若温度提高，嗜冷酶的弱键容易被破坏，致使其变性失活。②氨基酸组成改变。酶表面上的环状区域，脯氨酸残基较少。而在 α 螺旋上，脯氨酸含量则较多，酶分子的表面非极性氨基酸残基丰富，从而催化活性中心具有更高的柔软性，可以使底物更容易地进入，进行酶反应。③核心区域疏水相互作用减少。嗜冷酶在低温可以通过降低疏水相互作用进行结构调整，避免蛋白质变性。④嗜冷酶具有较少的二级结构和寡聚氨基酸，但环状结构的数量和长度却有所增加。

2. 嗜冷酶的应用

嗜冷酶在中低温度下具有较高的催化，但在常温下不稳定、易失活，如来自南极细菌的 α-淀粉酶、枯草芽孢杆菌蛋白酶和磷酸丙糖异构酶等。因此，在使用过程中不但能够节省能源提高经济效益，还能减少副产物的产生。嗜冷酶包括脂肪酶、蛋白酶及 β-半乳糖苷酶等，在分子生物学、医学研究、食品、洗涤剂和化妆品等领域都有应用。例如，来源于嗜冷微生物的脂肪酶和酯酶可用于生物制药领域，合成单一异构体手性药物，以及作为中间产物的光学活性胺（Ondul，2016）；嗜冷碱性蛋白酶、脂肪酶可应用于洗涤剂工业，改变传统的热水洗涤方式，节约能源（Domenico et al., 2010）；嗜冷酶在食品工业也具有广泛的应用前景，其中嗜冷乳糖酶和淀粉酶为乳品和淀粉加工提供了新的工艺，对保持食品营养和风味起着重要作用。例如，嗜冷性 β-半乳糖苷酶可用于生产低乳糖牛奶（专用于乳糖不耐受个体的乳制品）。与中温酶相比，嗜冷性 β-半乳糖苷酶可以在低温（<10℃）条件下有效水解乳酸，从而使水解乳糖的过程控制在牛奶运输或储存期间，显著节约生产过程所需时间。低温发酵还将有效降低中温微生物污染风险，并防止非酶促褐变产物的产生（Chaparro et al., 2007）。目前嗜冷性 β-半乳糖苷酶仍有广阔的开发空间，考虑到目前低聚半乳糖在功能性食品领域的关键作用，需要开发具有高半乳糖基转移活性的 β-D-半乳糖苷酶的微生物，并分析低聚半乳糖混合物的具体组分，β-D-半乳糖苷酶有望成为具有良好前景的合成工具（庄滢潭等，2022）。

3.1.4　嗜盐酶的特性及应用

1. 嗜盐酶的特性

嗜盐酶多存在于中度嗜盐的古菌和极度嗜盐的真菌中，从嗜盐微生物中分离的极端酶可以在很高的离子强度下保持稳定性和活性，这对菌体的生长是极为重要的。分析氨基酸序列，发现与普通同工酶相比，嗜盐酶含有更高比例的酸性氨基酸（丝氨酸、苏氨酸等），且大多分布在酶的表面。过量的酸性氨基酸残基在蛋白质表面与溶液中的阳离子形成离子对，对整个蛋白质形成负电屏蔽，促进蛋白质在高盐环境中的稳定。X 射线晶体和同源性模拟分析揭示的三维结构表明这些酶的表面带负电荷的氨基酸，可以结合大量水合离子，形成一个水合层，减少它们表面的疏水性，减少在高盐浓度下的聚合趋势，防止沉淀。蛋白质表面具有超额的负电荷是嗜盐酶的一个显著特性。

2. 嗜盐酶的应用

嗜盐微生物产生的酶，如 DNA 水解酶、脂肪酶、酯酶、蛋白酶、淀粉酶和明胶酶等，不仅在高盐环境下具有稳定的催化活性，在高温及有机溶剂环境下通常也具有一定的耐受性（Yin et al., 2015）。例如，来源于嗜盐小盒菌属（*Haloarcula* sp.）菌株（嗜盐古菌）的 α-淀粉酶在 4.3mol/L NaCl、50℃下具有最佳活性，并在氯仿、苯和甲苯等部分有机溶剂的存在下具有良好的稳定性；而来自耐盐芽孢杆菌菌株 US193 的耐盐碱性蛋白酶不仅在 2mol/L NaCl 的条件下表现出高稳定性，并在甲醇、乙醇、异丙醇、丁醇、乙腈和二甲基亚砜等有机溶剂中具有稳定的酶催化活性（Daoud et al., 2016）。因此，嗜盐酶为食品工业带来了巨大的发展机遇。嗜盐蛋白酶及耐盐蛋白酶可被应用于鱼和肉类产品的盐发酵过程及酱油的生产。例如，嗜盐芽孢杆菌（*Halobacillus* sp.）SR5-3 和嗜盐杆菌属（*Halobacterium*）的蛋白酶被用于鱼酱的生产过程（Akolkar et al., 2010）。此外，嗜盐脂解酶不仅是生物技术领域优良的催化剂，还可应用于食品加工。例如，嗜盐碱球菌（*Natronococcus* sp.）TC6 的脂肪酶是在古菌中鉴定到的第一个脂肪酶，在 4mol/L NaCl 条件下对橄榄油具有最高的水解活性（Boutaiba et al., 2006）。尽管嗜盐脂解酶因特殊酶学性质，为未来食品工业提供了无限的应用潜力，但目前仅有来源于解脂海杆菌（*Marinobacter lipolyticus*）的脂解酶 Lip BL 等少数嗜盐脂解酶实现了商业化（Pérez et al., 2011）。因此，嗜盐酶的规模化生产及催化场景的成熟化是其未来工业应用的决定因素。

3.1.5　嗜酸酶的特性及应用

1. 嗜酸酶的特性

嗜酸微生物分泌的胞外酶往往是相应的嗜酸酶，能在较低的 pH 环境下（pH<4）起催化作用（Huang et al.，2005）。嗜酸酶之所以能在酸性环境保持稳定性，是由于与中性酶的分子结构相比，其含有更多的酸性氨基酸，且大多都位于酶的分子表面。嗜酸酶的耐酸性可以使其在胃酸环境下依然保持活性，可以应用到食品工业，帮助胃液消化难分解物质，提高胃的消化能力。

2. 嗜酸酶的应用

嗜酸微生物已广泛用于低品位矿生物沥滤回收贵重金属、硫氢化酶系参与原煤脱硫及环境保护等方面（Nichols et al.，1999）。此外，在食品领域也具有较高的应用价值。传统淀粉工业中通常使用的 α-淀粉酶，最适酶活条件是 95℃和 pH 6.8。由于天然淀粉的工业生产条件是 pH 3.2～4.5，因此生产过程中需要不断地通过添加 Ca^{2+} 来调节粉浆的酸碱度，致使生产效率低下、生产成本高昂。而来源于嗜酸微生物的嗜酸酶可以有效地解决这一难题（Álvarez-ordóe et al.，2010）。例如，来源于酸居芽孢杆菌（*Bacillus acidicola*）和酸热脂环酸芽孢杆菌（*Alicyclobacillus acidocaldarius*）的 α-淀粉酶在淀粉工业中应用广泛（Shah et al.，2006）。烘焙过程中使用的麦芽糖淀粉酶除了需要与淀粉工业中 α-淀粉酶相似的酸性环境之外，还需具备中等强度的热稳定性，以避免在烘焙结束之前持续反应而影响品质。来自酸居芽孢杆菌的 α-淀粉酶最适 pH 为 4.5，且具有中等强度热稳定性，可被应用于食品烘焙。此外，耐酸木聚糖酶能分解面粉中的半纤维素，使面团更加柔软，也可以被广泛应用于烘焙工业。来源于嗜酸真菌臭曲霉（*Aspergillus foetidus*）中的酸稳定木聚糖酶，最适催化 pH 为 5.3，是改良面包品质优良制剂（Shah et al.，2006）。据报道，由草酸青霉（*Penicillium oxalicum*）GZ-2 产生的耐酸木聚糖酶，也可应用于食品工业（Sharma and Satyanarayana，2010）。

3.1.6　嗜碱酶的特性及应用

1. 嗜碱酶的特性

嗜碱微生物主要生活在 pH 9 以上的环境中，极端嗜碱微生物菌体内部的 pH 接近中性，但是其胞外酶必须在极高的 pH 环境中保持稳定和活力。嗜碱酶中碱性氨基酸的比例较高，尤其在分子表面，利于酶的稳定。日本报道了一种丝氨酸蛋白酶，其最适 pH 为 13，这可能是由于含酸性氨基酸少，而精氨酸与赖氨酸的比例高，在较高 pH 条件下酶本身仍带静电荷，从而具有稳定性。嗜碱微生物纤维素酶的基因克隆到芽孢杆菌中获得成功表达，产物能很好地保持原有的稳定性。其他木聚糖酶、淀粉酶、环状糊精葡萄糖基转移酶、β-甘露聚糖酶等也能在中性细菌中成功克隆和表达。

2. 嗜碱酶的应用

嗜碱酶在纺织、洗涤剂生产、纸浆漂白及环糊精生产等工业具有应用前景。例如，在纺织工业，碱性果胶酶已被成功地应用于亚麻、苎麻、黄麻和大麻纤维的脱胶工艺，克服了传统的工艺使用高浓度氢氧化钠，且伴随沸腾、洗涤和中和步骤等带来的成本高、耗时长、污染严重的缺点（Kapoor et al.，2001）；嗜碱性酯酶和脂肪酶还可以在纸张回收再加工过程中有效地去除黏性污染物，进而改善纸浆的质量；在医药方面，嗜碱性蛋白酶在治疗烧伤、痈肿、脓肿、血栓及癌症等方面具有一定的效果（Kudrya and Simonenko，1994）。

除此之外，在食品工业方面，嗜碱酶也具有良好的应用潜力。糖分解代谢的研究表明，部分嗜碱酶可利用植物生物质等廉价混合碳水化合物生产有机酸，如甲酸、乙酸、琥珀酸和乳酸。催化环境的高 pH，可降低被其他微生物污染的风险（Yokaryo and Tokiwa，2014）；有报道称，嗜碱酶还可以催化产生新型的类胡萝卜素-葡萄糖苷脂（Shinichi et al.，2003）；然而，针对嗜碱酶在食品工业上的应用研究还依然有限。因此，针对高催化活性的嗜碱酶的筛选和优化，以提高生产效率，是未来食品领域研究嗜碱酶的重点。

3.1.7　耐有机溶剂酶的特性及应用

1. 耐有机溶剂酶的特性

耐有机溶剂酶是由耐有机溶剂微生物产生的，可以在有机溶剂中起催化作用的酶。目前，发现的耐有机溶剂酶包括脂肪酶、蛋白酶、酪氨酸苯酚裂解酶及糖苷酶等，主要催化硝化、硝基转移、酚类的选择性氧化、醇类的氧化作用、硫代化硝基转移等反应。影响酶催化活性的因素包括载体性质、底物和生成物极性的影响。研究发现，如果在水溶液中将酶沉淀到惰性载体上，再转移至有机溶剂中反应，其往往表现出更高的催化活性。

2. 耐有机溶剂酶的应用

多年的研究表明用有机溶剂代替水溶剂作为有些酶的反应介质是可行的，值得关注的是，一些在水中不能够被酶催化的反应可以在有机溶剂中完成，最重要的是在有机溶剂中酶的选择性可发生很大的改变，甚至可以在不同的溶剂体系中调整底物及立体选择性。与传统生产方式相比较，应用耐有机溶剂酶进行中药成分生物转化有以下特点：提高非极性底物的溶解度；有效成分的转化可以在人为控制条件下进行，通过操作培养条件和酶反应体系极大地提高产率；抑制依赖于水的某些不利反应；转化体系不易染杂菌，可严格控制药材质量；若中药有效组分或产物易溶于有机相，可采用双相体系达到转化与分离的目的；通过溶剂体系调节中药有效成分进行定向的转化或修饰，以获得更具有药用价值的活性成分（Zaks and Klibanov，1988；宋欣，2004）。耐有机溶剂酶还可应用到环境修复方面，如化工厂废水中有机污染物、有害化合物等的降解。耐有机溶剂酶还可以将胆固醇转化为类固醇激素。

3.2　极端酶的来源

极端微生物体内需要有适应于生存环境的基因、蛋白质和酶类，因此可以从极端微生物中筛选人们所需要的极端酶。

3.2.1　极端微生物种质资源

极端微生物是天然嗜极酶的主要来源。世界各国科学家，如美国、德国、日本等通过寻找极端微生物来寻找极端酶。常规的筛选方法包括：极端环境样品的采集，极端微生物的富集培养，极端微生物的分离和纯化，以及通过特定标记筛选极端酶。通过该方法，人们分离到了大量的极端酶。

1. 嗜热微生物

嗜热微生物是指能在 41～122℃下生长，最适生长温度为 45～80℃的微生物（Kelly et al.，2018），其所分布的嗜热生态环境包括火山和地热区（陆地、地下和海洋热泉）、温泉、堆肥、储油库等地球上的高温极端地区，是目前研究最广泛的极端微生物。嗜热微生物通常可分为中度嗜热微生物（moderate thermophiles，最适温度为 45～60℃）、极端嗜热微生物（extreme thermophiles，最适温度 60～80℃）和超嗜热微生物（hyperthermophiles，最适温度为 80～110℃）（Álvarez-ordóe et al.，2010）。嗜热微生物分布于真核生物、细菌和古菌域，其中大多数嗜热微生物属于细菌和古菌。一般来说，中度嗜热微生物主要是细菌，而超嗜热微生物多为古菌。据报道，嗜热细菌起源于中温环境，后期移居至高温环境，而嗜热古菌则起源于高温环境（Takano et al.，2013）。嗜热微生物主要分布于硫化杆菌属、铁质菌属、金属球菌属、硫化叶菌属、灼热球菌属等。例如，已发现的甲烷嗜热菌（*Methanopyrus kandleri*）116 可以在 122℃下生长（Martin and McMinn，2018）。嗜热微生物细胞内含有较高含量的长链饱和脂肪酸，细胞膜上含有较多的酚类化合物，从而提高了微生物对温度的耐受性，使其能在高温下正常生长。此外，嗜热微生物合成的多种耐高温酶类也是其耐受极端环境的重要原因，且这些酶类在食品、冶金、废水处理及造纸等领域具有很强的优越性。

2. 嗜冷微生物

最高生存温度<20℃，最适生长温度≤15℃，在 0℃可生长繁殖的微生物称为嗜冷微生物。最高生存温度≥20℃，最适生长温度>15℃，在 0～5℃可生长繁殖的微生物被称为耐冷微生物（psychrotrophs）或兼性嗜冷微生物（辛明秀和马延和，1999）。嗜冷微生物和耐冷微生物所分布的环境包括南极、北极、冰川、深海、高海拔大气层及冰冻物体等地球上的低温地区（Collins and Margsin，2019）。嗜冷微生物主要分布于假单胞菌属、芽孢杆菌属、耶尔森氏菌属和李斯特菌属等。例如，从阿拉斯加永久冻土中分离出的新型兼性嗜冷肉杆菌 *Carnobacterium pleistocenium* sp. nov.（Pikuta et al.，2005）及从南极戴维斯站附近沙土中分离出的新型耐冷嗜碱肉杆菌 *Carnobacterium antarcticum* CP1（Zhu et al.，2018）。由于生命起源于温度很低的海洋，因此也有人提出从海洋分离到的嗜冷微生物可能与生命起源相关。

3. 嗜盐微生物

嗜盐微生物是指生存在如深海沉积物、盐湖、盐田、盐土和海水等高盐含量（NaCl>0.2mol/L）环境中的极端微生物，存在于真核生物、细菌和古菌三个生命域，且大部分为细菌和古菌。嗜盐微生物可以在高盐环境下生存，根据盐浓度不同，可分为三类：极端嗜盐微生物（2.5～5.2mol/L NaCl）、温和嗜盐微生物（0.5～2.5mol/L NaCl）和轻度嗜盐微生物（0.2～0.5mol/L NaCl）（Pikuta et al.，2008）。通常情况下，嗜盐微生物是指极端嗜盐微生物，既能在高盐环境下生存也能在一般条件下生存的微生物称为耐盐微生物（halotolerant microorganism）。自 2018 年以来，全部记录在案的嗜盐物种及其基本信息都收集于 "Halo Dom" 新在线数据库中（Loukas et al.，2018）。该数据库显示，至今有超过 1000 种嗜盐物种，按照古菌 21.9%、细菌 50.1%和真核生物 28.0%的比例分布。嗜盐微生物主要包括盐芽孢杆菌属、盐杆菌属、嗜盐单胞菌属、嗜盐小盒菌属、嗜盐富饶菌属、嗜盐球菌属、嗜盐嗜碱杆菌属和嗜盐嗜碱球菌属等。嗜盐微生物在高盐环境下的生存机制是通过积累 KCl 或水溶性低分子有机化合物如氨基酸、四氢嘧啶等而防止 NaCl 扩散至细胞内，维持胞内的低盐环境。体内嗜盐酶的适应能力较强，故将其应用于海产品、酱制品及化工、制药、石油发酵等工业部门排放的含高浓度无机盐废水及海水淡化等。海藻嗜盐氧化酶在催化结合卤素进入海藻体内代谢中起重要作用，对化学工业的卤化过程有潜在的价值。同时还具有可利用的胞外核酸酶、淀粉酶、木聚糖酶等。有的菌体内类胡萝卜素、γ-亚油酸等成分含量较高，可用于食品工业；有的菌体能大量积累聚羟基丁酸酯（Polyhydroxybutyrate，PHB），用于可降解生物材料的开发（王丽红，2006）。嗜盐微生物可利用的碳源十分广泛，其中包括难降解的有机物，加之其对渗透压的调节能力较强。

4. 嗜酸微生物

嗜酸微生物是在酸性条件下生长，最适 pH≤3，在中性或碱性条件下不能生长的极端微生物，广泛分布在含硫化物的酸性环境，如硫黄池、含硫温泉、硫矿山、酸性工业废水等天然和人工酸性环境。部分嗜酸微生物最适 pH<1，如大岛嗜酸古菌（*Picrophilus oshimae*）的最适 pH 为 0.7（Schleper et al.，1995）。嗜酸微生物包含古菌、细菌、真核生物三大生物域中的许多自养和异养生物，主要包括嗜酸硫杆菌属、钩端螺菌属、酸性杆菌属、嗜酸菌属、铁原体属、酸微菌属、硫化杆菌属、金属球菌属和酸菌属等。最早（1922 年）发现的嗜酸微生物是嗜酸氧化硫硫杆菌（*Acidithiobacillus thiooxidans*）（Waksman，1922）。嗜酸微生物适应酸性环境的可能解释为"屏蔽说"，即嗜酸微生物的细胞膜具有较高的韧性，从而屏蔽了外界的 H^+ 和 OH^-，使细胞内保持中性的环境。嗜酸微生物不能在中性环境生长，可能是由于嗜酸微生物细胞含较多酸性氨基酸，在中性环境时，H^+ 大量减少，导致细胞溶解。嗜酸微生物可用于环境有害物质的生物修复，如各类碳氢化合物。嗜酸微生物产生的酶可用于饲料添加剂，改善廉价粮食在动物胃中的消化性，提高动物对不同饲料的消化能力。嗜酸微生物还可应用于生产燃料生物电池等。

5. 嗜碱微生物

嗜碱微生物是在 pH≥9 时生长，pH 10～12 生长最佳，在中性 pH（pH 6.5～7.0）时不能生长或生长非常缓慢的微生物（Horikoshi，2000）。嗜碱微生物起源于数十亿年前的深海碱性热液喷口，被认为是地球上最早的生命形式（Victor et al.，2016），根据其生存条件可分为兼性嗜碱微生物（中性 pH 下生长良好）、专性嗜碱微生物（在 pH 9 以上生长良好，在中性 pH 下不能生长）和耐碱微生物（在 pH 10 以下生长良好，但在 pH 9.5 以下生长最佳）。许多嗜碱微生物也同时耐高盐，在高碱性（pH>9）和高盐度（高达 33% NaCl）的条件下生长，被称为嗜盐嗜碱微生物。嗜碱微生物生存的碱性环境包括莫哈韦沙漠苏打湖、热液喷口、昆虫后肠、深海沉积物及富含碳酸盐的土壤等自然碱性环境，以及电镀加工、水泥制造、靛蓝染料制备、铝土矿加工等一系列工业活动废液流域的人为高碱性环境（Dance，2020）。此外，从中性环境中也已分离出嗜碱微生物（Danchin，1992）。已分离到的嗜碱微生物主要包括芽孢杆菌属、微球菌属、链霉菌属、假单胞菌属和无色杆菌属等的一些种。嗜碱微生物耐受碱性环境的机制有赖于细胞外膜的隔绝作用及离子的反向运输。细胞外膜能将细胞内部的中性环境与细胞外的碱性环境隔离开，而离子反向运输则可以平衡细胞内的 Na^+ 浓度，使微生物能够正常地生长。来源于嗜碱微生物的酶具有良好的工业应用前景（Nobuaki et al.，1991）。例如，碱性蛋白酶可用于洗涤剂、银回收及降解污染物等（Dmytro et al.，2016）。嗜碱酶具有降解天然多聚物的能力，用于处理碱性工业污水，将碱性纸浆废液转化为单细胞蛋白。其淀粉酶可用于纺织品退浆及淀粉作黏结剂时的黏度调节剂。

6. 耐有机溶剂微生物

在有机溶剂中，大多数微生物的细胞膜会被破坏，合成的酶会失活。然而，耐有机溶剂微生物则是一类可以在高浓度有机溶剂，如甲苯、苯酚、苯乙烯、二甲苯、己烷、乙苯及丙苯等中茁壮生长的微生物。耐有机溶剂微生物大多来源于被有机溶剂污染的废水、土壤及海洋等环境。微生物对有机溶剂耐受的机制有溶剂输出泵、快速修复膜、降低膜透性、增加膜严密度及降低细胞表面疏水性等，使细胞避开有害因素。目前分离到的耐有机溶剂微生物包括红球菌属（*Rhodococcus* sp.）、假单胞菌属（*Pseudomonas* sp.）、泛菌属（*Pantoea* sp.）等。耐有机溶剂微生物可被用来降解有机污染物，针对环境污染进行生物修复，在环境保护和有机工业化应用方面具有很大的优势。

3.2.2　极端微生物成为极端酶的创新源泉

极端微生物是极端酶的来源，同时也已成为极端酶不断的创新源泉。通过采样、富集、分离、筛选的常规极端酶的获得方法，虽然可以分离得到很多极端酶，但是人们对环境的认识仍有限，实际上大部分的嗜极菌还未被培养，因此限制了极端酶的开发。1994 年美国 RBI 公司直接从极端环境中收集 DNA 样品，随机切割成限制性片段，再插入宿主细胞进行表达，并筛选极端酶，RBI 公司利用此法已经获得 175 种新的极端酶，大大节省了时间和金钱，提高了极端酶的筛选效率（林影和卢滢德，2000）。

此外，经筛选得到极端酶的生产菌株，若要将极端酶投入实际的工业化生产中，就需要进行大规模的极端微生物培养、酶的大量合成、分泌条件的优化及生化反应设备的开发等工作。因此，各种超高温生化反应器、高静压生化反应器应运而生。尽管如此，为满足极端微生物的生长及发酵条件，对设备和培养环境的要求就十分苛刻，导致设备被腐蚀和破坏的概率大大增加。为了解决这一难题，科学家利用DNA重组技术，将极端酶基因在嗜温微生物中克隆和表达，从而能在温和发酵条件下获得极端酶。例如，研究者将嗜碱纤维素酶的基因导入芽孢杆菌中，诱导其表达，成功获得了可保持原有稳定性的产物。该成果已被应用在洗涤剂的工业化生产中，使每年的洗涤剂产量高达50~250吨。另外，嗜冷微生物在0~2℃产α-淀粉酶的基因也已成功在大肠杆菌中被表达，在低于室温的条件下培养，可诱导酶的正确折叠，避免其不可逆变性。

　　除了极端酶的开发和创新，极端微生物本身也近年来不断开发的宝贵资源。基于合成生物学技术与发酵技术的开发和优化，利用极端微生物进行工业发酵的下一代工业生物技术（next generation industrial biotechnology，NGIB）已取得显著进步。下一代工业生物技术作为低成本生物加工技术，其核心是利用极端微生物作为底盘细胞，建立开放、无灭菌的连续发酵生产体系（Kaunietis et al.，2019），具有无须灭菌、节能节水、产物浓度高、分离操作简单等优点。由于嗜盐微生物具有耐盐、不易染菌、生长速度快和鲁棒性强等优势，已经成为下一代工业生物技术重要的底盘细胞，被广泛应用于 PHA、蛋白质和小分子化合物等多种工业产品的高效、高产合成。

3.3　极端酶：未来食品应用新酶源

3.3.1　未来食品工业用酶概述

　　酶制剂（zymin）是酶经过提纯、加工后的具有催化功能的生物制品，主要用于催化生产过程中的各种化学反应，具有催化效率高、高度专一性、作用条件温和、能耗低、化学污染少等特点。目前已发现的酶有 4000 多种，但能实现工业化生产的仅有 60 余种，能大规模投入生产的只有 20 多种。据华经产业研究院公布的《2023-2028 年中国酶制剂行业市场发展现状及投资策略咨询报告》显示，2021 年，全球工业酶市场规模约为 130 亿美元，并以平均 11%的速度逐年增长。从全球市场份额来看，龙头企业诺维信占据了约 40%的市场份额。

　　食品工业用酶制剂是指在食品生产加工过程中使用的酶制剂，大多发挥催化剂的作用，促进食品生产加工过程的顺利进行，而不会在最终食品中发挥功能作用，因此属于食品工业用加工助剂的范畴。也有一小部分酶制剂在最终食品中发挥食品添加剂的功能，如溶菌酶，可以作为防腐剂用于食品中。食品工业用酶制剂在食品生产加工过程中发挥着重要的作用。近年来，酶制剂在食品工业得到了广泛的应用（蒲海燕等，2004）。如何在生产过程中避免产生强烈的化学反应，保持食物本身的色、香、味和结构是很重要的问题。酶作为食品不仅反应条件温和且反应容易控制，给传统食品工业带来了新的发展思路。

食品工业广泛使用的酶主要有淀粉酶、凝乳酶、脂肪酶、溶菌酶、葡萄糖氧化酶：①淀粉酶。由于淀粉酶的高效性及专一性，酶退浆的退浆率高，退浆快，污染少，产品比酸法、碱法更柔软，且不损伤纤维，通常通过淀粉酶催化水解织物上的淀粉浆料。②凝乳酶。凝乳酶的凝乳能力及蛋白质水解能力使其成为干酪生产中形成质构和特殊风味的关键性酶，被广泛地应用于奶酪和酸奶的制作。③脂肪酶。隶属于羧基酯水解酶类，能够逐步地将甘油三酯水解成甘油和脂肪酸，广泛地应用于食品、药品、皮革、日用化工等方面。④溶菌酶。一种能水解致病菌中黏多糖的碱性酶，该酶具有抗菌、消炎、抗病毒等作用。⑤葡萄糖氧化酶。食品工业中一种重要的工业用酶，广泛用于葡萄酒、啤酒、果汁、奶粉等食品脱氧、面粉改良、防止食品褐变等方面。

3.3.2　极端酶成为食品工业的"绿色芯片"

酶在食品和饮料中被广泛应用。在乳品业中，酶被用于乳酪的生产和乳制品的制备；在烘焙业中，酶可以提升面包的品质；在饮料业，酶用于维持酒的颜色和透明度，并减少硫含量。一些工业酶可以用于增加过滤性和提高产品风味。食品和饮料用酶构成了工业用酶的最大市场。但普通酶在高温、高压、高渗、强酸、强碱等常用食品加工条件下非常不稳定、易失活。在应用过程中，尤其是在高温（如烘焙、烘干等）、低温（如低温发酵、果汁澄清等）、高压（如研磨、挤压等）、高渗（如盐渍、糖渍等）、强酸、强碱等较为苛刻的加工条件下，酶通常会出现不稳定、活力低，甚至失活的现象（Leblanc et al.，2008；Jin et al.，2013；Kavish et al.，2017）。因此，开发可应用在极端条件下仍能保持高活力、高稳定性的酶——极端酶，对促进食品工业的绿色化发展尤为迫切与重要，如嗜热酶、嗜冷酶、嗜酸酶、嗜碱酶等，其中，嗜热酶和嗜冷酶的应用得最多。

嗜热酶由于具有耐高温的特性，在食品领域具有广阔的前景。嗜热酶在高温下反应效率高、稳定性好，可克服中温酶（22～55℃）及低温酶（-2～20℃）在应用过程中常出现的生物学不稳定的缺点，从而使许多高温化学反应得以实现（王柏婧等，2002），而且由于催化反应温度高（大于 60℃），一方面减少了杂菌的污染，可提高产物的纯度；另一方面可提高难溶物质，如淀粉、纤维素、脂类的溶解性和可利用性。现已开发的主要嗜热酶有极端淀粉酶、葡萄糖异构酶、木糖异构酶、热稳定蛋白酶等（Lee，1996；Adams and Kelly，1998）。近年来，由于嗜热酶的最适催化条件与食品的最优加工工艺吻合，因此其在食品加工领域得到了广泛的应用。例如，制作糖浆时，液化和糖化都需要在 60～70℃的高温下进行，嗜热支链淀粉酶和葡糖淀粉酶可在 70℃条件下催化液化产物进行糖化反应，持续发酵可进一步生产葡萄糖浆，实现淀粉最大化程度的转化（Neifar et al., 2015；Bentley, 2002）。此外，嗜热淀粉酶还可广泛用于烘焙行业，水解淀粉 α-D-（1→4）糖苷键，降低凝胶淀粉的黏度，提高面包品质。

低温加工有利于保持食品的风味、减少营养物质的流失、降低能耗等。嗜冷酶具有在低温环境中的高催化活力和在中高温度条件下不稳定的特性。低温环境保持了食物的口感和质量，高特异酶活性节省了酶量，且升温即可使酶失活，从而终止反应，简化了加工工艺，节约了成本，并避免了酶持续导致的食物结构改变。因此，嗜冷酶可广泛应用于食品工程。例如，嗜冷淀粉酶可应用于啤酒、葡萄酒的酿制及果汁加工；嗜冷 β-半乳糖苷酶可在冷藏条件水解牛奶中的乳糖，生成葡萄糖和半乳糖，简化了去乳糖牛奶的制作工艺，增加了经济效益（Ghosh et al., 2012）；嗜冷果胶酶可在低温下降解果胶，使果汁澄清，降低其黏度，广泛应用于葡萄酒酿制、果汁加工等食品工业（Adapa et al., 2014）；嗜冷木聚糖酶能将半纤维素水解为可溶性糖，用于面包烘焙之前，可改善面包品质，使面包变得更加松软（Collins et al., 2010）。

极端酶能够较好地适应冷、热、酸、碱等极端环境，在食品工业中已展现出明显优势。迄今为止，各国研究者和酶制剂公司都对极端酶展开了广泛而深入的研究，并取得了很大进展。因此，尽管目前能在实际食品工业生产中应用的极端酶数量尚且有限，但随着科技的不断进步，在科研人员和产业界的共同努力下，极端酶的研究及其在未来食品工业中的大规模应用有望得到极大推动。

参 考 文 献

林影, 卢滨德. 2000. 极端酶及其工业应用[J]. 工业微生物, 2: 51-53

刘爱民, 黄为一. 2004. 极端酶的研究[J]. 微生物学杂志, 24(6): 47-50, 57

刘欣, 魏雪, 王凤忠, 等. 2017. 极端酶研究进展及其在食品工业中的应用现状[J]. 生物产业技术, 4: 62-69

蒲海燕, 贺稚非, 刘春芬, 等. 2004. 酶制剂在食品中的应用研究[J]. 肉类工业, 7: 30-34

邱秀宝, 李彤, 戴宏, 等. 1991. 嗜冷性海洋微生物产蛋白酶的研究[J]. 微生物学通报, 3: 138-141

宋欣. 2004. 微生物酶转化技术[M]. 济南: 化学工业出版社

王柏婧, 冯雁, 王师钰, 等. 2002. 嗜热酶的特性及其应用[J]. 微生物学报, 2: 259-262

王丽红. 2006. 极端酶在食品工业上的应用[J]. 食品工业科技, 7: 190-192

辛明秀, 马延和. 1999. 嗜冷菌和耐冷菌[J]. 微生物学通报, 2: 155, 109

庄滢潭, 刘芮存, 陈雨露, 等. 2022. 极端微生物及其应用研究进展[J]. 中国科学: 生命科学, 52(2): 204-222

Adams M W W, Kelly R M. 1998. Finding and using hyperthermophilic enzymes[J]. Trends in Biotechnology, 16(8): 329-332.

Adapa V, Ramya L N, Pulicherla K K, et al. 2014. Cold active pectinases: advancing the food industry to the next generation[J]. Applied Biochemistry and Biotechnology, 172(5): 2324-2337.

Adrio J, Demain A. 2014. Microbial enzymes: tools for biotechnological processes[J]. Biomolecules, 4(1): 117-139.

Akolkar A V, Durai D, Desai A J. 2010. *Halobacterium* sp. SP1(1) as a starter culture for accelerating fish sauce fermentation[J]. Journal of Applied Microbiology, 109(1): 44-53.

Álvarez-ordóe A, Fernánde A, Bernardo A, et al. 2010. Arginine and lysine decarboxylases and the acid tolerance response of *Salmonella typhimurium*[J]. International Journal of Food Microbiology, 136(3): 278-282.

Bentley I S. 2002. Enzymes, Starch Conversion. Encyclopedia of Bioprocess Technology[M]. New York: John Wiley & Sons, Inc

Boutaiba S, Bhatnagar T, Hacene H, et al. 2006. Preliminary characterisation of a lipolytic activity from an extremely halophilic archaeon, *Natronococcus* sp.[J]. Journal of Molecular Catalysis B: Enzymatic, 41(1-2): 21-26

Burg B V D. 2003. Extremophiles as a source for novel enzymes[J]. Current Opinion in Microbiology, 6(3): 213-218

Chaparro M A E, Nuñez H, Lirio J M, et al. 2007. Magnetic screening and heavy metal pollution studies in soils from Marambio Station, *Antarctica*[J]. Antarctic Science, 19(3): 379-393

Collins T, Gerday C, Feller G. 2010. Xylanases, xylanase families and extremophilic xylanases[J]. FEMS Microbiology Reviews, 29(1): 3-23

Collins T, Margsin R. 2019. Psychrophilic lifestyles: mechanisms of adaptation and biotechnological tools[J]. Applied Microbiology and Biotechnology, 103(7): 2857-2871

Dance A. 2020. Studying life at the extremes[J]. Nature, 587(7832): 165-166

Danchin A. 1992. Microorganisms in alkaline environments[J]. Biochimie, 74(6): 594

Daoud L, Hmani H, Ali B M, et al. 2016. An original halo-alkaline protease from *Bacillus halodurans* strain US193: biochemical characterization and potential use as bio-additive in detergents[J]. Journal of Polymers & the Environment, 26: 23-32

Dmytro K, Nesrine E B, Ryoko H, et al. 2016. Contribution of the late sodium current to intracellular sodium and calcium overload in rabbit ventricular myocytes treated by anemone toxin[J]. American Journal of Physiology, 310(2): 426-435

Domenico M D, Giudice A L, Michaud L, et al. 2010. Diesel oil and PCB-degrading psychrotrophic bacteria isolated from Antarctic seawaters (Terra Nova Bay, Ross Sea)[J]. Polar Research, 23(2): 141-146

Ghosh M, Pulicherla K K, Rekha V P B, et al. 2012. Cold active β-galactosidase from *Thalassospira* sp. 3SC-21 to use in milk lactose hydrolysis: a novel source from deep waters of Bay-of-Bengal[J]. World Journal of Microbiology & Biotechnology, 28(9): 2859-2869

Horikoshi K. 2000. Alkaliphiles: some applications of their products for biotechnology[J]. Microbiology and Molecular Biology Reviews, 63(4): 735-750

Huang Y, Krauss G, Cottaz S, et al. 2005. A highly acid-stable and thermostable endo-β-glucanase from the thermoacidophilic archaeon *Sulfolobus solfataricus*[J]. Biochemical Journal, 385(Pt 2):

581-588

Jin G, He L, Yu X, et al. 2013. Antioxidant enzyme activities are affected by salt content and temperature and influence muscle lipid oxidation during dry-salted bacon processing[J]. Food Chemistry, 141(3): 2751-2756

Kapoor M, Ber Q K, Bhushan B. 2001. Application of an alkaline and thermostable polygalacturonase from *Bacillus* sp. MG-cp-2 in degumming of ramie (*Boehmeria nivea*) and sunn hemp (*Crotalaria juncea*) bast fibres[J]. Process Biochemistry, 36(8-9): 803-807

Kaunietis A, Buivydas A, Čitavičius D J, et al. 2019. Heterologous biosynthesis and characterization of a glycocin from a thermophilic bacterium[J]. Nature Communications, 10(1): 1115

Kavish J, Sandeep K, Deepa D, et al. 2017. Improved production of thermostable cellulase from *thermoascus aurantiacus* RCKK by fermentation bioprocessing and its application in the hydrolysis of office waste paper, algal pulp, and biologically treated wheat straw[J]. Applied Biochemistry & Biotechnology Part A Enzyme Engineering & Biotechnology, 181(2): 784-800

Kelly D, David C C, Marcia As E. 2018. Extremozymes: a potential source for industrial applications[J]. Journal of Microbiology and Biotechnology, 27(4): 649-659

Kudrya V A, Simonenko I A. 1994. Alkaline serine proteinase and lectin isolation from the culture fluid of *Bacillus subtilis*[J]. Applied Microbiology and Biotechnology, 41(5): 505-509

Leblanc M R, Johnson C E, Wilson P W. 2008. Influence of pressing method on juice stilbene content in muscadine and bunch grapes[J]. Journal of Food Science, 73(4): 58-62

Lee J T. 1996. Cloning, nucleotide sequence, and hyperexpression of α-amylase gene from an archaeon, *Thermococcus profundus*[J]. Journal of Fermentation & Bioengineering, 82(5): 432-438

Loukas A, Kappas I, Abatzopoulos T J. 2018. Halo Dom: a new database of halophiles across all life domains[J]. Journal of Biological Research, 25(1): 2

Martin A, McMinn A. 2018. Sea ice, extremophiles and life on extra-terrestrial ocean worlds[J]. International Journal of Astrobiology, 17(1): 1-16

Neifar M, Maktouf S, Ghorbel R E, et al. 2015. Extremophiles as Source of Novel Bioactive Compounds with Industrial Potential[M]. Hoboken: John Wiley & Sons, Ltd

Nichols D, Bowman J, Sanderson K, et al. 1999. Developments with Antarctic microorganisms: culture collections, bioactivity screening, taxonomy, PUFA production and cold-adapted enzymes[J]. Current Opinion in Biotechnology, 10(3): 240-246

Nobuaki F, Kazuhiko Y, Akihiko M. 1991. Utilization of a thermostable alkaline protease from an alkalophilic thermophile for the recovery of silver from used X-ray film[J]. Diamond & Related Materials, 17(4-5): 571-575

Ondul, E. 2016. Cold active lipases[J]. Journal of Biotechnology, 231: s55

Pérez D, Martín S, Fernández-lorente G, et al. 2011. A novel halophilic lipase, LipBL, showing high efficiency in the production of eicosapentaenoic acid (EPA)[J]. PLoS One, 6: e233325

Pikuta E V, Hoover R B, Tang J. 2008. Microbial extremophiles at the limits of life[J]. Critical Reviews in Microbiology, 33(3): 183-209

Pikuta E V, Marsic D, Bej A, et al. 2005. *Carnobacterium pleistocenium* sp. nov. , a novel psychrotolerant, facultative anaerobe isolated from permafrost of the Fox Tunnel in Alaska[J].

International Journal of Systematic and Evolutionary Microbiology, 55(1): 473-478

Schleper C, Piihler G, Kuhlmorgen B, et al. 1995. Life at extremely low pH[J]. Nature, 375: 741-742

Schmid A K, Allers T, DiRuggiero J. 2020. SnapShot: microbial extremophiles[J]. Cell, 180(4): 818

Shah A R, Shah R K, Madamwar D. 2006. Improvement of the quality of whole wheat bread by supplementation of xylanase from *Aspergillus foetidus*[J]. Bioresource Technology, 97(16): 2047-2053

Sharma A, Satyanarayana T. 2010. High maltose-forming, Ca^{2+} independent and acid stable α-amylase from a novel acidophilic bacterium *Bacillus acidicola*[J]. Biotechnology Letters, 32(10): 1503-1507

Shinichi T, Hirozo O, Takashi M, et al. 2003. Novel carotenoid glucoside esters from alkaliphilic heliobacteria[J]. Archives of Microbiology, 179(4): 305

Siddiqui K S, Cavicchioli R. 2006. Cold-adapted enzymes[J]. Annual Review of Biochemistry, 75: 403-433

Takano K, Aoi A, Koga Y, et al. 2013. Evolvability of thermophilic proteins from archaea and bacteria[J]. Biochemistry, 52(28): 4774-4780

Victor S, Alexandra W, Eloi C, et al. 2016. The origin of life in alkaline hydrothermal vents[J]. Astrobiology, 16(2): 181-197

Waksman S A. 1922. Microrganisms concerned in the oxidation of sulfur in the siol: II. *Thiobacillus thiooxidans*, a new sulfur-oxidizing organism isolated from the soil[J]. Journal of Bacteriology, 7(2): 239-256

Yin J, Chen J C, Wu Q, et al. 2015. Halophiles, coming stars for industrial biotechnology[J]. Biotechnology Advances, 33(7): 1433-1442

Yokaryo H, Tokiwa Y. 2014. Isolation of alkaliphilic bacteria for production of high optically pure L-(+)-lactic acid[J]. Journal of General & Applied Microbiology, 60(6): 270-275

Zaks A, Klibanov A M. 1988. Enzymatic catalysis in nonaqueous solvents[J]. Journal of Biological Chemistry, 263(7): 3194-3201

Zhu S, Lin D, Xiong S, et al. 2018. *Carnobacterium antarcticum* sp. nov. , a psychrotolerant, alkaliphilic bacterium isolated from sandy soil in *Antarctica*[J]. International Journal of Systematic & Evolutionary Microbiology, 68(5): 1672-1677

第4章 极端酶的挖掘与改造

引　言

极端微生物是生命的奇迹，它们蕴涵着生命进化历程的丰富信息，代表着生命对于环境的极限适应能力，界定了生物圈的"边界"，是生物遗传和功能多样性最为丰富的宝藏。我们从不同的极端环境（热泉、盐湖、碱湖、冰川、海洋、油藏等）样品入手，进行极端微生物菌种的分离、鉴定，挖掘新的物种资源，同时采用分子生态学方法对极端环境样品进行微生物区系生态和生物多样性研究，为极端微生物的生理功能认识和利用及生命进化研究奠定基础。极端环境下生长的微生物为了适应生存一般具有独特的生理特性和适应机制。研究极端微生物的基本生物学特点及适应极端环境机制，对于揭示生物起源的奥秘和发展的规律、认识生命与环境的相互作用等具有重要的意义，同时也将大大促进极端微生物资源在生物技术产业中的利用。我们通过基因组学、蛋白质组学、转录组学等技术手段，研究嗜盐、嗜碱和嗜热等极端微生物对于盐、碱、热等极端环境的适应机制，发现适应极端环境的关键调控元件和功能基因，从全局和局部解析极端微生物适应极端环境的分子机制。极端微生物特殊的基因与产物，可为工业、农业、人类健康的发展提供新的途径，为现代生物技术带来革命性进步，而其中最为常见的为极端酶和抗逆功能基因。通过挖掘耐热、耐盐碱等极端酶资源，并进行酶结构与功能关系及人工定向进化的研究，以期获得稳定高效可工业应用的极端酶产品；同时挖掘耐受盐碱、热等抗逆基因资源用于植物和工业微生物的盐碱及热耐受性的改造。

4.1　极端酶的高通量筛选

4.1.1　不同通量的筛选平台

目前，极端酶的筛选分为传统筛选方法和高通量筛选方法。传统筛选方法，如琼脂平板筛选法和微孔板筛选法，是目前应用最广泛的两种筛选技术。琼脂平板筛选法可作为简单易行的初筛方法，用于排除大量无活性和极低活性的突变体。但并不是所有的改造目标都能建立琼脂平板筛选法，更由于其难以准确定量，根据荧光或吸光度精确检测目标产物的微孔板筛选法应运而生，并已广泛应用在酶和细胞工厂的定向改造中。但微孔板筛选法存在通量低、操作耗时等缺点。为解决以上问题，近年来开发了荧光激活细胞分选和微流控液滴分选等超高通量筛选方法，用于酶和细胞工厂定向改造中大容量突变体库的筛选。

1. 琼脂平板筛选法

琼脂平板筛选法是一种简单直接的筛选方法，已用于多种水解酶（如脂肪酶、酯酶、蛋白酶）和氧化还原酶（如漆酶）等突变体库的初步筛选中（Popovic et al., 2015）。琼脂平板筛选法可分为表型活性筛选和表型生长选择。表型活性筛选利用菌落周围产生的水解圈、颜色圈或荧光产物等进行酶活力或目标产物筛选；表型生长选择根据细胞对抗生素或其他有害物质的抗性或营养缺陷型互补，在选择培养基中依据生长情况进行筛选。但是琼脂平板筛选法对突变体间差异可视化较弱，仅适用于突变体库的初步筛选，筛选后的突变体仍需要其他检测方法如微孔板筛选法进行准确定量。数字影像分光光度计在琼脂平板筛选法中的应用使琼脂平板法的灵敏度提高且通量达到 10^5 克隆/d（Turner, 2003）。若可根据目标酶或代谢产物的特性建立琼脂平板筛选法，则不需要使用依赖复杂仪器设备的超高通量筛选法。

2. 微孔板筛选法

微孔板筛选法通过检测微孔板中底物或目标产物所引起的吸光度或荧光变化对其进行定量分析，可以保证筛选的精确性和灵敏度，是目前最常用的筛选方法（Leemhuis et al., 2009）。反应体积一般在 $100 \sim 200 \mu L$，反应液用量较少从而节约试剂成本。目前常用的微孔板一般为 96 孔板，其与自动单克隆采集系统、液体自动处理系统兼容，能够提高筛选通量最高达到 10^4 克隆/d，但机械自动化设备的引入增加了实验成本。此外，为增加筛选通量且节省筛选时间，384 孔、1536 孔、3456 孔微孔板也已应用于目标代谢产物和酶的筛选，也可节约昂贵底物的使用（Mewis et al., 2011）。总体来说，微孔板筛选的通量仍然受限，不利于对大容量突变体库的快速筛选。

3. 荧光激活细胞分选

荧光激活细胞分选是一种可对单细胞进行高效分选的荧光激活细胞分选技术（Yang and Withers, 2009）。荧光激活细胞分选可以根据细胞大小或荧光以高达 10^7 克隆/h 的速率对细胞进行分选。此外，荧光激活细胞分选可以直接将筛选到的优势突变体分配到微孔板中进行回收与鉴定。为进行荧光激活细胞分选，首先必须建立酶活性表型与其编码基因的偶联，即将酶活性转化为可检测的荧光信号，并与酶所在的细胞构建物理联系，保持表型与基因型的一致性（Copp et al., 2014）。根据荧光产物与酶及其编码基因偶联形式的不同，现有的荧光激活细胞分选酶活性筛选体系可分为细胞膜表面展示、胞内荧光产物的富集、荧光蛋白表达活性报告等类型。当检测目标为胞外分泌酶或代谢产物时，可将细胞包埋在水/油/水双液滴或水凝胶中从而保证基因型和表型的关联，液滴包埋拓宽了荧光激活细胞分选的应用范围。

4. 微流控液滴筛选

微流控液滴筛选方法通过在芯片上持续高频（>10kHz）地将单个细胞包埋在液滴中实现基因型与表型的偶联，并通过检测液滴内的物质信号进行定量分析与分选，其筛选通量高达 10^5 克隆/h（Weng and Spoonamore，2019）。油包水液滴提供的纳升至皮升级反应区室，使此筛选方法不仅适用于细胞内酶或代谢产物的筛选，也适用于胞外分泌酶或代谢产物的筛选（Wang et al., 2014）。此方法相比于常规的微升至毫升级反应体系缩小了百万倍，对试剂的需求量大大降低，在用到昂贵底物或试剂时具有明显优势。此外，单层液滴包埋后仍可进行分析试剂的注入、液滴融合、分裂等，大大提高了操作的灵活性。将油包水单液滴再进行水相包埋后形成的水/油/水双液滴也可用荧光激活细胞分选进行筛选，通量进一步提高到 10^7 克隆/h。此外，利用微流控芯片形成的水凝胶微滴也可以利用荧光激活细胞分选进行筛选（Fischlechner et al., 2014）。水凝胶微滴比较稳定，可以用于长时间的细胞培养。但双液滴和水凝胶较难进行液滴形成后的后续操作，如分析试剂的注入、液滴融合、分裂等，不利于整个筛选过程的灵活操控。微流控液滴筛选结合了精密的液滴操作和快速分选系统，已经成为定向改造胞外酶和代谢物突变体库筛选的有力工具。自 2010 年 Agresti 等首次利用液滴微流控成功地改造辣根过氧化物酶后，微流控液滴筛选已广泛地应用到其他酶和细胞工厂的定向改造中。微流控液滴筛选针对胞外产物的高通量筛选具有显著优势，但整个微流控液滴筛选过程较复杂且技术性较强，对于初学者来说较难操作，且针对不同的目标产物或酶，微流控液滴筛选筛选体系参数变化较大，需要进行大量系统优化。

4.1.2 高通量筛选平台的信号检测

合适的信号检测策略是筛选方法建立的核心问题，目前突变体库筛选中常用的检测主要基于荧光信号。近年来吸光度和拉曼光谱等开始应用于微流控液滴筛选体系中。通过荧光检测目标产物可以比较灵敏、可靠地进行定量分析（Wang et al., 2017）。由于其超灵敏性、高速响应能力及拥有较成熟的检测器，荧光成为超高通量筛选方法中最常用的检测信号（Baret et al.，2009）。近年来发展的根据吸光度值、拉曼光谱和质谱的检测方法开始应用于超高通量筛选中，但这些技术仍不成熟，需要进一步发展，提高其灵敏性、易操作性、筛选通量等，下面我们将对每种检测方法的原理及应用进行详细的讨论。

1. 荧光检测

由于荧光灵敏度高、响应能力强，且拥有成熟的检测器，因此，荧光检测法已成为酶和细胞工厂改造中最常用的突变体库筛选方法。根据荧光产生方式不同，可分为产物自荧光、荧光底物、荧光蛋白、核酸传感器和免疫荧光等。

1）产物自荧光　　当目标产物如核黄素、甜菜碱、喜树碱等自身具有荧光时，可通过直接检测该荧光信号进行筛选。基于核黄素自身荧光检测的高通量微流控液滴筛选系统已成功应用于乳酸链球菌和解脂耶氏酵母全基因组突变体库的筛选，并分别获得了核黄素生产产量提高 4 倍的乳酸链球菌和产量提高 1.9 倍的解脂耶氏酵母突变体（Wagner et al.，2018）。虽然基于自身荧光的检测相对简单，遗憾的是大多数目标产物自身并不具备荧光，需借助其他来源的荧光信号。

2）荧光底物　　荧光基团标记的底物可以在酶催化下释放荧光基团产生荧光信号，因此可根据荧光信号的强弱检测相关酶的活性。目前用于标记底物的荧光基团主要有试卤灵、香豆素、荧光素、BODIPY 和二甲基硼等。大多数荧光基团标记的底物适用于水解酶和氧化还原酶，仅有少数荧光底物用于其他酶类，如连接酶、裂合酶、转移酶等。以二甲膦酰二氟-荧光素为底物筛选芳香基硫酸酯酶突变体库，Kintses 等（2012）获得了总酶活和表达量提高 6 倍的突变体。以BODIPY-淀粉为底物，筛选全基因组突变体库，Huang 等（2015）获得了 8 个淀粉酶分泌量提高 6 倍的酿酒酵母突变体。当目标酶缺少可直接催化的荧光标记底物时，可通过偶联其他反应催化荧光底物产生荧光信号。在筛选纤维素酶突变体库中，真实底物羧甲基纤维素钠在纤维素酶催化下形成的单糖被己糖胺苷酶氧化形成 H_2O_2。随后，H_2O_2 与荧光底物荧光素-氨基苯反应产生荧光产物，根据产生的荧光信号来测定纤维素酶突变体的活性（Ostafe et al.，2014）。

3）荧光蛋白　　荧光蛋白是一种基因编码的荧光发色团，自维多利亚发光水母（*Aequorea victoria*）中绿色荧光蛋白（GFP）首次被发现后，其他来源的荧光蛋白及其衍生物等被陆续开发。荧光蛋白的吸收和发射波长覆盖了 400～700nm 的所有波段，可以用于不同的酶或细胞工厂的筛选需求。首先，荧光蛋白可作为融合蛋白检测目的蛋白表达量。通过将 GFP 与糖皮质激素受体配体结合域融合，利用荧光激活细胞分选筛选到了稳定性和溶解度提高的突变体。其次，荧光蛋白也可作为报告蛋白用于酶或目标代谢产物的检测，其中应用较广泛的是转录因子生物传感器和核糖体开关生物传感器。转录因子生物传感器是将异源转录因子移植到新的目标宿主中，并与基因的启动子或者增强子区域结合。目标酶的底物、产物或目标代谢产物可结合转录因子进而促进或阻断 RNA 聚合酶参与的转录过程，使得荧光报告基因的转录和表达与目标酶活性或目标代谢产物的浓度产生关联，据此可进行检测。核糖体开关生物传感器是通过目标产物与 RNA 核糖体开关的结合引起其构象改变，从而开启或阻断报告基因的转录和表达。根据荧光强度可以检测目标产物的产量，因此荧光蛋白-传感器适用于超高通量筛选体系中。利用基于荧光蛋白的传感器可以检测乙醇、糖类、氨基酸、芳香物质、抗生素、脂肪酸等（Fowler et al., 2010）。随着研究与技术的不断发展与深入，越来越多转录因子和核糖体开关生物传感器被开发与应用。总体来说，基于荧光蛋白的检测方法操作简单、应用广泛，但仍然需要突破以下局限：作为融合蛋白，由于荧光蛋白分子量大，可能会影响目的蛋白功能性表达；作为转录因子或核糖体开关生物传感器，其关键是需要通过条件优化提高生物传感器的灵敏度，使其适合所需的产物检测范围（Fowler et al., 2010）。

4）核酸传感器　　核酸传感器是一种具有特定构象的基因序列，相比于荧光蛋白，核酸传感器如核酸适配体和 DNA 荧光基团猝灭剂荧光探针，具有特异性高、容易修饰、稳定性好等特点。核酸适配体能与多种目标代谢物特异性结合，因此被广泛应用于生物传感器领域。RNA 适配体由荧光染料结合区、信号转导区和配体结合区组成。据报道，RNA 适配体已被用于筛选高产酪氨酸的细胞工厂，当大量的酪氨酸与荧光染料同时结合到 RNA 适配体上时，适配体构象变化从而引起荧光强度增强（Abatemarco et al., 2017）。RNA 适配体是一种 RNA 分子，可通过改造来识别其他的代谢产物，因此随着新适配体的不断开发，其在代谢产物检测与细胞工厂筛选方面会有更广阔的应用。DNA 荧光基团猝灭剂荧光探针可用于检测 DNA 相关酶类，如 DNA 聚合酶、DNA 连接酶、限制性内切酶（Vallejo et al., 2019）。基于荧光探针的 DMFS 平台已经被成功应用于筛选高活性的 KOD 聚合酶突变体（Vallejo et al., 2019）。

5）免疫荧光　　免疫荧光法是将免疫学和荧光染色法结合在一起的方法，即用荧光标记的抗体或抗原与被检测样品中相应的抗原或抗体结合，通过激光器的激发检测荧光，并对样品进行分析的方法，常用于抗体的检测中，具有特异性强、灵敏度高和快速可靠等特点（Shembekar et al., 2018）。基于这一原理，Shembekar 等开发了一种免疫荧光 DMFS 系统，用于选择高产抗体的哺乳动物细胞（Shembekar et al., 2018）。这种方法可以筛选对某一种癌细胞或细菌具有杀伤作用的抗体，通用性强，具有巨大的药物挖掘潜力。

2. 分光光度法

分光光度法是一种通过测定物质在特定波长或一定波长范围内的吸光度对该

物质进行定性和定量分析的方法。由于其原理简单，已被广泛应用于微孔板筛选中。近年来，基于分光光度法的超高通量微流控液滴筛选系统已有报道。此系统通过使用 1-甲氧基-5-甲基吩嗪硫酸甲酯作为氧化还原介体，将苯丙氨酸脱氢酶对 NAD$^+$的消耗与蓝紫色染料结晶甲臜的形成联系起来，大幅度放大了吸光度信号，增强了检测的准确性和灵敏度（Gielen et al.，2016）。但相比于荧光信号，基于吸光度的信号检测灵敏度低（比荧光信号低 3~4 个数量级），需要使用大液滴来增加光路从而收集足够的信号。随着技术的进一步发展，分光光度法将大大拓展 DMFS 的应用范围（Gielen et al.，2016）。

3. 拉曼光谱检测法

当目标产物无法标记时，需用其他方法来对其进行检测。2017 年，Wang 等建立了一个集成的拉曼微流控液滴筛选系统，该系统将拉曼信号采集和分析集成到一个细胞包埋和分选的自动系统中，用于筛选产虾青素的微藻细胞。此方法基于对单细胞内化学物质拉曼图谱的获取及与数据库中细胞拉曼数据进行比对来鉴别目标细胞，不需要标记细胞，因此对细胞无侵害性，具有广泛的应用前景。但拉曼信号较弱，导致信号采集时间较长，筛选通量（260 液滴/min）远低于荧光分选（600 液滴/s）。进一步提高拉曼信号检测的灵敏度，减少信号采集时间，将会使其拥有更广阔的应用前景。

4.2　分子改造技术

自 20 世纪后半叶以来，随着分子生物学和蛋白分离纯化技术的进步，蛋白质在生物技术、工业生产、医药食品、基因治疗和环境保护等领域扮演了越来越重要的角色（Romero and Arnold，2009）。但作为生物催化剂，天然酶存在立体/区域选择性差、底物谱窄、催化效率低、稳定性差及产物抑制性等问题（Bommarius，2015），严重阻碍了生物催化剂的广泛应用。为加快对生物催化剂——酶已有性能的改造提升及新功能开发应用，近 20 年来涌现了一系列蛋白质定向进化技术，如饱和突变、易错 PCR 和 DNA 改组等。通过在实验室条件下模拟自然进化过程，从构建的突变体库中筛选到能满足特定需求的目标突变体（Bommarius，2015），大大拓展了酶的应用范围。例如，改造后的氧化酶可直接使用氧分子作为电子受体，实现二氧化碳的高效固定（Schwande et al.，2016）；CRISPR/Cas9 可识别的序列范围也更大、更精准（Kleinstiver et al.，2015）；能催化卡宾反应的仿生金属酶（Dydio et al.，2016）和实现转氨酶法合成西他列汀的工业化应用（Savile et al.，2010）。当今的定向进化技术整合了有理设计、适度的随机突变和高效筛选，可在已知或未知目的蛋白结构信息及催化机制的情况下，对蛋白质进行有针对性的改造。然而，蛋白质定向进化技术在上述领域中的应用潜力还远没有被挖掘，其主要挑战在于如何设计构建高质量的多样性突变体库和建立高效、快速的筛选方法（Cheng et al.，2015）。根据突变体库构建方法的不同，定向进化可分为非理性设计、半理性设计和理性设计三种策略。其大致思路是通过模拟自然进化，对目的基因进行重复多轮的突变、表达和筛选，从而在短时间内完成自然界中需要成千上万年的进化，最终获得性能改进或具有新功能的蛋白质。近年来，结合非理性和理性设计的半理性设计，兼顾了序列空间多样性和筛选工作量，是一种应用非常广泛的定向进化技术。通过 Web of Science 数据库检索主题"相应技术名称""biocatalysis"，自 2005 年至 2017 年 4 月 25 日，生物催化领域应用 DNA 改组和易错 PCR（epPCR）的文献数目共计 57 篇，应用从头设计的有 62 篇，而使用饱和突变（SM）的有 140 篇（图 4.1）。由此可见，生物催化领域中半理性设计策略占据了主导地位。

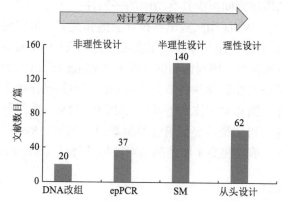

图 4.1　定向进化三大策略在生物催化领域的文献发表（Qu et al.，2018）

4.2.1　非理性设计

非理性设计即随机进化策略，优点是不需要对酶序列及结构有深入了解，仅需通过随机突变和片段重组的方法模拟自然进化。1978 年，Smith 首次提出定点突变技术，开启了蛋白质改造与设计的大门（Hutchison et al.，1978）。自此以后，一系列经典的基因突变方法被开发应用，主要包括易错 PCR（error-prone polymerase chain reaction，epPCR）、DNA 改组（DNA shuffling）及饱和突变（saturation mutagenesis，SM）。epPCR 概念由 Leung 团队于 1989 年提出，然而首次将 epPCR 应用于酶改造却是 3 年后由 Hawkins 等进行的体外抗体筛选（Hawkins et al.，1992）。其基本原理是通过改变 PCR 反应体系的反应条件或使用低保真的 DNA 聚合酶，增加碱基随机错配率，从而造成多点突变，产生序列多样性的突变体库，因其不需要蛋白结构信息、操作简单而被研究者广泛采用。然而该技术的应用受到以下几方面制约：聚合酶的碱基偏好性（通常 AG>TC）、突变效率低且缺少后续突变（每轮每基因仅 3～5 个突变）等（Ruff et al.，2013）。Arnold 团队于 1993 年开创性地使用多轮 epPCR（sequential epPCR），连续反复地对枯草芽孢杆菌蛋白酶基因进行随机突变，逐步提高了突变体在有机溶剂 DMF 中的稳定性（Chen and Arnold，1993）。通常情况下需要至少连续 4 轮的 epPCR 逐步积累正向突变，才能获得酶性能显著提高的目的突变体。

1994 年，Stemmer 团队开发了 DNA 改组技术，主要用于单基因或多基因的重组，不仅可加速有义突变的积累，还能组合两个或多个已优化的参数，并成功提高了 β-内酰胺酶的活性（Stemmer，1994）。该技术利用 DNase 将一组带有有义突变位点的同源基因切成随机片段（通常为 10～50bp），使用 PCR 使之延伸重组获得全长基因。优点是操作简单，不需要蛋白质结构信息，容易获得有义突变；缺点是要求基因序列间至少具有 70%的一致性。

20 世纪 80 年代 Wells 团队提出寡核苷酸饱和突变，可实现单点饱和突变。Reetz 等利用寡聚核苷酸重组技术实现了多位点饱和突变（Zha et al.，2003）。接着 Schwaneberg 团队开发了序列饱和突变技术（Wong et al.，2004），能较好地克服 DNA 聚合酶的碱基偏好性并提高突变效率；但因其操作烦琐、试验周期长而较少被采用。此外，饱和突变技术还可与 epPCR、DNA 改组等技术组合使用，迅速积累有义突变，得到最佳突变组合的酶基因。例如，Reetz 团队率先综合利用这 3 项传统技术，成功提高了脂肪酶的对映体选择性（Reetz et al.，1997）。

4.2.2 半理性设计

半理性设计主要借助生物信息学方法，基于同源蛋白序列比对、三维结构或已有知识，理性选取多个氨基酸残基作为改造靶点，结合有效密码子的理性选用，通过构建高质量突变体库，有针对性地对蛋白质进行改造（Cheng et al.，2015）。常见的半理性策略如表 4.1 所示。

表 4.1　半理性设计常用策略

策略	要求	应用
SCOPE	外显子重组	增强 DNA 聚合酶 β（Pol β）和非洲猪瘟病毒 DNA 聚合酶 X
FRESCO	结构建模分子动力学	提高环氧柠檬烯水解酶的热稳定性
REAP	系统发育分析	工程聚合酶接受 dNTP-ONH2
3DM	多重序列比对	提高酯酶的对映选择性和活性
ProSAR	序列-活性设定	提高卤代醇脱卤酶的产率

续表

策略	要求	应用
MORPHING	结构建模	增加多功能过氧化物酶的稳定性
KnowVolution	结构建模	减少对氧的依赖，增加葡萄糖氧化酶的特定活性
SCHEMA	结构建模	β-内酰胺酶 TEM-1 和 PSE-4 的重组
B-FIT	X 射线数据	增加脂肪酶的热稳定性
CAST	结构建模	扩大底物对脂肪酶的接受度

4.2.3　理性设计

理性设计是一种智能改造手段，依赖计算机技术（*in silico*）模拟自然界蛋白质的进化轨迹，通过计算机虚拟突变，筛选可快速准确预测目标突变体。通过一系列基于生物信息学开发的算法和程序（Ebert and Pelletier，2017），预测蛋白质活性位点并考察特定位点突变对其稳定性、折叠及与底物结合等方面的影响，从而对蛋白质进行针对性的改造和模拟筛选（Huang et al.，2016）。在当前第三次酶改造浪潮中，基于计算机辅助设计和大尺度的分子动力学模拟可高效、快捷地改造和筛选生物催化剂，不仅可高精度地预测蛋白质结构，还可从头设计自然界中不存在的新酶，以及对现有酶进行改造，赋予其新功能，如改造后的细胞色素 c 氧化酶可提高碳-硅键形成的催化效率；赋予 30 亿年来逆转录酶原本不存在的校对功能；从头设计能催化 Kemp 消除反应的新酶及新的（β/α）$_8$ TIM 桶蛋白等（Kan et al.，2016）。尽管新酶设计已取得一定成功，但依然面临诸多挑战：首先，其成功率较低；其次，计算工作繁重，对计算机资源依赖非常高；再次，设计出的新酶结构和稳定性较差，催化活性往往偏低，主要是因为对酶序列/结构/功能之间关系的认识还不够深入。

4.3　定向进化新技术

4.3.1　连续进化

随着生物技术的飞速发展，微生物已经越来越多地被用到生物技术、医药、食品、化工等领域（Way et al.，2014）。除了进行理性的工程改造，非理性的遗传育种对于提高微生物的性能也至关重要。实验室进化是非理性育种的一种重要方式，已被广泛地应用于菌株遗传育种。但传统进化依赖基于筛选压力的自然突变，或者依赖化学或物理诱变建立突变体库进行高通量筛选，需要进行多轮突变和筛选，难以实现连续的突变进化。而体内连续进化技术不依赖外界人工干预，可以实现体内的连续突变和进化，大大加速了进化筛选过程。

连续进化技术最早可以追溯到 20 世纪 60 年代，1967 年 Spiegelman 等在外界给予筛选压力的情况下，对 Q 噬菌体进行了 74 次连续传代，产生了一个基因组变异的个体，它比亲本的 RNA 基因组小 83%，但复制速度快了 15 倍（Mills et al.，1967）。后续有许多研究人员对 RNA 连接酶及 RNA 聚合酶的启动子进行了连续进化（Wright and Joyce，1997）。虽然这些方法仅在体外进行，但它们证明了连续进化的潜力，并为后续体内连续进化技术的发展奠定了基础。达尔文进化包括复制、突变、翻译、筛选 4 个过程。体内连续进化技术同样包括以上 4 个过程，使突变能够自发地保留至下一代。体内连续进化常被定义为一种能够在生物体内自发地进行复制、突变、翻译，以最少的人工干预进化出特定表型的技术。体内连续进化技术的发展，实现了微生物的体内突变，完美地把突变与筛选相结合，节约了时间且减少了人工干扰，能够快速得到特定的表型。

1. 基因组范围的突变及进化

基因组范围内的体内突变技术，可以构建基因组范围内的突变体库，通过对 DNA 复制、修复、重组等过程进行干预，使基因组随机突变的效率大大提高。高频率的基因组突变可以突破自然进化过程中突变率低、进化过程漫长的限制，与常见的化学诱变、物理诱变等突变技术相比，可实现基因组的连续突变和进化，大大加速了微生物的进化过程。

大肠杆菌（*Escherichia coli*）的基因组突变是研究较早的体内突变策略。Degnen 和 Cox（1974）在大肠杆菌中鉴定了一个导致基因组突变率提高的基因 *mutD5*，正常情况下大肠杆菌的突变率为 10^{-10} 每碱基（Echols et al.，1983），而 *mutD5* 能使大肠杆菌在丰富培养基中的突变率达到 $10^{-5} \sim 10^{-4}$ 每碱基（Echols et al.，1983）。1986 年，Takano 等发现 *mutD5* 突变子来自 *mutD*（*danQ*）上两个碱基的突变（编码的 73 位亮氨酸变为色氨酸，164 位丙氨酸变为缬氨酸）。*danQ* 基因负责编码 DNA 聚合酶III具有校正功能的 3′ 核酸外切酶 ε 亚基，是染色体保真复制的决定性因素，两个碱基的突变导致 DNA 聚合酶III校正活性的丧失，从而提高了突变率。

利用丧失校正活性的 DNA 聚合酶可大大加速菌株的突变进程，但需要在菌株获得期望的表型后，使突变率回复到较低的水平。因此有研究利用温度敏感型质粒表达 *mutD5*，使菌株的突变率暂时提高 20～4000 倍。在筛选压力下，含有突变质粒的菌株快速进化，并获得新的表型。通过这种方法，研究人员可快速提高不同细菌对二甲基甲酰胺的耐受性。待筛选得到期望的表型后，通过消除质粒，恢复菌株正常的低突变率，以稳定新的表型。

　　为了连续高效地进化出具有更优表型的生产生物燃料的微生物菌株，Luan 等（2013）构建了一种基因组复制工程辅助的连续进化系统，此系统的核心是将突变和筛选相偶联。基于基因组复制改造的连续进化方法（genome replication engineering assisted continuous evolution，GREACE）的原理是通过引入 DNA 聚合酶Ⅲ的 ε 亚基编码基因 *dnaQ* 的突变体库，从而将体内连续突变机制引入微生物中，产生随机突变，以加速在筛选压力选择下的进化，将突变与筛选偶联在一起，达到连续定向进化的目的，值得注意的是 *dnaQ* 突变体的多样性将有助于产生具有不同突变类型偏好的细胞，从而确保子代细胞具有较高的基因组多样性。得到具有稳定基因型和表型的菌株后，通过去除修饰后的校对元件就能获得期望的突变体。

　　此系统成功地提高了大肠杆菌的卡那霉素抗性，并且使大肠杆菌在 0.1%乙酸水平下的细胞生长速度提高了 8 倍。此外，还通过进化筛选获得了一株能在 1.25%正丁醇浓度下生长的菌株，表明基于基因组复制改造的连续进化方法能够有效提高微生物对胁迫环境的耐受性。

　　DNA 聚合酶关键位点的突变，是提高基因组突变率最直接的手段。除了 *mutD5*，大肠杆菌的 *dnaQ49*（Takano et al.，1986）、酿酒酵母的 *pol3-01*（Simon et al.，1991），同样显著提高了基因组的突变率。除此之外，改造 DNA 的错配修复系统，也可以提高菌株的突变率。例如，枯草芽孢杆菌的高突变率菌株（*mutS*，*mutM*，*mutY*）被用于热休克分子伴侣 GroEL 的突变（Endo et al.，2006）；酿酒酵母错配修复基因 *PMS1* 的敲除，也会导致基因组突变率提高（Morrison et al.，1993）。复制过程中校正及错配修复功能的丧失，会使基因组的突变率显著提高，加速进化的过程，但目前仅有少数研究对突变率进行了控制，如何实现突变率的严谨调控，使其在进化时突变率高，进化完成后突变维持在较低的水平，依然是我们需要解决的问题。

　　除了提高突变率外，在复制过程中向后随链中引入人工合成的具有同源臂的单链 DNA，也可以实现基因组的多位点修饰。Murphy（1991）利用 λ 噬菌体的 Red 系统的 Exo（对双链 DNA 具有 5′ -3′ 外切酶活性）、Beta（退火互补 ssDNA 的单链 DNA 结合蛋白）及 Gam 蛋白（起辅助作用，抑制宿主 RecBCD 的核酸外切酶活性），替换大肠杆菌的 RecBCD，使线性 DNA 重组的效率显著提高（Murphy，1998）。在此基础上，2009 年 Wang 等利用只含有噬菌体 Red 系统的 Beta 蛋白的大肠杆菌实现了多重自动基因组工程（Dymond et al.，2011）。多重自动基因组工程（multiplex automated genomic engineering，MAGE）通过在染色体复制过程中向后随链中引入大量的人工合成的具有同源臂的单链 DNA，进行基因组的多位点修饰。它不仅可以同时针对基因组上的多个位置进行修饰，而且通过将含有寡聚核苷酸链的文库重复地引入细胞，产生了基因组修饰的多样性。利用此技术，研究人员对大肠杆菌的 1-脱氧-D-木酮糖-5-磷酸合成途径的 24 个位置同时进行修饰，优化该途径合成重要的类异戊二烯番茄红素，在 3d 之内筛选出了番茄红素产量增加 5 倍的菌株（Wang et al.，2009）。由于 MAGE 技术实现了自动化，研究人员认为这个进化过程是连续的。

MAGE 技术提供了一种高效的多位点基因组修饰和文库构建的技术，利用 MAGE 技术在大肠杆菌中构建核糖体结合位点文库进行体内进化，已有广泛的应用，而 MAGE 技术在真核生物中的设计和实现，对于在真核生物中建立有效的多位点基因组修饰方法、加速真核生物的进化，也具有重要的意义。Barbieri 等（2017）在酿酒酵母体内利用复制叉中后随链的合成过程构建了一个多重自动基因组技术（eukaryotic MAGE，eMAGE）。此技术通过过表达酵母同源重组蛋白、弱化错配修复机制，在染色体复制退火过程中，将人工合成的单链 DNA 寡核苷酸链结合到后随链上。该技术不需要 DNA 双链的断裂，就可实现染色体的多位点精确编辑或多位点多样化改造。一次转化即可实现将 12 个核苷酸链重组到基因组上，通过多次迭代转化，可快速实现基因组的多样性。由于酵母体内单链 DNA 寡核苷酸链的同源重组效率较低，所以研究人员通过增加同源重组相关蛋白的表达，降低错配修复来增强单链 DNA 寡核苷酸链的重组。研究人员利用此技术优化酿酒酵母异源 β-胡萝卜素的合成途径，通过设计单链 DNA 寡核苷酸链文库，精确靶向异源 β-胡萝卜素合成途径中重要基因的启动子、开放阅读框和终止子，经过 eMAGE 循环快速地获得了具有不同 β-胡萝卜素产量的菌落。最近，随着人工合成酵母基因组计划的推进，一种全新的酵母体内快速进化的方式应运而生。酿酒酵母基因组的人工再设计与全合成称为第二代酿酒酵母基因组计划（Saccharomyces cerevisiae 2.0，Sc2.0），通过对酿酒酵母基因的重新设计，人工合成了基因组高度修饰的、有活性的酵母菌株。人工设计合成的酵母基因组，在保持野生型基因顺序的同时，把终止密码子全部替换为 TAA，删除了内含子、端粒序列、重复序列及转座子，并把 tRNA 设计到一条染色体上，同时安插了许多对 loxP 重组位点（Barbieri et al.，2017）。

研究人员利用人工合成的酿酒酵母染色体，进行基因组的快速重排和进化。由于在人工合成的酵母基因组上在所有非必需基因的 3′ 非翻译区引入了对称的 loxP 重组位点，而在 Cre 重组酶的作用下，两个 loxP 位点会发生位点特异性重组（Wu et al.，2018）。因此只要在含有人工合成的酵母基因组的菌株中表达 Cre 重组酶，就能实现 loxP 位点介导的合成染色体重排及修饰的进化。例如，Jia 等（2018）利用此技术优化了木糖的利用途径，并使单倍体菌株类胡萝卜素的产量增加到 1.5 倍。基于二倍体菌株的多重 SCRaMbLE 迭代循环（MuSIC）的策略，可通过 5 个 SCRaMbLE 迭代循环将类胡萝卜素的产量提高至 38.8 倍，Luo 等（2018）通过 SCRaMbLE 技术进化了耐热、耐乙酸和乙醇的酵母菌株。

Blount 等通过此技术提高菌株合成紫色杆菌素和青霉素的合成能力，并且也优化了木糖的利用。此外，Shen 等（2018）还发现杂合二倍体菌株（以野生型单倍体菌株和半合成单倍体 Sc.2.0 菌株作为亲本进行交配的二倍体菌株）比 Sc.2.0 合成染色体的单倍体菌株对 SCRaMbLE 造成的影响更具有耐受性，且 SCRaMbLE 也可以用于种间杂合二倍体的进化。

　　外源途径优化和底盘细胞的优化是异源途径高效表达及产品高产的两个关键，但二者的优化都是相当烦琐且费时费力的。研究人员基于上述的重组组合方法，使这两种方法同时进行（Liu et al., 2018）。在 SCRaMbLE-in 中，研究人员设计了一个体外重组酶工具包。首先选择一个感兴趣的调控途径，在这条途径上除了目的基因外的所有基因都含有调控元件，但是在目的基因的上游有单个重组酶识别位点。之后，设计一系列启动子，且其两侧有方向相同的重组酶识别位点。在重组酶存在的情况下，可以将调控因子整合到目标重组位点，以生成一个组合的途径库。之后设计一个含有靶途径的载体，靶途径两端含有重组酶识别位点，通过 SCRaMbLE 技术，可以将靶途径整合到染色体的任何 loxP 位点上，同时 Cre 酶还将通过删除、易位及插入介导合成基因组的重排，使宿主遗传背景多样化。研究人员利用 SCRaMbLE-in 的方法重组了 β-胡萝卜素合成途径，使合成量提高了 1 倍。

　　这些策略都是针对基因组进行突变的，利用这种突变技术结合基于生长的筛选，可实现连续突变和生长优势菌的自动富集，实现连续的突变和筛选。利用此类技术提高微生物对环境的耐受性，对特定毒性物质的抗性，或者对特定碳源的利用能力等，具有明显的优势。此外，结合颜色或荧光等高通量筛选技术，也可以实现针对特定产物产量的快速进化筛选。

　　2. 针对特定靶蛋白的体内连续进化

　　尽管针对基因组的突变进化对于提高微生物的环境耐受性等具有重要的意义，但是在很多情况下，我们只是把微生物作为一个细胞工厂，利用微生物本身繁殖速度快等特性达到快速合成重要蛋白质或化合物的目的。这种情况下，我们只是需要特定的某个基因或者某几个基因能够快速突变进化，而不是基因组范围内的随机突变。目前，大部分针对特定靶基因的突变主要是通过易错 PCR 等技术实现，然后构建突变体库，进行筛选，再进行下一轮 PCR、突变体库的构建、筛选等，如此反复进行，工作量大，且过程不能连续，而针对特定靶基因的体内连续进化技术的建立，可避免这些烦琐的工作，实现连续突变和筛选，加速进化的过程，且大大降低工作量。我们列举了一些经典进化的策略，并对其应用做了简单的介绍。PACE 中，噬菌体含有除 gⅢ 基因以外的所有基因，此外还含有需要进化的基因，这个噬菌体被命名为筛选噬菌体。在大肠杆菌中含有两个质粒，一个是附加质粒，携带有噬菌体的 *gⅢ*基因并且由特定的启动子控制 *gⅢ*基因的表达。此启动子只有和进化出的目的蛋白结合后，才能起始转录，因此只有待突变蛋白进化出了相应的特性，才能启动 *gⅢ*基因的表达；另一个质粒是突变质粒，它通过降低大肠杆菌 DNA 聚合酶的校正功能来增加噬菌体复制过程中的突变率（Fijalkowska and Schaaper，1996）。因此只有筛选噬菌体（selection phage，SP）中的待进化基因发生想要的突变，才能与附加质粒上相应的启动子结合从而启动 *gⅢ*基因的表达，产生有活性的子代噬菌体，进行下一轮的侵染。最终具有优势突变的 SP 在不断的循环培养中得以积累，实现连续定向进化。原则上，PACE 可以在大肠杆菌中进化能够诱导 pⅢ蛋白表达的所有蛋白质。例如，被广泛应用的噬菌体 T7 RNA 聚合酶，它对启动子序列有高度的特异性，不能识别 T3 噬菌体相关的启动子，所以 Esvelt 等利用 PACE 系统对 T7 RNA 聚合酶进行定向进化，最终得到了能够识别 T3 相关启动子的 T7 RNA 聚合酶突变体。PACE 系统虽然能够较好连续定向地进化特定基因，但是 pⅢ蛋白的本底表达会给最终的进化带来一些影响。因此，在此系统的基础上，Brodel 等对 PACE 系统进行了改进。此系统与 PACE 相似，研究人员用 *gⅥ*基因代替 *gⅢ*基因作为条件基因，pⅥ蛋白和 pⅢ蛋白都能够使噬菌体产生入侵功能，但只有在 pⅢ蛋白的存在下 pⅥ蛋白才能稳定表达。此系统包含三个部分：一个噬菌粒，含有突变的 *cⅠ*和 *gⅢ*，并且相比于正常的噬菌体，较小的噬菌粒可以产生更多的基因突变；一个辅助噬菌体质粒，携带除了 *gⅥ*和 *gⅢ*基因以外所有的噬菌体基因；一个副质粒，携带需要条件表达的 *gⅥ*基因回路，此基因回路由合成的启动子控制。其工作原理和 PACE 相似，都是通过特定突变蛋白来激发条件基因的表达。将该系统用于 cⅠ蛋白的突变，只有适合的突变 cⅠ蛋白能启动 *gⅥ*的表达从而产生有侵染功能的噬菌体，最终获得了多种 *cⅠ*的突变体，并构建了第一套用于正交逻辑门的双重激活剂-阻抑物和阻遏物-阻遏物开关。上述两种系统都是巧妙地利用噬菌体对大肠杆菌的侵染功能，构建了一个定向进化系统。但是它们仍然有一定的局限性，这两种系统并不是能够进化所有的蛋白质，而是只能进化能够诱导 pⅢ（pⅥ）蛋白表达的蛋白质，且所使用的实验设备较为复杂。

Suzuki 等（2017）建立了一种新的实验室进化技术——非连续 PACE 技术（PANCE）。PACE 技术需要连续流动装置。而 PANCE 则是一种简化的技术，通过连续转接进行快速体内进化，降低了对实验仪器的依赖。利用 PANCE 技术，Wan 等对可利用非天然氨基酸的 Pyrrolysyl-tRNA 合成酶进行了进化。Roth 等把 PANCE 与甲醛生物传感器相结合，对甲醇芽孢杆菌甲醇脱氢酶进行了进化。噬菌体辅助的进化技术在针对特定蛋白的进化中发挥了巨大的作用，但这类技术只能用于可被噬菌体侵染的原核生物，具有一定的宿主局限性。基于突变的 DNA 聚合酶的定向进化系统能够突破上述局限，使体内进化更具有普适性，这就要求能够实现独立于基因组的体内连续进化。独立于基因组的体内连续进化需要只对目的基因具有高的突变率，而不会对基因组产生影响，这对突变系统有非常严格的要求。DNA 聚合酶为 DNA 复制的关键酶，能够催化脱氧核苷酸插入到正在延伸的 DNA 链末端，并且对正在复制的 DNA 链进行校正，确保复制的保真性，使基因组的突变率维持在一个很低的水平，而 DNA 聚合酶校正功能的丧失会引起脱氧核苷酸错误插入，从而造成 DNA 复制过程中突变率提高。利用上述原理 Greener 等开发出了一个被命名为 XL1-Red 的大肠杆菌突变菌株。此菌株是携带 DNA 修复缺陷（*mutT*，*mutS*）及 DNA 聚合酶Ⅲ的 ε 亚基缺陷（*mutD*）的组合菌株，因此会在 DNA 复制过程中产生突变，突变率大约是野生型的 5000 倍。把携带目的基因的质粒转入 XL1-Red 中，通过质粒的复制扩增，获得随机突变的质粒文库，之后分离质粒文库并将该文库转化到所需的菌株，以筛选突变表型。这种方法是比较简单的诱变策略，被广泛应用。例如，研究人员利用 XL1-Red 菌株进行酯酶的定向进化，提高芳基丙二酸脱羧酶、β-葡糖醛酸苷酶、聚羟基链烷酸酯（polyhydroxyalkanoate，PHA）合酶的活性（Bornscheuer et al.，1998，1999）。然而该技术的突变率相对较低，倾向于进化较大的 DNA 片段，限制了其应用。

大肠杆菌中的 DNA 聚合酶Ⅰ主要负责后随链的合成、DNA 修复及 ColEl 质粒的复制。Camps 等利用易错的大肠杆菌 DNA 聚合酶Ⅰ构建了一个体内连续突变系统。该工作首先对 DNA 聚合酶Ⅰ的校正区域进行失活，并对聚合酶 A 基序的 I709、B 基序的 T664 和 A661 三个控制保真度的关键氨基酸突变，构建了一个高度易错的 DNA 聚合酶Ⅰ。在此基础上，构建了连续定向突变系统，该系统以 JS200 为宿主，向宿主体内转化两个质粒：一个是带有 pSC101 复制起始位点（不需要该 DNA 聚合酶介导复制）的低拷贝质粒，含有编码易错的 DNA 聚合酶Ⅰ的基因，第二个是高拷贝的 ColEl 质粒，带有需要突变的目的基因，依靠易错的 DNA 聚合酶Ⅰ完成复制。利用 β-内酰胺酶基因作为报告基因进行回复突变，测突变率，结果显示，易错 DNA 聚合酶Ⅰ对带有目的基因质粒的突变率达到 8.1×10^{-4} 每碱基，并且相对宿主基因组，突变更倾向于质粒。研究人员利用该系统对 TEM-1 β-内酰胺酶基因进行连续突变进化，获得了对氨曲南具有较高活性的内酰胺酶突变体。该工作利用易错的大肠杆菌 DNA 聚合酶Ⅰ成功构建了一个独立于基因组的体内连续定向突变系统，只需要将待突变的目的基因置于 ColEl 质粒上，就可以实现连续突变进化（Terao et al.，2006）。

除了大肠杆菌，最近也有在真核模式生物中构建独立于基因组的进化系统的相关报道。Ravikumar 等把来源于乳酸克鲁维酵母的线性质粒的复制系统转入酿酒酵母，构建了一个独立于基因组的体内连续进化系统。克鲁维酵母的 pGKL1/2 质粒（简称为 P1/2）是一套含有自身 DNA 复制元件的质粒对，它包括 P1 和 P2

两个线性多拷贝的 DNA 质粒，P2 质粒上含有参与质粒对复制及转录所需的所有蛋白质的编码基因，而 P1 上只含有自身复制所需的 DNA 聚合酶的编码基因。它们的复制发生在细胞质中，且该质粒对的复制机制与常见的 DNA 复制机制不同，其复制起始不是由 RNA 引物介导的，而是通过蛋白质引发（Gunge and Sakaguchi，1981）。P1 和 P2 的 5′ 端共价连接了末端蛋白，作为启动 DNA 扩增的复制起始位点。Ravikumar 等（2014）把 P1/P2 转入酿酒酵母，由于质粒的复制机制与基因组复制机制不同，因此两套复制系统不会相互影响，从而实现了一个独立于基因组的体内连续进化系统，并突变 P1 的 DNA 聚合酶，提高质粒的突变率，通过优化聚合酶的突变，最终使目的基因的突变率达到 10^{-5} 每碱基，而基因组的突变率则基本不受影响。在后续研究中，该课题组利用此系统，提高了二氢叶酸还原酶对抗疟药物的耐受性（Ravikumar et al.，2018）。除了利用易错的 DNA 聚合酶，通过逆转录过程的低保真性导致突变的发生也是近几年开发出的一种体内连续进化的方式。Crook 等（2016）利用逆转录转座子 Ty1 在酿酒酵母体内建立了一个连续进化的系统。Ty1 是酵母体内天然存在的长末端重复逆转录转座子，它在转座过程中会出现一个 RNA 中间体，通过逆转录形成 cDNA（Wilhelm et al.，2005）。研究人员在 Ty1 转座子的前端加入了一个半乳糖诱导的启动子用来诱导转座子的转录，在 5′-LTR（5′-长末端重复序列）和 3′-LTR（3′-长末端重复序列）之间插入待突变的目的基因，目的基因内部含有人工合成的内含子，基因的转录方向与转座子的转录方向相反，而内含子的方向则与转座子转录的方向相同，所以内含子的存在阻止了目的基因 RNA 的剪接。在半乳糖存在的情况下，转座子起始转录，转录成 mRNA，并把内含子切除，但是由于目的基因以相反的方向存在于转录本上，所以目的基因不会被翻译。接着 mRNA 逆转录成 cDNA，重新整合到基因组上，最终完成蛋白质的表达。而逆转录的过程是一个保真度较低的易错的过程，这样通过 Ty1 的连续转座与易错的逆转录过程相结合，达到连续进化的目的，再把目的基因的突变与筛选压力结合起来进行定向进化。在此基础上，通过调整目的基因的启动子、敲除 5′-3′ DNA 解旋酶基因（RRM3）、降低诱导温度及增加 tRNA 的表达等一系列措施优化了整个系统，使转座频率达到最高。研究人员利用此系统可以实现对单个酶、通用转录因子及代谢途径中多个酶的进化。例如，对 URA3 基因进行突变，筛选出对 5-氟乳清酸转化 5-氟尿嘧啶催化能力降低，但乳清核苷-5-磷酸转化为尿苷-5-磷酸的催化能力不变的 URA3 突变体。此外，还利用此定向进化系统，对通用转录因子 Spt15 进行进化，获得 1-丁醇耐受性提高突变体；研究人员还进化了多基因代谢途径，如通过木糖异构酶及木酮糖激酶的突变和筛选提高了酵母的木糖代谢能力。

4.3.2 CRISPR 技术在定向进化中的应用

随着定向进化技术的不断发展，利用传统的物理、化学和生物诱变技术寻找所需的生物性状往往会带来过多有害突变，已无法满足研究或应用的需求。于是人们通过先对单个基因或生物途径建立突变文库，再筛选得到具有更高活性的酶、目的产物产量更高的生物体。但这些方法大多需要体外建立突变文库、体内进行筛选，反复迭代，这无疑增加了得到目的突变体的难度与成本。而 CRISPR 技术的出现和发展，使人们可以站在新的角度，利用新的工具开发定向进化技术，以解决目前所面临的问题。借助 CRISPR/Cas 系统，可以实现对特定基因或区域进行编辑。根据小向导 RNA 引导的 Cas 蛋白或 Cas 融合蛋白的特性，可以使该区域基因产生双链断裂、单链缺刻和单碱基替换等变化。再由修复机制、错配机制或化学催化机制引入突变，实现突变文库的构建。结合生物大分子如转录因子、核酸适配体等，CRISPR 的功能可以扩展到分子检测领域。由此可见，CRISPR 系统的性能与定向进化技术的需求有着很高的契合度。另外，通过 PubMed 数据库检索 CRISPR 与定向进化的论文数量发表情况可知，定向进化论文数从 1975 年开始，到 2018 年左右出现平台期，其年增长速率仅为 2%~5%。而 CRISPR 在同期正呈蓬勃发展的趋势，年增长速率达 14%~24%。因此，借助 CRISPR 为定向进化技术提供新的方法和策略，对于定向进化技术将是一个新的机遇。

4.3.3 基于祖先序列的定向进化技术

自然界中，酶经过亿万年的进化，形成复杂又精巧的结构以行使其功能。了解其如何进化成现在的结构与功能有助于我们更好地了解地球早期地质生物化学演化、物种的起源与进化和结构与功能关系的演化等。祖先序列重建技术，为解决部分这些基本问题提供了新的思路，特别是酶祖先序列重建技术。该技术通常可分为 6 个步骤，即搜集同源序列集、序列集多序列比对、系统发育树构建、计算机工具推测祖先序列、实验室克隆、酶学性质表征。该技术使得研究人员能够：①重建和"复活"，即在体内或体外合成灭绝的酶，以研究它们与现代酶的差异；②识别在时间尺度上改变酶功能的关键氨基酸变化；③从垂直的角度研究酶序列，结构与功能的关系等。同时，根据前寒武纪时期地球的极端环境如高温和原始细胞仅依赖于少数酶系的假设，祖先酶通常具有更好的热稳定性、高异源表达量、低 pH 活力、高活性、催化混杂性等，更符合现代绿色生物制造对工业酶的需求。除此之外，祖先酶还有突变耐受性，在酶定向进化技术广泛应用于工业酶定制的背景下，祖先酶相较于现代酶展现出更好地作为突变亲本和蛋白质支架的能力。基于此，本小节介绍了酶祖先序列重建技术的发展历程和常用工具，重点讨论了其在酶定向进化领域的应用前景。

1. 酶祖先序列重建的发展历程

从已知的现存蛋白质序列中推导出古代/祖先蛋白质序列相对合理的近似值的设想最初是由 Pauling 和 Zuckerkandl 在 20 世纪 60 年代提出（图 4.2）。然而，它一直是一个理论概念，直到 20 世纪 90 年代，随着生物信息学的进步，蛋白质序列的日益增加和分子生物学的进步使得祖先序列编码的蛋白质能够在实验室中分子克隆。

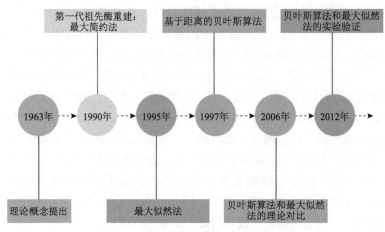

图 4.2　祖先序列重建算法的发展历程

1990 年，Stackhouse 等首次报道了酶祖先序列的实验室重建，研究人员使用最大简约法（maximum parsimony method，MP 法）重建了生活于上新世（530 万至 258.8 万年前）的沼泽水牛和河牛共同祖先的核糖核酸酶和两个可能是现代核糖核酸酶进化过程中的中间产物序列，并在实验室中表征了它们的性质。MP 法重建的祖先蛋白序列被定义为能够通过最少的点突变转化为其后代序列的序列，后续使用 MP 法又复活了祖先溶菌酶和祖先糜酶（Malcolm et al.，1990）。1995 年，Yang 等在其设计的 PAML 软件包中实现了通过最大似然法（maximum likelihood method，ML 法）重建祖先序列，自此 MP 法逐渐被淘汰。1997 年，Zhang 和 Nei 比较了 MP 法、ML 法和他们开发的基于距离的贝叶斯算法推断祖先氨基酸序列的准确性。在 ML 法中，使用进化的统计模型来计算序列中与树的最深节点相关联的每个位置上的每种氨基酸的可能性。祖先序列被定义为其中每个残基在其相关位置存在的可能性最大的残基集合。贝叶斯算法则将与系统发育树拓扑、分支长度和替换模型相关的不确定性集成到祖先序列计算中。当氨基酸序列的离散度较低时，这三种方法都能给出可靠的推断。然而，当序列分歧程度较高时，ML 法和基于距离的贝叶斯算法比 MP 法给出更准确的结果。2002 年，

Zhang 等利用基于距离的贝叶斯算法和 MP 法重建高等灵长类动物核糖核酸酶的祖先序列并在实验室中表征其酶学性质。他们研究发现，MP 法推测的祖先序列与贝叶斯推论获得祖先序列大体一致。2006 年，Williams 等将真实祖先序列的热力学性质与由 MP 法、ML 法和贝叶斯算法推断的"祖先序列"的性质进行比较，发现 MP 法和 ML 法高估了"祖先序列"的热稳定性，而贝叶斯算法则不会高估"祖先序列"的热稳定性。Hall（2006）比较了 ML 法和贝叶斯算法的理论精度，发现贝叶斯算法推断的 DNA 序列比 ML 法推断的 DNA 序列更准确，但对于推断的蛋白质序列则相反。2012 年，Hobbs 报道了分别使用 ML 法和贝叶斯算法从芽孢杆菌的最后一个共同祖先中重建结构复杂的核心代谢酶 3-异丙基苹果酸脱氢酶。这种酶的贝叶斯版本也是嗜热的，但表现出异常的催化动力学，说明贝叶斯版本比其 ML 版本的祖先序列包含更多的序列错误。

　　酶祖先序列重建首先被用作探索进化假说和进化过程的工具，继而被用作地球生物学的重要研究手段，研究分子在行星时间尺度上对不断变化的环境的适应性。2010 年，Harms 和 Thornton 探讨了酶祖先序列重建作为重要手段，研究酶的历史突变对其功能多样化的影响的优势及示范性案例。他们提出通过对祖先酶的序列重建和生化性质评估，有望对塑造蛋白质进化的物理化学决定因素和蛋白质结构的历史决定因素提供新的见解。2013 年，Risso 等对 A 类 β-内酰胺酶进化中的几个前寒武纪节点进行了序列重建、异源表达和生化特征分析。这些结果支持前寒武纪生命是嗜热的推论，蛋白质在自然进化过程中从催化底物杂乱无章的"多面手"进化成"专家"的观点。研究人员还强调了前寒武纪蛋白质在实验室中序列重建在生物技术领域的潜力，因为高稳定性和催化混杂性是蛋白质支架在分子设计和定向进化方面的有利特征。

　　后续一系列研究表明，序列重建的祖先酶通常表现出高稳定性、高活性、底物混杂性和催化混杂性等，这些特征有助于酶的进一步进化，并引起了广泛的关注。基因组和后基因组时代序列数据库的指数增长，加上系统发育学和生物信息学的进步，已经将祖先序列重构（ancestral sequence reconstruction，ASR）转变为几乎例行的计算程序。因此，酶祖先序列重建技术有成为常规的挖掘和设计性能优异的工业酶的工具的发展趋势。例如，2018 年，Gumulya 等通过 ASR 技术获得了能够承受高温和长时间反应的 P450 酶和酮醇酸还原异构酶。CYP3 家族的脊椎动物祖先体中的 P450 酶（CYP3_N1）比现存人体中的 CYP3A4 对溶剂的耐受性更强，同时以相当的效率催化相似的底物范围。此外，与现存的大肠杆菌来源的酮醇酸还原异构酶相比，祖先酶的比活力提高了 8 倍，热稳定性也更好（Gumulya et al.，2018）。为了确定祖先 CYP3 是热稳定性的推断的稳健性，研究人员进一步构建了祖先序列预测中不确定性最大的 10 个位点的祖先酶库，在1023 个突变样本中，77%的突变体能够正常表达，大多数突变体表现出类似的热稳定性，其中 222 个突变体的热稳定性明显高于 CYP3_N1。研究人员提出即使只使用最近祖先的序列数据也可以设计出耐热蛋白质。2019 年，Chaloupkova 等描述了酶祖先序列重建具有获得多功能催化剂的潜力。除此之外，酶祖先序列重建还被用于探究宇宙生命共同祖先的环境温度；生物分子机器复杂性的进化；酶催化功能的起源与进化如尿酸酶、解毒酶；揭示抗癌药物格列卫选择性的详细原子机制；促进蛋白质结晶；提高苯丙氨酸/酪氨酸解氨酶疗法的潜力；CMGC 激酶特异性的进化机制和调控进化；代谢途径进化的大规模分析；丝氨酸-苏氨酸激酶变构激活的起源等。

2. 酶祖先序列重建常用工具

1）多序列比对　　序列的搜集和选择是 ASR 的第一步，通常以目标序列作为 "Query" 在 NCBI、Uniprot 等数据库中搜索同源序列，导出同源性序列以待进一步多序列比对分析。MSA 是生物信息学许多领域的核心，已经发展出连串的软件及比对结果修饰工具，其中使用较多的软件为 ClustalW 和 MUSCLE。虽然 ClustalW 更加常用，但 MUSCLE 更为精确，且对于常规大小的数据集，其运行速度是 ClustalW 的 2～5 倍。软件直接输出的比对结果一般不能直接用于构建系统发育树，需要借助修饰软件或者手动去除长尾序列等进一步的修饰，如 trimAl，一个自动比对修剪的工具，可以从比对中去除排列不佳的区域以提高后续分析的质量。用于 MSA 的序列丰度和准确的序列比对结果对系统发育树的精确构建具有重要的影响。平均氨基酸一致性百分率可用于评估多序列比对结果的可靠性。Ogden 和 Rosenberg 的研究表明，当该值大于 50% 时，序列比对准确性对系统发育树构建的影响就微乎其微。

2）系统发育树的构建　　系统发育树是由分支和连接的节点组成的，代表不同物种与它们祖先的关系或基因蛋白质序列与其祖先序列的关系。树内部节点代表 "假定的祖先"，分支的长度代表祖先和它后代之间的变异程度。构建系统发育树的软件和算法有很多，其中 Mega 是使用最为广泛的软件，涵盖了邻接法、最大简约法、最大似然法等算法。MrBayers 是广泛认可的使用贝叶斯推论构建系统发育树的软件。Ogden 等和 Hall 等使用更接近生物学进化过程的模拟数据，比较了多种不同建树方法构建的树与正确的树的接近程度，同时考察了系统发育树拓扑结构和分支长度的准确性。两项研究结果表明，贝叶斯算法比最大似然法稍准确，然后是最大简约法，而邻接法是准确性最低的方法。系统发育树构建是祖先序列重建技术的关键步骤，系统发育树算法的基本原理、可靠性检验方法和常用软件使用可以参考由陈士超等翻译的美国 Barry G. Hall 著作的《轻松构建系统发育树：实用操作方法和理论》和相关文献综述。

3）祖先序列重建　　ML 法和贝叶斯算法是目前 ASR 最常使用的计算机算

法，其中由著名华裔科学家、伦敦大学统计遗传学教授杨子恒开发的 PAML 软件包是目前应用最广泛的祖先序列重建软件，并免费提供给学术研究使用。PAML 并不是最好的系统发育树构建软件，但在系统发育树的基础上可以非常有效地进行：进化参数估计、进化假说检验、分歧时间估计和正选择估计等。CodeML 是 PAML 软件包下的一个程序，在估算蛋白质编码序列同义替换和非同义替换速率、检测序列是否已经受正选择和 ASR 中受到广泛的认可。使用 CodeML 进行序列重建需要已经比对好的序列文件和树文件，还需要一个配置好的控制文件。MrBayers 是基于贝叶斯算法重建祖先序列的常用软件，它需要输入比对好的 Nexus 格式文件和一些指令来执行它的工作。除此之外，还有系列 ASR 综合工具被开发出来，如 PhyloBot、FastML 和基于 Mega 的软件包，它们将 ASR 所需的软件（多序列比对、系统发育树构建、祖先序列重建）集成到一个用户界面中，还包括可视化工具，极大地简化了重建过程。2016 年，Hanson-Smith 和 Johnson 开发的基于网络的工具 PhyloBot，它专门为不熟悉生物信息学的科学家设计，可以在网络浏览器上运行，不需要在用户的电脑上安装。用户只需上传 FASTA 格式的蛋白质序列集合，为作业创建一个唯一的名称，并指定外类群（outgroup），然后使用网站默认的设置即可启动作业。外类群的定义是与内类群序列关系远于内类群序列内部相互关系的一条或多条序列。Mega 软件中也整合了 ASR 工具（Ancestors）和时间进化树分析工具。2020 年，Carletti 等建立了一个来自灭绝有机体的序列重建蛋白质的网络数据库。它包含来自文献的 84 个序列重建蛋白质的精选集合，每种蛋白质都有广泛的注释，包括结构、生化和生物物理信息。上述综合工具的开发与运用，一定程度上降低了 ASR 应用所需的计算机技术门槛。

3. 酶祖先序列重建与定向进化

1）现代酶融合祖先酶氨基酸残基　　2001 年，Miyazaki 等开发了一种基于 ASR 方法的耐热酶理性设计方法，他们将推断的 3-异丙基苹果酸脱氢酶的祖先氨基酸残基引入现代嗜热酶中，在测试的 7 个突变体中，有 5 个突变体表现出比野生酶更高的热稳定性，且突变对酶的催化活性没有明显影响，这一实验结果与原核生物共同祖先是极端嗜热的假说是一致的。该团队进一步将祖先氨基酸残基引入中温酶异柠檬酸脱氢酶，以验证该方法的普适性（Iwabata et al.，2005）。5 个突变酶中有 4 个比野生型异柠檬酸脱氢酶具有更高的热稳定性，实验结果表明，在现代蛋白质序列中加入祖先氨基酸残基提高蛋白质的热稳定性具有广泛适用性。2005 年，Watanabe 等进一步探究了嗜热酶 3-异丙基苹果酸脱氢酶的非保守氨基酸位点引入祖先氨基酸残基的效果。在测试的 12 个突变体中，至少有 6 个表现出比原始酶更高的热稳定性。结果表明，祖先残基对热稳定性的影响并不取决于位点残基的保守程度，这表明这些突变蛋白的稳定性与序列保守无关，而与引入残基的古老程度有关。后续使用该方法成功提升了多种酶的稳定性和活性，如漆酶的 pH 稳定性和热稳定性、甘油激酶的热稳定性、木质素过氧化物酶的热稳定性和比酶活、8-淀粉酶的热稳定性和活力、漆酶和多功能过氧化物酶的热稳定性、甘氨酰 tRNA 合成酶的热稳定性和活力，人工 L-苏氨酸 3-脱氢酶的热稳定性和活性。

2）祖先酶作为定向进化的支架　　传统酶基因挖掘一般采用菌种筛选、功能宏基因组等技术。菌种筛选以特定催化活性为导向，筛选的成功率受通量筛选方法效率的限制，功能宏基因组方法依赖实体样品，研发周期长，成本高。ASR 与其他工程方法不同，它基于对非保守功能空间的概率搜索来生成新序列，在给定准确的序列比对输入的情况下，使每个输出都具有很高的功能性。如果输入数据集有足够的变化，得到的祖先通常会与现有序列有很大差异，甚至同源性<30%。这使得研究人员可以发现其他方法无法获得的有益突变，包括协调的突变集。这些可以改变由蛋白质全序列状态决定的特征，包括在热或其他压力下的稳定性。因此，祖先酶作为支架为新的酶活性的进化提供了强有力的起点。表 4.2 总结了文献报道中祖先酶较现代酶的优势特性的部分实例。2020 年，Gomez-Fernandez 等报道了祖先酶序列重构与定向进化结合的应用实例。他们重建了几个可以追溯到 5 亿～2.5 亿年前的真菌漆酶的祖先序列，与现代漆酶不同的是，序列重建的中生代漆酶很容易被酵母分泌，具有相似的动力学参数，更广泛的稳定性和明显的 pH 活性。他们进一步对祖先酶进行了定向进化，以提高其催化 1,3-环戊二酮的氧化速率，获得的 P163R-V165R 双突变体的氧化速率是祖先亲本的 1.6 倍。

表 4.2　祖先酶与现代酶酶学性质比较

酶	祖先酶与现代酶的对比
羧酸还原酶	AncCARs 的温度最高可达 35℃，半衰期比以前观察到的最长半衰期长 9 倍
L-精氨酸氧化酶	提高了热稳定性
酮酸还原异构酶	祖先酶在 25℃下的比活性比亲缘型大肠杆菌高 8 倍，在 50℃下比亲缘型大肠杆菌高 3.5 倍
P450 二萜环化酶	半衰期温度升高，耐溶剂性增强
异丙基苹果酸脱氢酶	适合于低温反应的热稳定性和催化性能
苯丙氨酸/酪氨酸解氨酶	所有祖先酶都表现出更高的热稳定性
β-内酰胺酶	祖先的 β-内酰胺酶表现出变性温度增强（约 35℃）和底物混杂性增强
ω-转氨酶	祖先的转氨酶显示出新颖和优越的活性高达 20 倍。在大多数情况下，祖先蛋白质也更容易过量生产，并表现出相当或改善的热稳定性
漆酶	祖先漆酶很容易由酵母分泌，具有相似的动力学参数，更广泛的稳定性和不同的 pH 活性谱

祖先序列重建在分子生物学和蛋白质工程中的广泛应用一直很缓慢，部分原因是这种方法需要大量的计算机专业知识。同时，ASR 在一定程度上不可避免地存在不确定性，因为不可能确定哪个序列在历史上是真实存在的，而只能推断最可能的祖先序列。目前的研究表明，ASR 在表型水平上得到了很大程度的验证，且重建的祖先蛋白往往表现出更好的热稳定性，低 pH 活力，较高的表达水平。随着序列数据量的指数增长，加上系统发育学和生物信息学的进步，尤其是具有交互界面的综合性网站的开发，已经大大减少了该方法使用所需的计算机专业知识。此外，全基因合成成本的不断降低和标准的分子生物学方法的进步也大大促进了酶祖先序列重建的应用。祖先酶的序列重建技术，在研究分子进化与酶结构与功能关系的同时，向挖掘耐高温、高活性的新酶发展是未来趋势。随着定向进化技术与半理性设计技术的发展，祖先酶的稳定性，尤其是突变稳定性成为其独特优势，可以有效避免酶定向进化中的酶活力与稳定性不能兼得的问题。此外，详细的计算构象分析支持，通过改变其构象状态的集合，祖先蛋白可能进化为新的或更优异的现代功能酶。因此我们相信，在不远的将来，不仅现存的酶，它们序列重建的祖先酶也可以在实验室的工作台上进行定向进化，并且很快就能收获酶祖先序列重建与定向进化结合带来的研究成果。

4.4　多酶级联催化技术

4.4.1　多酶级联反应的定义

多酶级联反应是指将两种甚至更多的酶结合起来生产目标化合物，这种方法已被证明有利于提高催化效率、避免不稳定或有毒的中间体、不需要中间产物分离提取及减少溶剂消耗和废物生成量，能最大化地节省反应器体积与反应时间，有时还能实现化学催化无法实现的反应。

根据反应环境的不同，多酶级联反应的类型可分为体内、体外和混合级联反应。体外级联反应是以纯酶、冻干酶粉、粗酶液等催化剂形式进行反应，其操作较为简单，便于对反应参数进行调节和优化，时空产率相对更高，其应用已非常广泛。

最典型的例子是曼彻斯特大学 Turner 团队几乎同时发表的双酶借氢级联法由醇制胺新路线，该路线依赖醇脱氢酶（alcohol dehydrogenase，ADH）和胺脱氢酶（amine dehydrogenase，AmDH）的串联操作，使很多不同结构的芳香醇和脂肪醇能够实现一锅胺化，并且得到高达 97%的转化率和 99% ee 的对映体选择性。这种辅因子自给型氧化还原级联反应具有很高的原子经济性，只需用铵盐作为氨基供体，而且产生的唯一副产物是水，产物分离大大简化（Chen et al.，2015）。相对于体外级联，体内多酶级联反应是构建人工细胞工厂，将所需要的元件酶在细胞内进行共表达，其优点在于不需要单独添加所需的元件酶，可减少发酵和酶制备的成本；同时在胞内的酶稳定性更高，可利用胞内自身的辅因子再生系统。目前已有多个体内多酶级联反应成功应用的案例，如以甘氨酸和醛为底物合成 α-官能化有机酸及烯烃的氧化和氨基官能化。但是体内级联方式也存在一些缺点，如胞内的代谢网络过于复杂，干扰因素较多，难以精准调控；多个基因共表达操作步骤烦琐，且多个基因在单细胞内共表达会导致代谢负担过大、表达效果差，使得最终合成的时空产率相对更低。为了结合体外级联反应和体内级联反应的优点，同时避免两者的缺点，2018 年，新加坡国立大学 Liu 等提出了采用整细胞与无细胞提取液进行偶联反应的新概念，通过表达醇脱氢酶和 NAD（P）H 氧化酶的整细胞偶联胺脱氢酶和葡萄糖脱氢酶粗酶液进行一锅级联反应，将细胞内的 NAD^+ 和细胞外的 NADH 辅因子循环再生系统相互隔离，避免两种辅因子循环相互干扰以提高其利用效率（Liu and Li，2019）。另外，根据多酶级联催化反应路线的不同，可以将其分为 4 类，即线性级联、平行级联、正交级联和循环级联。①线性级联：底物经过一步或连续多步转化合成目标产物。这种级联路线的优势在于可以避免有毒、不稳定和易爆中间体的储存和处理，同时有助于节省时间并减少多步合成中间产物分离的步骤。另外，中间产物在下一步反应的转化也有利于可逆反应的平衡移动和解除中间产物对酶的抑制。②平行级联：平行级联可能是生物催化氧化还原反应最常见的级联类型，产物的形成与同时进行的第二个平行反应相结合。一个典型的例子是氧化还原酶依赖的 NAD（P）H 的辅因子循环，另一个例子是自给式氢化物穿梭级联合成两种有应用价值的产物。③正交级联：相较于平行级联，此级联方式进一步将副产物转化为其他无应用价值的产物，但是可进一步促进平衡移动。例如，在转氨酶催化反应中通过引入乳酸脱氢酶/葡萄糖脱氢酶来进一步转化氨基供体丙氨酸产生的副产物丙酮酸，促使平衡向转氨方向移动。④循环级联：循环级联的主要特征是生成的产物被转化为底物。例如，通过转氨酶或胺脱氢酶的去外消旋化，即将外消旋混合物转化为光学纯的单一对映异构体。然而在实际应用中，通常是以目标产物为导向的多种不同级联方式的自由组合。

4.4.2　构建多酶复合体的新技术

构建级联反应的策略是"路线设计-元件招募-系统测试-重构优化"循环，首先是级联路线设计，可根据自然代谢途径获得灵感，或通过生物催化逆合成分析来设计路线，即根据目标产物和酶的催化功能，逆向分析所需的底物和酶元件；

随后，通过筛选获得所需催化功能的元件酶，同时可通过理性设计或者定向进化等方法进一步提高元件酶的催化性能和稳定性；在确定了元件酶和级联路线后，系统测试分析反应体系的条件，如温度、pH、辅底物及催化剂浓度等，通过色谱等分析方法测定级联催化过程的底物和产物的浓度变化，研究级联反应的瓶颈问题，如多酶协同作用、交叉反应、热力学平衡和中间反应物对酶的抑制作用等；最后，在解决影响级联反应整体效率的问题后，为进一步降低成本，针对性地对多个不同的元件酶进行共表达及人工细胞工程的重构，如大肠杆菌菌群构建，用于协同催化合成目标产物，并对级联反应的参数进一步优化，最终解决瓶颈问题，降低催化成本，提升级联反应的合成效率。

多酶级联路线主要是根据现有的自然代谢反应途径或通过逆合成分析进行设计。Korman 等利用糖酵解和甲羟戊酸途径创建了一个由 27 种来自不同物种的元件酶组成的体外酶级联，由葡萄糖合成单萜类化合物，在 5d 内柠檬烯和蒎烯的滴度分别为 12.5g/L 和 14.9g/L，产率超过 88%。这大大超过了利用全细胞代谢生产柠檬烯滴度的最高纪录，证明了这一体外级联反应路线的潜力。开发体外多酶级联的另一种方法是从头构建自然界中不存在的合成途径，利用该方法可以任意定制合成所需的新型化合物。然而，在没有现成路线的情况下，设计合成目标分子的级联反应可能是一个挑战。在有机合成化学中，通常采用逆向合成来设计目标化合物的合成路线。因此，逆向合成意味着从目标化合物分子开始，确定要形成的化学键，并相应地确定前体和中间物，该策略同样适用于多酶生物催化反应。目前，已经成功开发出一些计算工具，如 RetroBioCats 或 myExperiment-RetroPath 算法，有助于利用所有已知的可用的酶催化反应以及级联路线的设计。马延和团队成功构建了包括 11 步反应的非天然固碳与淀粉合成途径。具体来说，首先根据碳原子个数将该途径分为 4 个不同的模块（C1、C3、C6 和 Cn 模块）；随后在计算途径设计软件/网站的指导下，通过选择和组装来自 31 个生物体的 62 种酶构成 11 个核心催化反应，并将热力学上最有利（$\Delta G_{cascade}<0$）的多个反应组装在一起；最后优化途径，定向进化瓶颈酶，使淀粉的最终产率达到 410mg/（L·h）。

整个级联反应的效率取决于每个元件酶，元件酶既要具有高催化活性和更好的兼容性，又需要保持较强的底物特异性以避免交叉反应和副产物的产生，因此获得符合级联反应要求的元件酶对整个级联反应的成功至关重要，目前元件酶筛选常用的策略主要有 6 种。

（1）从土壤微生物中富集培养：通过从土壤微生物中富集培养挖掘所需的元件酶已经被证明是一种有效的策略，在培养基中加入特定的碳源或者氮源筛选具有特定催化功能的菌株，经过几轮扩增培养后，筛选出的菌株进一步用优化的生长培养基培养，并进行生物催化活性测定实验。Shin 等研究小组已经从不同环境的土壤样品中筛选获得目标微生物，并被用于手性拆分外消旋胺，如苏云金芽孢杆菌（*Bacillus thuringiensis*）JS64、肺炎克雷伯菌（*Klebsiella pneumonia*）JS2F和河流弧菌（*Vibrio fluvialis*）JS17 是最早对 α-甲基苄胺和仲丁胺进行 *S*-选择性全细胞生物转化的微生物，其 *R*-对映体的产率>95%（Shin and Kim，1997）。

（2）从特定基因组文库挖掘目标酶：宏基因组的样品来源非常广泛，从深海喷口、海洋表面和火山温泉到共生哺乳动物宿主，以产生特定的功能。宏基因组基因挖掘通常有两种方法："功能驱动"和"序列驱动"。其中"功能驱动"法已被用于获取可用于工业应用的生物学数据，也已经有其他工业酶通过"功能驱动"的方法被发现。利用此方法发现了稳定性更高的新型内切葡聚糖酶，Bayer等以肉桂腈等 6 种不同的腈的混合物为底物，从超基因组文库中筛选出新的腈水解酶基因 *nit1*，可用于生产精细化工产品 1,5-二甲基-2-哌啶酮。Ward 等利用"序列驱动"的方法从人类宿主口腔共生微生物菌群中发现新的转氨酶基因，具体步骤为首先从样品中提取 DNA，然后利用高通量测序方法进行测序，再使用 pfam 独立工具注释推测的 DNA ω-转氨酶（Ⅰ型折叠）蛋白质，鉴定完的序列在 *E. coli* BL21 中进行异源表达。在元基因组文库中，异源基因的表达仍然是鉴定基因功能的瓶颈（Bayer et al.，2011）。

（3）基于序列同源性挖掘目标酶：随着测序技术的发展，大量的基因数据被导入数据库，这使序列比对成为基因挖掘的有效方法。例如，以河流弧菌的转氨酶（VfTA）为模板进行蛋白质序列比对，成功挖掘到了与 VfTA 同源性 38%的来源于紫色色杆菌（*Chromobacterium violaceum*）的转氨酶（CvTA），该酶在转氨催化过程中表现出和模板蛋白一样优异的催化性能和潜力。以 VfTA 为先导序列，通过序列比对基因挖掘获得来源于脱氮副球菌（*Paracoccus denitrificans*）的转氨酶（PdTA），与 VfTA 同源性为 94%，随后利用 PdTA 和苏氨酸脱氨酶级联将 L-苏氨酸（天然）转化为 L-高丙氨酸（非天然），转化率高达 91%。

（4）基于特征序列的基因挖掘：基于蛋白质的不同进化起源，一些特征序列对酶的催化功能起着关键作用，常用的挖掘策略有不同催化特性的酶多序列比对、进化树分析及与计算相结合分析。以转氨酶为例，尽管 *S*-选择性胺转氨酶（*S*-transaminase，*S*-TA）已被大量报道和研究，但 *R*-TA 的报道较少。2010 年，Höhne 等（2010）从蛋白质拓扑结构、晶体结构和转氨酶家族的生化信息推断 *R*-TA 属于第Ⅳ类折叠，他们的研究假定 D-氨基转移酶、4-氨基-4-脱氧分支酸裂解酶和 L-支链氨基酸氨基转移酶在进化上保守的氨基酸残基（或特征序列）基序是 *R*-TA 的合理祖先，于是开发了一种计算机注释算法。该算法仔细分析了多个序列比对的基序，并从搜索的公共数据库中丢弃了错误标记的 BCAT、DAT 和 ADCL。利用该方法从大约 6000 个酶库中鉴定出 21 个 *R*-TAs，其中 17 个酶被实验证实具有活力。选择 7 个酶进一步表征，发现它们具有极优异的 *R*-选择性和催化效率（Schätzle et al., 2011）。基于他们的方法，多个研究小组后续又从各种原核生物和真核生物中发现了具有各种胺化和动力学拆分外消旋胺活性的有益基因。通过寻找参与脂氧合酶核心催化功能及区域选择性和立体选择性的保守性残基，如金属结合残基（HHHNI）、Coffa 位点（异构体手性的决定性位点，S-脂氧合酶为 Ala，R-脂氧合酶为 Gly）及决定异构体位置的残基，筛选到 3 个脂氧合酶，对亚油酸表现出较好的活性，比活性高达 73.1U/mg 蛋白质。

（5）基于蛋白质结构推断酶的功能：随着蛋白质结构预测方法的发展（如 AlphaFold 等），大量未知功能的酶结构被存入蛋白质数据库，将这些结构与它们的功能联系起来具有重要意义。Höhne 等研究了"鸟氨酸氨基转移酶-类似蛋白"集群中功能未知的晶体结构，OAT 是依赖于吡哆醛-5′-磷酸（pyridoxal-5′-phosphate, PLP）的酶，属于 PLP 折叠 I 类，该家族中所有 58 个可用的 3D 结构都显示出相当大的相似性，但它们在活性部位的重要残基上有所不同，这些残基显然参与底物识别。随后，成功鉴定了结构和功能未知的来自硅酸杆菌（Silicibacter pomeroyi）、浑球红假单胞菌（Rhodobacter sphaeroides）KD131、鲁杰氏菌（Ruegeria sp.）TM1040 和百脉根根瘤菌（Mesorhizobium loti）MAFF30399 的 4 个转氨酶（TA），它们具有广泛的底物谱和高的底物特异性，其中硅酸杆菌的 TA（SpTA）已被广泛地应用于多酶级联催化不同底物合成脂肪胺。同样，来源于炭疽杆菌（Bacillus anthracis）的 TA（BaTA）也根据已报道的结构用于特定催化丙酮酸盐等多个不同底物（Schätzle et al., 2011）。

（6）利用酶分子工程进一步改造元件酶：酶分子工程包括基于随机突变的定向进化、基于序列和结构分析的理性设计和两者结合的半理性设计，已被广泛证明是一种实用而有效的获取生物催化剂的策略。在多酶级联催化过程中，需要多个酶协同工作，往往某个瓶颈酶就会成为限制整个级联反应效率的短板，所以亟须对其进行酶分子改造，以进一步提高级联反应的整体效率。

如前述报道（Li et al., 2023），Huffman 等设计的合成核苷类似物依斯拉韦的级联反应包括 9 种酶，其中 5 种是通过定向进化而获得的，以乙炔基甘油为原料合成的最后总收率为 51%（图 4.3A）。Hailes 等用平行级联酶促合成苄基异喹啉生物碱，该平行级联设计中结合了酪氨酸酶、酪氨酸脱羧酶、转氨酶和去甲肾上腺素合成酶，随后发现酪氨酸酶对底物 3-F-L-酪氨酸接受度较差，所以为了提高该级联体系中酪氨酸酶对底物的催化活性，对酪氨酸酶进行定向进化改造，获得的最优突变体将产率从 27% 提高至 89%。刘立明等使用简单的苯甲醛和丙酮酸作为底物通过酶促-化学级联催化高效生产 L-高苯丙氨酸，在筛选元件酶过程中发现苯丙氨酸脱氢酶 TiPheDH 为限速酶。因此，对 TiPheDH 进行改造以提高其催化效率（82%）和表达水平（254%），并在 5L 反应器中实现 L-高苯丙氨酸的高效合成（100.9g/L，>99% ee）（图 4.3B）。2021 年，林双君等以 4-甲磺酰基苯甲醛为底物，通过偶联转酮醇酶（*trans*-ketolase，TK）和 ω-转氨酶（ω-TA），建立了一锅法高立体选择性地合成含两个手性中心的氟苯尼考氨基二醇中间体。通过结构导向的酶分子改造将 TK 的对映体选择性从 *S*（93% ee）转化为 *R*（95% ee），并逆转了转氨酶 ATA117 的对映选择性（从 ES=9 到 ER=12）和对酮/醛底物的选择性，利用改造后的 TK 和 TA 进行级联催化反应，实现了 1*R*,2*R*-对甲磺酰基苯丝氨醇的生物合成（76%产率，96% de，>99% ee）。最近，李智等建立了以 SMO-StEH-Aldo-CvTA 为催化剂，通过环氧化-水解-氧化-胺化反应合成 *R*-苯乙醇胺的级联反应，通过定向进化改造瓶颈酶糖醇氧化酶，使其催化效率提高了 3 倍，使得产物 *R*-苯乙醇胺的滴度达到 34.6g/L（>99% ee）（图 4.3C）。

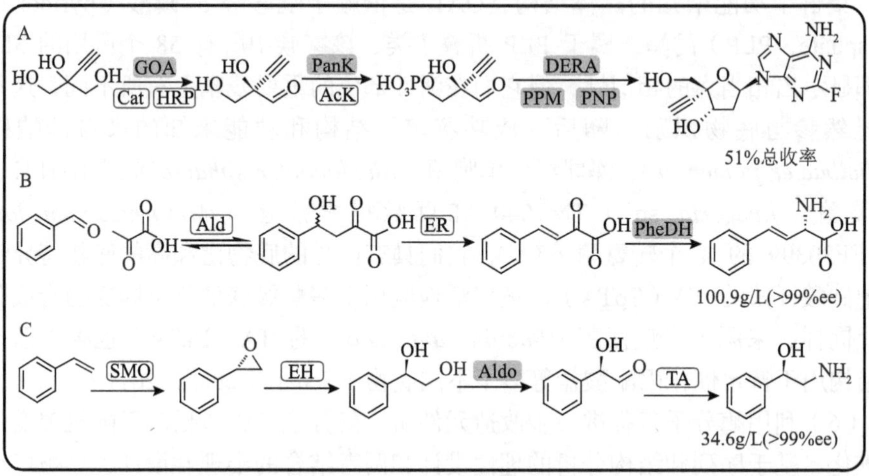

图 4.3　元件酶改造用于多酶级联反应（Li et al.，2023）

GOA. 半乳糖氧化酶；PanK. 泛酸激酶；DERA. 脱氧核糖 5-磷酸醛缩酶；PPM. 磷酸脲化酶；PNP. 嘌呤核苷磷酸化酶；Cat. 过氧化氢酶；HPR. 辣根过氧化物酶；AcK. 乙酸激酶；Ald. 醛缩酶；ER. 烯还原酶；PheDH. 苯丙氨酸脱氢酶；SMO. 苯乙烯单加氧酶；EH. 环氧化物水解酶；Aldo. 糖醇氧化酶；TA. 转氨酶

4.4.3　提升级联系统催化效率的策略

当多酶级联反应中的元件酶确定之后，酶的比例和浓度也需要进一步地优化。通过平衡多种不同生物催化剂的活性，可以实现提高通量和减少酶用量。对于级联反应合成 L-丙氨酸，调整酶的比例可以改善性能和提高产率，通过对缓冲体系和辅因子浓度的进一步优化，获得了 95%以上的产率。另外，通过对级联反应合成 2′,3′-环鸟苷-腺苷一磷酸中 4 种酶的浓度进行了调整，使得产物浓度增加了 2 倍。酶的比例对级联反应的效率起着关键作用，影响着大部分的优化目标，如转化率、产量、速率、立体选择性和热稳定性等。

尽管酶的催化条件较温和，反应条件较为类似，但合成过程中每个步骤对最佳反应条件的要求可能存在差异。适用于多酶级联反应中所有反应步骤的重叠参数，定义为最优催化条件，该参数根据具体反应参数和酶种类的不同而变化，该参数的选择经常是一个挑战，尤其是在级联路线复杂，所涉及的中间体、酶元件或辅酶较多的情况下。可供优化的典型参数主要有溶剂系统、反应成分的浓度（底物、盐、助溶剂、辅酶、其他添加剂）、缓冲体系的 pH、反应温度，以及辅酶再生系统。如果级联反应中的多步反应同时进行的话，很有必要选择在多个酶反应的最适条件下进行。值得庆幸的是，大部分酶在比较温和条件下进行反应，如水溶剂，温度在 20~37℃，pH 在 6.0~8.0，这也降低了其自由度。当然，也有部分酶能耐受更极端的 pH、温度、压力、溶剂和盐浓度等环境。酶具有较高的热稳定性对合成反应来说有很大的好处（如由于较高的工艺温度可以达到较高的活性），但只有当整个级联反应的酶元件热稳定性都高时才能显示出明显的提升。同时也需要综合考虑反应体系中盐离子对酶的抑制作用，如当羧酸还原酶和转氨酶级联转化脂肪酸合成脂肪胺时，由于羧酸还原酶需要添加二价阳离子 Mg^{2+} 以提高其催化活性，但是过高的 Mg^{2+} 浓度对转氨酶有明显的抑制作用。热力学平衡对级联反应产率的影响同样不可忽视，尤其是当级联反应的最后一步为可逆反应时，需要提高反应平衡常数才能推动反应进行。最典型的例子是涉及转氨酶的级联反应，常用的平衡移动策略主要是"推"和"拉"。"推"是指添加过量的辅底物，如转氨酶催化反应中通常需要添加过量的氨基供体，同时也需要注意过量的氨基供体对转氨酶的酶活可能会存在抑制作用；"拉"主要指产物移除或副产物移除，如利用阳离子交换树脂吸附产物 R-苯基甘氨醇以提高级联产率，或通过偶联转化副产物丙酮酸的乳酸脱氢酶（LDH）或用于丙氨酸氨基供体循环的丙氨酸脱氢酶（AlaDH）以进一步降低副产物浓度（Koszelewski et al.,2008）。

与无细胞催化剂相比，构建体内多酶级联（构建细胞工厂）系统优点明显，不需要单独添加所需的各种酶元件，只需要添加一个全细胞作为催化剂，操作步骤更简单，成本降低。同时，细胞内酶的稳定性更高，可以避免酶的纯化、添加辅因子等烦琐费事的步骤。例如，Turner 在前期多酶级联工作的基础上，进一步将该级联反应中的 4 个核心酶，在 10 种不同的载体上进行共表达，成功筛选得到一个四酶共表达体系的产率最高，用于催化 5 个不同的酮酸底物合成哌啶，转化率为 57%，其中对映体过量 ee 值高达 93%。随后，研究人员根据级联过程中中间产物的积累情况，判断每个元件酶的酶活，确定 ω-转氨酶为限制性酶，并利用基因复制策略共表达了 2 次 ω-转氨酶，使得胺产量大幅增加，最高达 93%。然而，当级联路线中酶的数量超过 4 个时，如果将这些酶在同一个细胞中进行共表达，会导致细胞代谢负担过大和氧化还原不平衡等问题，从而使得部分酶不能正常表达或者表达量很低，影响最终的产率。大量研究已尝试构建人工全细胞菌群，即将复杂的级联反应分为多个具有不同功能的模块，同一个模块所需的酶基因在一个细胞中共表达，然后多个细胞菌群一起协同高效催化合成具有高附加值的化学品。菌群模块化构建原则包括以下几点：①每个细胞模块呈现氧化还原中性，如辅酶循环在一个细胞中；②避免不同菌群中辅酶的干扰；③减少蛋白质表达负担，以确保每个酶都能正常表达；④每个菌群分工明确（Koszelewski et al.，2008）。

　　江南大学刘立明团队构建了多模块菌群催化平台，用于由简单的非手性甘氨酸和醛类合成 α-氨基酸和 α-羟基酸。研究人员设计的 4 个不同的功能化模块：基础模块 BM 包含苏氨酸醛缩酶和苏氨酸脱氨酶，用于催化底物甘氨酸和醛类合成对应的酮酸；扩展模块 1（EM1）包含 L-或 D-羟基异己酸脱氢酶和甲酸脱氢酶，用于将 α-酮酸还原为 α-羟基酸；扩展模块 2（EM2）包含 L-氨基酸脱氢酶和甲酸脱氢酶，用于将 α-酮酸还原为 L-α-氨基酸；扩展模块 3（EM3）包含 D-氨基酸转氨酶、甲酸脱氢酶、谷氨酸消旋酶和谷氨酸脱氢酶，用于将 α-酮酸转氨成 D-α-氨基酸。随后，通过级联 BM 与 EM1 模块以重置手性—OH 合成手性的 α-羟基酸，级联 BM 和 EM2 或 EM3 重置手性—NH_2 用于合成手性 α-氨基酸。在成功招募到各个模块所需的高效特异性元件酶后，对其中的限制性酶苏氨酸脱氨酶进行分子改造，使其活力提高了 18 倍。再将单个模块的所有酶在一个质粒中共表达，选取了 4 种兼容且具有不同抗性的质粒，共构建了 64 种不同的组合，筛选出产率最高的菌群组合形式。最终成功应用于催化 9 种不同的醛，包括芳香族、杂芳族、杂环族和脂肪族醛，高效合成 45 种不同的产物 [α-酮酸、不同手性的 α-羟基酸和 α-氨基酸（R，S）]，并将体系进一步扩大至 100mL 规模，进而对 7 种有价值的化学品进行分离鉴定（Hepworth et al.，2017）。

4.4.4　优点与挑战

　　与传统发酵生产相比，多酶级联催化合成化学品优势非常明显，功能可控性强，反应条件易控制，产品滴度更高。随着多种不同酶催化剂及其新功能的不断发现，越来越多的多酶级联体系被成功构建。但是目前大多数多酶级联反应仍处于实验室阶段，底物上载量低，催化体系小，合成效率无法达到大规模生产的需求。其中主要的原因在于所需元件酶的稳定性和催化效率等仍需进一步提高，如 BVMO 单加氧酶和 P450 羟化酶等往往成为级联反应的限速酶。缺乏级联反应路线中的关键酶，尤其是合成机制复杂尚未报道的酶元件也是多酶级联反应的一个关键瓶颈。当级联反应体系过于复杂时，酶的表达调控困难，催化体系的兼容性更具挑战，反应体系中多个底物、辅因子对酶催化效率的影响更大。

　　自 2018 年阿诺德教授因在定向进化方面的杰出工作获诺贝尔奖以来，全世界多个实验室都在尝试利用定向进化等技术手段以获得具备特定功能的酶元件，从而为多酶级联体系的构建提供更丰富的工具箱。2020 年，AlphaFold 的横空出世，通过酶的氨基酸序列精确预测蛋白质三维结构，为酶的理性设计打开了新的大门。近些年来发展的辅酶再生技术日渐成熟，多酶融合蛋白技术及菌群催化技术得到了进一步完善和应用，使多酶级联反应成本的进一步降低成为可能。未来应深入研究多酶催化反应动力学和热力学并建立对应的数学模型，将多酶级联路线设计与计算相结合，真正实现理论指导实践（Cheng et al.，2023）。

参 考 文 献

Abatemarco J, Sarhan M F, Wagner J M, et al. 2017. RNA-aptamers-in-droplets (RAPID) high-throughput screening for secretory phenotypes[J]. Nature Communications, 8(1): 332

Barbieri E M, Muir P, Akhuetie-Oni B O, et al. 2017. Precise editing at DNA replication Forks enables multiplex genome engineering in eukaryotes[J]. Cell, 171(6): 1453-1467

Baret J C, Miller O J, Taly V, et al. 2009. Fluorescence-activated droplet sorting (FADS): efficient microfluidic cell sorting based on enzymatic activity[J]. Lab on A Chip, 9(13): 1850-1858

Bayer S, Birkemeyer C, Ballschmiter M. 2011. A nitrilase from a metagenomic library acts regioselectively on aliphatic dinitriles[J]. Applied Microbiology and Biotechnology, 89(1): 91-98

Bommarius A S. 2015. Biocatalysis: a status report[J]. Annual Review of Chemical and Biomolecular Engineering, 6(1): 319-345

Bornscheuer U T, Altenbuchner J, Meyer H H. 1998. Directed evolution of an esterase for the stereoselective resolution of a key intermediate in the synthesis of epothilones[J]. Biotechnology and Bioengineering, 58(5): 554-559

Bornscheuer U T, Altenbuchner J, Meyer H H. 1999. Directed evolution of an esterase: screening of enzyme libraries based on pH-indicators and a growth assay[J]. Bioorganic & Medicinal Chemistry, 7(10): 2169-2173

Carletti M S, Monzon A M, Garcia-Rios E, et al. 2020. Revenant: a database of resurrected proteins[J]. Database, 1-7: 20-22

Chaloupkova R, Liskova V, Toul M, et al. 2019. Light-emitting dehalogenases: reconstruction of multifunctional biocatalysts[J]. ACS Catalysis, 9(6): 4810-4823

Chen F F, Liu Y Y, Zheng G W, et al. 2015. Asymmetric amination of secondary alcohols by using a redox-neutral two-enzyme cascade[J]. ChemCatChem, 7(23): 3838-3841

Chen K, Arnold F H. 1993. Tuning the activity of an enzyme for unusual environments: sequential random mutagenesis of subtilisin E for catalysis in dimethylformamide[J]. Proceedings of the National Academy of Sciences, 90(12): 5618-5622

Cheng F, Zhou SY, Chen LX, et al. 2023. Reaction-kinetic model-guided biocatalyst engineering for dual-enzyme catalyzed bioreaction system[J]. Chemical Engineering Journal, 452: 138997

Cheng F, Zhu L, Schwaneberg U. 2015. Directed evolution 2.0: improving and deciphering enzyme properties[J]. Chemical Communications, 51(48): 9760-9772

Copp J N, Williams E M, Rich M H, et al. 2014. Toward a high-throughput screening platform for directed evolution of enzymes that activate genotoxic prodrugs[J]. Protein Engineering, Design and Selection, 27(10): 399-403

Crook N, Abatemarco J, Sun J, et al. 2016. *In vivo* continuous evolution of genes and pathways in yeast[J]. Nature Communications, 7(1): 13051

Degnen G E, Cox E C. 1974. Conditional mutator gene in *Escherichia coli*: isolation, mapping, and effector studies[J]. Journal of Bacteriology, 117(2): 477-487

Dydio P, Key H M, Nazarenko A, et al. 2016. An artificial metalloenzyme with the kinetics of native enzymes[J]. Science, 354(6308): 102-106

Dymond J S, Richardson S M, Coombes C E, et al. 2011. Synthetic chromosome arms function in yeast and generate phenotypic diversity by design[J]. Nature, 477(7365): 471-476

Ebert M C, & Pelletier J N. 2017. Computational tools for enzyme improvement: why everyone can – and should – use them[J]. Current Opinion in Chemical Biology, 37: 89-96

Echols H, Lu C, Burgers P M. 1983. Mutator strains of *Escherichia coli*, mutD and dnaQ, with defective exonucleolytic editing by DNA polymerase III holoenzyme[J]. Proceedings of the National Academy of Sciences, 80(8): 2189-2192

Endo A, SAsaki M, MAruyama A, et al. 2006. Temperature adaptation of *Bacillus subtilis* by chromosomal groEL replacement[J]. Bioscience, Biotechnology, and Biochemistry, 70(10): 2357-2362

Fijalkowska I J, Schaaper R M. 1996. Mutants in the Exo I motif of *Escherichia coli* DNAQ: defective proofreading and inviability due to error catastrophe[J]. Proceedings of the National Academy of Sciences, 93(7): 2856-2861

Fischlechner M, Schaerli Y, Mohamed M F, et al. 2014. Evolution of enzyme catalysts caged in biomimetic gel-shell beads[J]. Nature Chemistry, 6(9): 791-796

Fowler C C, Brown E D, Li Y. 2010. Using a Riboswitch sensor to examine coenzyme B(12) metabolism and transport in *E. coli*[J]. Chemistry & Biology, 17(7): 756-765

Gielen F, Hours R, Emond S, et al. 2016. Ultrahigh-throughput-directed enzyme evolution by absorbance-activated droplet sorting (AADS)[J]. Proceedings of the National Academy of Sciences, 113(47): E7383-E7389

Gomez-Fernandez B J, Risso V A, Rueda A, et al. 2020. Ancestral resurrection and directed evolution of fungal Mesozoic laccases[J]. Appl Environ Microbiol, 86(14): e00718-e00720

Gumulya Y, Baek J M, Wun S J, et al. 2018. Engineering highly functional thermostable proteins using ancestral sequence reconstruction[J]. Nature Catalysis, 1: 878-888

Gunge N, Sakaguchi K. 1981. Intergeneric transfer of deoxyribonucleic acid killer plasmids, pGKl1 and pGKl2, from *Kluyveromyces lactis* into *Saccharomyces cerevisiae* by cell fusion[J]. Journal of Bacteriology, 147(1): 155-160

Hall B G. 2006. Simple and accurate estimation of ancestral protein sequences[J]. Proceedings of the National Academy of Sciences, 103(14): 5431-5436

Hanson-Smith V, Johnson A. 2016. PhyloBot: a web portal for automated phylogenetics, ancestral sequence reconstruction, and exploration of mutational trajectories[J]. PLoS Computational

Biology, 12(7): e1004976

Harms M J, Thornton J W. 2010. Analyzing protein structure and function using ancestral gene reconstruction[J]. Current Opinion in Structural Biology, 20(3): 360-366

Hawkins R E, Russell S J, Winter G. 1992. Selection of phage antibodies by binding affinity: mimicking affinity maturation[J]. Journal of Molecular Biology, 226(3): 889-896

Hepworth L J, France S P, Hussain S, et al. 2017. Enzyme cascades in whole cells for the synthesis of chiral cyclic amines[J]. ACS Catalysis, 7(4): 2920-2925

Höhne M, Schätzle S, Jochens H, et al. 2010. Rational assignment of key motifs for function guides in silico enzyme identification[J]. Nature Chemical Biology, 6(11): 807-813

Huang M, Bai Y, Sjostrom S L, et al. 2015. Microfluidic screening and whole-genome sequencing identifies mutations associated with improved protein secretion by yeast[J]. Proceedings of the National Academy of Sciences, 112(34): E4689-E4696

Huang M, Joensson H N, Nielsen J. 2018. High-Throughput Microfluidics for the Screening of Yeast Libraries[M]//Jense M K, Keasling J D. Synthetic Metabolic Pathways: Methods and Protocols. New York: Springer

Huang P S, Boyken S E, Baker D. 2016. The coming of age of *de novo* protein design[J]. Nature, 537(7620): 320-327

Hutchison C A, Phillips S, Edgell M H, et al. 1978. Mutagenesis at a specific position in a DNA sequence[J]. Journal of Biological Chemistry, 253(18): 6551-6560

Iwabata H, Watanabe K, Ohkuri T, et al. 2005. Thermostability of ancestral mutants of *Caldococcus noboribetus* isocitrate dehydrogenase[J]. FEMS Microbiology Letters, 243(2): 393-398

Jia B, Wu Y, Li B Z, et al. 2018. Precise control of SCRaMbLE in synthetic haploid and diploid yeast[J]. Nature Communications, 9(1): 1933

Kan S B J, Lewis R D, Chen K, et al. 2016. Directed evolution of cytochrome c for carbon-silicon bond formation: Bringing silicon to life[J]. Science, 354(6315): 1048-1051

Kintses B, Hein C, Mohamed M F, et al. 2012. Picoliter cell lysate assays in microfluidic droplet compartments for directed enzyme evolution[J]. Chemistry & Biology, 19(8): 1001-1009

Kleinstiver B P, Prew M S, Tsai S Q, et al. 2015. Engineered CRISPR-Cas9 nucleases with altered PAM specificities[J]. Nature, 523(7561): 481-485

Koszelewski D, Lavandera I, Clay D, et al. 2008. Formal asymmetric biocatalytic reductive amination[J]. Angewandte Chemie International Edition, 47(48): 9337-9340

Kremers G-J, Gilbert S G, Cranfill P J, et al. 2011. Fluorescent proteins at a glance[J]. Journal of Cell Science, 124: 157-160

Leemhuis H, Kelly R M, Dijkhuizen L. 2009. Directed evolution of enzymes: library screening strategies[J]. IUBMB Life, 61(3): 222-228

Leung D W, Chen E Y, Goeddel D V. 1989. A method for random mutagenesis of a defined DNA segment using a modified polymerase chain reaction[J]. Technique , 1(1): 11-15

Li J, Shi K, Zhang Z, et al. 2023. Construction of multi-enzyme cascade reactions and its application in the synthesis of bifunctional chemicals[J]. Chinese Journal of Biotechnology, 39(6): 2158-2189

Liu J, Li Z. 2019. Enhancing cofactor recycling in the bioconversion of racemic alcohols to chiral amines with alcohol dehydrogenase and amine dehydrogenase by coupling cells and cell-free system[J]. Biotechnology and Bioengineering, 116(3): 536-542

Liu W, Luo Z, Wang Y, et al. 2018. Rapid pathway prototyping and engineering using *in vitro* and *in vivo* synthetic genome SCRaMbLE-in methods[J]. Nature Communications, 9(1): 1936

Luan G, Cai Z, Li Y, et al. 2013. Genome replication engineering assisted continuous evolution (GREACE) to improve microbial tolerance for biofuels production[J]. Biotechnology for Biofuels, 6(1): 137

Luo Z, Wang L, Wang Y, et al. 2018. Identifying and characterizing SCRaMbLEd synthetic yeast using ReSCuES[J]. Nature Communications, 9(1): 1930

Malcolm B A, Wilson K P, Matthews B W, et al. 1990. Ancestral lysozymes reconstructed, neutrality tested, and thermostability linked to hydrocarbon packing[J]. Nature, 345(6270): 86-89

Mannan A A, Liu D, Zhang F, et al. 2017. Fundamental design principles for transcription-factor-based metabolite biosensors[J]. ACS Synthetic Biology, 6(10): 1851-1859

Mewis K, Taupp M, Hallam S J. 2011. A high throughput screen for biomining cellulase activity from metagenomic libraries[J]. JOve, 1(48): e2461

Mills D R, Peterson R L, Spiegelman S. 1967. An extracellular Darwinian experiment with a self-duplicating nucleic acid molecule[J]. Proceedings of the National Academy of Sciences, 58(1): 217-224

Morrison A, Johnson A L, Johnston L H, et al. 1993. Pathway correcting DNA replication errors in *Saccharomyces cerevisiae*[J]. The EMBO Journal, 12(4): 1467-1473

Murphy K C. 1991. Lambda Gam protein inhibits the helicase and chi-stimulated recombination activities of *Escherichia coli* RecBCD enzyme[J]. Journal of Bacteriology, 173(18): 5808-5821

Murphy K C. 1998. Use of bacteriophage lambda recombination functions to promote gene replacement in *Escherichia coli*[J]. Journal of Bacteriology, 180(8): 2063-2071

Ostafe R, Prodanovic R, Lloyd Ung W, et al. 2014. A high-throughput cellulase screening system based on droplet microfluidics[J]. Biomicrofluidics, 8(4): 041102

Popovic A, Tchigvintsev A, Tran H, et al. 2015. Metagenomics as a tool for enzyme discovery: hydrolytic enzymes from marine-related metagenomes[M]//Krogan P N J, Babu P M. Prokaryotic Systems Biology. Cham: Springer International Publishing

Qu G, Zhao J, Zheng P, et al. 2018. Recent advances in directed evolution[J]. Chinese Journal of Biotechnology, 34(1): 1-11

Ravikumar A, Arrieta A, Liu C C. 2014. An orthogonal DNA replication system in yeast[J]. Nature Chemical Biology, 10(3): 175-177

Ravikumar A, Arzumanyan G A, Obadi M K A, et al. 2018. Scalable, continuous evolution of genes at mutation rates above genomic error thresholds[J]. Cell, 175(7): 1946-1957

Reetz M T, Zonta A, Schimossek K, et al. 1997. Creation of enantioselective biocatalysts for organic chemistry by *in vitro* evolution[J]. Angewandte Chemie International Edition in English, 36(24): 2830-2832

Romero P A, Arnold F H. 2009. Exploring protein fitness landscapes by directed evolution[J]. Nature Reviews Molecular Cell Biology, 10(12): 866-876

Ruff A J, Dennig A, Schwaneberg U. 2013. To get what we aim for - progress in diversity generation methods[J]. The FEBS Journal, 280(13): 2961-2978

Savile C K, Janey J M, Mundorff E C, et al. 2010. Biocatalytic asymmetric synthesis of chiral amines from ketones applied to sitagliptin manufacture[J]. Science, 329(5989): 305-309

Schätzle S, Steffen-Munsberg F, Thontowi A, et al. 2011. Enzymatic asymmetric synthesis of enantiomerically pure aliphatic, aromatic and arylaliphatic amines with (R)-selective amine transaminases[J]. Advanced Synthesis & Catalysis, 353(13): 2439-2445

Schwander T, von Borzyskowski L, Burgener S, et al. 2016. A synthetic pathway for the fixation of carbon dioxide in vitro[J]. Science, 354(6314): 900-904

Shembekar N, Hu H, Eustace D, et al. 2018. Single-cell droplet microfluidic screening for antibodies specifically binding to target cells[J]. Cell Reports, 22(8): 2206-2215

Shen M J, Wu Y, Yang K, et al. 2018. Heterozygous diploid and interspecies SCRaMbLEing[J]. Nature Communications, 9(1): 1934

Shin J S, Kim B G. 1997. Kinetic resolution of α-methylbenzylamine with o-transaminase screened from soil microorganisms: application of a biphasic system to overcome product inhibition[J]. Biotechnology and Bioengineering, 55(2): 348-358

Simon M, Giot L, Faye G. 1991. The 3' to 5' exonuclease activity located in the DNA polymerase delta subunit of Saccharomyces cerevisiae is required for accurate replication[J]. The EMBO Journal, 10(8): 2165-2170

Stackhouse J, Presnell S R, McGeehan G M, et al. 1990. The ribonuclease from an extinct bovid ruminant[J]. FEBS Letters, 262(1): 104-106

Stemmer W P C. 1994. Rapid evolution of a protein in vitro by DNA shuffling[J]. Nature, 370(6488): 389-391

Suzuki T, Miller C, Guo L T, et al. 2017. Crystal structures reveal an elusive functional domain of pyrrolysyl-tRNA synthetase[J]. Nature Chemical Biology, 131(2): 1261-1266

Takano K, Nakabeppu Y, Maki H, et al. 1986. Structure and function of dnaQ and mutD mutators of Escherichia coli[J]. Molecular and General Genetics MGG, 205(1): 9-13

Terao Y, Miyamoto K, Ohta H. 2006. Improvement of the activity of arylmalonate decarboxylase by random mutagenesis[J]. Applied Microbiology and Biotechnology, 73(3): 647-653

Turner N J. 2003. Directed evolution of enzymes for applied biocatalysis[J]. Trends in Biotechnology, 21(11): 474-478

Vallejo D, Nikoomanzar A, Paegel B M, et al. 2019. Fluorescence-activated droplet sorting for single-cell directed evolution[J]. ACS Synthetic Biology, 8(6): 1430-1440

Wagner J M, Liu L, Yuan S F, et al. 2018. A comparative analysis of single cell and droplet-based FACS for improving production phenotypes: Riboflavin overproduction in Yarrowia lipolytica[J]. Metabolic Engineering, 47: 346-356

Wang B L, Ghaderi A, Zhou H, et al. 2014. Microfluidic high-throughput culturing of single cells for selection based on extracellular metabolite production or consumption[J]. Nature Biotechnology, 32(5): 473-478

Wang H H, Isaacs F J, Carr P A, et al. 2009. Programming cells by multiplex genome engineering and accelerated evolution[J]. Nature, 460(7257): 894-898

Wang X, Ren L, Su Y, et al. 2017. Raman-activated droplet sorting (RADS) for label-free high-throughput screening of microalgal single-cells[J]. Analytical Chemistry, 89(22): 12569-12577

Way J C, Collins J J, Keasling J D, et al. 2014. Integrating biological redesign: where synthetic biology came from and where it needs to go[J]. Cell, 157(1): 151-161

Wells J A, Vasser M, Powers D B. 1985. Cassette mutagenesis: an efficient method for generation of multiple mutations at defined sites[J]. Gene, 34(2): 315-323

Weng L, Spoonamore J E. 2019. Droplet microfluidics-enabled high-throughput screening for protein engineering[J]. Micromachines, 10(11): 734

Wilhelm F X, Wilhelm M, Gabriel A. 2005. Reverse transcriptase and integrase of the *Saccharomyces cerevisiae* Ty1 element[J]. Cytogenetic and Genome Research, 110(1-4): 269-287

Williams P D, Pollock D D, Blackburne B P, et al. 2006. Assessing the accuracy of ancestral protein reconstruction methods[J]. PLoS Computational Biology, 2(6): e69

Wong T S, Tee K L, Hauer B, et al. 2004. Sequence saturation mutagenesis (SeSaM): a novel method for directed evolution[J]. Nucleic Acids Research, 32(3): e26

Wright M C, Joyce G F. 1997. Continuous *in vitro* evolution of catalytic function[J]. Science, 276(5312): 614-617

Wu Y, Zhu R Y, Mitchell L A, et al. 2018. *In vitro* DNA SCRaMbLE[J]. Nature Communications, 9(1): 1935

Yang G, Withers S G. 2009. Ultrahigh-throughput FACS-based screening for directed enzyme evolution[J]. ChemBioChem, 10(17): 2704-2715

Yang J, Su X, Zhu L. 2021. Advances of high-throughput screening system in reengineering of biological entities[J]. Chinese Journal of Biotechnology, 37(7): 2197-2210

Yang Z, Kumar S, Nei M. 1995. A new method of inference of ancestral nucleotide and amino acid sequences[J]. Genetics, 141(4): 1641-1650

Zha D, Eipper A, Reetz M T. 2003. Assembly of designed oligonucleotides as an efficient method for gene recombination: a new tool in directed evolution[J]. ChemBioChem, 4(1): 34-39

Zhang J, Nei M. 1997. Accuracies of ancestral amino acid sequences inferred by the parsimony, likelihood, and distance methods[J]. Journal of Molecular Evolution, 44(Suppl 1): S139-S146

Zhang K, Dai Y, Sun J, et al. 2021. Enzyme ancestral sequence reconstruction and directed evolution[J]. Chinese Journal of Biotechnology, 37(12): 4187-4200

第5章 极端酶在食品工业中的应用

引　言

随着食品工业的快速发展，酶作为一种高效的生物催化剂，在改变食品的组织结构，改善食品的风味，丰富食品的营养功能及保鲜保质等方面，已体现出巨大的优势。例如，利用木瓜蛋白酶处理肉制品，可使肉中的胶原蛋白水解，从而使肉变得柔嫩可口；利用葡萄糖氧化酶可去除啤酒中的溶解氧，可防止啤酒老化并延长其保质期；食品中添加溶菌酶，可减少腐败微生物的污染；利用菊粉内切酶，可通过一步水解制备食品添加剂——低聚果糖。目前食品工业中广泛使用的酶大约有 20 种，主要包括淀粉酶、蛋白酶、脂肪酶、糖化酶、果胶酶、异构酶和葡聚糖酶等。然而，普通的酶制剂在高温、高压、高盐、强酸、强碱或有机溶剂等食品加工条件下不稳定，难以发挥其固有的催化性能。因此，开发耐受食品"极端"加工条件的酶，有助于扩大酶的应用范围，并推动食品工业的提质创新，同时也是践行"大食物观"和"健康中国"战略的重要举措。

极端酶主要来源于极端微生物，如从火山口、深海污泥和盐碱地等极端环境中分离出的微生物。然而，极端微生物的培养条件往往比较苛刻，生长速度缓慢，且产酶量低下，导致生产成本提高，这限制了其在工业化生产中的应用。随着基因工程技术的发展，利用大肠杆菌和酵母等模式微生物大规模生产极端酶，符合工业化生产的需求。Itakura 等（1977）在大肠杆菌中成功表达了一种哺乳动物生长激素抑制素——肽类激素，首次实现了外源基因在原核细胞中的表达，被誉为基因工程发展史上的里程碑。自基因工程技术诞生以来，利用微生物表达蛋白质已成功渗透到工业、农业、食品等各个领域，因其具有培养过程简单、周期短、产量高、成本低和便于大规模发酵培养等优势，已成为商品化蛋白质生产的重要手段。除此之外，无细胞蛋白质表达系统也逐渐发展成为一种快速、高效的蛋白质合成手段，其具有不涉及活细胞、无细胞膜阻隔及可用于高效表达毒性蛋白等优势。在充分考虑重组蛋白的功能性、可溶性、生产速度及得率等因素的条件下，选择最佳的蛋白质表达系统及调控元件，成了极端酶生产的重要前提。

本章围绕极端酶在食品工业中的应用，详细介绍大肠杆菌、枯草芽孢杆菌、酵母、曲霉及无细胞蛋白质表达系统的特点及表达调控。与此同时，针对极端酶在淀粉、烘焙、果汁、乳制品、代糖、废弃物处理和动物饲料等领域的应用，本章也做了重点阐述。

5.1　极端酶的高效表达系统

5.1.1　大肠杆菌

　　大肠杆菌是一种革兰氏阴性菌，由于其遗传背景最为清晰，目前已发展成为最为成熟的原核表达系统。利用大肠杆菌表达异源蛋白，具有以下优势。①大肠杆菌生长速度快，复制时间约为 20min，饱和菌液稀释 100 倍后在几小时内即可达到稳定期。同时需要注意的是，过表达重组蛋白会明显延后大肠杆菌的分裂增殖期。②容易得到高浓度的细胞培养液，理论菌的最高浓度为细胞干重 200g/L 或大约 1×10^{13} 个/mL。在简单的实验室环境下培养（LB 培养基，37℃下批次培养），数量通常小于 1×10^{10} 个/mL。③培养基易获得，可由价格低廉的组分复配而成，有利于生产成本的控制。④操作简单，可快速实现外源 DNA 的转化。⑤遗传操作工具丰富，包括多种含有 N 端和 C 端标签的表达载体，适用于多种场景的蛋白质表达。鉴于上述优势，大肠杆菌表达系统已成为蛋白质表达时的首要选择，特别是用于功能蛋白质的快速筛选。

　　与此同时，利用大肠杆菌表达异源蛋白也存在以下问题。①大肠杆菌与真核细胞相比，不具备有效的蛋白质翻译后修饰能力，其无法实现异源蛋白的糖基化、脂肪酸酰化和磷酸化等修饰，而这些修饰对于部分功能蛋白质来讲是至关重要的。因此，利用大肠杆菌表达该类功能蛋白质，无法保证其生物活性、功能、结构、溶解性及稳定性等。②大肠杆菌不具备转录后剪切功能，无法识别真核生物来源基因的内含子区域，从而使其无法转录为成熟的 mRNA，并最终影响蛋白质的表达。③密码子偏好性影响外源蛋白在大肠杆菌内的表达，特别是当外源基因中含有较多大肠杆菌的稀有密码子时，会导致基因转录无法有效进行，从而影响重组蛋白的最终产量。④大肠杆菌促进蛋白质正确折叠的能力较弱，特别是表达含有二硫键的异源蛋白时，往往会造成蛋白质的错误折叠并形成包涵体。⑤大肠杆菌分泌能力较弱，使得异源表达的蛋白质多存在于细胞内，但是细胞内杂蛋白较多，造成后续分离纯化困难，并增加了生产成本。⑥原核基因的 mRNA 与真核基因在结构上存在较大差异，如真核基因的 mRNA 的 3′端具有 poly（A）尾巴，5′端存在帽子结构，且无 SD 序列，使其在大肠杆菌中的稳定性大大降低，且不利于与核糖体的结合。

　　利用大肠杆菌表达目的蛋白的一般流程，如图 5.1 所示。

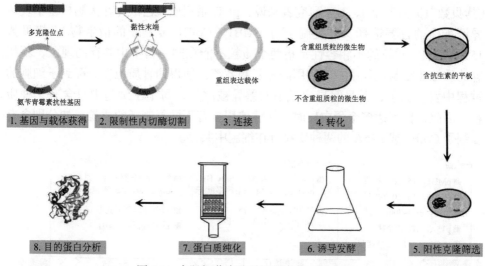

图 5.1　大肠杆菌表达异源蛋白的一般流程

1. 表达载体

表达载体是在克隆载体的基础上增加表达元件（如启动子、核糖体结合序列和终止子等），能够促进基因顺利转录和翻译的一种 DNA。表达载体的基本特征包括：具有对受体细胞的可转移性；具有较小的分子质量，一般在 1～20kb，分子质量过大会导致转化难以实现；可在宿主细胞内进行自我复制；具有供外源基因插入的多克隆位点；具有合适的遗传标记用于筛选等。针对特定的表达系统，表达载体通常含有特定的组分。目前常用的表达载体分为非融合型表达载体、融合型表达载体、分泌型表达载体和表面展示型表达载体 4 种。同时，根据蛋白质的表达调控方式，表达载体可分为组成型和诱导型两种。常见的大肠杆菌表达载体一般包括复制子、启动子和终止子、筛选标记、亲和标签和其他组分等（图5.2）（Kaur et al.，2018）。

1）复制子　　复制子是 DNA 复制时从一个 DNA 复制起点开始，最终由这个起点起始的复制叉完成的片段，是 DNA 中能独立进行复制的单位。表达载体包含了一个复制子单元，该单元包含了一个复制起始区，并与相应的顺式作用控制元件相结合。在不同表达载体中，复制子的不同决定了复制方式的差异，如滚环复制和 Θ 复制。复制子也决定了表达载体在宿主内的拷贝数，一般来说，拷贝数越高，蛋白质的表达量也越高。但同时需要注意的是，过高的拷贝数会对细菌造成一定的代谢负荷，影响菌株的生长状态。大多数重组蛋白表达载体使用 ColE1 或 p15A 复制子，ColE1 复制子来源于 pBR322（拷贝数 15～20 个）或 pUC 系列（拷贝数 500～700 个）质粒；而 p15A 复制子来源于 pACYC184 质粒

（拷贝数 10～12 个）。对于研究者来说，pET 系列质粒已成为在大肠杆菌中表达异源蛋白的首要选择，其复制子为 pMB1（ColE1 复制子的衍生物），拷贝数 15～60 个。质粒的不相容性是指两个质粒不能在同一宿主中共存的现象，不相容的质粒在复制过程中一般利用同一复制系统，使得两种质粒在分配到子细胞的过程中发生竞争，并最终导致微小的差异被放大，每个子细胞中只含有一种质粒。因此，在表达多个蛋白质时，往往使用含有不同复制子的质粒，如分别含有复制子 ColE1 或 p15A 的两种质粒可在细胞中共存。

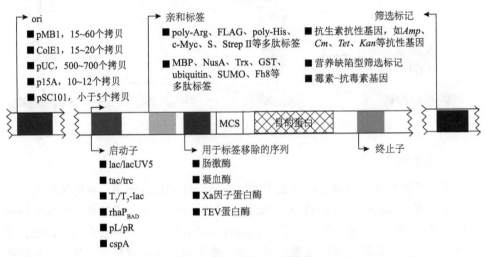

图 5.2　表达载体的一般结构

2）启动子和终止子　　启动子是一段能够使目的基因进行转录的 DNA 序列，可被 RNA 聚合酶识别，并开始转录。启动子常位于目的基因上游 100～1000bp 位置处，是表达载体的重要组成元件，它决定了重组蛋白的表达量（Rosano and Ceccarelli，2014）。理想的启动子，应该具有以下特点。①转录能力强，生产的蛋白质可占据总蛋白质的 10%～30%。②低本底表达，在不添加诱导剂的前提下，启动子应具有较低的转录水平，该特点在表达具有较高毒性的蛋白质（如易造成细胞死亡的膜蛋白等）时是非常重要的。③启动子可以被简单和低价值的诱导物诱导，目前使用较多的包括温度和化学诱导剂。pL 和 cspA 是两类可被温度调控的启动子，如温度降低到 15℃时，cspA 启动子可被激活。异丙基硫代-β-D-半乳糖苷（isopropylthio-β-D-galactoside，IPTG）属于乳糖类似物，是 tac 和 trc 等强启动子的有效诱导剂，因其不能被细菌代谢而十分稳定，已被实验室广泛应用于异源蛋白的诱导表达。然而，由于价格和毒性问题，IPTG 被用于大规模生产特定蛋白质时会存在一定限制。目前常用于大肠杆菌表达异源蛋白的启动子包括来源于细菌的 lac、tac、trc 和 araP$_{BAD}$ 及来源于噬菌体的 T$_7$、T$_5$ 和

SP6 启动子等。

　　原核生物启动子中研究最多的是来自 lac 操纵子的 lac 启动子，是一个可用于大肠杆菌中高效表达蛋白质的强启动子。然而，当培养基中存在葡萄糖时，乳糖透性酶会失活从而影响乳糖的吸收，进一步导致蛋白质无法被顺利诱导表达。为了实现在含有葡萄糖的培养基中表达蛋白质，研究者设计了 lacUV5 启动子，但 lacUV5 为弱启动子，故很少会被应用于重组蛋白的生产。值得注意的是，对于多拷贝的载体，即使在不添加诱导剂的情况下，也会有较高含量的蛋白质进行表达，即"泄漏表达"现象，这是 lac 启动子阻遏蛋白 lacI 表达量较低的原因。为了使表达系统更加严谨地控制产物的表达，可在载体中引入 $lacI^q$ 基因，从而提高大肠杆菌中 lacI 阻遏蛋白的表达量（大约 10 倍）。另外，设计合成的杂化启动子，可融合不同启动子的优势，如 tac 启动子包含了 trp 启动子的–35 区域和 lac 启动子的–10 区域，结果显示 tac 启动子的强度大约是 lacUV5 的 10 倍。商业化质粒中使用 lac 启动子的代表性质粒为 pUC 系列，而使用 tac 启动子的代表性质粒为 pMAL 系列。

　　目前使用最广泛的载体为来自 Novagen 公司的 pET 系列载体，其启动子是来源于 T_7 噬菌体的 T_7 启动子，可被乳糖或 IPTG 诱导。在该系统中，目的基因插入 T_7 启动子的下游，被 T_7 RNA 聚合酶识别并进行转录。由于 T_7 RNA 聚合酶合成 mRNA 的速度比大肠杆菌 RNA 聚合酶快 5 倍左右，故当两者同时存在时，宿主自身的基因转录速度远低于 T_7 表达系统，在优化条件下，T_7 表达系统可使重组蛋白占细胞总蛋白量的 50%以上。T_7 RNA 聚合酶的基础表达水平，可通过添加 0.5%～1.0%的葡萄糖或共表达 T_7 溶菌酶来抑制，如 T_7 溶菌酶可通过结合 T_7 RNA 聚合酶来抑制基因转录的开始。当添加诱导物时，T_7 RNA 聚合酶的产量显著提高，超出 T_7 溶菌酶可抑制的水平，从而使得表达顺利进行。除此之外，也可在 T_7 启动子的下游插入 lacO 操纵子来控制基础表达水平。用于蛋白质高效表达的 pQE 系列载体，是基于 T_5 启动子来构建的。该载体具有两个 lac 操纵子序列，通过结合 lac 阻遏蛋白实现 T_5 启动子的有效抑制。

　　终止子是位于 poly（A）位点下游、长度为数百个碱基的一段 DNA 序列，可为 RNA 聚合酶转录提供终止信号。终止子可分为两类，一类需要依赖蛋白质辅因子 ρ 才能实现转录终止，另一类则不依赖蛋白质辅因子 ρ 即可实现转录终止。ρ 因子具有 ATP 酶和 RNA-DNA 解旋酶的活性，当 ρ 因子与 RNA 特定序列结合后，会通过解旋酶作用，水解 ATP 打开 RNA-DNA 杂交链，从而促进转录的终止。同时，依赖 ρ 因子的终止转录还需要 NusA 蛋白，它可以与某些辅助蛋白结合，通过改变 RNA 聚合酶的构象使其从模板上脱离。两种终止子在转录终止点之前会有一段回文序列，回文序列两个重复部分（7～20bp）间会有几个非重复碱基隔开。

3）筛选标记　　　普通大肠杆菌本身不具备抗性基因，当目的基因连接到带有抗性基因的载体后，可借助相应的抗生素实现重组工程菌的筛选。这是由于当使用含有抗生素的培养基培养菌株时，未导入该载体的菌株是无法分裂增殖的，只有导入带抗性基因的载体，菌株才能存活，抗性基因起到了高效筛选的作用。目前常用的筛选标记，包括氨苄青霉素、卡那霉素、氯霉素和四环素抗性基因等。氨苄青霉素抗性基因 bla 可编码 β-内酰胺酶，该酶通过水解 β-内酰胺环使宿主菌具有抗性。同时需要注意的是，随着 β-内酰胺酶的不断表达，氨苄青霉素会在几小时内被完全降解，最终导致不含有表达载体的大肠杆菌也可在培养基中增殖。为了避免氨苄青霉素失效造成的问题，可用降解速度更慢的羧苄青霉素来替代。另外，其他基于抗生素降解机制的筛选标记，如卡那霉素和氯霉素抗性基因，同样存在抗生素被相关酶降解而导致失效的问题。相比之下，四环素抗性系统更为稳定，因其抗性机制依赖于细胞膜上的外排泵蛋白主动排出抗生素分子，而非通过降解作用。

以抗性基因为标记的载体赋予了菌株在含有抗生素的培养基中增殖的能力，既防止了载体的丢失，也为重组工程菌的筛选带来了便利。但需要注意的是，抗性基因的转移会导致耐药致病菌的出现，对人体健康和生态环境造成一定影响，并且抗生素的使用也增加了生产成本，不符合大规模化工业生产的需求。为了避免抗生素的使用，研究者开发了无抗生素标记的载体系统，该系统是基于宿主与质粒共生的原理来实现的。该方法通过将大肠杆菌生长所必需的基因从基因组中移除，并整合到相关载体上，使得基因突变的菌株只有在导入含有必需基因载体的情况下才能够正常生长和增殖，该类系统的构建可基于生长代谢和毒素-抗毒素基因等。例如，利用基因工程手段将大肠杆菌的氨酰-tRNA 合成酶基因从基因组中敲除，使得基因突变后的菌株无法正常合成氨酰-tRNA，接下来，将含有野生型氨酰-tRNA 合成酶基因的载体导入突变株中，于特定温度下，重组工程菌可在培养基中正常生长，而突变株无法存活。毒素-抗毒素系统是通过将毒素基因 ccdB 整合到大肠杆菌基因组中，并将抗毒素基因 ccdA 连接到载体上来实现的。整合了 ccdB 基因的大肠杆菌，会表达一个含有 100 个氨基酸的毒性蛋白，该蛋白质通过结合旋转酶抑制 DNA 复制，从而导致细胞死亡。因此，只有转入含有 ccdA 基因的载体，才能通过表达解毒蛋白来实现菌株的正常生长。毒素-抗毒素系统主要包括 4 种类型（图 5.3，Zhang et al.，2020）：类型 1，抗毒基因编码与毒素基因 mRNA 互补的 mRNA，从而使得毒素基因 mRNA 翻译过程受到抑制；类型 2，抗毒基因转录成的 mRNA 可直接结合到毒素上，从而阻止毒素与细胞内靶标的结合；类型 3，抗毒基因表达为特定的蛋白质，可与毒素形成稳定复合物，从而阻止毒素与细胞内靶标的结合；类型 4，抗毒基因表达为特定蛋白，通过竞争作用，阻止毒素与细胞内靶标的结合。

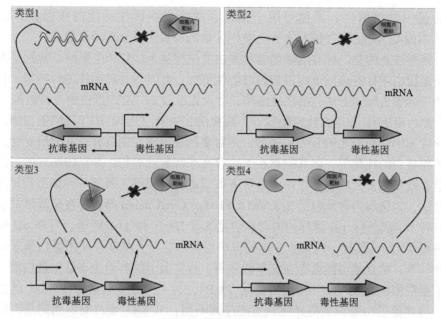

图 5.3　毒素-抗毒素系统的 4 种类型

　　4）亲和标签　　亲和标签被广泛应用于重组蛋白的表达，通过融合到蛋白质的 N 端或 C 端，可有效改善目的蛋白的溶解性、降低宿主毒性、提高表达水平并简化纯化过程。组氨酸标签（His-tag）是目前使用最为广泛的亲和标签，它具有尺寸小、洗脱条件温和、适用性广及特异性强等优势，可用于重组蛋白的一步纯化或检测。例如，His-tag 标记的重组蛋白，可以特异性结合在 Ni^{2+} 或 Co^{2+} 负载的氨基三乙酸琼脂糖树脂上，并进一步被含有一定浓度咪唑的缓冲液洗脱，达到一步纯化的目的。钙调蛋白结合肽（CBP）是一段来源于骨骼肌肌球蛋白轻链激酶的 26 个氨基酸肽段，在钙离子的存在下，它可以与钙调蛋白结合。融合了 CBP 的目的蛋白，可利用钙调素亲和柱进行纯化，已成为难纯化蛋白质的一个选择，如膜蛋白等。其他常用的多肽标签包括 poly-Arg、FLAG（DYKDDDDK）、c-Myc（EQKLSEDEL）、流感病毒 HA（YPYDVPDYA）和 Strep II（WSHPQFEK）标签等。另外，添加非多肽型的蛋白质标签，不仅可以用于蛋白质纯化，还可以提高重组蛋白的溶解性。谷胱甘肽 S-转移酶（GST）是一种发现于真核生物中分子质量为 26kDa 的酶，可特异性结合到配体谷胱甘肽上。通过融合到目的蛋白的 N 端，GST 可提高目的蛋白的可溶性表达水平，其改善蛋白质表达的机制可能是在目的蛋白聚集和发生不适当折叠前发挥稳定折叠的作用，而非提高溶解性。麦芽糖结合蛋白（MBP）是一种来源于大肠杆菌分子质量为 42kDa 的蛋白质，对淀粉或麦芽糖具有很强的亲和力，被广泛应用于目的蛋白的纯化及提高目的蛋白的溶解性。其他可用于提高目的蛋白溶解性的蛋白质标签，包括Trx、NusA、泛素蛋白和小分子泛素相关修饰物蛋白（SUMO）等。

　　需要注意的是，标签的添加会对蛋白质结构甚至活性产生影响，特别是大分子质量蛋白质标签造成负面影响的可能性更大，此时需要对标签进行移除。目前常用于标签去除的方法包括用凝血酶、凝血因子 Xa、TEV 蛋白酶、肠激酶、3C 蛋白酶、SUMO 和内含肽自裂解等。凝血酶是一种 37kDa 的丝氨酸蛋白酶，可特异性识别并切割 LVPR*GS 序列，并对多种表面活性剂具有较好的耐受性，可用于膜蛋白的纯化等，但其缺点在于会存在非特异性剪切，并且酶切后的目的蛋白会有残基残留。内含肽在一定条件下可以进行自裂解，属于一种新型的标签切除方法。自裂解内含肽包括 Sce VMA 和 Mxe GyrA intein 等，可在巯基试剂诱导下进行 N 端裂解；pH 诱导的内含肽包括 Ssp DnsB 和 ΔI-CM 等，可在 pH 变化下进行 C 端自裂解。内含肽介导的自裂解优点在于无须额外使用蛋白酶来切割亲和标签；缺点是可能会存在氨基酸残留，且室温下的剪切速率低于蛋白酶。常用于蛋白质纯化的 SUMO 蛋白酶是 ULP1，为一种分子质量为 27kDa 的蛋白酶，与其他蛋白酶识别特异性氨基酸序列不同，SUMO 蛋白酶识别的是三级结构，因此特异性更高。SUMO 纯化系统是一种高溶解性、高酶切特异性并且能产生天然 N 端的蛋白质纯化系统，但缺点在于成本较高。其他方法中，TEV 蛋白酶识别 ENLYFQ*G 序列，凝血因子 Xa 识别 IDGR* 序列，肠激酶识别 DDDDK* 序列，3C 蛋白酶识别 LEVLFQ*GP 序列。

　　5）其他组分　　mRNA 翻译成蛋白质需要有一个翻译起始区域，它包括了一个核糖体结合位点（RBS）、一个 Shine-Dalgarno（SD）序列和翻译起始密码子。翻译起始密码子一般为 AUG，而 SD 序列多位于 AUG 上游的（7±2）个核苷酸处。研究表明，大肠杆菌中最优的 SD 序列为 UAAGGAGC。mRNA 中的翻译终止密码子包括 UAA、UGA 和 UAG 三种。多克隆位点是载体上一段人工合成的 DNA 片段，上面含有多个单一的酶切位点，是供外源 DNA 插入的部位。

　　2. 表达宿主

　　大肠杆菌是一种革兰氏阴性菌，由 Theodor Escherich 于 1885 年首次命名。大肠杆菌是动物肠道内的一种寄居菌，属于条件致病菌，在一定条件下会引发肠道感染等问题。大多数商品化的大肠杆菌是为了特定目的改造而成的，如快速生长、高通量克隆、不稳定 DNA 的克隆及表达膜蛋白等。目前商品化的大肠杆菌主要来源于两种分离株，即 K-12 菌株和 B 菌株。MG1655、JM109、DH5 和 Top10 等均来源于 K-12 菌株，而 BL21 及其衍生物则是 B 菌株的常见代表。当使用高拷贝质粒和强启动子时，重组蛋白的表达量将远超过大肠杆菌宿主本身蛋白质的表达量，这会造成细胞生长缓慢；同时，某些外源蛋白的表达对宿主细胞是有毒性的，如可作用于 DNA 的蛋白质。因此，针对蛋白质高效表达的需求，需要对大肠杆菌进行相应的基因改造，以提高大肠杆菌承载高蛋白质表达的能力。*ompT* 基因编码外膜蛋白酶Ⅶ，该基因的沉默可减轻重组蛋白的水解；大肠杆菌敲除 Ion 蛋白酶，也可减少重组蛋白的水解；*hsdSB*（rB-mB）的突变菌株不能限制切割也不能甲基化 DNA；*dcm* 突变菌株不能甲基化其靶序列上的胞嘧啶。

在实际应用中，为了获得最高产量的蛋白质，通常应测试多种不同的载体/宿主菌组合。使用含有 T_7 启动子的载体时，其最佳的宿主为大肠杆菌 BL21，这是因为 BL21 经改造后可以产生适配 T_7 启动子的 RNA 聚合酶。大肠杆菌 BL21（DE3）是目前异源蛋白表达的常用菌株，特别适合含有 T_7 启动子的载体，如 pET 系列载体。DE3 代表 λ 噬菌体 DE3 溶原化菌株，DE3 区域包含了 lacUV5 控制的 T_7 RNA 聚合酶基因和 lac 阻遏蛋白过表达基因，DE3 溶素原/T_7 启动子的组合已成为目前最为流行的诱导系统。但是，该系统的缺陷在于，lac 启动子存在低水平的本底表达，这对于毒性蛋白的高效表达是不利的。lac、tac 和 trc 启动子可被大肠杆菌的 RNA 聚合酶识别，含有该类启动子的载体可匹配 BL21、Top10 或 DH5α 大肠杆菌等。tet 启动子匹配的大肠杆菌包括 JM83、WK6、BL21、MG1655、W3110、BL21（DE3）、BLR（DE3）和 XL1-Blue 等。pBAD 表达系统对宿主菌株的基因型有特定要求，即需要具备 araBADC⁻（阿拉伯糖操纵子缺失）和 araEFGH⁺（阿拉伯糖转运系统完整），常用的典型宿主菌株包括 Top10 和 LMG194。

普通的大肠杆菌宿主，如 BL21（DE3）无法解决部分蛋白质难以表达的问题，如表达毒性蛋白、含二硫键的蛋白质或膜蛋白等。针对这种情况，研究者开发了针对性的宿主系统。例如，BL21（DE3）pLysS 和 BL21（DE3）pLysE 菌株可用于毒性蛋白的表达，Origami B、AD494 和 Rosetta-gami 菌株可用于含有二硫键蛋白质的表达，而 C41（DE3）和 C43（DE3）菌株则被开发用于膜蛋白的表达。

3. 影响蛋白质异源表达水平的因素

1）表达载体与表达宿主　　表达载体上含有蛋白质表达所需的必要元件，显著影响着蛋白质的表达水平。启动子的强弱、核糖体结合位点的有效性、SD 序列与起始密码子的间距、载体的拷贝数和稳定性等，都影响着蛋白质的异源表达水平。除此之外，选择与表达载体相匹配的表达宿主，也是蛋白质高效表达的关键。

2）蛋白质的分子质量　　分子质量的大小影响了外源蛋白在大肠杆菌中的表达水平，当分子质量大于 100kDa 时，外源蛋白容易发生降解或翻译提前终止，导致其无法正确在大肠杆菌中高效表达。同时，分子质量过大的外源蛋白，也无法很好地被分泌。因此，大肠杆菌更适合表达分子质量小于 100kDa 的外源蛋白。另外需要注意的是，分子质量过小的蛋白质（<10kDa）也无法稳定地在大肠杆菌中进行表达，这是由于它们在表达时容易发生错误折叠且容易被大肠杆菌体内的蛋白酶降解。为了解决低分子质量蛋白质在大肠杆菌中难以表达的问题，可通过融合 GST 或 MBP 等大分子质量的标签使其正确折叠。

3）密码子偏好性　　自然界中组成蛋白质的常见氨基酸共 20 种，用于氨基酸编码的密码子共 61 种，即每种氨基酸可被一种或多种密码子编码。在不同物种中，密码子的使用频率有较大差异，这直接影响了异源蛋白表达水平的高低。当基因转录成的 mRNA 中含有较多稀有密码子时，宿主体内缺乏与其对应的 tRNA，会导致蛋白质表达水平显著下降。例如，研究已经表明，当外源基因中含有较多编码精氨酸的 AGG 和 AGA 密码子时，利用大肠杆菌实现蛋白质的高效表达是比较困难的。为了克服稀有密码子过多导致蛋白质表达水平下降的问题，可通过以下两种策略来解决：一是借助密码子优化策略，使用宿主中常用的密码子代替原有的稀有密码子，并最终通过基因合成得到新的基因；二是通过在宿主体内表达稀有密码子对应的 tRNA 来实现，如大肠杆菌 Rosetta 系列菌株中就包含了稀有密码子 AGG、AGA、AUA、CUA、CCC 和 GGA 对应的 tRNA。

4）蛋白质毒性　　当表达的外源蛋白干扰了宿主微生物的增殖或体内平衡时，会导致宿主微生物生长缓慢，菌体浓度下降，甚至死亡。为了实现毒性蛋白的表达，可采用以下几种策略：①使用转录和翻译过程被严格调控的表达载体，从而实现蛋白质本底表达的严格控制；②使用低拷贝数的表达载体；③使用耐毒性的表达宿主，如大肠杆菌 C41（DE3）和 C43（DE3）已被用于膜蛋白的表达；④将表达的外源蛋白分泌到周质空间或细胞外，该过程通过特定的分泌信号肽实现目的蛋白的定位，该过程常用的信号肽包括 PelB、OmpA、OmpC、OmpF、OmpT、Lpp、LamB、LTB、MalE、PhoA、PhoE 和 SpA 等。

5）培养及诱导条件　　培养及诱导条件同样影响着外源蛋白的表达水平，当提高诱导温度时，目的蛋白的表达量一般会提高，但同时也会面临蛋白质形成包涵体的问题，而较低的诱导温度可有效提高目的蛋白的可溶性，但蛋白质的表达量会下降。因此，最适温度的选择，需要平衡蛋白质表达量和可溶性之间的关系。除此之外，培养基的组分、pH、搅拌速度及诱导物的添加时间和浓度等，都会影响目的蛋白的最终表达水平。

4. 包涵体控制

利用大肠杆菌表达外源蛋白，往往导致蛋白质不正常折叠形成不溶性蛋白质聚集体，即包涵体。形成包涵体的原因包括蛋白质合成速度过快导致无充足时间折叠，细胞内的还原环境无法诱导二硫键的形成，蛋白质折叠过程中缺乏相应的酶和辅因子，以及蛋白质分子间离子键、疏水键和共价键的相互作用。形成包涵体的蛋白质，失去了原有的生物活性，这对活性蛋白的表达是不利的，如酶形成包涵体后将不具有原有的催化功能。为了阻止蛋白质表达为包涵体，可通过共表达分子伴侣，融合促溶标签，使用中等强度或弱启动子，降低诱导温度，降低诱导剂浓度，优化诱导剂添加时间及补充添加剂等手段来实现（Sørensen and Mortensen，2005）。

分子伴侣是一类协助细胞内分子组装和协调蛋白质折叠的蛋白质，可短暂结合到新表达蛋白质的疏水结构域上，从而抑制了新表达蛋白质的聚集。共表达分子伴侣已被证明是阻止包涵体形成的一个有效策略，但分子伴侣在促进蛋白质正确折叠时具有一定的专一性，因此，针对特定蛋白质的表达，鉴定并筛选适当的分子伴侣是必要的。按照功能划分，分子伴侣可分为两类，一类是 Foldase，即在依赖 ATP 的前提下可促进酶的正确折叠，如 GroEL/GroES 和 DnaK/DnaJ/GrpE 系统；另一类是 Holdase，可通过结合表达蛋白的中间体来阻止聚集，如 DnaJ 和 Hsp33。

部分亲和标签能够促进蛋白质正确折叠，降低包涵体的形成，起到促进蛋白质溶解的作用。除此之外，该类亲和标签还可以保护蛋白质免受胞内蛋白酶的降解。该类亲和标签包括 MBP、GST、TrxA、NusA、DsbA 和 HaloTag 等。MBP 是一种来源于大肠杆菌 K-12 菌株、分子质量为 42kDa 的蛋白质，融合后的目的蛋白可借助 MBP 与交联淀粉间的特异性结合实现一步纯化，并且还可用于提高目的蛋白的可溶性。目前商品化的表达载体，如 pMAL 和 pIVEX 系列载体，都含有 MBP 亲和标签对应的基因序列。GST 是一种来源于日本分体吸虫（Schistosoma japonicum）、分子质量为 26kDa 的蛋白质，其基因已被克隆至 pGEX 等载体中作为融合标签使用。TrxA 是一类分子质量为 11.6kDa 的硫氧还蛋白，其不具有如 MBP 等一步纯化的功能，但研究表明，TrxA 可有效提高表达蛋白的溶解性，TrxA 亲和标签被整合到 pET32 等载体中。NusA 是一类分子质量为 55kDa 的转录终止/抗终止蛋白质，是一类在大肠杆菌中极易可溶性表达的蛋白质，已被整合到 pET43 等商品化载体中。值得注意的是，该类亲和标签的融合，可能会影响目的蛋白的三维结构和生物活性，如大分子质量 MBP 标签的添加，可能会堵塞相关酶的活性口袋，进一步造成酶分子催化功能的丧失。因此，为了保证目的蛋白的结构及生物活性，可溶性表达后的融合蛋白，往往需要将亲和标签切除。为了实现亲和标签的切除，可在亲和标签和目的蛋白之间加入特异性的蛋白酶酶切位点，可使用的酶包括肠激酶、凝血因子 Xa、SUMO 蛋白酶、烟草蚀纹病毒（TEV）蛋白酶和凝血酶等（表 5.1）。

表 5.1　用于亲和标签切除的蛋白酶及其识别位点

蛋白酶	识别位点
肠激酶	DDDDK↓
凝血因子 Xa	IE/DG↓R
SUMO 蛋白酶	识别 SUMO 的三维结构
TEV 蛋白酶	ENLYFQ↓G
凝血酶	LVPRG↓S

在目的蛋白表达过程中，向培养基中补充特定的辅因子，可有效提高可溶性蛋白质的表达量。例如，山梨醇或蔗糖对蛋白质有优先的水合作用，可提高蛋白质的稳定性；硫醇和二硫化物可通过影响二硫键的形成提高蛋白质的可溶性。其他可用于提高蛋白质可溶性表达量的添加剂包括甘油、L-精氨酸、乙醇、DMSO、甘氨酰甜菜碱、表面活性剂、低浓度尿素、低浓度盐酸胍和海藻糖等。

5. 外源蛋白的表达位置

通过人为控制，可实现外源蛋白在宿主细胞不同位置的表达，包括细胞质、周质空间、培养介质和细胞表面（Hannig and Makrides，1998）。不同位置的选择，主要取决于位置的特点、蛋白质特性及表达目的等。

未经人为基因修饰的外源蛋白，如未添加分泌型信号肽等，往往会表达在大肠杆菌的细胞质中。在细胞质中表达外源蛋白往往可以得到较高的蛋白质产量，但细胞质环境无法实现二硫键的形成，这对依靠二硫键维持活性的蛋白质表达是不利的。除此之外，在细胞质内表达外源蛋白，还会面临被蛋白酶降解及后续分离纯化过程复杂等问题。利用细胞质表达包涵体是较优的选择，这是因为不溶性蛋白易于分离，表达量高，可抗蛋白酶降解，并且非活性形式也可减轻对宿主细胞造成的伤害。

表达在周质空间的蛋白质较其细胞质，纯化过程较为简单，且蛋白酶降解程度较轻。另外，周质空间的氧化环境也为蛋白质的正确折叠提供了场所，适用于含有必须二硫键的活性蛋白的表达。目前，来源于原核和真核细胞的信号肽，已经被用于外源蛋白从细胞质向周质空间的转运，但需注意的是，转运信号肽无法充分保证外源蛋白穿过大肠杆菌内膜转运到周质空间。

将目的蛋白分泌到细胞外的培养介质中是一个理想选择，这是由于大肠杆菌本身很少分泌蛋白质到培养介质中，这使得分泌到培养介质中的外源蛋白纯度较高，且简化了细胞破碎和纯化等流程。同时，细胞介质中缺少蛋白酶，使得目的蛋白的降解程度最低。对于大肠杆菌等大多数革兰氏阴性菌，目的蛋白从细胞内转运到细胞外，主要通过 Sec 分泌途径（Sec-SRP cooperation pathway）或 Tat 分泌途径（twin-arginine translocation pathway）（图 5.4）。两者的区别在于，Sec 途径分泌的蛋白质处于未折叠状态，而 Tat 途径分泌的是具有折叠构象的蛋白质。然而，大肠杆菌分泌目的蛋白到培养介质中的能力较弱，这使得工业上很少使用大肠杆菌进行目的蛋白的胞外分泌表达。为了提高目的蛋白在培养介质中的表达量，可利用大肠杆菌本身的蛋白质分泌途径，并借助信号肽、融合蛋白或破膜剂等提高外源蛋白的分泌量。

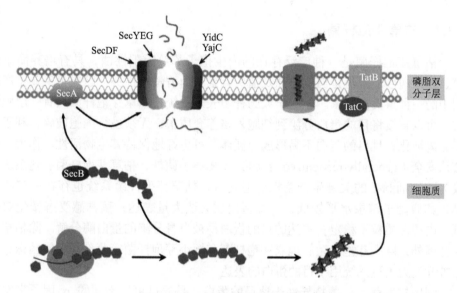

图 5.4　Sec 和 Tat 分泌途径示意图

　　除了将目的蛋白表达在细胞质、周质空间和培养介质中，还可以将目的蛋白表达在细胞表面，该技术也被称为表面展示。目的蛋白在微生物细胞表面的定位，需借助特定的锚定蛋白，即通过构建锚定蛋白和目的蛋白的融合体，使目的蛋白借助锚定蛋白在细胞表面的定位来实现。1986 年，研究者首次利用了 LamB 和 OmpA 锚定蛋白，实现了目标肽/蛋白质在大肠杆菌表面的展示（Charbit et al.，1986；Freudl et al.，1986）。此后，该技术得到迅速发展，目前可用于目的蛋白在大肠杆菌表面展示的锚定蛋白还包括 Lpp-OmpA、FadL、OmpC、OmpF、PhoE 及冰核蛋白 INP 等。目的蛋白在大肠杆菌表面的展示，如图 5.5 所示。

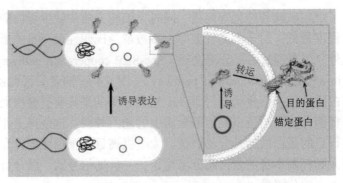

图 5.5　目的蛋白在大肠杆菌表面的展示示意图

5.1.2　枯草芽孢杆菌

枯草芽孢杆菌是一种广泛存在的内生孢子革兰氏阳性菌，具有培养简单快速、无致病性、分泌蛋白能力强及遗传背景较为清楚等优势，已成为工业生产应用中的一种重要模式菌。相较于大肠杆菌表达系统，枯草芽孢杆菌只有一层膜结构，可以直接将目的蛋白分泌到细胞外培养介质中，无须进行细胞破碎，利于后续分离纯化；且目的蛋白不易形成包涵体，可更好地保持其生物活性。作为一种公认安全（generally recognized as safe，GRAS）菌株，枯草芽孢杆菌表达系统已成为酶制剂制备的关键生产菌株。但同时，枯草芽孢杆菌系统也存在一定的不足，如启动子转录水平较低，一些蛋白质无法大量表达；菌株感受态转化效率低，内源性质粒不稳定；表达的目的蛋白易被自身分泌的蛋白酶分解。除枯草芽孢杆菌外，巨大芽孢杆菌、地衣芽孢杆菌和短小芽孢杆菌等芽孢杆菌属菌株，也已被开发为表达系统用于目的蛋白的表达。

利用枯草芽孢杆菌特异性表达目的蛋白，是通过更换不同的 σ 因子来实现的。枯草芽孢杆菌中的 σ 因子包括 σ^A、σ^B、σ^C、σ^D、σ^H、σ^I、σ^X 和 σ^W 等，它们与枯草芽孢杆菌的营养生长密切相关。其中 σ^A 因子相当于大肠杆菌的 σ^{70}，是营养生长最主要的 σ 因子，占 σ 因子总量的 90%～95%，负责转录持家基因和孢子形成早期基因；而 σ^E、σ^F、σ^G 和 σ^K 因子，则与孢子的形成有关。枯草芽孢杆菌具有较强的蛋白质分泌能力，其细胞结构无周质空间，目的蛋白可直接从细胞质分泌到培养基中。根据蛋白质分泌过程中是否需要信号肽，分泌系统可分为依赖信号肽的分泌途径和不依赖信号肽的分泌途径两种，其中不依赖信号肽的分泌途径又被称为非典型分泌途径。经研究表明，枯草芽孢杆菌中至少存在 4 种依赖信号肽的分泌途径，包括 Sec 分泌途径（Sec-SRP cooperation pathway）、Tat 分泌途径（twin-arginine translocation pathway）、ABC 转运子途径（ATP-binding cassette transporters）、假菌丝蛋白输出途径（pseudopilin export pathway），其中 Sec 途径被认为是蛋白质分泌最主要的途径。

1. 表达载体

根据类型的不同，枯草芽孢杆菌的表达载体分为三类：独立自主复制型载体、整合型载体和噬菌体载体。大部分的枯草芽孢杆菌体内不包含内源性质粒，目前常用的表达载体多源于葡萄球菌和链球菌。根据复制方式的不同，独立自主复制型载体可分为滚环复制型和 Θ 复制型。由于许多基因无法直接在枯草芽孢杆菌中构建，因此研究者开发了大肠杆菌-枯草芽孢杆菌穿梭载体，即在大肠杆菌中构建好重组质粒后，再转化到枯草芽孢杆菌中进行表达。目前常用的穿梭型载体包括 pEB10、pEB20、pEB60、pUB18、pUB19 和 pWB980 等。但是，独立自主复制型载体在枯草芽孢杆菌中无法稳定存在，针对这个问题，研究者开发了整合型载体。该类载体一般含有大肠杆菌载体的复制起点、筛选标记及一段或两段的整合基因（与宿主枯草芽孢杆菌基因组 DNA 同源的序列）。整合型载体具有限制性复制的特点，它在大肠杆菌中具有独立复制的功能，但转入枯草芽孢杆菌后则无法独立复制。通过将目的基因整合到基因组中，方可实现目的蛋白的表达。根据整合方式的不同，整合型载体可分为单交换和双交换两种，如 pMutin4 和 pSG1151 属于单交换型整合载体，pDL 和 pDG1663 属于双交换型整合载体。单交换型与双交换型整合载体的工作原理如图 5.6 所示。但需注意的是，整合型载体在枯草芽孢杆菌中为单拷贝，使得目的蛋白的表达量较低，可通过增加拷贝数，即将目标基因插入基因组的不同位置来解决。

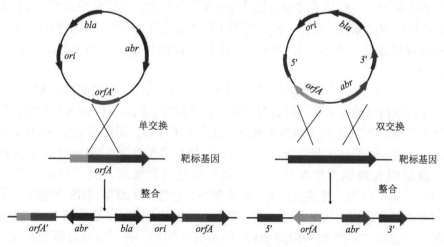

图 5.6　单交换型与双交换型整合载体的工作原理示意图

1）启动子　　从诱导机制分类，枯草芽孢杆菌的启动子可分为组成型启动子、诱导型启动子、时期特异性启动子和自诱导型启动子 4 类（余小霞等，2015）。组成型启动子是一类无须任何诱导物即可实现目的蛋白持续表达的启动子，具有成本低等优势。来源于枯草芽孢杆菌胞苷脱氨酶 *cdd* 基因的 P_{43} 启动子，是目前使用最为广泛的强启动子，其启动基因转录的能力被证明强于诱导型启动子 P_{sacB} 和 P_{amyE}。另外，研究者利用启动子诱捕系统，从地衣芽孢杆菌中筛选到一个强组成型启动子 $P_{shuttle-09}$，其强度为 P_{43} 启动子的 8 倍。在进一步研究中，研究者构建了 P_{laps} 启动子，其强度被证明是 P_{43} 启动子的 13 倍。组成型启动子的缺点在于目的蛋白表达量不易控制，且使用同一启动子表达不同目的蛋白时会造成共抑制和基因沉默等问题。诱导型启动子是一类在特定诱导物下实现基因转录"开"和"关"的启动子，根据诱导类型可分为环境应答型（渗透压、pH、温度、热休克和氧气匮乏等）和化学物质诱导型（IPTG、木糖、甘露醇等）两类。目前最常见的为 IPTG 诱导的 P_{spac} 启动子，该启动子由大肠杆菌 lac 操纵子和枯草芽孢杆菌噬菌体 SPO1 融合而成。通过优化 P_{spac} 调控元件，可得到启动能力更强的 $P_{grac}100$ 启动子。以木糖为诱导剂的 Pxyl 也属于枯草芽孢杆菌中常用的诱导型启动子，该启动子源于巨大芽孢杆菌的木糖操纵单元，受 *xylR* 基因的严格控制。但木糖作为诱导剂，价格较高，在工业化中使用会显著提高生产成本。P_{sacB} 启动子受到蔗糖的调控，但该调控过程并不严格，即使在未添加诱导物蔗糖的状态下，也会进行转录，其强度约为添加蔗糖时的 1/100。其他诱导型启动子包括麦芽糖诱导启动子 P_{glv}、淀粉诱导启动子 P_{amy}、受环境压力和葡萄糖匮乏诱导的 P_{ohrB} 启动子，以及受甘露醇、磷酸、柠檬酸、枯草菌素和甘氨酸等诱导的启动子。一些基因的表达是具有时期依赖性的，利用它的启动子可构建时期依赖型的表达载体。例如，P_{rpsF} 可用于对数期特异性表达，P_{aprE} 则可用于对数末期特异性表达。另外，用于枯草芽孢杆菌自诱导型的启动子包括 P_{cry3Aa} 和 P_{manP} 等。

2）其他组分　　核糖体结合位点（RBS）对于 mRNA 的翻译至关重要，它会以配体依赖型的方式控制目的蛋白的表达。同时，RBS 对 mRNA 稳定性的提高至关重要。序列 3' 和 5' 端的非翻译区及终止子序列，同样影响着 mRNA 的稳定性，并进一步影响了目的蛋白的过表达。枯草芽孢杆菌中的 mRNA 容易被降解，这是因为细胞质中存在内切型和外切型的核酸酶。为了降低核酸酶对 mRNA 的降解作用，可通过以下方法来解决，包括：①增强 RBS 的强度；②增强 5' 端的二级结构；③失活对 5' 端有降解活性的核酸酶；④延长 5' 端到 RBS 的距离；⑤延长 5' 端二级结构到 RBS 的距离。例如，研究者通过研究发现，在 mRNA 的 5' 非翻译末端增加 SD 序列，在 3' 非翻译末端增加茎环结构，可以提高目的蛋白的最终产量。推测是 SD 序列的存在导致核酸酶 RNase J1 缺少了相应的结合位点，从而无法发挥其降解活性。

2. 表达宿主

在应用于蛋白质异源表达的枯草芽孢杆菌中，枯草芽孢杆菌 168 菌株是目前应用最为广泛的一种。但该菌在培养发酵过程中会产生 8 种细胞外蛋白酶，从而造成目的蛋白的降解。利用基因组编辑手段，将枯草芽孢杆菌 168 菌株基因组中的中性蛋白酶、碱性蛋白酶、肽酶 F、金属蛋白酶和胞内蛋白酶共 5 种蛋白酶基因失活后，可得到突变型菌株 WB600。突变后的 WB600 蛋白酶活性大大降低，仅为野生型菌株活性的 0.32%。在此基础上，研究者进一步失活了 WB600 中的 vpr 蛋白酶基因，得到 WB700 突变株。突变后的 WB700 菌株中蛋白酶活性为野生菌的 0.1%。枯草芽孢杆菌突变株 WB800 是在 WB700 的基础上进一步改造，通过失活枯草芽孢杆菌的胞壁蛋白酶基因 cwp 得到的，其细胞外蛋白酶的活性较 WB700 有了进一步下降。鉴于枯草芽孢杆菌 168 突变株中细胞外蛋白酶活性较低，目前已成为目的蛋白异源表达的首选菌株。

除将枯草芽孢杆菌中的蛋白酶基因最大程度敲除外，研究者还优化分析了枯草芽孢杆菌基因组中对目的蛋白表达有利和不利的蛋白酶基因。Zhao 等使用失活了 8 个蛋白酶基因的枯草芽孢杆菌突变株 PD8 作对照，并利用 PD8 分别表达这 8 个蛋白酶基因，通过对蛋白质表达量的解释，分析了这 8 个蛋白酶基因是否对目的蛋白的表达有利（Zhao et al., 2019）。结果表明，PD8 缺失的这 8 个蛋白酶基因中，有 3 个基因对目的蛋白的表达是有利的。该研究为枯草芽孢杆菌高效表达菌株的构建提供了一个新的思路，即并非所有蛋白酶基因对目的蛋白的表达都是有害的。除此之外，通过对枯草芽孢杆菌进行改造，使其过表达其他有益蛋白，对目的蛋白表达量的提高也是有帮助的。例如，GroES 和 DnaK 是存在于枯草芽孢杆菌体内的伴侣蛋白，研究表明，提高这类伴侣蛋白的表达量，可显著提高目的蛋白的表达量。通过基因改造，向枯草芽孢杆菌基因组中整合毒素和抗毒素系统，可避免发酵过程中抗生素的添加。另外，通过基因编辑，可构建环境响应型的枯草芽孢杆菌，如构建对氧气、pH、温度或菌体浓度响应的突变株等。

3. 表面展示

枯草芽孢杆菌的表面展示，包括菌体细胞表面展示和芽孢表面展示两种。将目的蛋白展示到菌体细胞表面，一是可通过锚定蛋白定位在细胞质膜上，包括使用跨膜蛋白和脂蛋白等，二是利用特定结合蛋白锚定在细胞壁上，包括类 LPXTG 蛋白和特异性细胞壁结合蛋白等。SpoIIIJ 和 YqjG 是两种典型的跨膜蛋白，已被用于目的蛋白的表面展示。分选酶是一类膜结合的转肽酶，当目的蛋白与分选酶的底物（类 LPXTG 序列）融合表达时，分选酶可通过转肽作用将目的蛋白共价结合到细胞壁的肽聚糖上。芽孢是芽孢杆菌属产生的一种休眠体，可以耐受恶劣的生长环境。枯草芽孢杆菌的芽孢被一层蛋白质外壳覆盖，以保护芽孢免受毒性物质或降解酶的影响。研究表明，芽孢已成为表面展示的良好载体，其外表面的蛋白质即锚定蛋白。目前已有 70 多种表面展示蛋白被开发，包括 CotA/B/C/E/G/X/Y/Z、CgeA 和 OxdD 等，其中 CotB、CotC 和 CotG 应用最为广泛。

5.1.3　酵母

　　酵母是一种单细胞的低等真核微生物，具有发酵简单、快速，易于遗传操作，可进行蛋白质的翻译后修饰，可分泌表达和纯化工艺简单等优势。相较于原核表达系统，酵母适合表达一些需要翻译后修饰的活性蛋白，如甲基化、羟基化、乙酰化、酰胺化、*N*-糖基化、*O*-糖基化、泛素化、磷酸化、硫酸化等。酿酒酵母是最早被开发应用于外源蛋白表达的酵母宿主，第一个商品化的重组疫苗就是使用酿酒酵母来制备的。但酿酒酵母存在难以高密度培养、缺乏高效启动子、分泌效率低和易产生过度糖基化等问题，因此，其他酵母如毕赤酵母、解脂耶氏酵母和乳酸克鲁维酵母等，也相继被开发为宿主细胞，用于外源蛋白的表达。

1. 表达载体

　　与原核生物一样，酵母表达系统的载体也需要具有复制或整合位点、启动子和筛选标记等。利用酵母表达目的蛋白，可使用整合型载体（YIp）、附加型载体（YEp）和着丝粒载体（YCp）三种。YIp 是一类承担将基因插入染色体任务的载体，YEp 属于可自主复制、能够穿过细胞膜脂质层到细胞质中的载体，而 YCp 是一种自主复制的含有着丝粒序列和自主复制序列的载体。

　　1）启动子　　酵母的启动子可分为组成型和诱导型两种，组成型启动子提供了简单和相对恒定的表达水平，而诱导型启动子可防止某种蛋白质表达过早或过快对细胞造成毒性。不同酵母使用的启动子存在差异，如表 5.2 所示。其中，酿酒酵母常使用半乳糖诱导的 GAL1～GAL10 启动子，毕赤酵母常使用甲醇诱导型 AOX1 启动子，乳酸克鲁维酵母常依赖于酿酒酵母的 GAL1 或 PGK 启动子，而解脂耶氏酵母常使用蛋白胨诱导型 XPR2 启动子和 hp4d 组成型启动子。

表 5.2　不同酵母中使用的启动子类型

宿主	组成型启动子	诱导型启动子
酿酒酵母	ADH1、GAPDH、PGK1、TPI、ENO、PYK1、TEF	GAL1～GAL10、CUP1、ADH2
毕赤酵母	GAP、TEF、PGK、YPT1	AOX1、FLD1、PEX8
解脂耶氏酵母	TEF、RPS7、hp4d	XPR2、POX2、POT1、ICL1
乳酸克鲁维酵母	PGK	LAC4、ADH4

2）筛选标记　　筛选标记在酵母转化子的筛选和鉴定过程中是必需的元件，包括营养缺陷型筛选标记和抗生素筛选标记。营养缺陷型筛选标记包括HIS3、HIS4、LEU2、LYS2、TRP1 和 URA3 等，而抗生素筛选标记包括氯霉素、遗传霉素 G418 和博来霉素等。其中，HIS4 和博来霉素是毕赤酵母常用的筛选标记，LEU2 和 URA3 是解脂耶氏酵母常用的筛选标记，LEU2 和 G418 是酿酒酵母和乳酸克鲁维酵母常用的筛选标记。

2. 毕赤酵母

毕赤酵母属于甲醇营养缺陷型菌株，可将甲醇作为唯一碳源。利用毕赤酵母构建表达系统，具有以下优势：①拥有醇氧化酶基因 *AXO1* 启动子，是目前最强、调控机制最为严格的启动子之一；②可实现目的蛋白的多种翻译后修饰，包括磷酸化和糖基化等；③可实现目的蛋白在细胞内和细胞外的表达；④生长速度快，培养成本低廉，培养条件简单；⑤可实现外源基因单拷贝或多拷贝地插入基因组中，且具有良好的遗传稳定性；⑥适合大规模发酵培养。

目前毕赤酵母常用的菌株包括 X33、GS115、KM71H 和 SMD116 等，其中X33 为野生型菌株，GS115 和 KM71H 为 His4 营养缺陷型菌株，SMD116 属于蛋白酶缺陷型菌株，如表 5.3 所示。GS115 和 KM71H 的区别在于，GS115 含有完整的 *AXO1* 基因，属于 Mut$^+$，可正常利用甲醇，而 KM71H 的 *AOX1* 基因中插入ARG4，属于 Muts 型，只能缓慢利用甲醇。

表 5.3　不同毕赤酵母菌株的基因型及表型

菌株	基因型	表型
X33	野生型	Mut$^+$
GS115	His4	His$^-$、Mut$^+$
KM71H	ARG4 aox1::ARG4	Muts、Arg$^+$
SMD116	His4 pep4	Mut$^+$

为了实现目的蛋白从细胞质分泌到细胞外，需要借助特定的分泌信号肽。目前使用最广泛的信号肽，是来源于酿酒酵母的 α-因子信号肽，它包括一段含 19个氨基酸的信号序列（pre）和含 66 个氨基酸的序列（pro）。其中，pro 序列包含了 3 个共识 *N*-糖基化位点和一个二元 Kex2 内肽酶加工位点。在目的蛋白的分泌过程中，α-因子信号肽将会经过 3 个加工过程：①在内质网，信号肽酶将 pre序列切除；②内肽酶 Kex2 在 pro 前导序列的 Arg-Lys 处进行切割；③Ste13 在Glu-Ala 重复序列前进行切割。在 α-因子信号肽切除过程中，切割效率会受到周

围氨基酸序列的影响。目前，α-因子信号肽已经被整合到 pPIC9K 和 pPICZαA-C 等商品化表达载体中。其他可用于毕赤酵母表达外源蛋白的信号肽，包括 Lip1p、PHO1 和 PHA-E 等。

3. 表面展示

酵母是一种常用于表面展示的真核微生物，其细胞壁主要为甘露糖蛋白和葡聚糖，且含有少量的几丁质。位于酵母细胞表面的细胞壁蛋白或细胞膜蛋白是进行酵母表面展示的锚定蛋白，通常含有信号肽和锚定结构域，目前被广泛应用的锚定蛋白主要包括三类。第一类锚定蛋白是通过糖基磷脂酰肌醇（GPI）与细胞壁结合的 GPI 型蛋白，如 Aga1p、Cwp1p、Cwp2p、Sed1p、Tip1p、Spi1 和 Tir1p 等；GPI 型蛋白通过与 β-1,6-葡聚糖侧链连接，间接连接到 β-1,3-葡聚糖骨架上，但由 Aga1p 和 Aga2p 组成的 a-凝集素锚定系统比较特殊，在该系统中，Aga1p 的 C 端与细胞壁共价结合，目的蛋白需预先连接在 Aga2p 的 C 端或 N 端，然后借助 Aga1p 与 Aga2p 之间的特异性二硫键连接，使其展示到酵母细胞的表面；GPI 型锚定蛋白是酵母表面展示系统中应用最为广泛的一种。第二类锚定蛋白是内部重复蛋白，即 Pir 型蛋白，该类蛋白质一是可以通过 N 端的重复序列与细胞壁中的 β-1,3-葡聚糖通过酯键进行连接，二是可以利用 C 端的半胱氨酸残基通过二硫键附着在细胞壁的特定组分上，三是可以同时利用这两种铆钉结构进行插入型融合，该类锚定蛋白包括 Pir1 ~ Pir4 等。第三类锚定蛋白以非共价键形式与细胞壁结合，如具有絮凝功能的 Flo1p 等。由于 Flo1p 与细胞壁锚定的结构域在 N 端，因此，目的蛋白需要融合到 Flo1p 的 C 端。

5.1.4　曲霉

丝状真菌是一类重要的工业用微生物，具有对原料要求低，翻译后修饰能力强及有卓越的蛋白分泌能力等优点。目前工业中常用的丝状真菌，包括曲霉属、木霉属、青霉属和嗜热毁丝菌 4 种。其中，曲霉广泛存在于土壤、腐烂的有机体和室内环境中，具有强大的营养灵活性和代谢能力。曲霉的应用历史悠久，目前已被广泛应用于酱油、酒类等发酵型食品，纤维素酶、淀粉酶等酶制剂，以及柠檬酸、葡萄糖酸等化学品的生产。利用曲霉构建表达系统，具有良好的商业价值，多种曲霉均已成为重要的工业生产菌株。曲霉表达系统具有以下优势：①生长能力强，培养过程简单，成本低，安全性已得到证实；②分泌蛋白质的能力强，分泌量可达数十克每升；③筛选的重组子稳定，利于遗传育种；④翻译后修饰能力强，接近高等真核生物，可表达一些在原核微生物和酵母中无法表达的活性蛋白。与此同时，曲霉表达系统也存在一些问题，如分子操作过程复杂、遗传背景不清晰、自主复制型质粒无法稳定存在及常见抗生素无法用于重组子的筛选等。

1. 表达宿主

曲霉属菌株包括米曲霉、构巢曲霉、黑曲霉、土曲霉和烟曲霉等，其中黑曲霉和黄曲霉为公认的安全菌株，在工业中有广泛的应用。例如，通过对黑曲霉进行诱变选育，已成功应用于淀粉酶和蛋白酶的工业化生产，且两种酶的产量已达到 30g/L。

曲霉相较于大肠杆菌、枯草芽孢杆菌和酵母，具有更强的蛋白质分泌能力。该特点使得利用曲霉表达目的蛋白时，发酵液中会存在较多的自身蛋白质。因此，获得低分泌背景表达的曲霉宿主，不仅可以增强目的蛋白的合成与分泌，而且可以简化目的蛋白的后续分离纯化过程。例如，在青霉中，通过将主要的淀粉酶基因 *Amy15A* 敲除，可显著提高目的蛋白在发酵液中的占比。通过对自身分泌型蛋白质基因的敲除，构建低背景表达的曲霉菌株，已成为提高目的蛋白表达量和简化分离纯化过程的重要手段。除此之外，还可通过构建蛋白酶缺失型菌株，提高目的蛋白的表达量，这是由于目的蛋白在表达及分泌后，往往会被曲霉自身表达的蛋白酶降解。通过抑制曲霉的蛋白酶家族（丝氨酸-羧肽酶家族），可最大程度减少目的蛋白的降解。目前应用于蛋白酶缺陷型菌株构建的方向，包括敲除曲霉细胞主要的蛋白酶基因和敲除蛋白酶相应的转录激活因子两种。例如，研究表明，敲除黑曲霉中的蛋白酶转录激活因子 PrtT 后，使得人促红细胞生成素的产量显著提升；利用棘孢曲霉表达人源溶菌酶时，敲除 *tppA* 和 *PepE* 蛋白酶基因，可有效提高最终目的蛋白的产量。不仅如此，通过将目标基因整合到多个插入位点，构建多拷贝的曲霉工程菌株，也已成为提高目的蛋白产量的常用手段。

2. 表达元件

1）启动子　　利用基因工程化的曲霉生产外源蛋白，有多种因素会影响目的蛋白的产量，包括启动子强度、目的蛋白的糖基化、目标基因的拷贝数、培养条件及霉菌自身分泌的蛋白酶等，其中以启动子转录水平的高低最为重要。目前应用最多的是与宿主同源的或来源于宿主本身的启动子。可用于曲霉表达目的蛋白的组成型启动子，包括磷酸丙糖异构酶启动子 tpiA、乙醛脱氢酶启动子 adhA、α-淀粉酶启动子 glaA、磷酸脱氢酶启动子 pacA、3-磷酸甘油脱氢酶启动子 gpdA、线粒体 ATP 合成酶亚基启动子 oliC、异柠檬酸酶启动子 acuD 等。另外，研究者还开发了诱导型木聚糖内切酶的启动子 exlA，它的转录效率被认为是 glaA 的 3 倍。来源于 β-1,3-葡聚糖转移酶的 gas 启动子，是一种 pH 敏感的启动子，在 pH 2.0 的条件下可被高效诱导。来源于乙醇脱氢酶的 alcC，则是一种能被乙醇诱导而不被葡萄糖抑制的启动子。

通常情况下，为了实现目的蛋白的高效表达，会选择强启动子作为元件，但单拷贝启动子的表达上限高度依赖宿主本身代谢或诱导强度，这导致目的蛋白的表达效率受限。为了解决这个问题，可增加表达盒（启动子+编码区+终止子）的拷贝数来提高目的蛋白的产量。研究证实，仅增加启动子拷贝数（保持编码区不变）同样能增强蛋白质的表达。此外，过表达转录因子及其结合位点的扩增也可有效提高目的蛋白的产量。

2）筛选标记　　曲霉与细菌和酵母的细胞结构存在一定差异，导致其对常见的抗生素和杀菌剂都有抗性。例如，氨苄青霉素、潮霉素 B 和 G418 等无法抑制曲霉菌丝体的生长。因此，除吡啶硫胺、萎锈灵、博来霉素和腐草霉素外，曲霉的转化主要依赖于营养缺陷型筛选标记。常见的基因筛选标记包括鸟氨酸氨甲酰基转移酶基因（*argB*）、硝酸还原酶基因（*niaD*）、乳清酸核苷-5′-磷酸脱羧酶基因（*pyrG*）、ATP 硫酸化酶基因（*sC*）、乙酰胺酶基因（*amdS*）和葡萄糖胺合成酶基因（*glmS*）等。其中，*niaD* 和 *pyrG* 是使用较多的两种筛选标记。

3. 曲霉的转化

曲霉转化子的获得可分为两个阶段，一是将外源蛋白基因导入宿主细胞；二是通过筛选获得阳性转化子。曲霉含有坚硬的细胞壁，是转化过程的主要阻碍，因此在进行基因转化前，需预先将曲霉的细胞壁降解以获得原生质体。目前可用于曲霉转化的方法包括 PEG-CaCl$_2$ 转化法、农杆菌介导转化法、电击转化法、脂质体转化法和限制性内切酶介导转化法。

PEG-CaCl$_2$ 转化法，是基于原生质体作为"感受态"细胞，在与外源 DNA 混合后，于一定浓度 PEG 和 CaCl$_2$ 下进行转化的方法。农杆菌介导转化法，主要利用根癌农杆菌可以侵染植物根部伤口组织细胞，并将携带的 DNA 整合到植物基因组中产生根瘤的原理。根癌农杆菌中存在包含 T-DNA 区（转移 DNA）和 Vir 区的 Ti 质粒，其中 T-DNA 的转移依赖 Ti 质粒上 *Vir* 表达基因。由于野生型的 Ti 质粒存在于天然农杆菌中不利于转化应用，研究者在此基础上发展了共整合系统和双元载体系统，其中 T-DNA 和 Vir 区均为必要元件。农杆菌介导转化法，具有操作简便、效率高、转化子便于遗传分析且重组子稳定等优势。电击转化法是在电脉冲作用下，细胞膜形成微孔，进而摄取外源 DNA 的转化方法。电击转化法存在的问题是转化效率较低。脂质体转化法，首先利用脂质体包裹外源 DNA，接着脂质体与细胞融合后，外源基因释放并导入细胞。该方法操作较为简单，且转化效率较高。限制性内切酶介导转化法，是将线性质粒和限制性内切酶同时导入受体细胞，进入细胞的内切酶会切割受体细胞基因组的特定位置，从而产生与线性质粒互补的黏性末端，进而通过碱基配对实现外源基因的整合。

5.1.5　无细胞蛋白质表达系统

　　传统的蛋白质表达，是利用细菌、真菌、动物细胞或植物细胞等活性细胞表达外源基因的生物技术。随着科学技术的迅速发展，无细胞蛋白质表达系统（cell-free protein expression system，CFPS）应运而生。无细胞蛋白质表达系统，是一种以外源 DNA 或 mRNA 为模板，利用细胞抽提物中的蛋白质合成机器、蛋白质折叠因子及相关酶系，通过添加氨基酸、T_7 聚合酶和 ATP 等能量物质实现蛋白质体外表达的系统。该技术在体外条件下，模拟活性细胞进行基因转录和翻译，最终得到目的蛋白。利用无细胞蛋白质表达系统制备目的蛋白，流程如图 5.7 所示。

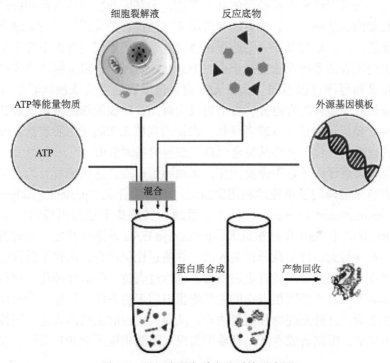

图 5.7　无细胞蛋白质表达系统示意图

　　20 世纪 50 年代，研究者发现破碎后的细胞及其提取物，在加入氨基酸、ATP 和 GTP 后，仍可进行蛋白质的合成，因而其被称为无细胞蛋白质表达系统。然而在该系统中，核糖体仅对内源性 mRNA 进行翻译且仅对已开始合成的多肽链进行延伸，无法对外源性的 mRNA 进行翻译。1964 年，Nirenberg 和 Matthaei 对大肠杆菌无细胞蛋白质表达系统进行预测性研究，通过添加人工设计的外源模板研究多肽合成，首次破译了编码苯丙氨酸的密码子（UUU）。这一突破性发现为后续破译全部 64 种密码子奠定了基础，同时也标志着无细胞蛋白质表达系统研究的开端。在此之后，随着蛋白质连续翻译和转录-翻译系统的建立，通过持续添加消耗性底物并移除限制反应的产物，实现了目的蛋白的连续表达。

1. 无细胞蛋白质表达系统的分类、原理及优势

根据无细胞抽提物制备原料的来源，可将无细胞蛋白质表达系统分为原核无细胞蛋白质表达系统和真核无细胞蛋白质表达系统。原核无细胞蛋白质表达系统研究起步早，成本低廉，且具有较高的耐受性，但其往往难以实现对表达时间和水平的控制。利用大肠杆菌提取物表达外源蛋白是最常见的手段。真核无细胞蛋白质表达系统可以严格调控基因的高效表达，无基因非特异性激活和抑制现象。兔网织红细胞裂解液、麦胚抽提物和酵母细胞抽提物是应用较多的无细胞表达体系。除此之外，原核与真核无细胞蛋白质表达系统的不同还有以下几方面：原核无细胞蛋白质表达系统无法直接识别 ATG 起始密码子，需依赖核糖体结合位点RBS；转录和翻译过程不同，真核无细胞蛋白质表达系统依赖偶联的转录和翻译，反应母液中包含所有组分，可节省反应时间；原核无细胞蛋白质表达系统所需的 DNA 模板可以是线性或者环状，而使用真核无细胞蛋白质表达系统时，需将环状的模板线性化，并将其整合到真核细胞的基因组中。

根据转录翻译因子是否需要纯化，无细胞蛋白质表达系统可分为两类：一是纯化所有转录翻译因子重建的利用重组元件蛋白质合成（protein synthesis using purified recombinant element，PURE）系统，二是基于细胞粗提物的无细胞系统。PURE 系统于 2001 年被东京大学的 Takuya Ueda 课题组开发，研究者表达并纯化了 32 种与大肠杆菌翻译相关的酶，并通过比例混合，构建了成分明确的系统。但此方法的缺点在于所有蛋白质都需进行过表达、提取和纯化，过程较为烦琐，效率低下。基于细胞粗提物的无细胞蛋白质表达系统，是通过分离得到细胞裂解液的上清，并补充底物和能量物质，从而实现目的蛋白的表达。该体系中的成分较为复杂，但制备成本低，且易于实现，因此相较于 PURE 系统，其应用性更强。

利用无细胞蛋白质表达系统合成目的蛋白，其原理可概括如下：①以含有目的蛋白基因的质粒或 PCR 产物为模板，在 RNA 聚合酶和其他转录因子的作用下，体外转录成相应的 mRNA；②在体外环境中，以转录出的 mRNA 为模板，利用合成蛋白质所需的各种酶类和翻译因子（如氨酰-tRNA 合成酶、转肽酶、起始因子、延长因子、释放因子等）及外源添加的氨基酸、tRNA 及 ATP 等能源物质，翻译成相应的蛋白质；③mRNA 被释放，并重新被循环利用。

利用无细胞蛋白质表达系统合成目的蛋白，具有传统活性细胞表达蛋白质所

不具备的优势：①合成时间较短，反应操作方便，且反应条件温和，使得快速表达目的蛋白成为可能；②可用于特定毒性蛋白质的表达，而传统活性细胞在表达膜蛋白等毒性蛋白时，往往会造成细胞膜破裂而导致细胞死亡，使目的蛋白终产量过低；③可以直接以 PCR 产物为模板进行目的蛋白的表达，这样有利于突变体的筛选，适合酶等活性蛋白的定向改造；④可实现含有非天然氨基酸或同位素蛋白质的表达，如通过添加人工合成的氨酰-tRNA，合成包含 D-氨基酸的蛋白质；⑤反应过程易于控制，可控制蛋白质的合成速度及蛋白质翻译后的加工折叠修饰，可降低体系中副产物的含量，避免包涵体的生成，并且可减轻内源蛋白酶对目的蛋白的水解作用；⑥反应体积小，可在微孔板中操作同时合成多种蛋白质；⑦反应体系灵活多样，可与其他生物技术相偶联。同时，利用无细胞蛋白质表达系统，也存在部分缺点。例如，①价格昂贵，特别是 ATP 等能量物质的价格较高；②技术成熟度不如活性细胞表达系统；③无法表达所有的蛋白质，而且不能保证所有表达的活性蛋白都具有活性；④细胞提取物的原料范围较窄，即并非所有的生物材料都可以用于制备无细胞提取物。无细胞蛋白质表达系统与活性细胞蛋白质表达系统的比较，如表 5.4 概括所示。

表 5.4　CFPS 与活性细胞蛋白质表达系统的比较

对比参数	CFPS	活性细胞蛋白质表达系统
时间	时间短，3～6h/批次	耗时长
DNA 模板	PCR 产物、线性或环状载体、基因组插入	环状质粒、基因组插入
毒性蛋白	利于毒性蛋白的表达	不利于毒性蛋白的表达
膜蛋白	适用于膜蛋白的表达	膜蛋白表达会造成细胞死亡
产物应用	应用简单，可直接纯化	可应用，但部分宿主仍需进行细胞裂解得到产物
可控性	开放体系，易于操作，可控性强	封闭系统，不易操作，可控性较弱
反应体积	尺度跨度广，为微升级别到百升	最少毫升级别
成熟度	不够成熟	已成熟并标准化

2. 不同物种无细胞蛋白质表达系统的比较

大肠杆菌生长速度快，代谢活跃，因此，基于大肠杆菌的 CFPS 具有较高的蛋白质合成效率，且能进行高通量表达。但同时，基于大肠杆菌的 CFPS 缺少翻译后修饰能力，缺少内源膜结构来整合膜蛋白，且具有高聚集倾向和截短产物等缺点。基于小麦胚芽的 CFPS，其蛋白质表达量在真核无细胞蛋白质表达系统中是最高的，且可实现毒性蛋白和病毒蛋白的高效表达。但小麦胚芽裂解液制备困难，工作量大，且缺少部分翻译后修饰功能。基于兔网织红细胞的 CFPS 是真核无细胞蛋白质表达系统中发展最为成熟的技术，它具有裂解物易于制备、产物保真性高和翻译后修饰能力强等优势，缺点在于目的蛋白产量低且成本较高等。哺乳动物细胞难以生产可控制多种生理过程的杆状病毒蛋白激酶 C，因此，研究者发展了基于昆虫细胞的 CFPS，已成为杆状病毒蛋白激酶 C 的主要生产方式之一。目前用于裂解液制备的昆虫种类主要为粉纹夜蛾和草地夜蛾。作为一种模式真核微生物，酵母裂解液已被用于无细胞蛋白质表达，且比较适合用于真核来源蛋白质的表达；美国食品药品监督管理局和欧洲药品管理局平台中约 18.5% 的蛋白质是由酵母细胞表达的，因此酵母 CFPS 将是重要的目的蛋白表达系统。不同CFPS 系统的优缺点，如表 5.5 所示。

表 5.5　不同 CFPS 系统的优缺点分析

CFPS 来源	优点	缺点
大肠杆菌	蛋白质产量高、操作方便、成本低、遗传背景清晰	缺少蛋白质翻译后修饰功能
小麦胚芽	蛋白质可溶性较强、可生产毒性蛋白、蛋白质产量高	提取过程时间长且复杂、基因操作困难
兔网织红细胞	提取简单、翻译后修饰能力强、可表达毒性蛋白	蛋白质产量低、基因操作困难、背景mRNA 多、成本高
昆虫细胞	提取简单、翻译后修饰能力强、可表达毒性蛋白	制备耗时长且成本高、基因操作困难、蛋白质产量较低
酵母	不受解偶联剂、离子载体或抑制剂的影响，可进行糖基化修饰	菌株中存在影响 CFPS 的酶、蛋白质产量较低

3. 无细胞蛋白质表达系统的优化

CFPS 暴露于环境中，且成分含量由人为控制，因此，目的蛋白的表达极易受到外界环境和人为因素的干扰。为了提高目的蛋白的表达量，可从优化细胞裂解液活力、优化外源模板、优化反应体系等方面着手（张裕等，2022）。

1）优化细胞裂解液活力　　细胞裂解液的活力受细胞种类、生长时期及裂解液的制备方式等因素影响。研究表明，使用蛋白酶缺陷型、核酸酶缺陷型或高核糖体浓度的菌株制备裂解液，目的蛋白的表达量较高。使用对数生长早期的细胞制备裂解液，更加有利于目的蛋白的表达，这与对数早期相关酶的活力较高有关。目前细胞裂解液的制备主要采用珠磨法、超声破碎法及高压匀浆法，不同方法获得的裂解液中蛋白质活性存在显著差异。方法的选择与细胞的种类和裂解液体积等因素密切相关。除此之外，酶法、渗透休克法和循环冷冻法也可用于裂解液的制备。

　　2）优化外源模板　　在原核 CFPS 中，DNA 的转录与 mRNA 的翻译偶联在一起，因此其表达是以 DNA 为模板的。当添加的模板 DNA 为环状载体时，对核酸酶具有一定的抵抗力，但当添加的模板 DNA 为线性片段如 PCR 产物时，往往会由于核酸酶的作用导致目的蛋白的表达量显著下降。在真核 CFPS 中，DNA 的转录与 mRNA 的翻译一般不偶联，因此其表达往往以 mRNA 为模板。与 DNA 相比，mRNA 更易被核酸酶降解，这就导致真核 CFPS 的表达量往往低于原核无细胞蛋白质表达系统。研究表明，在模板 DNA 中增加特定元件，可以提高模板对核酸酶的抵抗力。例如，研究者在 mRNA 的 3′端引入特殊的茎环结构，有效地提高了 mRNA 对核酸酶的耐受性。为了提高线性 DNA 的稳定性，通过引物设计使线性片段具有互补的黏性末端，从而可在 DNA 连接酶的作用下自环化，提高了稳定性。内部核糖体进入位点（internal ribosome entry site，IRES）是特殊的 RNA 序列，可与核糖体结合触发 mRNA 通道打开，并绕过起始过程启动翻译。研究表明在模板 DNA 中插入 IRES，可有效改善无细胞蛋白质表达系统的效率；poly（A）是位于 mRNA 3′端 50～200nt 的多腺苷酸片段，它可有效保护 mRNA 不受核酸酶的攻击。

　　3）优化反应体系　　CFPS 的 pH 影响着酶的反应效率，当向 CFPS 体系中添加适量葡萄糖时可延长 ATP 的供应时间，但过量的葡萄糖会因产生有机酸而导致体系 pH 下降，并进一步抑制目的蛋白的表达。通过向 CFPS 中添加与转录和翻译相关的酶和组分，如 T_7 RNA 聚合酶、核糖体再循环因子、翻译起始因子和延伸因子等，证明可有效提高目的蛋白的表达量。不同 CFPS 对组分的要求不同，需根据特定体系，合理添加或移除某种组分，以实现体系的优化。

　　4）其他　　通过分子拥挤效应可模拟细胞质环境，从而提高 CFPS 中目的蛋白的表达量。为了实现这一目的，可利用特殊材料对 DNA 模板进行吸附与聚集，从而达到分子拥挤效应。该过程可使用的材料包括纳米黏土、响应性水凝胶及超分子材料金属有机框架等。

5.2　高版本表达系统创制的新技术

　　以微生物为基础的生物炼制可以绿色、高效地生产多种产品，而且还可以通过对原料或微生物的改造实现产品升级。整合系统生物学、代谢工程、合成生物学对微生物细胞进行定向设计、改造甚至重构，获得的微生物细胞工厂以生物质为原料，可高效合成能源、营养、医药及材料等多方面的产品，有效解决了化学炼制对环境的危害及动植物提取对自然资源的依赖。生物元件是合成生物学的基石，生物元件的设计与组装及生物元件库的创建对于合成生物学的工程化具有十分重要的意义。Brothers 等认为合成生物学面临的挑战包括生物元件种类匮乏、大部分生物元件的表征描述不准确，以及人工系统中元件之间或元件与人工系统间具有不适配性（Kwok，2010）。表达元件是构成生物元件的基础，是使各生物元件形成有机整体的桥梁，对表达元件进行挖掘与改造，以及进行适配性研究，对现代生物技术的发展具有重要意义。

　　然而，微生物细胞历经数百万年，进化出精密的调控机制，而目前的研究并没有清晰了解这种调控机制，这使得人工组建的表达系统具有一定的局限性。如何提高表达系统的效率，如何扩大基因调控范围，如何较为快速地实现表达系统所需的功能，是目前亟待解决的问题。围绕这些问题，研究者对表达元件进行了系列研究。研究主要围绕两方面展开。一方面是试图通过阐明序列和功能之间的关系来预测表达水平，常用于表达元件的挖掘与改造。例如，许多研究修改了启动子和核糖体结合位点（RBS），以观察小的序列变化如何影响转录或翻译。但由于这些方法大多是单独研究转录或翻译的，因此它们很少能够研究转录和翻译过程中表达元件之间的相互作用。另一方面则是使用单独表达元件的组合来获得所需的表达，即研究元件的适配性而不直接考虑它们的 DNA 序列。

5.2.1　表达元件的挖掘与改造

　　表达元件是对生物基因表达调控的元件，常包括启动子、增强子、沉默子、核糖体结合位点、编码序列、终止子等。这些元件通过与转录因子的结合，调控基因的转录水平和组织特异性，从而实现基因的顺利表达。完整的表达元件组合能够表达出目的产物，即细胞在进行生命活动时，会把储存在 DNA 中的遗传信息经过转录和翻译，转变成有生物活性的蛋白质分子。虽然这些表达元件在不同表达载体中的组合和功能都各自不同，但它们共同构成了表达载体的核心部分，在基因工程和分子生物学的研究中发挥重要作用。

　　进行表达元件的挖掘与优化有利于揭示目的蛋白的表达机制，实现目的蛋白的成功表达并改善其实用性和安全性，同时可以为工程菌的进一步分子改造及发酵优化提供理论指导。

　　1. 表达元件的挖掘

　　1）利用基因组信息结合软件或网站预测表达元件　　自然界中有丰富的表达元件，基因组挖掘已成为获取表达元件的主要途径之一。元基因组技术的兴起使大量未培养微生物中的基因和基因簇信息得以解析，让人们能够从自然界中存在的大量未知微生物中挖掘更多的表达元件。在基因组测序大规模应用前，分离表达元件主要是运用传统的分子克隆方法或基于保守序列的 PCR 方法。随着越来越多生物的基因组信息被公布，通过生物信息学技术从基因组中预测并获得表达元件成为可能。物种基因组信息的不断完善，生物信息技术的不断发展，也为通过现代生物技术获取丰富的表达元件提供了信息资源和技术支持。

通过深入分析基因组内的功能性蛋白、转录及翻译的特征序列，能够识别出大量启动子、核糖体结合位点、蛋白质编码序列和终止子等表达元件资源。通过利用基因组的数据，并结合各类生物信息学的软件及在线平台，能够预测并深入分析各种表达组件的信息。

通过使用 FPROM，可以预测人类基因组中的启动子序列，而 TSSG 和 TSSW 则可以预测人类的 PolII 启动子区域及转录的起始位置。TSSP 和 BPROM 分别能够预测植物和原核生物的启动子序列。PromH（G）、PromH（W）及 Promoter 2.0 这几款软件能够从真核基因组中预测出启动子序列。SCOPE 采用 BEAM、PRISM 和 SPACER 三个系统化程序，可对某些原核生物和真核生物的 DNA 基序及其调控机制进行预测。

相似地，许多软件能够基于基因组数据来预测终止子的序列。例如，通过 TransTermHP 可以预测原核生物的终止子。被认为是目前最庞大的转录终止子数据库 WebGesTer DB，涵盖了来自 1060 个细菌基因组序列和 798 个质粒序列信息的百万个终止子。

RibEx 有能力预测终止子及某些细菌内部的稳定转录调节序列。RNA 序列的家族信息可以在 Rfam 信息库中找到，而转运 RNA（tRNA）和核仁小 RNA（snoRNA）的信息则可以通过 tRNAscan-SE、snoscan 和 snoGPS 来查询。BDB 是一个专门用于预测特定 DNA 与转录因子结合序列的数据库，它能够根据已经发布的 929 个完整的基因组序列来预测其中的转录因子。TFSEARCH 能够预测真核生物转录因子的结合位点，而 Tfsitescan 和 TESS 则可以预测原核与真核生物转录因子的结合位点。rVISTA 2.0 是一个综合性的工具，用于比较和分析非编码序列的调控能力。它融合了转录因子预测、序列比对和聚类分析技术，以确定在进化过程中保守或出现在基因组特定分子结构中的非编码 DNA 区域序列。采用 operonHMM 技术，可以在缺乏实验数据的前提下，预测细菌基因组内的操作子模型。可利用神经网络预测大肠杆菌和其他生物的核糖体结合位点。DOOR 可以进行操纵子预测分析，COOL 可以进行密码子优化。

2）利用元基因组技术挖掘表达元件　　随着微生物分子生态学研究的深入，人们逐渐意识到自然界中大多数微生物处于不可培养状态，可培养微生物只占自然界微生物总量的 1%，而 99%不可培养微生物中必然含有大量的生物元件资源。

元基因组学又叫宏基因组学（metagenomics，microbial environmental genomics

ecogenomics，community genomics），它利用未培养技术并借助分子生物学手段绕过微生物菌种分离与纯培养这一环节而直接研究开发环境微生物基因资源，是通过对环境样品微生物群体基因组进行功能基因筛选或者测序分析来研究微生物多样性、种群结构等，以进化关系、功能活性、相互协作关系及其与环境的关系作为研究目标的新型微生物研究手段。元基因组学方法是指将所有直接来源于环境样品的微生物基因组 DNA 和 mRNA，克隆至已培养驯化的宿主生物体内，构建元基因组 DNA、cDNA 文库，以研究微生物生理生化特性及环境样品中所含所有微生物的遗传组成及群落功能。

利用元基因组技术，可以让人们不再限于纯培养微生物，而是从自然界，尤其是极端环境中那些不可培养微生物的基因组内获得更丰富的生物资源。通过 DNA 序列和功能导向的元基因组筛选，可以获取大量具有各种用途的功能基因，进而得到功能蛋白质表达元件，还可以通过单细胞扩增和分析未培养微生物基因组来获取未培养生物的基因信息，从中挖掘出许多新的表达元件信息。

3）从标准生物学元件登记库获取表达元件信息　　随着大数据时代的快速发展，有研究者收集汇总来自于自然界中各种生物的诸多生物元件，并构建生物元件库以实现元件信息和实物的共享。利用生物元件数据库可以从中直接获取表达元件，并基于原有的信息，对其进行理性的设计改造以使其更适应表达系统。其中最著名的是美国麻省理工学院的"标准生物学组件登记库"（registry of standard biological part，RSBP）。

2003 年美国麻省理工学院创办国际基因工程机器大赛（iGEM），并建立"标准生物元件注册库"供选手提交作品，这是 RSBP 的雏形，经过 20 多年的发展，它已是目前合成生物学中最有名的元件库。标准生物学元件登记库收集了 20 000 种以上的生物元件，它含有约 15 000 个具有功能表征信息的元件，其中既有启动子、转录单元、质粒骨架、接合转移元件、转座子和蛋白质编码区 DNA 序列，还包括核糖体的结合位点、终止子和某些蛋白质结构域。这些生物元件已广泛应用于大肠杆菌、枯草芽孢杆菌和其他几种高等生物中，其中大肠杆菌元件登记较多，枯草芽孢杆菌登记册中只有少数标准化的启动子记录且大多数是组成元件。

虽然可以从标准生物学元件登记库中获取丰富的生物元件信息，但与自然界中巨大的生物元件资源相比，RSBP 中的现有库存仅仅是沧海一粟，现阶段如何对现有表达元件进行改造提升性能仍是需要努力的方向。

4）启动子的挖掘　　本部分以枯草芽孢杆菌为例，介绍启动子的挖掘。Schumann（2007）对枯草芽孢杆菌重组表达中使用的细菌启动子的多样性进行了详细总结。在过去的几十年里，通过最先进的遗传工具如"组学"，从枯草芽孢杆菌和其他物种中鉴定出了各种新的启动子。大量的无诱导剂启动子包括几种控制内源基因的天然启动子，如 rpsD 启动子、P43 启动子、lepA 启动子和 vegI

启动子，都具有较强的转录活性。

除天然强启动子外，研究者也开发了很多异质启动子来提高枯草芽孢杆菌的转录水平。早在 20 世纪 80 年代，Lee 和 Pero（1981）就从枯草芽孢杆菌噬菌体 SPO1 中鉴定出了一系列启动子并进行了表征，其中启动子 SPO1-15 和 SPO1-16 在代谢工程中被广泛用于高表达酶来生产精细化产品，并被证实是转录能力非常强的组成启动子。来自其他细菌（如大肠杆菌）的噬菌体启动子也可用于枯草芽孢杆菌。Serrano-Heras 等（2005）从大肠杆菌噬菌体 λ 中鉴定出新型启动子 P_R，该噬菌体 λ 是在金黄色葡萄球菌质粒 pUB110 的基础上构建的。结合温度敏感转录抑制因子 *cI857* 基因的组成表达，该载体可用于控制枯草芽孢杆菌中异源蛋白的产生。

5）预测合成核糖体结合位点　　　随着系统规模和复杂性的提升，优化工程遗传电路或代谢途径的试错突变变得非常低效。为了解决这个问题，Salis 等（2009）开发了一种预测方法来设计合成核糖体结合位点，使核糖体结合位点的 DNA 序列与其在遗传系统中的功能（控制翻译起始率和蛋白质表达水平）相互转换，从而合理控制蛋白质表达水平（图 5.8）。在大肠杆菌中进行的 100 次预测实验表明，该方法在 10 万倍的范围内能精确到 2.3 倍。该设计方法还正确预测了在不同遗传背景下重复使用相同的核糖体结合位点序列会产生不同的蛋白质表达水平。通过合理优化蛋白质表达，将遗传传感器连接到合成电路，证明了该方法具有实用性。

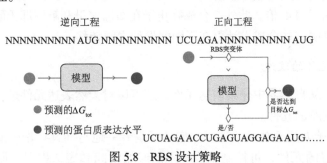

图 5.8　RBS 设计策略

在细菌中，核糖体结合位点和其他调控 RNA 序列是翻译起始和蛋白质表达的有效控制元件。之前已经建立了 RBS 序列文库，目的是优化遗传系统的功能。然而，文库的大小随着工程系统中蛋白质的数量而显著增加。例如，随机突变一个 RBS 的 4 个核苷酸产生 256 个序列的文库，因此需要 256^3（1670 万）个序列用于 3 个蛋白质，256^6（2.8×10^{14}）个序列用于 6 个蛋白质。与基于文库的方法相比，该方法将翻译起始的生物物理模型与优化算法相结合，以预测合成 RBS 的序列，从而提供成比例的目标翻译起始率。

6) 人工设计合成终止子　　终止子在完成转录过程和影响 mRNA 半衰期方面都起着重要作用，因此是异源基因表达和代谢工程等应用中的重要生物元件。大多数天然终止子的序列较长，作为元件使用时与酵母基因组同源重组的风险较大，可能会导致体内组装构建物中重复序列的重排，在构建大型遗传回路或途径时较为困难，同时过长或太复杂的终止子也会影响异源基因 mRNA 的稳定性和翻译效率，降低表达水平。为解决这些问题，合成终止子工程应运而生。与天然终止子相比，合成终止子具有几个优点：①合成终止子不依赖于天然序列支架，与天然基因组几乎没有同源性，从而最大限度地降低了同源重组的风险；②纯合成终止子可以用最少的元素来设计，从而实现与天然终止子有相同净效果的同时拥有更短的序列，这些省下来的 DNA 可以在构建大型遗传电路或途径时发挥用处，更短的最小序列则有可能被编入未来设计的预测模型；③对合成终止子的研究可以为创建具有可调 mRNA 半衰期或其他特征的文库提供依据；④含有终止信号和 mRNA 稳定性调控元件的合成终止子可能更适用于其他生物（如其他酵母物种），因为这些元件通常具有较高的通用性，不易招募宿主特异性调控因子。

为了构建一系列合成终止子，可从基础元件、间隔区、二级结构、GC 含量等方面设计。Curran 等（2015）基于构成终止子结构的基础元件，描述了一组短的（35～70bp）合成终止子，可用于调节酵母中的基因表达。与常用的 *CYC1* 终止子相比，这些合成终止子中的最佳终止子的荧光蛋白输出量增加了 3.7 倍，转录物水平增加了 4.4 倍。此外，合成终止子在酿酒酵母和解脂耶氏酵母中都较高活性，这表明这些合成设计可在不同酵母种之间转移。

2. 表达元件的改造

不仅可以从自然界中分离表达元件，还可以对天然表达元件进行修饰、重组和改造后得到新的元件。

1) 启动子表达元件的改造　　启动子是专一地与 RNA 聚合酶结合并决定转录开始位置的元件，可控制基因转录的起始时间和表达程度。原核启动子约 55bp，分为起始点、结合部位、识别部位。起始点：转录起始部位以 1 表示，转录的第 1 个核苷酸常为嘌呤。结合部位：约 6bp，是高度保守区，共有序列为 5'-TATAAT-3'，位于起始点上游−10。因 T_m 低，DNA 易解开双链，为 RNA 聚合酶提供场所。识别部位：约 6bp，在−35 处，为高度保守区，序列 5'-TTGACA-3'，S 因子识别此部位。真核启动子于−25 处含 AT 富集区，共有序列为 TATAA（TATA box），−70 处含共有序列 CAAT，还含有很多其他 box，如 GC box、E-box 等。含增强子和静息子的 RNA pol I 和 RNA pol III 与聚合酶 II 所识别的启动子差异较大。启动子是一个非常重要的表达元件，是控制目的基因表达的枢纽，各种遗传线路、基因开关、基因振荡和细胞群体系统脉冲发生器等功能的发挥大都需要通过启动子的调控来实现。可以通过增强、突变或改变启动子的 DNA 序列来调节启动子的转录能力。

启动子的结构特征直接决定其转录活性强度。通过精确定位启动子区域，解析各功能元件的作用机制，进而对其核心结构域进行定向改造，就可以不同程度地提高启动子的活性，使其利用效果最大化。目前主要从以下两个思路对启动子进行改造。①将不同启动子的保守序列进行替换、杂交成为新的启动子。启动子典型的核心保守区域有以下几种：Sex-tama-35 区（Sextama 盒），它是 RNA 聚合酶的识别位点或松弛型结合位点，该区域的结构决定了它和 RNA 酶的亲和性，因为 RNA 聚合酶更容易识别强启动子；Pri-bnow-10 区（Pribnow 盒），它是启动子与 RNA 聚合酶的紧密结合部位，决定着转录的方向，RNA 聚合酶在此区域与 DNA 序列形成稳定的结合物；Sex-tama-35 区和 Pri-bnow-10 区的间隔区，该区的序列类型不重要，但是该区的间距长度决定了 RNA 聚合酶的构型，间距趋近 17bp 时启动子的启动能力表现为上调，远离 17bp 时表现为下调。随着现代生物信息学的发展，可以对得到的已知启动子进行预测分析，得出每个启动子核心区域中保守区域的具体情况，然后可以将多个启动子进行优势互补的杂交，将多个启动子最有优势的核心保守区域融合于一个启动子中，从而使启动子的能力得到提高，获得一加一大于二的效果。②将启动子的特征区域突变为典型启动子的保守区域。不同的启动子都含有保守的区域，与典型的原核启动子相比保守区域可能有所出入。Pri-bnow-10 区详细情况为 $T_{80}A_{95}T_{45}A_{60}A_{50}T_{96}$（下标出现该碱基的最大频率百分数），最开始的两个碱基 TA 和第 6 位的碱基 T 最为保守。Sex-tama-35 区详细序列为 $T_{82}T_{84}G_{78}A_{65}C_{54}A_{45}$，其中前 3 个碱基 TTG 保守性较好。已有研究发现，将启动子的核心区域突变成保守区域，会提高启动子的活性，同时也使重组蛋白的表达量提高了一倍。下面将以酵母和枯草芽孢杆菌为例，介绍启动子的改造过程。

（1）酵母启动子的改造。在酵母启动子图谱中，所有启动子特性都被整合进一个集中有序的平台中。有台湾学者创建了一个酵母启动子图谱（Yeast Promoter Atlas，YPA），整合了包括启动子序列、转录起始位点、3'和 5'非编码区、TATA 框、转录因子结合位点、核小体占用率、DNA 弯曲性、转录因子敲除表达和转录因子之间相互作用这 9 种启动子特性。只有在全面评估了酵母启动子的各项特征后，才能通过联合方法展示出许多关键的观测数据。与其他酵母启动子资料库相比，YPA 不仅仅集合了转录因子结合位点，而且结合了许多其他启动子特性，这些信息将对生物学家研究基因的转录调控有帮助。

对基因功能研究的常规方法是通过改变基因的表达水平以探索在不同表达水

平下得到的结果。在一般情况下，目的基因能够通过某种方式进行调节从而实现持续表达。传统的方法中，对基因功能的研究是在两个极端的状态：基因敲除和高表达。但是，基因功能在代谢优化和控制分析方面的研究需要基因表达呈现一种连续的、增量微小的表达水平，这就需要基因在一系列连续的强弱不同的启动子调控下表达。而酵母作为通用蛋白表达宿主和合成生物学中的细胞工厂，其本身可用的启动子极其有限，因此需要利用蛋白质定向改造技术对现有的启动子进行改造。通过定向改造技术，建立包括各种不同强度启动子的文库，是实现基因精确调控的有利遗传途径。Hartner 等（2008）和 Qin 等（2011）研究者对毕赤酵母中的启动子进行了改造，通过构建启动子文库，得到了一系列不同强度的启动子元件。Stemmer（1994）和 Glieder 等（2002）基于定向进化和基因改组的蛋白质工程技术，利用酿酒酵母创建了不同强度启动子的文库，从而实现在一个宽的范围内进行基因调控。

除基因的组成型表达外，建立一个易于控制、可进行条件诱导或抑制的基因表达系统对基础研究和工业规模下的生物技术应用来说很有必要。然而，诱导剂的毒性、昂贵的价格和诱导剂介导的多效性影响等特点限制了诱导型启动子的应用。通过启动子的改造，得到具有特定调节特性的适配化启动子将有利于实现基因表达的复杂调控。德国科学家用随机突变和多级流式细胞筛选技术，分离酿酒酵母氧响应型启动子 DAN1 的突变子，得到两个突变子，其与野生型启动子相比在非严格厌氧条件下可诱导，这可以通过细胞生长耗氧来实现（Nevoigt et al.，2007），如此就使得酵母发酵中基因表达的诱导可以仅通过细胞生长时耗氧而完成。并且，无论是在怎样的厌氧环境下，工程化启动子的最大表达量都远高于未突变 DAN1 启动子的表达量。

合成生物学的主要目标之一是利用模块化组件创建具有可预测行为的工程化基因网络。但是，缺乏合适的组件且构建网络往往需要进行大量反复的测试工作，这就使得构建有预期功能的基因网络困难重重。美国学者发布了一种利用启动子文库结合杂交模型用于指导预测酿酒酵母基因网络构建的方法，即利用芯片模型耦合由多元化组件构成的文库，其中多元化组件通过随机非必需序列合成。他们在酿酒酵母中建成调节启动子文库，然后利用该文库构建具有各种预期输入输出特性的前馈环网络，该研究证明了上述方法的有效性。为拓展该方法的应用范围，他们制作了一个具有计时器功能的基因网络，并可以通过选择组件进行更改。利用该基因网络控制酵母沉淀的时间，证实该设计有即插即用的性质，可以便捷应用到生物技术产业中。

启动子文库不仅能在基因的最适化表达中应用，对基因网络的构建也有重要作用。通过蛋白质分子改造技术构建启动子文库是一种重要的遗传改造途径，已应用于代谢工程、合成生物学、功能基因组学和各种生物技术研究中。

（2）枯草芽孢杆菌启动子的改造。枯草芽孢杆菌因其结构特性和非致病性等特点在食品及相关领域被广泛应用。为了提高枯草芽孢杆菌的蛋白质表达量，可以在转录和翻译两方面进行调控，目前最经济有效的方法是在转录水平上对启动子进行优化。因此，为特定靶蛋白选择合适的启动子系统至关重要。在选择好合适的启动子之后可将其工程化为单个、双或多个启动子，以此来提高异源蛋白的表达水平。

针对重组蛋白的产生，一个强启动子发挥着至关重要的作用。在枯草芽孢杆菌中，基因表达的调控主要发生在 RNA 聚合酶（RNAP）与相应启动子序列结合的转录过程中。该 RNAP 由核心酶（α、α'、β、β'）和 σ-因子组成，这决定了 RNAP 的特殊性。启动子区域有几个共同特征：TTGACA 的–35 序列，TATAAT 的–10 序列，以及–35 和–10 之间的间隔区，通常包括 17 个碱基对，有些包含 18 个碱基对。从–17 位到–14 位的–15 区（或 TGn 基序）包含 TRTG（其中 R 代表 A 或 G）。嘌呤起始原理是指翻译起始位点通常包括 A 或 G。大多数启动子在 –10 和+1 位点之间有 4～7 个碱基对，通常被 AT 对富集。在–35 区域上游的另一个富含 AT 的区域被称为 UP 元件，对枯草芽孢杆菌启动子的有效应用有重要作用；它被看作是与 RNA 聚合酶 α-亚基的 C 端结构域（CTD）相互作用的转录增强区域。

为了确定启动子的强度，Phan 等（2010）引入了一种简单的技术，即利用穿梭载体 pHT06，在 X-Gal 板上添加 IPTG 诱导剂，在培养基板上培养枯草芽孢杆菌，克隆出可在枯草芽孢杆菌中快速分析的强启动子。通过测定 β-半乳糖苷酶的活性，以蓝色菌落为指示反映启动子的强度。

此外，还可以利用串联启动子策略与半理性进化相结合来提高枯草芽孢杆菌蛋白质的表达水平。例如，将单、双或多个启动子引入工程菌株枯草芽孢杆菌，这些启动子可以是同一类型的，也可以是不同类型的组合。对于启动子工程，采用半理性设计的方法，可以在枯草芽孢杆菌中实现高蛋白质表达和高细胞密度。

研究者利用氨基肽酶和报告蛋白（如固有信号肽）构建包含一系列表达载体的单启动子和双启动子，结果发现 P_{gisB}-P_{HpaII}双启动子方法比单启动子方法表现出更好的性能（Kang et al.，2010）。同样，P_{HpaII}-P_{amyQ}的双启动子方法使得 β-CGTase（β-环糊精葡萄糖基转移酶，报告蛋白）的胞外活性得到提高（Zhang et al.，2017）。此外，在摇瓶发酵过程中，这种双启动子也促进了 CGTase 和普鲁兰酶的大量胞外表达，从而证明了该表达系统的整体适用性。为了提高枯草芽孢杆菌中普鲁兰酶的表达，还有研究采用了三启动子和双启动子方法，如 PsodA-PFusA-P_{amyE} 和 Psod-PFusA，其表达量分别是野生型菌株单启动子 P_{amyE} 的 4.73 倍和 2.29 倍。

为了增加 mRNA 的稳定性并促进目的蛋白的产生，研究者还提出了一种 5'-mRNA 控制的稳定元件（CoSE），通过将转录操作符 lacO 茎环与强 RBSgsiB 结合，将其融合到启动子 groE 中。若中间有适当的间隔，则 mRNA 的半衰期可达 60min 以上，这表明其可以作为提高蛋白质表达水平的一种方法。

2）RBS 表达元件的改造　　RBS 是指起始密码子 ATG 上游的一段富含嘌呤的非翻译区，是一种重要的生物控制元件，能控制翻译起始，影响蛋白质表达，是实现基因表达精细调控的重要工具，在微生物代谢工程和合成生物学中具有广泛的应用。随着合成生物学的发展，利用 RBS 工程对目标基因的表达进行精细调控，优化目标产物合成途径通量，构建具有高效生产能力的细胞工厂，已经逐渐成为合成生物学研究的热点。

然而，RBS 的活动很难预测，因为它可能受二级结构的强烈影响，即上下文依赖。Duan 等（2022）通过 FlowSeq 技术，对超过 20 000 个 RBS 变异进行排序和测序，并定量描述同一 RBS 下多个基因的翻译情况，以评估每种 RBS 变异后对大肠杆菌的环境依赖性。最后通过提出了通用的设计标准，来提高 RBS 的可编程性和最小化上下文依赖性。这一特征也可适用于其他细菌，以微调目标基因的表达。

Horbal 等（2018）证明了不合适的 RBS 可以将基因的表达效率降低到零，并开发了一种叫作"体内 RBS 选择器"的遗传装置，它可以帮助目的基因选择最佳 RBS，从而合理控制蛋白质表达水平。这个方法允许通过单个实验测试大量随机合成的 RBS 的活性，并选择适合于某个基因的具有所需活性的最佳 RBS。此外，由于后一个元件的遗传背景可能影响前一个元件的活性，该装置可根据任意的启动子和目的基因组合选择最佳 RBS。

3）终止子表达元件的改造　　终止子是表达盒中的重要组成部分，可以通过控制 mRNA 半衰期来影响净蛋白输出。从机制上讲，真核终止子发出信号并招募相关因子，负责停止转录、切割新生 mRNA 及使 mRNA 聚腺苷化。此外，终止子是定义 3'非翻译区（UTR）序列和结构的遗传编码元件，因此有助于 mRNA 的稳定性及半衰期的调控。缺乏终止子的基因会产生延伸的转录本，这些转录本通常因太不稳定而无法翻译，此外，一些终止子还涉及整个基因组的高阶相互作用，如酵母中的基因环。

研究者为优化酿酒酵母 β-amyrin 的生产，将代谢途径工程和 3'终止子工程策略相结合。最初，萜类通路的关键调控基因（*βAS*、*ERG1*、*ERG9*、*ERG20*、*IDI*、*tHMG1*）在强组成启动子下游过表达。然后，通过分析部分序列重复的天然终止子，利用短合成终止子（SST）进一步增强该途径的表达。利用 *βAS*、*ERG1*、*ERG9*、*ERG20*、*IDI*、*tHMG1* 基因下游强效终止子，不仅提高了酿酒酵母 β-amyrin 合成酶（βAS）、角鲨烯环氧化酶（squalene epoxidase，SQLE）、角鲨烯合成酶（SQS）、法尼基焦磷酸合成酶（FPPS）、异戊烯二磷酸异构酶（IDI）和截断的 3-羟基-3 甲基戊二酰辅酶 a 还原酶（tHMG1）的蛋白质产量，而且还提高了 β-amyrin 的产量。研究结果表明终止子在控制通路产量中具有重要作用。

　　有研究表明，表达增强型终止子使酿酒酵母基因表达效率与对照相比提高了 11 倍，与不使用终止子相比提高了 35 倍，为人工设计终止子提供了设计规则和理论依据：如荧光蛋白的表达量与效率元件的序列长度成正比；位置元件和 poly（A）位点对荧光蛋白的表达量无显著影响。还有研究者在优化效率元件、位置元件和 poly（A）位点方面，进一步讨论了间隔区序列对终止子活性的影响。他们在前人定义的酵母终止所需最小元素集这一基础上，通过构建 266 个长度约 60bp 的人工终止子文库，初步发现了一些规律：终止子活性随效率元件与位置元件间连接子（Linker 1）序列 GC 含量的升高而降低，随 Linker 1 序列中 T 的增加而升高；Linker 1 序列 GC 含量对荧光蛋白表达量的影响要大于连接子（Linker 2）序列；Linker 2 序列构成的茎环对不同活性的终止子都具有不同程度的影响，降低弱、中等强度终止子的茎长有利于提高 mRNA 的表达量及蛋白质产量（图 5.9）。这些研究能够充分证明终止子的活性是可调可控的，更短的最小序列终止子可能会被编入未来基因调控元件的设计与预测模型中，也有利于理解终止子在基因表达调控中的作用。

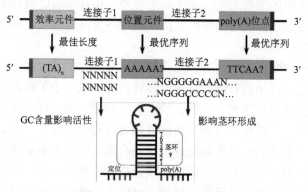

图 5.9　酵母终止子设计思路

　　运用终止子优化合成途径有以下原则：①尽可能选择相对短的终止子，避免冗余序列带来干扰；②挑选终止子时需要考虑相应的组成型启动子的活性与弱、强元件的搭配，以达到使用高活性启动子的效果；③当使用诱导型启动子时，终止子的调控作用会显著降低，因此只需要考虑终止子是否易获取、易操作；④如果难以判断某一基因对多基因途径有何影响，可以优先选择中等活性终止子，这样既能保证目的基因有效表达，又能合理避免上游基因对下游基因产生干扰。

　　4）生物元件的标准化与组装　　合成生物学对生物元件的组装提出了较高要求，需要创建能组装大量生物元件的便捷方式，实现自动化组装生物元件。完成这一目标需要将生物元件标准化，日后不同实验室构建的标准生物元件都可以按同样的规则进行组装，避免了大量的重复劳动，能够缩短合成复杂的生物装置或生命系统所需的时间。

　　RSBP 在生物元件的标准化方面做了许多研究，如创建新载体体系，以及对生物元件进行标准化处理，在生物元件两端装上统一的"接口"，这些标准元件及它们相互连接组成的标准生物模块被称为"生物积块"（BioBrick）。MIT 生物元件的组装有标准组装和分层组装（layered assembly）这两种方法。标准组装方法主要用限制性内切酶切割和连接；分层组装主要用 Gateway 技术生产有生物元件的组装载体，再利用 2ab 技术将 2 个有不同生物元件的组装载体进行组装。

　　以上两种组装方法产生的拼接产物本身也属于标准生物元件，因此可以直接按照同样的方法与其他标准元件再次进行连接，然后分别逐次完成对目标序列的拼接。这两种组装方法因每次只组装两类元件，被称为二元组装法（binary assembly）。除此之外，二元组装法还有一些不直接利用 BioBrick 进行组装的其他方法。而且除二元组装法外，还有多元组装方法。目前主要利用酵母同源重组这一功能，将多个生物元件进行一次性的体内组装，合成有多个基因的代谢途径，如 DNA assembler 等方法。Gibson 等（2009）用类似的方法，在酵母体内成功合成了生殖支原体的基因组。除体内重组外，还有 SLIC 这种不依赖于序列和连接反应的克隆方法，利用同源重组技术通过一个反应来实现多个 DNA 片段在体外的有效重组。

　　伴随合成生物学发展，具有相似功能的生物元件将越来越多，因此如何对这些元件进行挑选，以达到系统或装置的设计目标，是一个关键问题。一般是利用这些元件分别合成目标序列，然后比较它们的功能。但元件的数量越来越多，合成的步骤也越复杂，往往不可能对全部候选元件进行实验。因此，计算机辅助设计就可以发挥作用帮助选择生物元件，这是合成生物学的重要研究方向。研究者通过构建数学模型，同时根据计算结果来选择合适的启动子，然后合成所期望的基因回路，达到预期的实验目标。目前，已经有一些计算机软件来帮助建立数学模型，然后根据生物元件的生物学数据（动力学参数和启动子强度等）来预测合成的系统是否符合设计的目标，从而帮助进行生物元件的选择。计算机辅助设计大大加快了合成生物学的研究速度。

　　对目标序列的合成途径进行优化，可以减少时间，降低成本。Densmore 等（2010）开发了一个算法，可以高效利用元件库中已存在的元件和目标序列中间的重复序列，以及多个目标序列之间的共有序列，从而优化单个或多个目标序列的合成途径，减少过程中所需的阶段和步骤，加快合成速度并降低合成成本。

5）实现高版本表达系统的方法技术　　想要实现高版本表达系统的创建不仅需要丰富高效的表达元件，还需要将各表达元件进行有效装配形成整体。主要有 DNA 合成、DNA 拼接和组装三种方式及基因编辑。DNA 合成主要有固相亚磷酰胺三酯化学合成法、无模板酶促合成法等；DNA 拼接和组装主要包括体外组装（BioBrick、BglBricks、In-fusion、Gateway、Golden Gate、Gibson 等）和体内组装（CasHRA）；而基因编辑目前最为火热的是 CRISPR-Cas 技术。通过对各种技术的不断改进，也更有利于进行表达元件的筛选和利用。下面详细介绍常用的体外组装技术。

（1）Gateway 技术。Gateway 技术是克隆和亚克隆 DNA 序列的一项通用系统，便于功能基因的分析和蛋白质的表达。在这个多功能的操作系统中，DNA 片段可以通过位点特异性重组在载体之间转移。使用 Gateway 技术，几乎可以进入无数种的表达系统。因为没有一个单一的蛋白质表达系统适合于每一种蛋白质，优化基因表达的最好方法就是在多个系统中分析蛋白质。因此这项技术可以构建多版本表达系统，实现表达元件的筛选和改造。

Gateway 技术能够克隆一个或多个基因进入任何蛋白质表达系统。这极大简化了基因克隆和亚克隆的步骤，使典型的克隆效率达到 95% 或更高。当基因在目的表达载体之间快速简便地穿梭时，还可以保证正确的方向和阅读框。此外，该技术还有助于表达带有不同数量纯化和检测标签的蛋白质。

Gateway 技术基于 λ 噬菌体位点特异重组系统（attB × attP → attL × attR）的研究。BP 和 LR 两个反应构成了 Gateway 技术。BP 反应是利用一个 attB DNA 片段或表达克隆和一个 attP 供体载体之间的重组反应，创建一个入门克隆。LR 反应是一个 attL 入门克隆和一个 attR 目的载体之间的重组反应。LR 反应用来在平行的反应中转移目的序列到一个或更多个目的载体。在 BP 反应中基因转移形成入门克隆，在 LR 反应中入门克隆可以作为反应物产生最终的表达克隆。

完成构建 Gateway 表达克隆仅需两步：①创建入门克隆，通过 PCR 或传统的克隆方法将目的基因克隆进入门载体；②混合包含目的基因的入门克隆和合适的目的载体及 Gateway LR Clonase 酶，构建表达克隆（表达克隆用来在合适的宿主中进行蛋白质的表达和分析）。构建 Gateway 入门克隆来与各种目的载体进行重组的方法有：①PCR 克隆（定向 TOPO 克隆至入门载体或与供载体 B×P 重组）；②限制性内切酶消化和连接进入门载体；③利用 pCMV-SPORT6 或 pEXP-AD502 构建 Gateway 兼容 cDNA 文库；④利用 Gateway 改造过的克隆资源（这些克隆资源和 cDNA 文库两边加有 attB 位点，可以通过与供载体及 BP Gateway 酶反应转换到入门载体，获得已有克隆资源的更多信息）。

大肠杆菌 *GUS* 基因、人类 *MAP4* 和 *Eif-4E* 基因平行转移进目的载体，在 Sf 9 昆虫细胞（杆状病毒）或大肠杆菌 BL21-SI 菌株中表达天然蛋白、N 端 His 或 N 端 GST 融合蛋白。在所有的系统中均观察到 *GUS* 良好的表达，而 *MAP4* 只在昆虫细胞中表达，*Eif-4E* 只在大肠杆菌中表达。为了扩展表达的选择，Invitrogen 已将 Gateway 技术合并到部分最高级的表达系统中，使得在体外、细菌、酵母、昆虫或哺乳动物等系统中都可以获得 Gateway 目的载体。同时，也使得表达载体转换成 Gateway 目的载体更加容易。

（2）Golden Gate 技术。传统位点特异性重组的克隆技术虽然高效灵活，但会导致表达蛋白 N/C 端引入 8～13 个氨基酸的冗余序列，在最终构建体系中留下重组位点序列。为此开发的 Golden Gate 克隆技术可实现 DNA 片段的定向无缝克隆，不会引入额外碱基或酶切位点。该技术基于 Ⅱ 型限制性内切酶的使用，该酶在其识别序列之外切割。通过对切割位点的合理设计，可以将 Ⅱ 型限制性内切酶切割的两个片段连接成缺乏原限制性内切位点的产物，只需 5min 的限制性结扎，就可以在一个试管中一步获得接近 100% 正确的重组质粒，这种技术为一些基本的遗传操作过程提供了精度。

（3）Gibson Assembly 技术。传统的限制性内切酶克隆技术，会在两个片段的结合位置上形成一道"疤"或"缝"，这种瑕疵可能会对 DNA 片段的行为产生影响，而合成生物学要求将启动子和终止子这样的 DNA 片段转变为可预测的独立元件，因此不利于合成生物学研究。而 Gibson Assembly 这种无缝克隆方法就很好地解决了这一问题。Gibson 组装最早是由 Daniel Gibson 博士和他的同事 J. Craig Venter 在 2009 年提出的。Gibson 组装非常适合用于拼接多个线性 DNA 片段，当然也适合将目的 DNA 插入载体中。首先，需要通过 PCR 在 DNA 片段的末端加上同源片段；然后，将这些 DNA 片段和一种含有 3 种酶的预混液混合孵育 1h 即可完成。这种预混液含有的 3 种不同类型的酶分别是：①一种外切酶，从 5' 端开始对 DNA 进行消化，产生长的黏性末端，这样便于与另外的同源末端进行配对结合；②一种聚合酶，用于修补 gap；③一种 DNA 连接酶，以实现无痕拼接，形成完整的 DNA 分子。这一系统的优势是，这 3 种酶都可以在同一个温度下很好地发挥功能，整个反应在 50℃ 条件下 1h 即可完成，得到的样品可以直接用于转化。当然 Gibson Assembly 也有缺陷，这一过程并没有生成限制性酶切位点，因而不方便将拼接片段转移到另一个载体上，且如果一次性组装超过 5 个片段，成功率会大大降低。

（4）In-Fusion 克隆技术。In-Fusion 克隆技术主要来源于 In-Fusion 酶的发现，In-Fusion 酶能够识别线性化的 DNA 片段 5'～3' 端任意 16 个碱基，使其形成黏性末端（图 5.10）。目标质粒通过酶切或者 PCR 线性化后，也能被 In-Fusion 酶识别。只需要载体和基因形成的黏性末端互补，通过退火的过程就能完成载体的构建。In-Fusion 克隆技术相比于传统酶切连接技术，优点在于：①摆脱了酶切位点的束缚；②连接效率高，构建周期短，为传统酶切连接体系的 200~500 倍；③对 3000 bp 以上的基因载体构建成功率高；④适用于大规模载体构建。

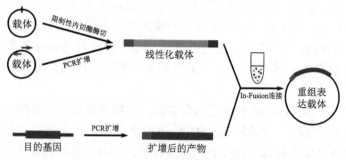

图 5.10　In-Fusion 克隆技术工作原理图

（5）TOPO TA 克隆技术。TOPO TA 克隆使用 DNA 拓扑异构酶Ⅰ，该酶同时具有限制酶和连接酶的特性。这种酶在复制期间切割并重新连接 DNA，整个克隆过程可以在室温下完成，且仅需 5min。TOPO TA 克隆无须使用含限制酶序列的引物，无须在 PCR 扩增产物上加接头，即可直接进行克隆。TOPO TA 克隆原理与 TA 克隆一样，唯一不同的是 TA 克隆用的是 T4 连接酶把 PCR 片段连接到 T 载体上，而 TOPO TA 克隆用的是 DNA 拓扑异构酶Ⅰ。PCR-TOPO 载体也是一种 T 载体，只是在其 3'端的突出 T 上共价结合了一个拓扑异构酶Ⅰ，当带 3'端的突出 A 的 PCR 产物与该 T 载体互补配对时，拓扑异构酶Ⅰ就将该缺口连接起来。

（6）GoldenFish 技术。传统手段依赖亚克隆产生转基因外源质粒，对于生成复杂的 DNA 构建体具有一定的局限性，其需要使用不同的Ⅱ型限制性内切酶切割和多次亚克隆连接，效率低且耗时长。为此，催生出了一系列克隆工具如 Gateway、In-Fusion 和 Gibson 等，虽然这些方法大大改进了克隆效率，但其由于自身的特点，很难形成一套系统的方法运用于转基因外源质粒的构建，如引入的重组位点可能影响基因和蛋白质功能；多轮 PCR 容易引入突变且这些突变只有在整个连接完成后才能检测出来；线性化片段不利于长期保存和二次利用；难以连接同源性强的相似基因片段等。因此研究者以斑马鱼为例创建了一套方便快捷的转基因外源质粒构建系统——GoldenFish，以期快速高效地服务于转基因斑马鱼的构建。

GoldenFish 系统以 Golden Gate 克隆技术为原理，利用ⅡS 型限制性内切酶识别位点和切割位点位置不同的特点，通过人为设计切割位点，实现黏性末端的自由定制。经过ⅡS型限制性内切酶消化后，识别位点将从正确连接的 DNA 构建体中移除，随后，多个 DNA 片段可以通过悬垂互补进行连接，并按照正确顺序和方向串联起来。

将外源质粒的组成元件根据不同功能划分为启动子元件库（P library）、目的基因元件库（G library）和终止子元件库（T library）三部分。在ⅡS型限制性内切酶 BsmBI 的作用下使每种元件库中的模块带上不同的接头，以方便将各种组件按照对应的接头进行拼接，通过各种排列组合使得转基因质粒像拼装"乐高积木"一样组装为一体，每一个"乐高积木"都可以以质粒形式长期保存及再次使用。

除此之外，GoldenFish 技术还可以实现一步构建多转基因外源质粒，即将 P-G-T 构建体串联起来，在同一条 DNA 链中由多个启动子来驱动单个或多个基因，生成多转基因构建体（P-G-T）$_n$。多转基因外源质粒的构建主要分为两步，第一步利用 BsmBI 和 T$_4$ 连接酶，定向组装各个元件库中的模块，生成 1 级连接产物；第二步，利用另一种ⅡS型限制性内切酶 BsaI 和 T$_4$ 连接酶反应，再将多个 1 级连接产物进行拼接生成 2 级连接产物。目前该系统中的元件库模块已经扩充并涵盖斑马鱼多种组织特异性启动子及大多数经典荧光蛋白基因，方便后续直接组装连接。

该系统具有以下优点：①能够实现几乎所有类型的外源转基因质粒的构建，包括单转基因、一转多基因、多转基因等，尤其是它可以一步生成包含多个转录单元的构建体；②"乐高积木"式模块使得 DNA 构建体可以随时个性化定制，一步完成克隆，显著提高生成转基因构建体的速度和效率；③存储在同一元件库中的模块可以等效替换和重复使用，为构建不同的 DNA 质粒提供便利；④GoldenFish 系统除可以构建斑马鱼转基因系统外，还可以通过合理改造，将该系统扩展到其他转基因动物。

5.2.2　表达元件的适配性研究

单一的最优表达元件往往并不能实现多种产物的高效表达，这是因为单一元件的开发或筛选忽略了遗传元件之间的适配性。据悉，构建高效率人工表达系统的必要基础是表达元件的模块化设计。而必须要注意的是，诸多表达元件之间存在着直接或间接的相互作用，元件与元件之间的适配性往往并不能够通过简单的叠加计算获得，所以具体的实际效用需要通过实验研究获得。因此在设计构建表达元件的基础上，研究表达元件之间的适配性、筛选更加相互适配的表达元件具有十分重要的意义，这也是创建高版本表达系统的前提。

研究表达元件的适配性除研究表达元件之间的适配性之外，还要研究元件与宿主细胞的适配性，或几个元件组成的表达模块与宿主细胞的适配性。这直接影响着表达元件是否可用、表达模块是否有效、产物是否有效合成等多个方面，也具有十分重要的研究意义。综上所述，目前表达元件的适配性研究主要体现在两个方面：一是某人工组建的表达系统中不同的表达元件间的适配性研究，即某两种或两种以上不同的表达元件是否可以搭配使用，主要体现在通过体系内各元件的适配性优化提高产物的合成效率；二是表达元件是否适配于宿主细胞的研究，即异源表达元件在某种细胞中是否可用、表达元件的宿主适配范围等方面。表达元件的适配性研究是构建高效人工表达系统的关键，可显著提高目的蛋白的表达水平。研究表达元件之间及表达元件与宿主细胞之间的适配性对于基因工程、代谢工程、合成生物学等领域的研究具有重要意义。

1. 不同元件之间的适配性研究

目前许多研究将多种表达调控元件排列组合从而构建不同的表达系统，并在转录和翻译水平上检测所设计的表达系统对下游基因的调控作用，以证明不同的调控元件组合对下游基因表达的影响，并提出了上调基因表达的调控元件组合后并不一定会产生协同效应增强基因表达的观点，同时筛选出了一组调控元件组合，可以在多种细胞中提升产物的表达量。对不同表达元件之间的适配性进行研究，构建一系列组合表达模块，可得到最佳的元件组合。这样得到的组合元件一方面比单个表达元件具有更强的表达强度，可使产物产率更高；另一方面能具有较广泛的基因调控范围，对于构建高版本表达系统、研究表达调控机制等具有深远的意义。例如，周鲁豫（2023）研究比较了不同调控元件组合（包括启动子、增强子、内含子和终止子）对下游基因转录及翻译水平的影响，结果表明组合了某特定增强子、核心启动子和终止子的表达载体在不同的动物细胞中表达的蛋白质量与原始载体相比大大提高。此外，该研究还发现上调基因表达调控元件的直接组合并不一定表现出协同效应。该发现对于优化生物合成及其相关领域所用的表达载体具有一定的指导意义。

启动子、RBS和终止子等表达元件不仅是构建遗传回路的必需部分，同时也是目标基因精准调控的基本元件。其中启动子的序列常在目的基因编码顺序的上游，是RNA聚合酶特异性结合、使目的基因开始转录的部位。启动子是转录水平强度的决定性因素，对于重组蛋白而言，启动子强弱直接决定了重组蛋白的表达水平。内源性启动子通常情况下无法最大化细胞中目标基因的转录，因此寻找适配于该基因表达的启动子是必须解决的问题之一。RBS决定着翻译水平的高低，是控制翻译起始和蛋白质表达的关键区域，是一种非常重要的生物控制元件，也是实现基因表达精细调控的重要工具。随着生物学的发展，许多研究关注于利用RBS工程对目标基因的表达进行精细调控，优化目标产物合成途径通量，创建高版本表达系统，构建具有高效生产能力的细胞工厂。此外，终止子可以防止错误表达反义转录产物干扰正常基因表达、提供 3′端调节转录的结构、提高RNAP利用率，同时还可提高mRNA的稳定性，增强上游基因的表达等，是转录终止不可缺少的元件。已有研究表明，终止子在设计的基因线路中对调节各模块基因表达起着重要的作用。需要注意的是，在众多表达元件之中，启动子是生物合成途径中基因表达的第一步——转录过程的主要调节元件之一，是RNA聚合酶的靶点，在外源功能模块的表达中具有十分重要的作用，而且不难发现针对启动子的研究是最丰富的。因此详细介绍启动子这一表达元件与其他表达元件之间的适配性研究具有一定的意义。

1）启动子与终止子的适配性研究　　启动子和终止子分别位于基因编码框上、下游，并调控基因的转录速率和 mRNA 的稳定性，它们的强度与靶基因编码的蛋白质表达量直接相关。生物系统的复杂性对生物元件的应用研究提出了挑战，启动子工程应用于代谢工程改造和合成生物学的相关研究逐渐增多，终止子作为基因元件独立于编码基因行使终止转录的功能，是异源基因表达的重要组成部分，对于终止子的相关报告也较多，但对于终止子及其与启动子组合调控的适配性研究较少。而作为蛋白质表达的重要元件，启动子和终止子相互作用、相互影响，研究启动子与终止子的适配性对于高版本表达系统的构建具有重要意义。已有研究证明，对于高强度启动子来说，如果使用不同的终止子那么转录本水平的差异会超过 6.5 倍（Curran et al.，2013）。验证启动子和终止子适配性研究的常见思路之一是：构建低/中/强度启动子与不同终止子组合调控菌株表达的重组菌，每个组合分别挑选多个转化子，通过培养、检测其产物表达量来判断启动子和终止子的适配性。例如，Katrin 等研究发现可以将启动子和终止子作为独立元件进行组合，可以调节多形汉逊酵母（*Ogataea polymorpha*）中的基因表达（Wefelmeier et al.，2022）。因此，对启动子和终止子的适配性研究，有利于筛选最优的启动子-终止子组合，同时可以实现目的基因表达水平的调控，获得菌株代谢途径优化和靶基因精确调控的有力工具。

2）启动子与 RBS 的适配性研究　　RBS 负责招募核糖体以开启编码区的翻译，RBS 不仅可以促使核糖体结合 mRNA，加速翻译的起始，而且 RBS 的改变会极大地影响目的基因的表达，在基因表达翻译中有重要作用，并且有研究表明，不合适的 RBS 可以将基因的表达效率降低到零。目前已有关于启动子和RBS 适配性的研究，研究者通过使用启动子和 RBS 的不同组合构建了合成表达控制序列（ECS），证明大肠杆菌 *lacZ* 基因的表达取决于启动子和 RBS 的性质，并且发现不同 ECS 在驱动 lacZ 表达方面的相对效率在新月柄杆菌和大肠杆菌中存在显著差异。研究启动子和 RBS 的适配性可以进一步拓宽基因调节的范围和增强转录、翻译能力。为了得到最佳的组合，研究者于大肠杆菌和枯草芽孢杆菌中同时改造每个表达元件并进行组合，得到了启动子-RBS、Up 序列-启动子-RBS 和启动子-RBS-NCS 等一系列组合表达模块。验证启动子和 RBS 适配性研究的常见思路之一是：以某种启动子为基础，构建多个含不同核糖体结合位点序列的表达载体，并以酶/蛋白质的表达量作为衡量表达载体功能的依据。例如，Zhang 等（2015）使用同一启动子 Ptac，从 RBS 文库中选择不同的 RBS 构建了9 个遗传模块，并通过筛选选择表达水平最高的组合。通过启动子和 RBS 的适配性研究，可以选择合适的启动子-RBS 组合，这不仅可以提高产物表达效率，还可为下一步建立高效表达系统奠定基础。

3）启动子、RBS 和终止子的适配性研究　　多种表达元件的组合调控提供了在转录和/或翻译水平上对基因表达进行空间、时间和定量调节的可能性，从而提高了突破瓶颈和获得产量更多的化合物及有毒和无害蛋白质的能力。近来已有报道分别研究不同启动子、RBS 或者终止子对基因表达水平的影响，但考虑三者之间的相关性及适配性的研究较少。对启动子、RBS 和终止子适配性进行研究，目的大多在于提高产物表达量或研究三者之间的相互作用机制或是扩大基因调控范围。例如，Xu 等（2022）研究构建了由群体感应（QS）启动子、核糖体结合位点和终止子组成的自诱导表达模块：以超折叠绿色荧光蛋白（sfGFP）作为报告基因，通过随机突变、从头设计和数据库挖掘策略，分别从 945 个启动子、12 000 个 RBS 和 425 个终止子中生成 3 个个体元件库，然后通过设计每个最优元件的核心区域，进一步提高 3 个文库调控基因表达的效率。将元件库杂交后，得到了具有广泛表达强度的杂交模块，最终发现适配性最佳的表达模块在调控基因表达方面提高了 627 倍。

4）启动子与增强子的适配性研究　　增强子是一类能够调节基因转录的非编码 DNA 序列，一般位于基因启动子附近，但不一定直接与启动子相连。增强子通过与转录因子 TF 结合来改变某个基因或一组基因的转录率，可将位于自身上游或下游一个或多个基因的转录激活到更高的水平。启动子和增强子对于细胞内的协调转录过程是非常重要的，有多项研究证明了启动子-增强子之间的相互作用。早在 1989 年，就有报道关注于特定增强子-启动子的相互作用对果蝇 Adh 启动子作用效果的影响。近年来也有研究关注于活化的增强子如何传达并将整合信息传递给它们的同源启动子。对增强子-启动子兼容性的系统评估表明，由增强子和启动子类调整的乘法模型可控制人类基因组中的基因转录。同时，研究发现启动子和增强子的特定组合之间的相容性存在显著差异。除此之外，也有研究表明增强子可以通过与启动子相互作用来调节基因的转录，增强子被激活时一般可以与它们控制的启动子产生直接接触。最新研究也分析了启动子与增强子的相互作用是如何产生的，并证明了克服染色体结构扰动的高亲和力启动子-增强子相互作用在维持表型稳健性方面起着至关重要的作用。

5）启动子与融合标签的适配性研究　融合标签是指利用 DNA 体外重组技术，在目的蛋白 N 端或 C 端进行融合表达的特定蛋白、多肽或寡肽标签。融合标签技术在蛋白质研究中应用广泛，包括纯化重组蛋白、检测目的蛋白、提高重组蛋白的产量、增强重组蛋白的可溶性和稳定性等。融合标签共表达可以有效地减少包涵体的形成，但目前还没有一种通用的融合标签可以应用于所有蛋白质。有研究表明，外源蛋白在大肠杆菌中的溶解度与启动子强度和融合标签相容性密切相关，因此认为对启动子和融合标签的适配性进行研究具有重要意义。为了提高重组 PAI（一种来自痤疮丙酸杆菌的亚油酸异构酶）在大肠杆菌中的溶解度，Zhang 等将 3 个转录强度不同的启动子（T_7、CspA 和 Trc）与 3 个融合标签（His6、MBP 和 Fh8）分别组合，最终研究结果发现，在 9 株重组菌株中，含有 T_7 启动子和 MBP 融合标签的重组大肠杆菌 BL21（DE3）使 PAI 的溶解度显著提高至 86.2%。因此，筛选合适的启动子和融合标签组合，是一种可提高目的蛋白可溶性表达量的有效策略。

2. 元件与宿主细胞之间的适配性研究

宿主微生物是承载一或多个模块发挥功能的细胞系统，目前常用的宿主微生物主要包括模式大肠杆菌、枯草芽孢杆菌和酵母等。在复杂的生物合成中，特定次级代谢产物的生产往往需要经过多步酶催化过程，如何协调多种酶的表达，从而实现目标产物的高效合成，是一项需要攻克的关键技术难点。因此，为了得到最优化结果，协调功能元件、模块及宿主细胞之间的适配性至关重要。

人造微生物系统中的不适配性是次级代谢产物合成研究的主要困难，导致很多具有复杂结构的次级代谢产物合成效率不高。目前利用合成生物技术生产目标产物的挑战性很大，其中一方面就在于难以获得表达模块与宿主细胞的最佳适配关系。从更换不同调控强度的表达元件和不同的宿主细胞两方面入手，探究表达元件和宿主细胞的适配性是目前常见的研究思路。目前有两种方法可用于研究元件与宿主细胞之间的适配性。一是在宿主细胞相同的情况下，使用不同的表达元件研究两者的适配性。在宿主细胞相同的情况下，表达元件的调控强度或者调控范围会影响基因的表达，并进一步筛选与宿主细胞适配性最佳的表达元件。二是在表达元件相同的情况下研究不同宿主细胞（如大肠杆菌或酵母）的适配性。多个研究表明，相同启动子在不同培养条件和表达体系中的调控强度不完全一致，这可能和启动子与宿主细胞的适配程度、目标产物的差异等因素有关。寻找与目标表达元件最适配的宿主细胞，不仅有助于表达产物研究，甚至可能对于表达元件适配性研究的机制有一定的意义。通过对不同表达元件的表达效率、不同宿主细胞产率等参数的考察，以及对合成途径的精细调控等研究，可获得表达元件或表达模块与宿主细胞的适配关系，最终得到稳定高产的人工表达系统。下面将介绍不同表达元件如复制子、启动子和终止子等与宿主细胞的适配性研究。

1）复制子与宿主细胞的适配性研究　质粒复制子的类型决定了质粒的复制调控方式和质粒的拷贝数。有关于复制子与筛选标签的适配性研究表明，pMB1 复制子具有在氯霉素的作用下质粒拷贝数增加的特点。因此，当质粒中含有 pMB1 复制子和氯霉素抗生素耐药基因时，质粒拷贝数会增加。此外，当两种质粒的复制子类型相同或相近时，两者具有不相容性且不能共存于一个宿主菌中。只有当两种复制子的类型不同时，两种质粒才能共存于一个宿主菌中。例如，同为 pET 系列的 pET21a（+）和 pET32a（+）质粒无法同时稳定存在于大肠杆菌中。由于质粒复制子中复制起始位点的 DNA 序列因细菌种属不同而相差悬殊，在一种细菌中可以顺利复制某种质粒，在另一种细菌或同种细菌不同菌型中，可能因宿主菌缺乏能够识别该质粒复制起始位点的 DNA 聚合酶及复制蛋白而不能进行复制。因此，复制子的种属特异性常常限制了复制子在其他细菌中的使用，有研究证明，转化质粒中是否含有双歧杆菌种属特异的复制子，是实现双歧杆菌转化的先决性条件之一。

2）启动子与宿主细胞的适配性研究　研究启动子与不同宿主细胞的适配性，常是研究不同强度的启动子与不同宿主细胞之间的相互影响，具体体现在不同启动子对不同细胞产物表达量的影响。例如，有研究者为了研究并优化不同启动子对酵母细胞青蒿二烯产量的影响，对酿酒酵母人工细胞进行了不同启动子替换。类似地，有研究者采用不同强度的启动子（TDH1p、TDH3p、TEF1p、PGK1p）对融合蛋白功能模块进行调控，发现其中 PGK1p 所调控的融合蛋白（ERG20-ADS）功能模块与宿主细胞间的适配性最好。借助启动子与宿主细胞的适配性研究，研究者构建了功能模块与宿主具有良好适配性的人工合成细胞。张莹等（2014）为了增加 7-脱氢胆甾醇的产量，通过更换不同调控强度的启动子和不同改造的酵母宿主来对两者的适配性进行研究。研究者用由强到弱依次为 TDH3p、PGK1p 和 TDH1p 的启动子构建 3 种强度的外源功能模块，并分别导入 3 种宿主细胞中，得到 9 种人工合成细胞。结果表明 TDH3p 调控的功能模块与宿主细胞 SyBEo00956 具备较好的适配性，实现了 7-脱氢胆甾醇产量的提高，也为后续的适配性研究提供了理性的设计依据。目前关于启动子与不同宿主细胞的适配性研究报道较多，这可能是由于启动子在表达调控及构建人工表达系统中起到了重要作用。

3）终止子与宿主细胞的适配性研究　终止子的功能相比于启动子而言经常被低估，但实际上终止子既能够在转录水平上调控基因的表达，又能够影响转录后 mRNA 的稳定性，也是非常重要的表达元件。研究表明，一些为酿酒酵母设计的短的合成终止子在解脂耶氏酵母中也可发挥功能，同时，研究发现这种合成的终止子序列与野生型 CYC1 终止子相比，其驱动绿色荧光蛋白的表达量要高60%。来自酿酒酵母的终止子如 GPD1t、ADH1t 和 ADH2t 等也经常用作乳酸克鲁维酵母表达系统的终止子。来自酿酒酵母的终止子如 ScCYC1tt 也被证明可以在巴斯德毕赤酵母中使用，表明终止子具有跨物种的高度可转移性。此外，利用合成生物学技术开发适配于特定宿主细胞的且具有性能稳定、功能可控等优势的人工合成终止子，已成为未来分子遗传学和合成生物学研究的重点分支方向之一。

4）RBS 与宿主细胞的适配性研究　　元件库的研究使人工合成目标产物的研究更加便利，但一些调控元件也存在专一性较强或宿主细胞适配性低等问题，影响了元件库的应用范围。目前已有较多研究关注于建立 RBS 元件库并借此研究 RBS 的适配性。例如，研究者对谷氨酸棒状杆菌中的莽草酸合成途径进行合成生物学改造时发现，不同的 RBS 对谷氨酸棒状杆菌中酶的产量和表达效率有很大影响。为寻找更加适配于谷氨酸棒状杆菌莽草酸合成途径的 RBS，研究者构建了针对莽草酸合成中 4 个关键酶（AroB、AroD、AroE 和 AroG）的 4 个RBS 元件库，并获得了容量分别为 33、43、49 和 42 的 RBS 元件库。这些元件库具有很好的多样性，其中的 RBS 强弱变化显著。通过对这 4 个元件库中的RBS 进行组合优化，最终通过替换 4 个酶的 RBS 元件，将谷氨酸棒状杆菌中的莽草酸产量提高了近 54 倍。

5）其他元件与宿主细胞的适配性研究　　筛选标记基因是一种酶的编码基因，当载体进入宿主菌后，筛选标记的表达产物使得宿主获得某种表型性状，从而可以在选择性的培养基中筛选出来。该类筛选标记可以是基于抗生素的，也可以是基于营养缺陷型的。出于对产物的食用安全和生态安全的考虑常常需要对筛选标签进行选择，尤其是针对常见的食品级宿主细胞（如酵母、枯草芽孢杆菌等）。有研究者采用琥珀抑制基因 supD 作为重组子筛选标签，构建了食品级表达质粒 pFG200，并通过质粒与琥珀型缺陷的乳酸乳球菌宿主的互补实现了食品级表达系统。

原核生物用一段保守序列作为起始密码的标志，称为 SD 序列，并在核糖体小亚基中有一段序列与其互补，称为反 SD 序列（Anti-SD sequence, ASD）。SD序列有募集小亚基和定位翻译起始位点（translation initiation site, TIS）的作用。因此在原核系统中，许多 mRNA 的翻译起始取决于起始密码子上游的 SD序列和 16S rRNA 3'端的互补序列之间的相互作用。研究表明，SD 序列与核糖体16S 小亚基的识别与结合能力越强，形成的翻译起始复合物的数量越多，翻译起始速率越快，这可能是研究 SD 序列与宿主细胞适配性的一个方面。已有研究通过调整 SD 序列及 SD 序列与起始密码子的距离，来分析其对载体优化的影响。研究表明，在大肠杆菌中，翻译起始位点与 SD 序列间的不同间隔距离会引起翻译速率的不同，SD 序列与 AUG 间隔 5 个核苷酸时为最优的距离，报告基因的表达量最高（Chen et al.，1994）。因此，翻译起始区 SD 序列的组成及长度、SD 序列与起始密码子 AUG 的间隔距离、SD 序列的二级结构等均对 SD 序列与核糖体 16S 小亚基的识别与结合能力有强烈影响，直接影响蛋白质的翻译起始速率。

　　表达元件适配性的研究不仅可以优化表达组件，提高调控范围和表达效率，构建高效率人工表达系统，而且可直面细胞生命活动中的具体问题，通过合成生命相关研究可以回答生理活动、代谢调控，乃至生命进化等基础科学问题。此外，表达元件适配性的研究也将直接面向产业，为解决环境污染、资源耗竭等社会可持续发展的关键问题提供直接有效的技术。近年对表达元件的改造、筛选及适配性研究往往是一起出现的，而且多是通过构建不同表达元件的文库进行研究。开发适配性和通用性更好的元件库是当前研究中的关注点。常见思路如下。首先，通过对不同表达元件的核心区域进行随机突变、从头设计和数据库挖掘等 3 种不同的策略，分别构建不同表达元件的基因文库，如启动子、RBS 和终止子文库。其次，对文库进一步筛选，得到具有广泛调控范围的单个表达元件文库。最后，使用 Gibson 等组装技术构建由上述表达元件组成的基因表达模块，研究表达元件之间的适配性以增强目的产物的表达强度或扩大调控的基因表达范围，并常常通过目的产物的表达水平来评估表达元件的作用效果及适配性。对元件适配性的研究不仅需要对这些调控元件的作用原理与调控机制有更深入的了解，并且需要通过在实际研究中不断探索、设计与改造以获得更多通用性更好的调控元件或组件。

　　表达元件与宿主细胞的适配性是影响宿主细胞产物产量高低的重要因素，其适配性也与多种因素相关，单一或孤立的调控不一定能实现最终产量的提高，需要对多种因素进行优化，只有彼此适配，才能确保代谢流通畅，从而提升产率。也因此，研究表达元件与宿主细胞间的适配关系，降低宿主细胞的代谢压力，提高与表达调控组件的适配性，从而增强人工合成表达系统的稳定性和适应性，具有十分重要的研究价值。在今后的研究中，需要深层次地挖掘造成各种差异的机制及各因素间的关系网络，从而实现更加理性、高效的实验设计。

5.3　极端酶在食品工业中的应用

5.3.1　淀粉行业

　　淀粉是植物中普遍存在的分子，由线性聚合物直链淀粉和支链聚合物支链淀粉组成。由于其结构复杂，不溶于水，需要在高温下液化才能使其成为水解酶的可用底物。参与淀粉降解的酶可分为内作用酶（内水解酶）和外作用酶（外水解酶）。内水解酶如 α-淀粉酶，以随机的方式作用于淀粉分子内部，催化寡糖的直链和支链中间体释放；而外水解酶则通过从淀粉分子的非还原端裂解单糖或寡糖来产生特定的终产物，包括葡萄糖淀粉酶、β-淀粉酶、α-葡萄糖苷酶和异淀粉酶。目前，已经从火山和温泉等高温带分离出了一些能够利用淀粉、纤维素这类天然聚合物作为能源和碳源的高耐热古菌和细菌。其中，大量淀粉转化酶的存在使这些极端微生物能够将多糖降解为寡糖和单糖，即使是在高达 120℃的温度下也能够保持稳定和高活性。此类能够降解淀粉的极端酶如淀粉酶、葡萄糖淀粉酶、普鲁兰酶和环糊精葡萄糖基转移酶，已经被广泛用于淀粉行业生产一系列有价值的产品。

1. 嗜热淀粉酶

淀粉向单一葡萄糖单元的传统工业转化一共由两步组成，即淀粉颗粒的液化（pH 6.0 条件下，105℃加热 5min，95℃加热 1h）和糖化（pH 4.5 条件下，60℃加热 3h）。从超嗜热微生物中分离出的酶一般最适温度为 80～110℃，最适 pH 为 4.0～7.5，这些条件与淀粉液化的最适条件刚好吻合。因此，表征和开发新型超嗜热淀粉酶对淀粉行业的发展至关重要。

目前，在食品工业中使用最广泛的糖酶是 α-淀粉酶，主要用于将浓缩的淀粉悬浮液（30%～40%）转化为不同聚合度的可溶性糊精溶液，即淀粉的液化。除此之外，α-淀粉酶还被用于将谷物中的淀粉分解成可发酵糖来提高乙醇产量，它也是在高果糖糖浆生产过程中用于水解淀粉的第一步反应酶（在葡萄糖淀粉酶之前）。Rana 等（2017）从印度某温泉中分离出由嗜热芽孢杆菌产生的 α-淀粉酶，用于面包的制备。研究发现，在混合面包原料（小麦粉、糖、酵母和油）之前添加 0.75%浓度的 α-淀粉酶，可实现最大发酵活性（2.60mL/h），可大大提升面包的品质。

葡萄糖苷酶是一类催化糖苷键水解的酶，α-葡萄糖苷酶能够通过切割 α-1,4 和 α-1,6 糖苷键，水解来自淀粉、糖原和麦芽糖非还原性末端 1,4-连接的 α-葡萄糖残基。目前，α-葡萄糖苷酶被用于将麦芽糖转化为低聚异麦芽糖（IMO），IMO 是一种在中国和日本等国家广受欢迎的高纤维、低热量甜味剂，常作为益生元纤维出售。此外，来自嗜热古菌 *Thermococcus hydrothermalis* 的嗜热 α-葡萄糖苷酶已与 α-淀粉酶和普鲁兰酶一起用于将淀粉加工成葡萄糖浆。来自黑曲霉的葡萄糖苷酶也被广泛用于淀粉工业，生产葡萄糖浆和双糖。

葡萄糖淀粉酶是食品工业中广泛使用的酶之一，用于将糊精分解成单糖。目前，已经成功从酸热脂环酸芽孢杆菌 *Bacillus acidocaldarius* RP1、腾冲嗜热厌氧菌 *Thermoanaerobacter tengcongensis* MB4 和灼热嗜酸古菌 *Picrophilus torridus* 等极端微生物中克隆出葡萄糖淀粉酶基因，这些重组酶具有高度的热稳定性，能够耐受广泛的 pH。Xu 等（2016）从广西壮族自治区的森林地表分离出来的草酸青霉 *Penicillium oxalicum* GXU20 所产的嗜热葡萄糖淀粉酶，可高效水解玉米和木薯中的生淀粉用以生产乙醇。此外，由地衣形芽孢杆菌 *Bacillus licheniformis* KIBGE-IB3 的突变体产生的嗜热葡萄糖淀粉酶可用于水解大多数酶难以水解的大颗粒马铃薯淀粉。而真菌葡萄糖淀粉酶可以在淀粉被 α-淀粉酶水解后，用于生产葡萄糖和果糖糖浆。其中，葡萄糖浆经高度浓缩后可被用于生产结晶 D-葡萄糖，或用作生产高果糖糖浆的起始原料。

2. 嗜冷淀粉酶

目前，用于食品和饮料行业的绝大多数淀粉酶都是嗜热的，但嗜冷酶由于具有在低温下的稳定性和高活性等优良特性，对淀粉工业来说同样极具应用价值。一方面，低温酶的应用可以有效避免食品在加工过程中品质下降，同时减少杂菌污染；另一方面，还可以减少食品在高温下发生的不良化学反应。第一个被研究的嗜冷 α-淀粉酶是从南极细菌嗜盐交替单胞菌 *Alteromonas haloplanktis* 中分离出来的，并在嗜温宿主大肠杆菌中成功表达。它是第一个被成功结晶并进行 3D 结构解析的嗜冷 α-淀粉酶，分辨率为 1.85Å。根据结构鉴定结果，研究者提出该酶在低温环境中仍能进行有效酶催化的决定因素可能有：①分子表面弹性的增加；②刚性较弱的蛋白质核心，使其结构域间相互作用较少。这种酶和其他嗜冷 α-淀粉酶，如从甘戈特里冰川分离的细菌叶片微杆菌 *Microbacterium foliorum* GA2 的胞外 α-淀粉酶、来自海洋细菌深海王祖农菌 *Zunongwangia profunda* 的嗜冷 α-淀粉酶，已成为目前淀粉行业中最具应用前景的酶品种。2004 年，Novozymes 获得了一项与地衣芽孢杆菌 *B. licheniformis* 亲本 α-淀粉酶的突变体有关的专利，该突变体能够在 10～60℃的温度下表现出更高的比酶活。来自蜡样芽孢杆菌 *Bacillus cereus* GA6 的嗜冷 α-淀粉酶在 4～37℃条件下均能保持稳定和活性，其最适温度为 22℃。

3. 嗜酸淀粉酶

许多嗜酸菌也会产生嗜酸 α-淀粉酶，嗜酸菌能在各种酸性环境中生长，包括硫酸池、间歇泉及被酸性矿山排水污染的区域，甚至在人类的肠道中。Bai 等（2012）发现来自脂环酸芽孢杆菌属的一株嗜酸菌所产的 α-淀粉酶同时具有热稳定性和酸稳定性，最适温度为 75℃，最适 pH 为 3.0～4.2。来自芽孢杆菌 DR90 的 α-淀粉酶在广泛的 pH 和温度范围内均具有活性，在 pH 4.0，75℃条件下具有最佳活性。从古菌 *Pyrococcus furiosus* 中分离出的嗜热嗜酸 α-淀粉酶，被证明在 100℃，pH 5.5～6.0 条件下具有最佳活性。尽管目前已有大量有关嗜酸菌的研究报道，但很少有人将其用于商业生产。

4. 嗜碱淀粉酶

嗜碱淀粉酶被广泛用于皮革鞣制、纸浆漂白、环糊精的生产，以及农业和食品加工废物的处理等工业领域，嗜碱 α-淀粉酶在淀粉工业中发挥着重要作用。1971 年，首次报道了来自嗜碱芽孢杆菌 A-40-2 的嗜碱 α-淀粉酶，其最适 pH 为 10.0～10.5，在 pH 9.0～11.5 时可保留 50%的活性。在这之后，许多来自嗜碱芽孢杆菌的 α-淀粉酶被报道。环糊精（CD）已被用于食品、制药、化妆品和农业等多个行业，淀粉向环糊精转化的过程由环糊精葡萄糖基转移酶（CGTase）催化。CGTase 是 α-淀粉酶超家族的成员，它能催化两个或多个碳水化合物之间，或碳水化合物与非碳水化合物之间糖苷键的裂解，通过形成 1,4-α-D 糖苷键，促使 1,4-α-D-葡聚糖分子环化。目前，已经发现许多嗜碱芽孢杆菌都能产生 CGTase，并被逐渐应用于环糊精的生产。

5.3.2　烘焙行业

现代烘焙行业起源于欧美国家，19世纪初被引入我国。近年来，我国烘焙行业迅猛发展，烘焙食品如面包、蛋糕、饼干等因其营养丰富和独特的风味逐渐成为我国餐桌上不可或缺的重要部分，庞大的需求也推动着烘焙行业的发展。为提高烘焙食品的品质，相比于反应条件更加温和的酶制剂，化学合成的食品添加剂因其理化性质更稳定，可以满足烘焙过程的极端条件而被广泛使用。但随着生活水平的提高和消费观念的改变，消费者对于烘焙产品的安全性需求也日益提升。与化学合成食品添加剂相比，酶制剂来源于生物体，具有天然、安全和高效的特点。因此，开发在烘焙条件下仍能保持高稳定性和高活力的极端酶对于烘焙产业的绿色发展是十分必要的。

目前，部分酶制剂已经在烘焙食品中有了较广泛的应用，主要包括真菌α-淀粉酶、细菌α-淀粉酶、麦芽糖淀粉酶、木聚糖酶、葡萄糖氧化酶、脂肪酶、蛋白酶及乳糖酶等。利用真菌或细菌α-淀粉酶制作的面包含有低分子量糊精，具有抗老化作用，与其他酶制剂如木聚糖酶及麦芽糖淀粉酶有协同作用。这是由于低分子量糊精能够从淀粉和蛋白质之间的界面扩散出去，干扰淀粉与连续的蛋白质网络之间的相互作用，使面包硬化速率缓慢。脂肪氧化酶是一种应用前景广阔的增白酶，对面团的改善主要体现在两个方面：①氧化面粉中的色素，使其褪色，促使面制品增白；②氧化不饱和脂肪酸使其形成过氧化物，过氧化物可以将巯基氧化为二硫键，从而使面筋筋力加强。应用于烘焙行业的商业化极端酶见表5.6。

表 5.6　应用于烘焙行业的商业化极端酶

种类	商品名称（公司）	用途	来源菌种
嗜热酶	Novamyl®（诺维信）	提高面包品质	*Bacillus stearothermophilus*
	Panzea BG®（诺维信）	改善面团外观和构造	*Bacillus licheniformis*
	Panzea 10X BG®（诺维信）	改善面团外观和构造	*Bacillus licheniformis*
	Fungamyl®（诺维信）	提高面包色泽和体积	*Aspergillus oryzae*
	Lipopan®（诺维信）	加强面团硬度	
	Pentopan®（诺维信）	加强面团硬度	未见报道
	Gluzym®（诺维信）	提高面团韧性、体积	
嗜冷酶	嗜冷淀粉酶	提高发酵效率	*Alteromonas Baumann*
	Novoshape®（诺维信）	应用于烘焙水果的加工	未见报道
	Pectinase 62L®（Biocatalysts）	应用于烘焙水果的加工	

1. 嗜热酶

1）嗜热淀粉酶　　对于烘焙食品而言，发酵是至关重要的一环。面团的发酵就是利用酵母在其生命活动过程中所产生的二氧化碳和其他成分如乙醇等，使面团蓬松而富有弹性，并赋予烘焙食品特殊的色、香、味及多孔性结构。酵母生命活动所必需的氮源和碳源是由面团中的含氮物质与可溶性糖类提供。单糖是酵母生长繁殖的最好营养物质。在一般情况下，面粉中的单糖很少，不能满足酵母生长繁殖的需要。

因此，在面团发酵过程中加入适量的 α-淀粉酶，将面团当中的淀粉分解为酵母可直接利用的可溶性寡糖、还原糖等，为酵母发酵提供更加优良的碳源，加速了酵母发酵并增加了 CO_2 产量，使面团更加蓬松。同时，产生的还原糖增强了美拉德反应和焦糖化反应。目前，α-淀粉酶除在烘焙食品当中应用广泛外，还被应用于啤酒酿造、淀粉制糖工业和抗性淀粉制备当中。目前，科研人员已经从耐热的微生物当中发掘出了多种嗜热 α-淀粉酶（表 5.7）。

表 5.7　从嗜热微生物中挖掘出的嗜热 α-淀粉酶

名称	来源	最适 pH	最适温度/℃
ST0817	头寇岱硫化叶菌 *Sulfolobus tokodaii* strain 7	5.5	75
pMD18-T-amy	超嗜热古菌 *T. siculi*	5.5	95
α-amylase	激烈热球菌 *P. furiosus*	5.0	95
AmyL	深海热球菌 *T.frofundus*	5.0	95

　　与 α-淀粉酶分解淀粉产物的随机性相比，高温葡萄糖淀粉酶更适合被应用在烘焙食品当中。葡萄糖淀粉酶又被称为糖化酶，是一种典型的外切酶。它可以通过水解淀粉和低聚糖非还原性末端的 α-1,4 和 α-1,6 糖苷键，释放葡萄糖分子，因此其在发酵、食品、轻工等行业具有广泛的应用。但由于其最适温度仅为55℃，在烘焙、糊化过程的极端高温下容易失活或很难发挥其原有活性，因此开发耐高温的葡萄糖淀粉酶是提高烘焙食品品质的有效手段。目前从微小根毛霉 *Rhizomucor pusillus*、疏棉状嗜热丝孢菌 *Thermomyces lanuginosus* 和嗜热帚霉 *Scytalidium thermophilum* 等多种菌株当中发掘的葡萄糖淀粉酶最适温度可以达到65℃以上，但这距离烘焙食品应用和工业化应用仍有一定的差距。

　　2）嗜热脂肪酶　　脂质是面包形成过程当中对质构特性影响较大的物质之一，有研究表明，双半乳糖甘油二酯（DGDG）和双半乳糖单油酸甘油酯（DGMG）是最主要的半乳脂类。当 DGDG 与 DGMG 的比例在 1：1 时能显著增大面包体积，这说明烘焙食品中的脂类物质之间的协同作用对增强气室稳定性有比较好的作用。

　　脂肪酶又被称为甘油三酯水解酶，它在烘焙过程中主要起到催化面团中油脂分解并产生游离脂肪酸和脂酰基甘油的作用。这一过程有助于面筋形成更强的极性和亲水作用，从而导致麦谷蛋白与水更加紧密地结合，并增加面筋网络结构中的二硫键，使得面团更加稳定和蓬松，最终提高烘焙食品的质构特性。

　　目前，研究人员已经从伯克霍尔德菌 *Burkholderia cepacia*、解脂嗜热互营杆菌 *Thermosyntropha lipolytica*、玫瑰色热微菌 *Thermomicrobium roseum* DSM 5159 等菌株中筛选出许多可耐受 80℃以上高温的脂肪酶基因，并进行了异源表达。诺维信公司生产的 Lipopan® 产品 Lipopan FBG 与 Novamyl 10000 BG，已经被斯洛伐克的研究人员证明其复合物可有效改善面包的感官特性。

　　除商业化的脂肪酶被广泛应用于烘焙食品外，浙江大学的研究人员还在疏棉状嗜热丝孢菌中挖掘出一种嗜热脂肪酶（PTL）并将其应用于面包烘焙中（钱忠英等，2020）。通过对面包的比容、组织结构和面包芯白度等指标进行评估，与诺维信公司的 Lipopan FBG（FBG）及化学改良剂甘油双乙酰酒石酸单酯（DATEM）进行了比较。结果表明，当 PTL 的用量在 10～20mg/kg 时可以获得最佳效果，虽然在增加比容和强化面筋结构等方面效果不如 FBG，却优于直接添加 DATEM。

　　3）嗜热木聚糖酶　　木聚糖酶（xylanase）是一种糖苷酶，它包括 β-1,4-内切木聚糖酶、β-木糖苷酶、α-L-阿拉伯糖苷酶、α-D-葡糖苷酸酶、乙酰基木聚糖酶和酚酸酯酶，可通过糖苷键的水解降解自然界中大量存在的木聚糖类半纤维素。在烘焙原料当中存在着大量的阿拉伯木聚糖，经实验证明，阿拉伯木聚糖对烘焙产品的品质有着积极的影响，木聚糖酶可以分解不溶性的阿拉伯木聚糖，从而改善水分的吸收。同时，阿拉伯木聚糖的部分水解也可以改善面包的质构特性。目前，研究人员已研究了来源于细菌、真菌和动物的木聚糖酶，并在嗜热土壤细菌 *Geobacillus* sp.MT-1、嗜热脂肪土芽孢杆菌、巨大芽孢杆菌 *Bacillus megaterium* FLH-2 和土曲霉 *Aspergillus terreus* 等细菌和真菌中发现了多种具有较高活性的嗜热木聚糖酶。

2. 嗜冷酶

在面团发酵前期和低温储存阶段，一般要求温度比较低，因而需要添加一些低温酶来提高烘焙产品的品质。研究人员从南极菌种交替单胞菌中分离、鉴定并成功异源表达了第一种嗜冷 α-淀粉酶后，陆续从甘戈特里冰川中的棒状杆菌 GA2 及海洋细菌 *Zunongwangia profunda* 中分离出多种嗜冷 α-淀粉酶，这些酶在食品加工领域展现出了较高的应用价值，已经被广泛应用在啤酒酿造、葡萄酒发酵、面包制作及果汁加工等行业。

在烘焙前期，加入一定量的嗜冷木聚糖酶将纤维素分解为可溶性的糖，可以使烘焙食品更加松软。目前，研究人员已经从菌株中分离并鉴定了多种嗜冷木聚糖酶，并证明它们可以有效改善面包的品质。

此外，嗜冷果胶酶和 β-半乳糖苷酶在果汁、无乳糖烘焙产品中也有一定的应用，因果汁和牛奶的储存环境要求苛刻，在低温下才能长期保存，因此发掘嗜冷果胶酶和 β-半乳糖苷酶可以很好地增加烘焙产品的种类和风味。不仅如此，嗜冷β-半乳糖苷酶还可以参与乳清蛋白在低温条件下的精深加工，如塔格糖的生产。

5.3.3　果汁行业

果汁是指未添加任何外源物质，而直接利用压榨等技术从新鲜水果中提取的汁液；果汁类饮料是指以果汁为基础，通过添加水、酸、糖和其他香料等调制而成的饮品。果汁类饮料可分为原果汁、浓缩果汁、原果浆、浓缩果浆、果肉果汁饮料、高糖果汁饮料、果粒果汁饮料和果汁饮料。从人类健康和商业角度来看，果汁生产是十分重要的，果汁可以向广大消费者提供水果的营养成分。果汁类饮料的一般加工工艺如图 5.11 所示。

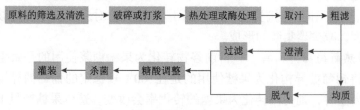

图 5.11　果汁类饮料的一般加工工艺

1. 嗜热酶

1）极端耐热纤维素酶　　果汁的生产需要经过提取、澄清和稳定等过程，而纤维素酶的添加有助于提高果汁的产量和品质。在 20 世纪 30 年代早期，水果工业生产果汁的产量很低，并且在将果汁过滤到所需的澄清度时遇到了许多问题。随后，对食品级微生物中合适的果胶酶、纤维素酶、半纤维素酶及水果组分的研究，均促进了该难题的解决。纤维素酶是降解纤维素的 β-1,4-糖苷键以形成单糖的酶，可用于咖啡加工，从植物中提取油和类胡萝卜素，生产蔬菜泥、果汁、花蜜，以及啤酒和葡萄酒制造。

来自深海喷口的超嗜热古菌的纤维素酶显示出内切 β-葡聚糖酶活性，能够水解羧甲基纤维素、β-葡聚糖、地衣多糖和磷酸溶胀纤维素（Leis et al.，2015）。该酶表现出超热稳定性，在低于 70℃时不显示活性，在 92℃时最大活性，并且在 80℃下孵育 4.5h 后可保留其初始活性的 80%以上。纤维素是地球上最丰富的有机化合物，在极端嗜性纤维素酶的帮助下，纤维素可以充当葡萄糖的重要来源，可以进一步用于食品等行业。

2）嗜热淀粉酶　　果汁饮料中传统的甜味剂是蔗糖，但由于饮食观念的进步，果汁饮料行业正逐步使用一些不仅具有甜味，还具有一定功能的其他甜味剂如果葡糖浆、蛋白糖、甜菊苷等。以前惯用酸水解法生产葡萄糖浆，但由于酸水解在右旋糖当量值高于 55 时会产生异味，因此限制了其应用。20 世纪 50 年代末，酶法水解淀粉来制备葡萄糖开始用于工业生产。制造葡萄糖的第一步是淀粉的液化，用嗜热 α-淀粉酶使淀粉液化为糊精可以缩短液化时间，提高液化效率。此外，一种由热酸芽孢杆菌生产的酸性 α-淀粉酶，其最适作用 pH 为 4.0～5.0，与糖化酶的最适作用 pH 一致，淀粉经该 α-淀粉酶液化后无须调节 pH 就可直接进行糖化，简化了淀粉糖浆的生产工艺。另外，嗜热的木糖异构酶最适温度为 100℃，将它应用于果葡糖浆的生产，能使异构化温度提高从而促进果糖生成。

自印度温泉分离得到的一种嗜热芽孢杆菌产生的 α-淀粉酶，可用于猕猴桃汁和苹果汁澄清和面包制作（Rana et al.，2017）。研究发现，在猕猴桃汁和苹果汁的加工过程中添加 1.25%（m/v）的 α-淀粉酶可提高产量，并获得最佳的口感、色泽、风味和整体接受度，这归因于 α-淀粉酶对多糖的降解能够有效降低果汁的黏度，减少聚集簇的形成。

3）嗜热葡萄糖异构酶　　目前谷物转化为果糖糖浆使用的是微生物嗜中温淀粉酶，将葡萄糖异构化为果糖使用的是在 60℃较稳定的葡萄糖异构酶。但在 60～90℃高温时，葡萄糖转化为果糖的转化率会改变，造成果糖产量下降，需进一步处理使果糖富集，其中提高温度有助于果糖产量增加。已有研究开发了来源

于嗜高温微生物 *Thermotoga* 的木糖异构酶，该酶可以转化葡萄糖为果糖。另外，从土壤中分离出的闪烁杆菌属和芽孢杆菌属的嗜热葡萄糖异构酶，其最适温度达 70℃，在工业应用中表现出巨大的潜力。

4）**热稳定性葡萄糖淀粉酶**　　在通过 α-淀粉酶进行淀粉水解之后，真菌葡萄糖淀粉酶被广泛用于制造葡萄糖和果糖糖浆。高葡萄糖糖浆可用于生产结晶 D-葡萄糖或作为原料生产高果糖糖浆。此外，由地衣芽孢杆菌产生的热稳定性葡萄糖淀粉酶，被证明可用于水解大多数酶难以水解的具有大颗粒的马铃薯淀粉。

2. 嗜冷酶

低温加工有利于保持果汁品质、减少风味物质挥发、减少副反应发生、降低能耗等，在食品加工中的应用越来越多。嗜冷酶可在低温下催化酶促反应高效进行，经温和的热处理即可使酶灭活，简化了加工工艺，并有效提高了产品品质。目前饮料工业的趋势是用低温加工代替高温加工，低温加工可以提高经济效益、降低环境污染、节约能源，并且可以预防污染和损坏，避免在高温时不良化学反应的发生，因此，许多嗜冷酶被用于食品和饮料市场。

果胶酶可以催化植物果胶降解，使果汁澄清、黏度降低，被广泛用于葡萄酒酿造、天然油提取、果汁加工等食品工业。目前，大多数商业化的果胶酶都是从嗜常温的菌种中获得的，没有划分耐低温的酶类。但是部分果胶酶产品在低温下有活性，如诺维信的一种果胶甲基酯酶、Biocatalysts 公司的果胶酶 62L（为半聚半乳糖醛酸酶和果胶裂解酶的混合物），其中果胶酶 62L 在 10～60℃都具有活力。加拿大 Lallemand 公司生产的 Lallzyme®是一种黑曲霉中果胶酶的混合物（多聚半乳糖醛酸酶、果胶酯酶和果胶裂解酶），在 5～20℃下有活力，可以用于果汁和葡萄酒的澄清。嗜冷的果胶酶在果汁提取的过程中，能够起到降低黏度、澄清终产品、保持风味等作用。Singh 等（2012）报道了来自土壤宏基因组的热稳定性多聚半乳糖醛酸酶，其具有新的生物化学性质。Sathya 等（2014）也从土壤宏基因组文库中分离了具有类似性质的多聚半乳糖醛酸酶的功能基因。

5.3.4　乳制品行业

1. 嗜冷酶

嗜冷酶在乳制品行业中有广泛的应用。乳糖是牛乳中最主要的碳水化合物，占其总糖量的 98%以上。乳糖需经位于小肠黏膜上皮细胞刷状缘的 β-半乳糖苷酶水解为半乳糖和葡萄糖两种单糖后才能被机体吸收利用。据报道，全球近 70%的人口在婴儿期后无法消化乳糖，即乳糖不耐受症。乳糖不耐受症是小肠黏膜上乳糖酶活力较低所致，乳糖得不到水解，小肠内乳糖浓度提高，使渗透压增加，从而导致进入肠腔内的水分含量升高，继而产生腹部压力增高、气胀、腹痛及腹泻等症状。由于乳糖不耐受症的普遍存在，很多人无法接受牛乳这种具有良好平衡性的食品，这已成为乳品推广的主要限制因素之一。外源性的 β-半乳糖苷酶可以将乳糖降解为葡萄糖和半乳糖，可用于降低乳制品中的乳糖以提高消化率。目前已经开发了多种嗜冷 β-半乳糖苷酶或凝乳酶，用于生产无乳糖牛奶和处理副产品乳清。相较于普通的常温酶，嗜冷 β-半乳糖苷酶可以在 8～10℃的低温运输环境下有效地水解乳糖，以减少生产成本，采用高活性的嗜冷 β-半乳糖苷酶替代传统的 β-半乳糖苷酶，不但可以保持高水平的乳糖水解活性，有效降解乳制品中乳糖含量，消除乳糖不耐受症，还可以缩短水解时间，减少细菌污染的风险，提高奶制品的品质。乳清是奶酪生产的副产品，嗜冷 β-半乳糖苷酶在水解乳清时会产生富含葡萄糖和半乳糖的糖浆，可用作甜味剂。除作为低热量的甜味剂外，它们还能增强肠道中双歧杆菌的生长，具有作为益生元的潜在应用价值。

在奶酪生产中，一方面是通过促进原料乳中酪蛋白微结构的变化，裂解酪蛋白中的肽键，使其凝结成块。另一方面，利用酶的裂解作用，催化大分子物质成为小分子物质，提高奶酪的风味和香气。公元前 6000 年，人们用小牛的皱胃作为容器盛装牛乳时发现了牛乳凝集现象，从而使皱胃凝乳酶在干酪中的生产成为可能。目前工业上在乳酪的加工过程中需要凝乳酶破坏酪蛋白胶束使牛奶凝结，而来源于小牛的凝乳酶价格昂贵，且过高的温度不仅耗费较多能量，还会影响奶酪的风味，因此，稳定性较弱的嗜冷凝乳酶可以用于解决这一问题。除此之外，在牛奶的冷藏过程中，一般需要加入过氧化氢进行杀菌，以避免微生物对牛奶中的酶和有益细菌损害，而过剩的过氧化氢则可以用耐冷的过氧化氢酶来分解。

2. 嗜热酶

嗜热酶在乳制品行业中有多种应用。由于其在高温条件下可以保持活性，可以用于乳制品的加工、品质的改善和保质期的延长。

嗜热肽酶是奶酪制作过程中一种常用的酶。在奶酪熟化过程中，发酵剂中的细菌对氨基酸和氨基酰的代谢往往会产生一些特殊气味或不愉快的气味。氨基肽酶在这些代谢中起着重要的作用，它能够降解 L-亮氨酰-4-对硝基苯胺，水解速度要大于精氨酰、丙氨酰、脯氨酰和甘氨酰的衍生物，同时具有二肽-氨基肽酶的活性。目前的商业酶制剂中也会通过加入氨基肽酶，利用蛋白酶、脂肪酶和氨基肽酶的协同作用，提高奶酪的香气和感官指标。AHC100 就是一种来自乳酸乳球菌的内切蛋白酶和氨基肽酶混合商业酶制剂。

嗜热酶在乳制品的乳化和改善稳定性中也具有应用潜力。这些酶能够在高温条件下促进乳化过程，增强产品的乳化稳定性。例如，热稳定的乳化酶能够有效地处理乳脂肪和乳蛋白，提高乳制品的质地和口感。而嗜热的脂肪酶也可以在脂肪降解中发挥作用，通过将脂肪降解为游离脂肪酸，进一步分解形成乙酯、丙酮等呈味物质，可用于奶油和黄油的制作，促进脂肪的降解和乳化，产生丰富的风味物质。

嗜热酶在乳制品生产中也可用来对乳清蛋白进行加工。乳清是乳制品加工中产生的副产物，富含乳清蛋白。酪蛋白和乳清蛋白的分子主要为多肽，嗜热乳清蛋白酶 B 可以通过降解苦味肽，提高乳清蛋白的溶解度和稳定性，改善乳清的口感和风味。此外，嗜热酶还可以用于延缓乳制品贮藏过程中的腐败现象，由嗜热地芽孢杆菌 *Geobacillus stearothermophilus* T6 产生的一种热稳定酶可用于乳制品贮藏中的蛋白质水解，从而延缓乳制品的腐败。

3. 抗氧化酶

抗氧化酶可以帮助抑制或减轻细胞中的氧化反应，通过防止细胞膜的氧化、DNA 损伤和蛋白质降解等来保护细胞免受氧化损伤。在乳制品行业中，抗氧化酶主要用于保护脂质、防止色素的褪色、保护维生素和改善口感和品质等方面。

需要注意的是，抗氧化酶的使用应遵循相关法规和安全标准，以确保产品的质量和安全性。在乳制品行业中使用抗氧化酶需要进行充分的研究和实验验证，以确保其效果和安全性，并遵循合适的添加剂用量。

4. 抗菌酶

抗菌酶是一种具有抑制细菌生长或杀灭细菌能力的酶。它们可以通过多种机制对细菌产生抗菌作用，包括破坏细菌细胞壁、抑制关键酶的活性或破坏细菌代谢物质等。抗菌酶在乳制品中主要可用作以下几种。①防腐剂，乳制品中的抗菌酶可以用作天然的防腐剂，抑制有害细菌和霉菌的生长，从而延长产品的货架寿命。乳过氧化物酶是乳制品中防止微生物污染的主要物质，其本身无抑菌活力，但与过氧化氢、硫氰酸盐可共同形成天然抗菌体系，即乳过氧化物酶系统。乳过氧化物酶能抑制革兰氏阴性菌（包括大肠杆菌和沙门氏菌菌株）和革兰氏阳性菌，具有抗菌、防腐作用。②抗菌乳酶酪，抗菌酶可以用于生产抗菌乳酶酪，这种乳酪在发酵和贮存过程中能够抑制致病菌的生长。抗菌乳酶酪具有更长的保质期，并且在食品安全方面更加可靠，具有良好的市场应用前景。

抗菌酶在乳制品行业中的使用同样要经过充分的理论研究和实验验证，以确保其效果及安全性。

随着生物技术的飞速发展，越来越多的新型极端酶被发现和研究，并应用于乳制品的加工。例如，碱性蛋白酶、硬度酶和酸性磷酸化酶等新型酶制剂可以用于改善乳制品的质量和生产效率。此外，越来越多的生物技术公司对极端酶在乳制品中的应用进行研究和开发，以满足市场需求。因此，极端酶在乳制品行业中有着广泛的应用前景，该领域的研究也在不断深入。

5.3.5　代糖行业

过量摄入高热量糖，如葡萄糖、果糖和蔗糖等，会导致肥胖、糖尿病、心脑血管疾病和高血压等慢性疾病，已引起世界范围内的广泛关注。近年来市面上出现了一些"代糖"食品，这些食品的特点是不加糖（如白糖、砂糖、蔗糖、葡萄糖等），而以代糖（sugar substitute）代替，使食品同样有甜味。代糖的种类很多，根据产生热量与否，一般可分为营养性甜味剂（可产生热量）及非营养性甜味剂（无热量）两大类。营养性甜味剂是食用后会产生热量的代糖，但每千克产生的热量较蔗糖低，主要包括山梨醇、木糖醇、甘露醇。非营养性甜味剂又分为人工合成与天然两种，而其中天然非营养性甜味剂日益受到重视，成为甜味剂的发展趋势，主要有甜菊糖苷、赤藓糖醇。

1. 利用木聚糖酶生产低聚木糖

低聚木糖（xylooligosaccharide，XOS）是一种新型绿色添加剂，具有能量低、耐酸性和热稳定性好等特性。因 XOS 存在独特的 β-1,4 糖苷键，故不易被人体各种消化酶所分解，从而降低了糖分的有效吸收，食用后不会增加血糖浓度及胰岛素水平，是对肥胖症患者或糖尿病患者友好的甜味剂。

XOS 通常是以玉米芯、甘蔗、油茶壳、麦秆、秸秆及稻壳等农业废料为制备原料，通过化学法酸水解、发酵法和木聚糖酶法而制备。化学法酸水解一般是采用 HCl、$C_2HCl_3O_2$、H_2SO_3 的稀酸部分水解木聚糖制得 XOS，此法虽然已经应用于实际生产中，但对生产设备的耐酸、耐热、耐压方面有较高的要求，产生的废液会污染环境，副反应较多，反应速率难以控制，同时还存在产品安全性不高的问题。发酵法是用微生物直接处理或发酵天然纤维原料生产 XOS，该法存在反应困难、酶难以回收及提取率低的问题。用木聚糖酶酶法制备 XOS 具有反应选择性和专一性强、酶水解速率及程度易于控制、分离得到的产物纯度较高及副产物少等优点，是目前生产 XOS 的理想方法。

具有耐热性能的糖苷酶的获得主要有两个途径：一是直接从不同耐热微生物体内挖掘耐热糖苷酶，如从嗜热脂肪土芽孢杆菌中挖掘木聚糖酶；二是通过蛋白质改造技术提高中温糖苷酶的专一性和耐热性。

β-木糖苷酶广泛存在于动物、植物和微生物中，其中以微生物来源的 β-木糖苷酶最为丰富和多样。目前已经从许多耐高温的细菌、真菌和古菌中分离鉴定了许多具有高活性和稳定性的 β-木糖苷酶，并对其酶学性质、结构、催化机制、功能等方面进行了深入的研究。除水解功能外，部分微生物来源的 β-木糖苷酶还具有转糖苷功能，可以将供体的木糖基转移到受体上，形成新的含有木糖基的化合物。这些新型化合物可能具有更高的生物活性和附加值，为利用 β-木糖苷酶开发新型功能性食品提供了可能。

近年来从一些嗜热细菌和耐热真菌中分离到的 β-木糖苷酶也具有较高的热稳定性。例如，Rizzatti 等（2001）从海枣曲霉 *Aspergillus phoenicis* 的发酵液中分离到一种具有热稳定性的 β-木糖苷酶，最适反应温度为 75℃；黄颖等（2019）从热解纤维素果汁杆菌属中挖掘出一种新型耐热 β-木糖苷酶，结果显示其最适温度为 90℃，并且在 80℃下孵育 2h 后仍具有 60%的活性，具有较好的热稳定性。β-木糖苷酶最适合 pH 为 6.0，在 pH 6.0～7.0 时均具有较高的催化活力，特别是 β-木糖苷酶对木三糖和木四糖的降解效率显著高于木二糖，说明其对长链低聚木糖的降解效果更好。

为了提高 β-木糖苷酶的催化效率和适应性，许多研究者对其进行了分子改造，Li 等（2017）对 GH11 家族木聚糖酶进行分子动力学模拟，选择 B-factor 较高的 21 位点甘氨酸进行饱和突变，得到的突变体 G21I 半衰期较野生型提高了 11.8 倍。同样，除根据特征参数选取潜在的突变位点外，对分子的氨基酸序列和结构信息进行分析，也可获得影响酶耐热性的潜在突变位点。研究者利用软件分析了几丁质酶的序列和结构，发现 Ser244 和 Ile319 可形成二硫键，且 S259 位点可能影响酶的耐热性，因此额外设计二硫键并对 259 位点饱和突变后，突变体在 50℃的半衰期较野生型提高了 26.3 倍。随着计算机软件和算法的发展，基于酶结构分析的计算机辅助设计为改造酶的耐热性提供了极大便利。研究者通过计算机辅助分析黑曲霉来源的 GH10 家族木聚糖酶，确定了 5 个氨基酸位点并进行了 4 轮迭代饱和突变，最终得到的突变体（R25W/V29A/I31L/L43F/T58I）在 60℃的半衰期较野生型延长了 60 倍。通过定向进化和基因重组的方法，研究者对一株来源于土壤细菌的 β-木糖苷酶进行了改造，获得了一种具有高转糖苷活性和高稳定性的新型 β-木糖苷酶。该酶可以将 7-木糖-10-去乙酰紫杉醇转化为紫杉醇，紫杉醇是一种抗肿瘤药物的前体。经改造后酶的转化效率比野生型酶提高了约 10 倍，而且对温度和 pH 的耐受性也有所增强。这为利用 β-木糖苷酶生产紫杉醇提供了一种新的途径。

总之，利用糖苷酶生产低聚木糖是一种高效、环保、可持续的方法，具有广阔的应用前景。β-木糖苷酶作为木聚糖水解过程中的关键酶之一，不仅可以水解木聚糖和低聚木糖，还可以转化含有木糖基的生物活性物质。通过分子改造等手段，可以进一步提高 β-木糖苷酶的耐高温性，为其在食品、医药和化妆品等领域中的开发和利用提供新的思路和方法。

2. 利用甘露醇脱氢酶生产甘露醇

D-甘露醇是一种天然的六碳糖醇，与山梨糖醇为同分异构体，已被证明是抗肿瘤药和免疫刺激剂的重要前体，因其特殊的生理功能，在食品、医疗和化工行业中广泛使用。天然的 D-甘露醇存在于多种植物（如海藻、橄榄、南瓜和芹菜等）中，其甜度相当于蔗糖甜度的 62%，并且甜度不会随浓度的增加而增加。据报道，D-甘露醇甜度适中，在人体代谢过程中几乎不会引起血糖水平的变化，因此可作为甜味剂供糖尿病人群使用。D-甘露醇的热量低于其他糖醇类，热值仅为 3.75kcal/g，适用于身体肥胖人群作为低热量代餐品食用。

近年来，微生物转化法制备甘露醇引起了广泛的关注，主要包括微生物发酵法、酶转化法和全细胞转化法。目前已有一些产甘露醇脱氢酶的嗜高温微生物被挖掘，如荧光假单胞菌。

全细胞转化法因具有条件温和、副产物少和收率高等优势而被广泛应用。合成 D-甘露醇的底物主要以葡萄糖、果糖和蔗糖为主。其中，果糖可以在辅因子参与和甘露醇脱氢酶的催化下直接合成 D-甘露醇。从价格成本上来讲，以果糖为底物合成甘露醇的方法能够从价格相对低廉的产品出发合成高价值的产物 D-甘露醇，具有很高的工业转化价值。

甘露醇脱氢酶作为 D-甘露醇合成途径中的关键酶，需要在辅因子 NADH 或 NADPH 的参与下才能催化反应。为了降低生产成本，可通过构建辅酶再生体系来实现，常见辅酶再生酶包括葡萄糖脱氢酶和甲酸脱氢酶。2004 年，Kaup 等（2004）的团队利用基因工程的方法，首次在大肠杆菌中开发了将果糖转化为 D-甘露醇的全细胞催化体系，该方法反应高效且过程成本低，解决了辅酶外源添加的问题。此后，研究者在谷氨酸棒状杆菌等微生物中也建立了 D-甘露醇的全细胞催化系统。以上体系的构建在一定程度上解决了外源添加辅因子时增加生产成本的问题。全细胞催化合成 D-甘露醇的影响因素主要包括关键酶——甘露醇脱氢酶的活性和催化条件、细胞对底物的消耗、辅酶和能量供应的不平衡和产物的分解利用转运等。

为提高辅酶再生酶的稳定性，研究者首先通过筛选获得了耐高温的葡萄糖脱氢酶，使其与甘露醇脱氢酶在大肠杆菌中进行共表达构建细胞工厂，随后通过平衡双酶催化速率策略及优化反应条件，实现 D-果糖到 D-甘露醇的高效合成。除此之外，研究者还筛选了来自假肠膜明串珠菌（LpMDH）、肠膜明串珠菌（LmMDH）及假单胞菌（PbMDH）的甘露醇脱氢酶。结果发现 LpMDH 和 LmMDH 的最适温度为 30℃，当温度高于 30℃时，酶活力急剧下降，LpMDH 和 LmMDH 的耐热性较差；而 PbMDH 的最适温度为 60℃，且在 45～65℃温度下酶活力均能维持在 70%以上，说明嗜高温 PbMDH 的耐热性较强，更适用于工业生产。

3. 利用糖基转移酶生产甜菊糖苷

甜菊糖苷（steviol glycoside，SG）被誉为"最佳天然甜味剂"，是继蔗糖、甜菜糖之外的第 3 种有健康作用和开发价值的天然糖源，在国际上被誉为"世界第三糖源"。研究表明，甜菊糖苷摄入人体后，具有降血压、抑制肥胖、降血糖和抗腹泻等作用。甜菊糖苷具有甜度高、热值低、安全稳定和人体无法直接吸收代谢等特性，已通过美国食品药品监督管理局（FDA）公认安全（GRAS）级别的安全认证，并且获得联合国粮食及农业组织（FAO）和世界卫生组织（WHO）等的使用认可，可作为功能性糖类被广泛地应用到食品行业中。

来源于植物甜叶菊的甜味剂莱鲍迪苷 D（rebaudiosideD，RebD）和莱鲍迪苷 M（rebaudioside M，RebM）因其低热量、高甜度、低回苦味等独特性质而受到消费者青睐，是高热量糖的理想替代品，被广泛应用于食品行业。然而 RebD 和 RebM 在甜叶菊中含量低，利用传统萃取方法从植物中提取制备不仅生产成本高且产量难以满足市场需求。因此，根据其生物合成途径开发相应酶转化方法，实现以甜叶菊中含量高的甜菊糖和莱鲍迪苷 A（rebaudioside A，RebA）合成莱鲍迪苷 D 和莱鲍迪苷 M，具有重要的应用价值。

有研究者在探索以甜菊苷作为底物合成莱鲍迪苷 A 的过程中，通过将 UDP-葡糖基转移酶与蔗糖合成酶两步催化反应结合起来，构建重组酵母工程菌 GS115/pPIC9K-UGT/pPICZA-At-SUS，经诱导表达获得重组酶，形成双酶共表达体系。在此基础上对催化反应条件进行了优化，得到了最优反应条件，实现了更高效催化甜菊苷合成莱鲍迪苷 A，使工业化生产成为可能。另外，还有研究者探索了以莱鲍迪苷 A 作为底物合成莱鲍迪苷 D 的过程中，考虑用其他类型的酶取代 UDP-葡糖基转移酶，探索了葡糖基转移酶和交替糖蔗糖酶的催化效果。研究结果发现来源于嗜柠檬酸明串珠菌 CICC23234 的交替糖蔗糖酶可以将莱鲍迪苷 A 更有效地催化合成莱鲍迪苷 D 的同分异构体，并经过甜味特性研究发现，该法得到的莱鲍迪苷 D 的同分异构体，溶解度较高，味感较好。

目前，国内外众多学者开始研究通过改变甜菊苷的分子结构，改变其理化性质和感官品质。最为广泛应用的有酶促修饰法，指通过酶的转糖基作用或水解作用，在甜菊苷分子上引入糖基或进行转化，以制备具有更好味质的甜菊苷衍生物。国外学者尤其日本学者开展甜菊苷的酶促修饰研究较早，采用的酶包括环糊精葡糖基转移酶（CGTase）、β-呋喃果糖苷酶、β-半乳糖苷酶、糊精葡聚糖酶、普鲁兰酶和 β-淀粉酶等，其中有关糖基转移酶的研究最多。

5.3.6　食品废弃物处理领域

食品废弃物是前处理所剩食材或食用后所剩食物的统称，包括菜叶、果皮、谷物等初级农产品，肉类、骨类、内脏等畜牧产品，可食用节肢动物的外壳，富营养的汤水等，其中大多为厨余垃圾。随着生活水平的提高和垃圾分类政策的实行，我国有记录的厨余垃圾数量剧增。据报道，我国在"十三五"末餐厨垃圾产生量达到 $1.5×10^5t/d$，预计"十四五"期间将达到 $2.0×10^5t/d$，其中多数餐厨垃圾并未实现有效的回收和利用，造成了严重的资源浪费与环境安全隐患。尽管这些食品废弃物已不适合食用，但其中仍包含约 30%油脂、15%蛋白质、3%多糖类、1%盐分及微量元素等营养成分可供回收利用，并且可通过厌氧消化制备沼气、氢气等清洁能源。因此对厨余垃圾进行回收处理，实现食品废弃物的减量化、无害化和高值化是我国当前面临的迫切问题，这对于改善环境污染和发展循环经济具有重要意义。

目前，厨余垃圾的处理方式主要有焚烧、填埋、粉碎直排、肥料制作、生物降解等。在对食品废弃物的各种处理方式中，生物处理因其条件温和、产物可控、产物可高值化利用等优点成为国内外的研究热点。但食品废弃物堆积后存在温度高、盐分高、油脂高、低 pH 等特点，对微生物和酶的活性有较强的抑制作用，用普通微生物进行处理往往需要冷却、稀释、调整渗透压等，不仅工作量大，且增加额外费用。因此越来越多的学者开始研究利用极端微生物或极端酶来提高废弃物的处理效果。

1. 嗜热酶

厨余垃圾在堆积过程中会产生较高的热量，而嗜热酶具有耐高温的特性，在高温下反应效率高、稳定性好，可克服中低温酶出现的生物学不稳定的缺点，使许多高温催化反应得以实现。早在 20 世纪 80 年代便有学者研究如何利用嗜温菌提高食品工厂排放废水的处理效果，并成功在 54℃高温下处理了日本豆腐生产过程所排放的污水。除了温度因素，厨余垃圾的降解更需要耐高温的脂肪酶、蛋白酶和纤维素酶等。2011 年，李华芝等（2011）发现可产生耐高温脂肪酶和纤维素酶的菌种，并成功在 65℃下对厨余垃圾进行降解。高温条件虽然对酶的活性要求较高，但高温有助于提高难溶物质如多糖、脂类的溶解性和可利用性，有利于耐高温的功能酶更好发挥催化作用。研究者利用纤维素酶在高温下将玉米秸秆水解成半固态糊状物质，发现玉米等农产品的废物回收利用率在高温下有明显提高。

2. 嗜盐酶

中国作为水产大国，水产养殖和食用数量在世界上名列前茅，而海鲜相关的食品废弃物往往存在含盐量高的问题。因嗜盐菌对渗透压的调节能力较强，加上其体内嗜盐酶在高盐浓度下的稳定性较强，且可以在非水环境中保持催化性能，故将其应用于处理海产品、酱制品是非常理想的方式。有研究利用经驯化的嗜盐菌成功处理了含盐量高达 15%的废水，这对于处理含盐量在 1%左右的厨余垃圾来说完全足够。除了含盐量的因素，厨余垃圾中还有约 30%的油脂和 15%的蛋白质，这就需要寻找在极端盐环境下保持高脂解活性和高蛋白水解活性的酶和微生物。2009 年，有研究发现了一种可以在氯化钠浓度为 3～4mol/L 的条件下起作用的脂肪酶，在食品工业特别是含盐量高的环境中有较大的应用潜力，可以在高盐环境中很好地清除油污和油渍。2021 年，唐烨锋等（2021）筛选到了可在盐浓度为 7.5%时仍然具有较高脂肪酶、蛋白质酶和纤维素酶活性的菌种，并可催化厨余垃圾的降解。

　　3. 嗜酸酶

　　嗜酸菌长期生活在极端酸性环境条件下（pH 1.0～4.0），为适应环境形成了多种在极端酸性环境下仍具有较高催化活性的酶，即嗜酸酶。目前已有包括嗜酸糖苷酶、嗜酸蛋白酶、嗜酸脂肪酶在内的多种嗜酸酶被开发出来并应用于食品行业。选择耐酸的蛋白酶、脂肪酶和纤维素酶等用于偏酸性食品废弃物的降解，无须再调 pH，在食品废弃物的工业处理中具有更高的应用价值。

　　酸奶企业产生的酸性废水，pH 约为 4 且富含蛋白质；同时富含蛋白质、脂肪和植物纤维的厨余垃圾在发酵过程中也会酸化，这些食品废弃物的降解及回收利用都需要耐酸性的蛋白酶和脂肪酶的参与。通常，酸奶企业废弃物会利用水解法将污水中难降解的大分子物质转化为小分子物质，比如利用耐酸性的半乳糖苷酶水解废水中残留的乳糖等，从而改善酸奶工厂废水的可处理性。2003 年，Eckert 和 Schneider（2003）报道酸热脂环酸芽孢杆菌（*Alicyclobacillus acidocalarius*）产生的纤维素酶，在 pH 4.0，80℃下对燕麦纤维素具有活性。2008 年研究者报道的来源于 *Cryptococcus* sp.的纤维素酶可在酸性条件下降解不溶性纤维素。这些酶都可被应用于厨余垃圾的酶法降解。

　　食品废弃物在我国生活垃圾中约占一半，且其因高油高盐偏酸等特性导致处理难度大，综合利用率不高。用传统焚烧、填埋等方式处理厨余垃圾，费时费力、浪费资源且污染严重。因此急需寻找更加有效、环保的方法对食品废弃物进行回收处理，实现高值化利用。结合食品废弃物的存在特点，近年来已有多个研究证明耐高盐耐酸的极端微生物和极端酶在食品废弃物中的应用具有较大潜力。

5.3.7　动物饲料领域

　　人类驯化并饲养家禽家畜以生产营养丰富的肉、奶和蛋，饲料添加剂能够有效提高动物的生产性能，保证动物健康，改善产品品质。作为一种安全、高效、绿色无毒的添加剂，饲料用酶也已经被广泛应用于畜牧业和养殖业。目前，饲料用酶可以较为粗略地分为消化酶和非消化酶两类，前者是指动物本身能够分泌的淀粉酶、脂肪酶、蛋白酶等，而后者指动物自身不能分泌到消化道的酶，包括植酸酶、纤维素酶、木聚糖酶等。消化酶的添加能够帮助动物更好地分解饲料中的营养素，将大分子化合物转化为小分子的糖、寡肽、氨基酸等，加速其消化和利用，非消化酶的添加则能够帮助消化一些动物本身不能消化的物质，拓宽动物能够利用的物料范围，还能够帮助消除一些抗营养因子。这能够大大减弱动物饲料和人类食品的竞争，更好地保障人类的粮食安全。另外，一些酶制剂的添加还能够激活动物内源消化酶的分泌，从而提高饲料的消化利用率。相较于普通酶制剂，耐高温酶能够抵抗饲料调制、挤压、造粒和后熟过程中的高温高压环境，耐酸性酶还能够抵抗动物胃液中的酸性环境，它们能够在极端环境下持续高效地发挥作用，从而具有更高的应用价值。

1. 内源消化酶

动物自身的消化道含有一些内源消化酶，以满足自身的代谢需求，包括淀粉酶、蛋白酶、脂肪酶等。大多数动物不需要额外补充这一类酶，但在一些特殊情况下，如幼龄动物的消化功能不完全，可能会存在内源消化酶分泌不足的问题，适当补加这些酶能够补充其内源酶的不足，帮助消化大分子物质，提高饲料的消化利用率。有研究者利用豆粕替代鱼粉来降低银鲫饲料的成本，同时利用蛋白酶作为添加剂来增强银鲫对饲料的消化能力（Shi et al., 2016）。经过 80℃造粒处理，蛋白酶仍能够保留接近 80%的酶活，表现出良好的耐热性能。与对照组相比，添加 150mg/kg 蛋白酶的饲料能够显著改善银鲫的生长性能，其增重率从 188.4%提高至 230.6%。Ran 等（2015）利用廉价的棕榈油替代鱼油和大豆油来喂养鲤鱼，并加入适量的脂肪酶 LipG1 以提高鲤鱼对饲料的消化利用率，改善其生长性能。该酶对于酸性环境有很好的适应性，在 pH 3.0 的环境下孵育 12h 仍能保留 60%的酶活。根据喂养实验测定结果，脂肪酶补充剂组肠道中脂肪酶活性显著提高，表现出更好的生长性能，增重率由 96.70%提高至 112.32%。在奶牛的饲料中添加淀粉酶可使牛奶产量从 32.3kg/d 提高至 33.0kg/d，干物质摄入量则从 20.7kg/d 降低至 19.7kg/d，有效提高了饲料利用效率。除此之外，淀粉酶还增加了牛奶中乳糖的含量，降低了血液中尿素氮的浓度。

2. 植酸酶

植酸又名肌醇六磷酸、环己六醇六磷酸，是一种广泛存在于谷物、种子和蔬菜中的有机磷类化合物。它不能被猪、禽类和水产品的内源消化酶有效降解，还会与动物胃肠道中的蛋白质和钙、铁、镁、锌等矿物质结合成稳定的复合物，降低动物对这些物质的生物利用度。通常情况下，植酸未经消化就随粪便排出，造成了其中磷的浪费，还会造成环境的污染。热稳定性的植酸酶能够被用于饲料工业中，可有效催化植酸的水解，释放肌醇环上所连接的磷酸，从而更容易被机体吸收，避免环境污染，还能够减少蛋白质和矿物质的浪费。有研究者通过补充植酸酶来提高猪的磷消化率，并对比了不同来源植酸酶的作用效果。结果表明，针对醪状饲料，植酸酶的添加能够显著提高猪对磷的消化率，粪便中磷的含量下降了 40%左右。除了添加到饲料中直接饲喂，还有研究者用植酸酶对豆粕进行预处理再用来饲喂鲈鱼，实验结果表明，鲈鱼对植酸酶预处理后的饲料表现出明显的偏好性，其体内磷和钙的含量也明显上升。Zhao 等（2019）直接在大豆中表达了植酸酶，经鉴定，该酶最适 pH 为 4.5，最适温度为 70℃，在 pH 2.5 下能保持50%以上的酶活，表现出较好的酸适应性和热稳定性。进一步的探究表明，该酶对有机溶剂表现出良好的稳定性，用正己烷提取大豆中的油脂不会使植酸酶失活。该结果使得从大豆中先提取的脂质，再以加工副产物豆粕作为饲料成为可能，可充分发挥大豆的价值。

3. 非淀粉多糖酶

非淀粉多糖是指植物组织中除淀粉外的所有碳水化合物，包括纤维素、半纤维素、果胶、葡聚糖、木聚糖等。其中，前三者是植物细胞壁的主要成分，纤维素更是自然界含量最多的多糖，它们在饲料中也占有相当大的比例。由于大多数动物不能很好地消化吸收非淀粉多糖，因而它们在饲料中的存在会对动物的消化机能造成负面影响，具备一定的抗营养作用。因此，充分利用这些成分，一方面能够极大地提升饲料的利用效率，减少资源浪费；另一方面，能够减弱非淀粉多糖的抗营养作用，帮助维持动物消化功能的稳定。Ye 等（2017）通过单因素和正交实验对从鹅盲肠分离得到的一株解淀粉芽孢杆菌的培养条件进行了优化，以大量生产耐热耐酸的纤维素酶。该酶在多种金属离子存在时依旧能够稳定发挥作用，且对吸水棉、豆粕和滤纸都表现出明显的水解作用。通过在鹅饲料中添加解淀粉芽孢杆菌，能够使其产卵数量提高 21.14%，卵的平均重量能够提高3.22%，卵的受精率和孵化率也分别提高了 13.97%和 11.89%。有研究者在山羊的饲料中添加了来自土曲霉的果胶酶，结果显示，相对于对照组，添加果胶酶的实验组山羊的养分消化率和产奶效率得到提高；同时，还增加了每日产奶量和奶成分浓度、总共轭亚油酸浓度和不饱和脂肪酸/饱和脂肪酸的比率，并降低了动脉粥样硬化指数。有研究者在罗非鱼的饲料中同时添加了木聚糖酶和葡聚糖酶，在饲喂 90d 后，对照组体重增加了 1383%，而添加了外源酶的实验组体重增加了1840%，其饲料转化率、体脂率、蛋白质含量均有显著上升。经过肠道形态和肠道微生物种群的系统测定，外源酶的添加有效促进其肠道发育，降低罗非鱼幼鱼的消化黏度，缓解了非淀粉多糖的抗营养作用，同时还能够提高肠道中益生菌的比例，从而提高了罗非鱼的生长性能。除了直接添加酶，还有研究者直接使用屠宰场的牛瘤胃液来处理饲料，以提高反刍动物的饲料利用率。经测定，瘤胃液中含有丰富的羧甲基纤维素酶、α-淀粉酶和微晶纤维素酶，能够对苜蓿、玉米粒、豆粕等多种物料发挥作用。

除了以上几类酶，还有一些不常见的酶也被用于饲料工业。Rychen 等（2016）利用伏马菌素酯酶来降解饲料中的真菌毒素，显著降低了家禽消化道和粪便中伏马菌素的浓度。Pech-Cervantes 等使用扩展蛋白协同纤维素酶发挥作用，体外模拟实验表明，与单独使用纤维素酶相比，还原糖的释放增加了 40%。有研究者利用表面展示了漆酶的大肠杆菌作为饲料添加剂来降解磺胺嘧啶，以降低肉鸡肠道中条件致病菌的含量，改善氧化应激，维持其肠道菌群的稳定。

酶制剂在动物饲料中的应用是一个充满活力的研究和开发领域，目前的研究主要在于利用一种酶或者多种酶协同作用以改善消化率，促进肠道发育及改善生产性能，或者是用来减少毒素和抗生素的残留，降低疾病发生率或死亡率。除了寻找和开发新的对极端环境具有较好耐受性的酶，还可以尝试对商业产酶菌株进行修饰或包封等来改善其稳定性，从而更好地应用于动物饲料工业中。

参 考 文 献

黄颖, 姚雪妍, 刘腾飞, 等. 2019. 新型耐热 β-1, 4-木糖苷酶的重组表达及酶学性质[J]. 微生物学报, 59(4): 689-699

李华芝, 李秀艳, 胡启平, 等. 2011. 处理厨余垃圾的高温菌剂研制及其降解性质研究[J]. 华东师范大学学报: 自然科学版, 2: 126-133

钱忠英, 刘滔, 杨环毓, 等. 2020. 重组疏棉状嗜热丝孢菌脂肪酶对面包烘焙品质的影响[J]. 食品工业科技, 41(9): 74-80

唐烨锋, 徐文涛, 文冰洁, 等. 2021. 厨余垃圾高效降解菌的筛选及降解特性研究[J]. 能源与环境, 2: 15-18

余小霞, 田健, 刘晓青, 等. 2015. 枯草芽孢杆菌表达系统及其启动子研究进展[J]. 生物技术通报, 31(2): 35-44

张莹, 张璐, 刘夺, 等. 2014. 7-脱氢胆甾醇合成功能模块与底盘细胞的适配性[J]. 生物工程学报, 30(1): 30-42

张裕, 周化岚, 张建国, 等. 2022. 无细胞蛋白质表达系统的优化与应用[J]. 生命的化学, 42(8): 1493-1501

周鲁豫. 2023. 真核表达调控元件组合调节基因表达水平的比较研究[D]. 郑州: 河南农业大学

Bai Y, Huang H, Meng K, et al. 2012. Identification of an acidic α-amylase from *Alicyclobacillus* sp. A4 and assessment of its application in the starch industry[J]. Food Chemistry, 131(4): 1473-1478

Charbit A, Boulain J C, Ryter A, et al. 1986. Probing the topology of a bacterial membrane protein by genetic insertion of a foreign epitope; expression at the cell surface[J]. The EMBO Journal,

5(11): 3029-3037

Chen H, Bjerknes M, Kumar R, et al. 1994. Determination of the optimal aligned spacing between the Shine-Dalgarno sequence and the translation initiation codon of *Escherichia coli* mRNAs[J]. Nucleic Acids Research, 22(23): 4953-4957

Curran K A, Karim A S, Gupta A, et al. 2013. Use of expression-enhancing terminators in *Saccharomyces cerevisiae* to increase mRNA half-life and improve gene expression control for metabolic engineering applications[J]. Metabolic Engineering, 19: 88-97

Curran K A, Morse N J, Markham K A, et al. 2015. Short synthetic terminators for improved heterologous gene expression in yeast[J]. ACS Synthetic Biology, 4(7): 824-832

Densmore D, Hsiau T H C, Kittleson J T, et al. 2010. Algorithms for automated DNA assembly[J]. Nucleic Acids Research, 38(8): 2607-2616

Duan Y, Zhang X, Zhai W, et al. 2022. Deciphering the rules of ribosome binding site differentiation in context dependence[J]. ACS Synthetic Biology, 11(8): 2726-2740

Eckert K, Schneider E. 2003. A thermoacidophilic endoglucanase (CelB) from *Alicyclobacillus acidocaldarius* displays high sequence similarity to Arabinofuranosidases belonging to family 51 of glycoside hydrolases[J]. European Journal of Biochemistry, 270(17): 3593-3602

Freudl R, Schwarz H, Stierhof Y D, et al. 1986. An outer membrane protein (OmpA) of *Escherichia coli* K-12 undergoes a conformational change during export[J]. Journal of Biological Chemistry, 261(24): 11355-11361

Gibson D G, Young L, Chuang R Y, et al. 2009. Enzymatic assembly of DNA molecules up to several hundred kilobases[J]. Nature Methods, 6(5): 343-345

Glieder A, Farinas E T, Arnold F H. 2002. Laboratory evolution of a soluble, self-sufficient, highly active alkane hydroxylase[J]. Nature Biotechnology, 20(11): 1135-1139

Hannig G, Makrides S C. 1998. Strategies for optimizing heterologous protein expression in *Escherichia coli*[J]. Trends in Biotechnology, 16(2): 54-60

Hartner F S, Ruth C, Langenegger D, et al. 2008. Promoter library designed for fine-tuned gene expression in *Pichia pastoris*[J]. Nucleic Acids Research, 36(12): e76

Horbal L, Siegl T, Luzhetskyy A. 2018. A set of synthetic versatile genetic control elements for the efficient expression of genes in Actinobacteria[J]. Scientific Reports, 8(1): 491

Itakura K, Hirose T, Crea R, et al. 1977. Expression in *Escherichia coli* of a chemically synthesized gene for the hormone somatostatin[J]. Science, 198(4321): 1056-1063

Kang H K, Jang J H, Shim J H, et al. 2010. Efficient constitutive expression of thermostable 4-α-glucanotransferase in *Bacillus subtilis* using dual promoters[J]. World Journal of Microbiology and Biotechnology, 26(10): 1915-1918

Kaup B, Bringer-Meyer S, Sahm H. 2004. Metabolic engineering of *Escherichia coli*: construction of an efficient biocatalyst for D -mannitol formation in a whole-cell biotransformation[J]. Applied Microbiology and Biotechnology, 64(3): 333-339

Kaur J, Kumar A, Kaur J. 2018. Strategies for optimization of heterologous protein expression in *E. coli*: Roadblocks and reinforcements[J]. International Journal of Biological Macromolecules, 106: 803-822

Kwok R. 2010. Five hard truths for synthetic biology: Can engineering approaches tame the complexity of living systems? Roberta kwok explores five challenges for the field and how they might be resolved[J]. Nature, 463: 288-290

Lee G, Pero J. 1981. Conserved nucleotide sequences in temporally controlled bacteriophage promoters[J]. Journal of Molecular Biology, 152(2): 247-265

Leis B, Heinze S, Angelov A, et al. 2015. Functional screening of hydrolytic activities reveals an extremely thermostable cellulase from a deep-sea archaeon[J]. Frontiers in Bioengineering and Biotechnology, 3: 95

Li X Q, Wu Q, Hu D, et al. 2017. Improving the temperature characteristics and catalytic efficiency of a mesophilic xylanase from *Aspergillus oryzae*, AoXyn11A, by iterative mutagenesis based on *in silico* design[J]. AMB Express, 7(1): 97

Nevoigt E, Fischer C, Mucha O, et al. 2007. Engineering promoter regulation[J]. Biotechnology and Bioengineering, 96(3): 550-558

Phan T T P, Nguyen H D, Schumann W. 2010. Establishment of a simple and rapid method to screen for strong promoters in *Bacillus subtilis*[J]. Protein Expression and Purification, 71(2): 174-178

Qin X, Qian J, Yao G, et al. 2011. GAP promoter library for fine-tuning of gene expression in *Pichia pastoris*[J]. Applied and Environmental Microbiology, 77(11): 3600-3608

Ran C, He S, Yang Y, et al. 2015. A novel lipase as aquafeed additive for warm-water aquaculture[J]. PLoS One, 10(7): e0132049

Rana N, Verma N, Vaidya D, et al. 2017. Application of amylase producing bacteria isolated from hot spring water in food industry[J]. Annals of Phytomedicine, 6(2): 93-100.

Rizzatti A C S, Jorge J A, Terenzi H F, et al. 2001. Purification and properties of a thermostable extracellular β-D-xylosidase produced by a thermotolerant *Aspergillus phoenicis*[J]. Journal of Industrial Microbiology and Biotechnology, 26(3): 156-160

Rosano G L, Ceccarelli E A. 2014. Recombinant protein expression in *Escherichia coli*: advances and challenges[J]. Frontiers in Microbiology, 5: 172

Rychen G, Aquilina G, Azimonti G, et al. 2016. Safety and efficacy of fumonisin esterase (FUMzyme®) as a technological feed additive for all avian species[J]. EFSA Journal, 14(11): e04617

Salis H M, Mirsky E A, Voigt C A. 2009. Automated design of synthetic ribosome binding sites to control protein expression[J]. Nature Biotechnology, 27(10): 946-950

Sathya T A, Jacob A M, Khan M. 2014. Cloning and molecular modelling of pectin degrading glycosyl hydrolase of family 28 from soil metagenomic library[J]. Molecular Biology Reports, 41(4): 2645-2656

Schumann W. 2007. Production of recombinant proteins in *Bacillus subtilis*[J]. Advances in Applied Microbiology, 62: 137-189

Serrano-Heras G, Salas M, Bravo A. 2005. A new plasmid vector for regulated gene expression in *Bacillus subtilis*[J]. Plasmid, 54(3): 278-282

Shi Z, Li X Q, Chowdhury M A K, et al. 2016. Effects of protease supplementation in low fish meal pelleted and extruded diets on growth, nutrient retention and digestibility of gibel carp, *Carassius auratus gibelio*[J]. Aquaculture, 460: 37-44

Singh R, Dhawan S, Singh K, et al. 2012. Cloning, expression and characterization of a metagenome derived thermoactive/thermostable pectinase[J]. Molecular Biology Reports, 39(8): 8353-8361

Stemmer W P C. 1994. Rapid evolution of a protein in vitro by DNA shuffling[J]. Nature, 370(6488): 389-391

Sørensen H P, Mortensen K K. 2005. Advanced genetic strategies for recombinant protein expression in *Escherichia coli*[J]. Journal of Biotechnology, 115(2): 113-128

Wefelmeier K, Ebert B E, Blank L M, et al. 2022. Mix and match: promoters and terminators for tuning gene expression in the methylotrophic yeast *Ogataea polymorpha*[J]. Frontiers in Bioengineering and Biotechnology, 10: 876316

Xu K, Tong Y, Li Y, et al. 2022. Autoinduction expression modules for regulating gene expression in *Bacillus subtilis*[J]. ACS Synthetic Biology, 11(12): 4220-4225

Xu Q S, Yan Y S, Feng J X. 2016. Efficient hydrolysis of raw starch and ethanol fermentation: a novel raw starch-digesting glucoamylase from *Penicillium oxalicum*[J]. Biotechnology for Biofuels, 9(1): 216

Ye M, Sun L, Yang R, et al. 2017. The optimization of fermentation conditions for producing cellulase of *Bacillus amyloliquefaciens* and its application to goose feed[J]. Royal Society Open Science, 4(10): 171012

Zhang B, Zhou N, Liu Y M, et al. 2015. Ribosome binding site libraries and pathway modules for shikimic acid synthesis with *Corynebacterium glutamicum*[J]. Microbial Cell Factories, 14(1): 71

Zhang K, Su L, Duan X, et al. 2017. High-level extracellular protein production in *Bacillus subtilis* using an optimized dual-promoter expression system[J]. Microbial Cell Factories, 16(1): 32

Zhang S P, Wang Q, Quan S W, et al. 2020. Type II toxin–antitoxin system in bacteria: activation, function, and mode of action[J]. Biophysics Reports, 6(2): 68-79

Zhao L, Ye B, Zhang Q, et al. 2019. Construction of second generation protease-deficient hosts of *Bacillus subtilis* for secretion of foreign proteins[J]. Biotechnology and Bioengineering, 116(8): 2052-2060

Zhao Y, Zhu L, Lin C, et al. 2019. Transgenic soybean expressing a thermostable phytase as substitution for feed additive phytase[J]. Scientific Reports, 9(1): 14390

第6章　基于极端微生物的食品活性因子生物制造

6.1　食品微生物细胞工厂的创制

6.1.1　生物元件及模块优化

1. 生物元件库国内外研究进展

生物元件库是对元件数据和实物进行收集、整理和共享的重要平台，对合成生物学的研究和应用具有非常重要的支撑作用。国外先后出现了标准生物元件登记库等多个元件库，通过制定 OpenMTA 协议实现了元件实物的免费分发共享，并通过制定"合成生物学开放语言"实现了多个元件库之间的数据交换；通过 Bionet 项目对元件数据和实物的去中心化管理作了进一步尝试。近年来国内多家科研单位合作建设了合成生物学元件与数据库（https://www.biosino.org/rdbsb/或 https://www.biosino.org/npbiosys/）。在建设过程中，首先建立了与"合成生物学开放语言"兼容的《催化元件数据标准》、多种重要元件的标准功能测试方法及安全高效的元件提交系统，并在此基础上完成了元件数量最多且信息最为全面的催化元件数据库的构建。目前，收集了 30 多万个催化元件，包括 7 万多个具有文献支持功能表征信息的催化元件，并保藏了 1 万个以上的实物元件和 5000 个底盘菌株，通过网站实现了数据和实物的公开与共享。上述元件库已经对国内合成生物学的研究和应用产生了积极的推动作用，访问量超过 100 万次/年，提供元件和底盘共享服务大于 100 次/年，并为多家企业和研究单位提供了元件和底盘的定制服务。虽然元件库建设取得了巨大的进步，但是仍需在调控元件的收集整理和共享机制创新等方面取得更多的突破，在数据有源、多层审核、资源共享、信息公开、信息安全和授权访问的基础上，加速生物元件数据、实物和设计工具的汇聚，并进一步服务合成生物学研究。

2. 生物元件的挖掘、改造与标准化

生物元件是合成生物学中的三大基本要素之一，是合成生物学的基石。现阶段，生物元件的挖掘、鉴定和改造仍然是合成生物学领域的重要研究方向之一。合成生物学与基因工程和代谢工程最显著的差别在于其能够将大量的生物元件进行快速、随意地组装，而实现这一目标的前提是将生物元件标准化。目前，已经有大量基因组被解析，通过这些基因组数据库的注释与功能验证，并借助于各种生物信息学软件预测启动子、终止子、操纵子、转录因子和转录因子结合位点、核糖体结合位点及蛋白质编码区等部件，为合成生物学提供丰富的生物元件信息资源。随着元基因组技术的兴起，大量未培养微生物中的基因和基因簇信息被解析，使得可以从占自然界中实际存在微生物总数 99%的未知微生物中挖掘更多的生物元件。另外，生物元件可以从自然界中分离出来，也可以对天然生物元件进行修饰，重组和改造后得到新的元件。酵母是异源蛋白表达的通用宿主和生物基产品生产的细胞工厂，但其本身可用的启动子非常有限，近年来各国学者在酵母启动子改造和文库构建方面做了很多工作。

1）从基因组信息中挖掘生物元件　　生物元件主要来源于自然界，因此从自然界中分离是获得生物元件的主要途径之一。在大规模基因组测序前，从自然界中分离生物元件主要是运用传统的分子克隆方法或基于保守序列的 PCR 方法。随着越来越多的基因组信息得到解析，可以通过生物信息学预测直接从基因组中得到各种生物元件。目前已有超过 1000 个微生物的全基因组得到了分析，对这些基因组数据库的注释与功能验证将为合成生物学提供丰富的生物元件信息资源。

2）利用元基因组技术挖掘生物元件　　21 世纪以来，元基因组学的研究越来越受到关注，不断有新的报道。应用 DNA 序列导向和功能导向的元基因组筛选方法，可以筛选并鉴定具有某种功能的新基因或基因簇，是获得功能蛋白质生物元件的重要途径。目前各国科学家利用元基因组技术，从未培养生物中分离到许多有重要工业应用价值的酶基因，如酯酶基因（Chu et al.，2008）、脂肪酶基因（Jeon et al.，2009）、蛋白酶基因（Waschkowitz et al.，2009），以及从冰川水的元基因组文库中筛选到 DNA 聚合酶Ⅰ基因（Simon et al.，2009）。同时，随着单细胞全基因组扩增技术和流式细胞仪分选技术的日益成熟，已经可以利用单细胞扩增和分析未培养微生物的基因组（Woyke et al.，2009）。从这些未培养微生物的元基因组中可以挖掘到大量新的生物元件。

3. 生物元件的改造及其在合成生物学中的应用

生物元件可以从自然界分离出来，也可以被修饰、重组和改造后得到新的生物元件。启动子是专一地与 RNA 聚合酶结合并决定转录开始位置的元件，控制基因转录的起始时间和表达程度。启动子是合成生物学中一个非常重要的调控元件，各种遗传线路、基因开关、基因振荡和细胞群体系统脉冲发生器等功能的发挥大都是需要通过启动子的调控来实现的。

最近，台湾学者创建了一个集成的酿酒酵母启动子特性知识库，称作酵母启动子图谱。酵母启动子图谱整合了启动子的 9 种特性，包括启动子序列、转录起始位点、3′和 5′非编码区、TATA 框、转录因子结合位点、核小体占用率、DNA弯曲性、转录因子结合、转录因子敲除表达和转录因子之间相互作用。酵母启动子图谱设计利用联合方式呈现其资料，即仅当对启动子的各种特性进行综合考虑时才能揭示许多重要的观察值。例如，刚性 DNA 能阻止核小体包裹，从而使得转录因子更易接近刚性 DNA 区域的转录因子结合位点。结合核小体占用率、DNA 弯曲性、转录因子结合、转录因子敲除表达和转录因子结合位点等资料，可以帮助我们确定其中真正发挥功能的转录因子结合位点。在酵母启动子图谱中，各种启动子特性被整合进一个集中的、有组织的平台中。研究者可以方便地观察其感兴趣的转录因子结合位点是否被核小体占有或者位于刚性 DNA 区域，也可以知道下游基因的表达是否响应相关转录因子的敲除。跟其他酵母启动子资料库相比，酵母启动子图谱不仅仅集合了转录因子结合位点，而且结合了许多其他启动子特性，这些信息将对生物学家研究基因的转录调控有帮助（Chang et al., 2010）。

对基因功能的研究往往需要通过改变基因的表达水平来考察不同表达水平下产生的结果。原则上，目的基因可以通过特定调控实现连续不同的表达水平。传统的方法中，对基因功能的研究是在两个极端的状态：基因敲除和高表达。但是，基因功能在代谢优化和控制分析方面的研究需要基因表达呈现一种连续的、增量微小的表达水平，这就需要基因在一系列连续的强弱不同的启动子调控下表达（Chen and Zhang, 2016）。而作为通用蛋白表达宿主和合成生物学中的细胞工厂的酵母，其本身可用的启动子极其有限，因此需要对现有的启动子进行改造和人工合成新的启动子。随着蛋白质定向改造技术的日益成熟，可以将蛋白质定向改造技术引入酵母启动子的改造中。通过定向改造技术，建立包括各种不同强度启动子的文库，是实现基因精确调控的有力遗传工具。目前，已经对毕赤酵母和酿酒酵母中的启动子进行了改造，通过构建启动子文库，得到了一系列不同强度的启动子元件。

4. 生物元件的标准化与组装

随着合成生物学的发展，具有相似功能的生物元件会越来越多，那么如何对这些元件进行挑选，以达到系统或者装置的设计目标，这是一个非常重要的问题。一般方法是利用这些元件分别合成目标序列，然后来比较它们的功能。但是，在目前的条件下，元件的数量越来越多，合成的步骤也越来越复杂，往往不可能针对所有候选元件进行实验。因此，利用计算机辅助设计来帮助进行生物元件选择，已成为合成生物学一个重要的研究方向。Silva-Rocha 和 de Lorenzo（2008）就是通过构建数学模型，然后根据计算结果来选择适当强度的启动子，从而合成了所需的基因回路，达到了预期的实验目标。目前，已经有一些计算机软件来帮助建立数学模型，然后根据生物元件的生物学数据（动力学参数和启动子强度等）来预测合成的系统是否符合设计的目标，从而帮助进行生物元件的选择。计算机辅助设计大大加快了合成生物学的研究速度。

随着合成生物学的发展，需要合成的目标序列包括的元件数量越来越多，序列也越来越长，因此需要对目标序列的合成途径进行优化，以减少合成的时间，降低合成的成本。在过去的 10 年里，合成生物学家建立了一个令人印象深刻的元件和工具集合（执行启动子等特定功能的遗传序列），并将它们结合起来，以实现具有更高级功能的回路，如转录调控。这些电路现在被组合起来设计具有复杂性能的调节电路，如逻辑门（Dasgupta et al.，2020）、RNA 核糖开关（Mundt et al.，2018）、振荡器（Ding et al.，2014）和录音机（Marino-Ramire et al.，2005）。

然而，尽管尖端合成生物学工具取得了巨大的发展，但即使对于众所周知的代谢途径来说，将微生物工程化用于工业规模生产仍然是一项具有挑战性的工作（Xie et al.，2001）。通常，必须将多个基因引入宿主并以适当的水平表达，以获得尽可能好的输出。由于活细胞的复杂性，通常不知道异源基因必须在哪个水平上表达，宿主内源性基因的表达必须改变到哪个水平（如果不删除的话）才能实现这一目标。因此，合成生物学家的目标是开发计算工具，以预测组装或整个重组微生物的性能。然而，计算分析的结果通常需要通过进一步的实验室测试进行验证。这个困难主要源于生物系统的非线性（Salis et al.，2009）和低通量表征方法（Lewis，2015）。此外，调整多个因素对于在生物系统中获得最佳输出通量至关重要（King and Feist，2014）。这些可能包括染色质及其结构域的整体结构状态（Vandermies and Fickers，2019），控制基因表达的转录调节因子的强度（Chen and Zhang，2016），转录终止子（Sander et al.，2019）、核糖体结合位点、重组基因编码的蛋白质的生化特性（Garcia-Granados et al.，2019），正确功能的辅因子可用性（Smanski et al.，2014），宿主的遗传背景及表达系统本身（质粒表达 vs. 染色体整合）（Naseri et al.，2019）。

为了克服这些问题，有两种类型的优化策略可用。一种是"序列优化"，这是一种优化代谢途径性能的经典方法（Lim et al.，2018），序列通量最大化方法经常通过编码竞争路径的基因缺失来实现（Lee et al.，2018）。然而，基因缺失可能会产生广泛的生理后果，降低细胞生长和生产力。例如，通过 CRISPR 干扰实现的不同程度的 ArgR 下调导致大肠杆菌与删除 ArgR 相比生长速率显著提升（Roy et al.，2018）。然而，提高重组微生物中异源产物的产率是复杂的，将研究范围缩小到去瓶颈策略过于简单。例如，虽然对酿酒酵母已经进行了大量的工作来研究其代谢网络，但该宿主中进行高价值化学品的工业规模生产仍然进展甚微。近期有研究通过设计 244 000 条合成 DNA 序列来解析大肠杆菌翻译过程的优化机制，虽然研究规模令人瞩目，但对翻译能力提升的内在机制仍缺乏深入阐释（Zhang et al.，2019）

使用顺序优化，一次只测试一个零件或少量零件，这使得该方法既耗时又昂贵（Nakamura et al.，2019）。而成功的代谢途径工程通常只有通过试错才能实现。规避这些障碍的另一种方法是建立途径"优化"方法，该方法无须事先了解多酶途径中涉及的每个单个基因的最佳表达水平（图 6.1）。目前已有多种此类方法被开发，如基因簇的功能优化（Rugbjerg and Sommer，2019），全局转录机制扰动（Wilson et al.，2013）适应性修饰基因的基因组规模映射（Rantasalo et al.，2018）、多重自动化基因组工程（Chatelle et al.，2018）和"组合优化"。

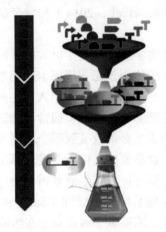

图 6.1　微生物细胞工厂优化的工作流程示意图

组装启动子（弯曲箭头）、RBS（弦）、编码序列（箭头）、终止子（"T"）、组装启动子（弯曲箭头）、RBS（弦）、编码序列（箭头）、终止子（"T"）等通路元件库，以生成组合库，其中微生物成员产生不同水平的目标代谢物。

6.1.2　产物合成的动态调控

在合成生物学和代谢工程的框架下，研究人员通过改造微生物代谢通路，实现对特定化合物的高效合成。通过引入调控元件和信号传导网络，可以实现对微生物细胞工厂中合成途径的动态调控，以适应不同的环境条件和提高产物合成的效率。这种精准而灵活的调控手段为生物合成过程的优化提供了新的思路，有望加速新型药物、生物燃料等领域的开发。

合成生物学工具箱的快速扩展使得工程师能够制定更为智能的策略，以优化复杂的生物合成途径。在这种策略中，多基因通路被细分为几个模块，每个模块都受到动态控制，以响应不断变化的细胞环境，从而微调其表达。以大肠杆菌合成柚皮素为例，为了在不受模块之间或宿主调节机制干扰的情况下微调单独的模块，开发了一个 sigma 因子工具箱，用于可调节的正交基因表达。该工具箱在大肠杆菌中实施，用于正交表达和微调工业相关植物代谢物柚皮素的异源生物合成途径。通过生物传感器驱动的筛选、组合工程文库的基因分型，以及最后训练 3 种不同的计算机模型来预测最佳途径配置等方式有机结合优化柚皮素的生物合成。该流程获得的柚皮素生产滴度相对于随机通路库筛选提高了 32%，最优的菌株通过分批发酵，能够在 26h 内从甘油生产 286mg/L 柚皮素，为大肠杆菌中从头合成柚皮素的最高值。此外，在统计学习过程中确定了有价值的路径配置偏好。例如，特定的酶变体偏好及途径中特定步骤的启动子强度与浓度之间的显著相关性。统计学习技术与组合通路优化技术和体内高通量筛选方法相结合，以有效确定通路的最佳操纵子配置。这种"通路架构设计师"工作流程可用于快速有效地为不同类型的感兴趣分子开发新的微生物细胞工厂，同时还提供对潜在通路特征的额外见解。

6.1.3　食品组分发酵过程控制与优化

发酵过程被定义为在有机碳源存在下利用微生物生产增值产品。该工艺因其能改善产品的味道、风味和质地，且对环境的负面影响和能耗都低于传统化工过程而广泛应用于食品及其营养因子的制造。然而，由于以下原因，生物过程的控制和优化更具挑战性：①过程动力学和动力学有高度非线性和复杂性；②对生化机制的理解不足，因此难以获得准确的过程模型；③缺乏可靠且具有成本效益的在线测量工具。在过去的几十年里，人们研究了许多发酵过程控制策略以尝试解决这些问题。发酵过程控制和优化根据诸如开环系统、模型预测控制、模糊逻辑、元启发式算法、人工神经网络和强化学习的方法来分类。

1. 开环系统

在开环系统中，应用过程工厂的预定输入曲线以实现最大生产率，同时保持产品质量。由于分批发酵不发生输入添加和输出排放，因此可以通过控制其他关键因素如 pH、温度和溶解氧浓度来进行产品产率优化。使用 Pontryagin 的最大值原理优化了克鲁氏假丝酵母发酵甘油批量生产的温度曲线（Xie et al.，2001）。结果表明，与 35℃的常规恒温相比，获得了更高的最终甘油产率和更少的未利用底物。

在补料分批发酵过程中，指数补料速率被认为是一种直接的预定方法，可保持恒定的比细胞生长速率低于临界值，以避免不良副产物形成（Robert et al.，2019）。由于假设细胞随时间呈指数生长模式，因此该补料策略无法克服底物过量补料或补料不足引起的意外干扰和系统非线性，需要各种传感器和测量来监控和调节该过程。例如，Kim 等（2004）将指数补料与 pH 恒定补料（pH-stat）相结合，以帮助监测大肠杆菌（*Escherichia coli*）高密度培养时的葡萄糖浓度变化，避免乙酸盐（副产物）形成。在使用酒糟-糖蜜混合物作为钩虫贪铜菌（*Cupriavidus necator*）的底物生产聚（3-羟基丁酸酯-co-3-羟基戊酸酯）的研究中（Garcia et al.，2019），测试了两种开环系统，分段常数参数化和常用的指数补料策略。分段常数参数化总体上显示出比指数补料更好的结果，但在产物产率方面略差。

　　虽然开环系统相对简单，运行成本低，但不可否认的是，其主要缺点是无法应对较大的干扰和工艺模型不匹配问题。这是因为开环系统是基于初始工艺状态和指定的操作条件设计的，但工艺模型的参数可能因批次而异（Garcia et al.，2019）。一种解决方案是实施反馈控制方案，以帮助监控和减少不必要的收益损失。

　　2. 模型预测控制

　　模型预测控制是反馈控制中一种功能强大且行之有效的优化策略。它是一种被广泛接受的先进控制，应用于许多过程工业（Forbes et al.，2015）。它可以解决具有输入和输出约束的线性和非线性过程优化问题。

　　图 6.2 展示了模型预测控制的一般控制概念。模型预测控制通过预测模型在时间范围内的未来响应并且仅执行在控制范围中预测的最优控制动作来解决优化问题。然后在每个时间步长重复优化。目标函数被定义为控制目标，用于确定最优解。

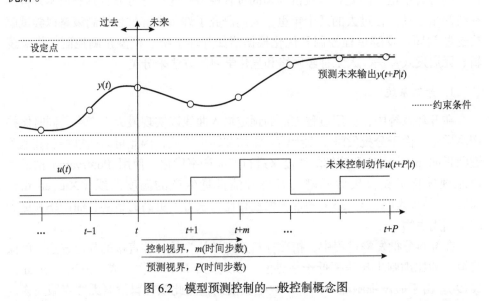

图 6.2　模型预测控制的一般控制概念图

Foss 等（1995）对椭圆假单胞菌分批生产葡萄糖酸的非线性模型预测控制进行了研究。基于在线测量的溶解氧、生物量和葡萄糖酸浓度，对温度和 pH 设定点进行了模拟研究。所提出的模型预测控制的目标函数可最大化葡萄糖酸的平均生产率。生产率计算中还考虑了批次停机时间。非线性模型预测控制的评价基于 3 种类型的过程模型，即理想的、线性和局部非线性的状态空间模型，并与开环控制的结果进行了比较。当使用更精确的预测模型时，非线性模型预测控制表现出比开环控制更好的性能。这揭示了过程模型精度和质量对模型预测控制性能的影响。

Ashoori 等（2009）开发了模型预测控制，用于补料分批生产青霉素的 pH 和温度控制。目标函数考虑了青霉素浓度的倒数和控制动作（冷却剂进料速率、酸和碱进料速率）运动变化的最小值。与底物进料速率相比，pH 和温度更容易控制。这是因为底物进料速率的大幅波动显著影响微生物生长。将青霉素生产过程模型线性化为分段局部线性神经模糊模型，在不影响过程动态特性表达的前提下，降低了计算量。

对于连续发酵过程，Ajbar 和 Alie（2017）使用运动发酵单胞菌将非线性模型预测控制应用于乙醇生产。目标函数通常是设定点跟踪误差和控制信号变化。对不同的测量变量进行了研究，包括乙醇的浓度、生产率和生产率的倒数。由于无须预设最优曲线的设定点，生产率的倒数在控制效果上优于前两者，并且被证实对过程不确定性具有强鲁棒性。与 PI 控制器进行了比较研究，揭示了 PI 控制在处理不同控制配置时的能力局限性。

3. 模糊逻辑

模糊控制作为人工智能的一个分支，近 10 年来在发酵控制中得到了广泛的研究。模糊推理系统包括模糊化、规则评估、规则输出的聚集和去模糊化（Zadeh，1965）。该系统的工作原理是将精确输入变量转化为语言变量，通过预先设计的 IF-THEN 规则库和模糊集合进行决策输出。模糊推理系统的性能取决于专家知识和对模型行为的理解及模糊集和规则的设置。图 6.3 表示出了模糊逻辑原理的框图。

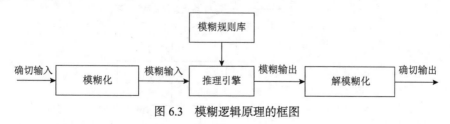

图 6.3　模糊逻辑原理的框图

　　Ahioglu 等（2013）提出了混合模糊逻辑与遗传算法在控制分批培养面包酵母方面的应用。遗传算法帮助构造隶属函数和 IF-THEN 规则的模糊控制器。两个操纵变量，即冷却剂流量和热输入。选择温度和冷却剂流量/热输入的误差变化作为模糊输入。结果表明，以冷却剂流量为调节变量时，生物质浓缩率较高。

　　Akisue 等（2021）开发了一种用于重组大肠杆菌的溶解氧控制器。发酵过程中，使用 3 个模糊推理系统。模糊控制器的开发考虑了某些决策树算法，该算法根据不同的情况推断操纵变量（空气和氧气流速）。通过与决策树算法比较，评价其控制效果时，模糊控制显示出更平稳的空气和氧气流量控制作用。此外，开发的控制方法在应对工艺参数不确定性方面更具鲁棒性。

　　4. 元启发式算法

　　元启发式算法是一种模仿生物体自然进化以实现适应度改进和发展的算法。图 6.4 为元启发式算法的一般流程图。首先，从一组称为染色体或个体的解中随机种群初始化。然后，定义一个适应度函数来评估每个个体。适应度值较高的个体将有较高的概率被选择用于下一代的进化。从选定的个体中进行交叉和变异等进化操作生成新的种群。通过迭代不断尝试获得满足相关目标函数的近似最优解，直至满足终止条件。当达到最大迭代次数或计算时间限制时，迭代过程结束。一般来说，随机演化方法的性能优于确定性方法（Liu et al.，2013）。随机方法可以解决优化问题，而不管目标函数和约束的复杂性、非线性和凸性（Sarkar and Modak，2003）。

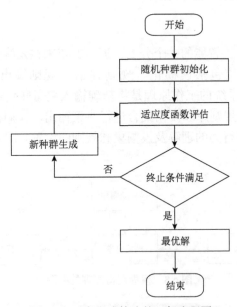

图 6.4　元启发式算法的一般流程图

Yuzgec 等（2009）讨论了遗传算法的固定长度和可变长度投料时间间隔在补料分批面包酵母发酵中的应用。目标函数制定在生物量浓度最大化，乙醇浓度最小化，并保持平均比增长率接近临界增长率。两种遗传算法在 5 种不同的初始条件下（包括生物质和葡萄糖浓度）进行了测试，并进行了乙醇和葡萄糖偏差的干扰研究。结果表明，固定长度投料时间间隔的遗传算法比可变长度投料时间间隔的遗传算法表现更优。

Zain 等（2018）研究了回溯搜索优化算法，并与其他基于群体智能的算法进行了比较，如协方差矩阵自适应进化策略、人工藻类算法和人工蜂群算法。进行了几个案例研究，以评估回溯搜索优化算法的性能，包括生产乙醇、外源蛋白、青霉素，酒厂废水处理，从污水污泥中产生甲烷。结果表明，回溯搜索优化算法在收敛性方面更加稳健，并能获得具有更高适应度值的更优解。

5. 人工神经网络

人工神经网络作为人工智能的另一个分支，可以学习系统特性和特征，在没有任何先前知识的情况下，通过足够的训练数据映射输入和输出（Karakuzu et al.，2006）。它模仿大脑神经元处理数据的工作原理，并生成任务执行模式。人工神经网络的结构如图 6.5 所示。构建人工神经网络的挑战部分是适当地选择神经元和层的数量。此外，选择合适的训练数据对生成可靠的人工神经网络至关重要。

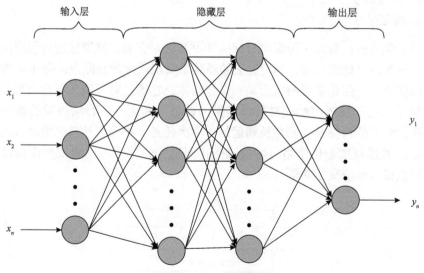

图 6.5　人工神经网络的结构

在 Hisbullah 等（2002）的工作中，设计和评估了各种控制方法，包括固定增益 PI 控制器、预定增益 PI 控制器、自适应神经网络 PI 控制器和混合神经网络 PI 控制器。在有扰动的情况下，前两种 PI 控制器在设定值跟踪中均表现出快速的振荡和偏移响应，而自适应神经网络 PI 控制器在设定值跟踪中表现出缓慢的无振荡和偏移响应。混合神经网络 PI 控制器在遇到振荡和偏移时表现出更好的控制性能，对扰动作出了快速响应。在混合神经网络 PI 控制器中，神经网络起主控制器的作用，根据发酵过程的输出来决定控制动作。相反，PI 控制器通过引入补偿信号来辅助神经网络控制器。

Natarajan 等（2021）应用深度神经网络来辅助叶黄素生产过程中的反馈线性化控制。深度神经网络的作用是作为反馈控制的内部动态函数逼近器，以克服对过程动态的不完全理解。反馈控制使用深度神经网络输出、状态、设定点分布和跟踪误差的信息来跟踪生物量、硝酸盐和叶黄素浓度的参考分布。操作变量包括硝酸盐进料流速和光强度。研究结果表明，神经网络可有效表征该过程的行为特性。

Mesquita 等（2021）在对面包酵母乙醇生产代谢模型的研究中，用人工神经网络作软传感器，基于二氧化碳代谢通量来确定氧代谢通量。该神经网络的输出结果被应用于设计的控制规律中。通过与启发式呼吸商（RQ）控制、PID-RQ 控制和恒定空气流量控制等多种方法对比，基于人工神经网络的控制方法实现了更平滑的控制，并获得了更高的乙醇产率和生产率。这表明，人工神经网络是识别关键但不可测量参数的有效方法，有助于实现更优的工艺控制和优化。

6. 强化学习

强化学习被认为是一种面向目标的学习算法。它通过试错法进行顺序决策，并根据分配的目标或目的，利用过去的经验来实现最大的总回报。图 6.6 为强化学习的框架图。强化学习的概念是一个智能体，它通过对环境采取行动来与环境进行交互，然后接收奖励（对行动结果的评估）和下一个行动决策的新环境状态。强化学习的目标是找到在长期运行（单次任务）中使累计总奖励最大化的最优策略。通过获取最优策略可解决该优化问题。强化学习无须依赖模拟过程模型，可直接与环境交互并学习。

图 6.6　强化学习的框架

Li 等（2011）开发了一种具有自适应增益的多步动作 Q-学习法，用于酵母发酵过程的控制。控制的目的是保持乙醇的浓度分布。因此，多步动作 Q-

学习法通过观测当前乙醇浓度与设定值之间的偏差及其变化率，基于模糊逻辑确定控制增益参数，进而通过调节当前底物补料速率来执行控制动作。奖励函数的定义为：当当前设定点跟踪效果较前一时刻有所改善时，系统将获得正向奖励。

6.2　食品微生物的底物利用

6.2.1　以油料、淀粉和糖料作物为原料

　　油料作物由于其经济价值而在热带和亚热带地区广泛种植，近年来全球油料作物的年产量一直在增长，特别是考虑到油菜提取被认为是生物燃料生产技术最重要的方面。常见的油料作物包括蓖麻油植物、棕榈、油菜、花生、大豆和芝麻，它们是植物油和蛋白质的重要来源。油料作物会产生大量富含脂肪和蛋白质的副产品，即油料作物废料，这是通过螺旋压榨等机械提取方法从油料作物种子中提取油后留下的残留物质。作为残油（6%～12%）、糖类（5%～10%）、氮（40%～48%）和灰分（6%～10%）的丰富来源，油料作物废料可以作为微生物生长和代谢物生产的潜在底物。从油籽中压缩油后获得的油料作物废料富含蛋白质和纤维。因此，油料作物废料是微生物发酵的有用产品（Liu et al.，2019）。

　　油料作物废料因其成本低而成为微生物工艺中有吸引力的原料。然而，产品产量可能会受到氮过剩的限制。Liu 等（2019）提出了一种利用改良的解脂芽孢杆菌 M53-S 一步固态发酵油料作物废料，以生产赤藓糖醇的方法。花生压榨饼中添加 40%的芝麻粉和 10%的废食用油，可以提高赤藓糖醇的产量。

　　我国作为淀粉质原料生产大国，拥有丰富的淀粉资源。这些资源涵盖了粮食类和非粮类淀粉质原料，包括马铃薯、红薯、玉米、小麦等粮食类原料，以及木薯等非粮类原料。这多样性的淀粉质原料在我国的农业体系中起到了至关重要的作用。首先，粮食类淀粉质原料如马铃薯、红薯、玉米、小麦等一直以来都是我国主要的粮食作物，其淀粉含量较高，成熟后能够为人类提供丰富的食物。而在近年来，随着生物技术和农业科技的发展，这些农产品不仅仅被作为食物，还成了生物工业的重要原料。通过对淀粉的提取和利用，淀粉不仅能够满足我国国内的食品需求，还能够在生物工业领域发挥更大的作用。其次，非粮类淀粉质原料如木薯在我国也占有一席之地。与粮食类淀粉质原料相比，木薯的生长周期较短，适应性更强，因此在不同的地理和气候条件下都能够生长。这使得木薯成了我国重要的农业补充品种，对于丰富淀粉资源、提高农业可持续性发展起到了积

极的促进作用。这些淀粉质原料在食品工业中发挥着重要的作用，由于淀粉的可再生、可降解的特性，以及淀粉中含有丰富的碳源，因此它们成了食品源生物基产品的理想原料之一。

普鲁兰多糖是一种由出芽短梗霉好氧发酵合成并分泌至胞外的水溶性微生物多糖（王莉衡，2015）。普鲁兰多糖无毒无害，具有良好的可食性和被膜性，可用于食品工业中。2006 年 5 月 19 日，中华人民共和国卫生部（现中华人民共和国国家卫生健康委员会）发布第 8 号公告，新增普鲁兰多糖为食品添加剂。潘真清等（2023）考察不同淀粉质原料对出芽短梗霉生物合成普鲁兰多糖的影响，选用来源于木薯、玉米、马铃薯、红薯和小麦等作物的淀粉作为碳源发酵生产普鲁兰多糖。结果发现，木薯淀粉有利于普鲁兰多糖的生物合成，最高产量达 23.96g/L，木薯淀粉提高了普鲁兰多糖合成关键酶活性和胞内前体物质尿苷二磷酸葡萄糖的含量，进而提高了普鲁兰多糖的合成能力和产量。利用木薯淀粉合成普鲁兰多糖的碳源成本只有葡萄糖对照组的 56.6%，为普鲁兰多糖的廉价高效生产提供了可行的技术参考。

6.2.2　以食品废弃物为原料

食物垃圾是全球产生量最大的生物废物之一。食品产量的增长与食品工业的快速发展导致了大量食品废弃物的积累。根据联合国粮食及农业组织报告，每年约有 1.3t 食品废弃物产生，预计随着经济和人口增长，这一数字在未来的 25 年内还会增加。食品废弃物不稳定，会迅速腐烂，可对环境和公众健康造成严重影响，如可造成臭味、害虫扩散、土壤和地下水污染。鉴于此，近年来科学界致力于改进废弃物管理系统，或以更好的方式减少食品废弃物的积累，将食品废弃物再利用为原料生产高附加值产品。

食品废弃物通常富含碳源和氮源，如碳水化合物、蛋白质和脂质等。通过优化的生物工艺可将其转化为高附加值生物产品，如生物燃料、生物材料、酶、糖类等优良工业原料。这不仅可以减少废弃物的处理，而且可以从废物流中再生资源，实现食品废弃物的循环利用，将线性经济转变为循环经济，创造更多的价值。在这种情况下，随着可销售的生物基终产品的扩大和发展，预计将出现积极的经济增长与经济效益。循环经济的概念指导食品废物的再利用和再循环，从而激励利益攸关方和制造商采用可持续的生物工艺，减少对环境的影响（李亚丽等，2021）。

近年来，许多研究表明，农业食品副产品富含具有潜在生物活性的珍贵化合物。事实上，农业食品副产品的特征是存在多糖、蛋白质、碳水化合物、多酚成分等（Mater et al.，2021）。我国食品损耗及浪费现象也较为严重，食品废弃物产生率约为 19%，相当于 2600 万 hm² 耕地的产出被完全浪费。一方面，食品废弃物属于易腐垃圾，在其储存、运输和处理过程中易产生 H_2S、有机酸等恶臭气体和 CH_4、CO_2 等温室气体，同时伴生大量的有机废水及废渣，进而导致一系列的环境污染问题；另一方面，食品废弃物中富含纤维素、半纤维素、木质素、淀粉、油脂、蛋白质等碳氢化合物及 N、P、K、Na 等营养元素，具有较好的回收利用价值。因此，食品废弃物的高效清洁利用是目前国内外的研究热点。

Camacho 等（2022）研究了橙汁副产物提取物的酚组成和抗氧化活性，这些提取物包含游离酚和植物组织结合的酚。特别是他们使用了 4 次连续提取：前两次提取（MeOH 30℃和 MeOH 60℃）能够提取游离酚类；随后的两次碱性和酸性提取产生了与植物组织结合的酚类物质。结果表明了使用比传统方法更具体的提取方法来获得游离酚类化合物和与其他细胞结构结合的酚类化合物的重要性，这些酚类化合物占总酚类的近 20%，对产物的抗氧化能力起着重要作用。

洋葱是世界上种植量仅次于番茄的第二大作物。洋葱富含抗氧化化合物，食用洋葱可以降低各种退行性疾病的发病率。洋葱加工过程中每年都会产生大量的生物垃圾，主要由洋葱皮组成。由于洋葱的味道和气味令人不快，其副产品不适合用作动物饲料或有机肥料。Chernukha 等（2022）评估了从红色、黄色和白色洋葱中获得的外壳废物的抗氧化潜力。仅在红洋葱皮和黄洋葱皮中检测到黄酮醇、黄烷醇、黄酮类-O-糖苷和异黄酮。槲皮素及其糖苷是洋葱皮中最具代表性的黄酮类化合物。红洋葱皮中黄酮类化合物含量最高，这与红洋葱皮乙醇提取物具有较高的抗氧化活性有关。

豌豆种子的特点是营养价值高，蛋白质、淀粉、纤维、矿物质和维生素含量高。豌豆产业每年都会产生大量的副产品，它们的回收利用至关重要。豆荚是豌豆的主要废弃物，占整个豆荚总重量的 30%~67%。鉴于这些考虑，Castaldo 等（2021）使用超高液相色谱法研究了豌豆荚水性提取物的多酚部分。其中，最常见的多酚类化合物主要以 5-咖啡酰奎宁酸、表儿茶素、橙皮苷和儿茶素为代表。此外，生产了两种不同的营养制剂（耐酸胶囊和非耐酸胶囊），并进行模拟胃肠道消化，以显示出酚类化合物的总价值和抗氧化能力。

众所周知，食品废弃物数量庞大、来源广泛，不同来源废弃物的组成、浓度和性质也各有不同。然而，无论其成分如何变化，食品废弃物都可以表征为生化需氧量（BOD）和化学需氧量（COD），因为它含有大量的有机物质，如蛋白质、碳水化合物和脂类及不同数量的固体悬浮物。在食品废弃物越来越多、环保压力越来越大、循环再利用意识逐渐兴起的今天，以食品废弃物制取生物活性因子、回收能源的方法成为非常有效的技术解决方案。

6.2.3 一碳原料

近年来，化石能源的消耗量逐日增加，会产生大量的二氧化碳，其排放到大气环境中，在加速全球变暖的同时，还会造成不可挽回的后果，因此消耗过剩的二氧化碳至关重要。目前国内外公认的二氧化碳减排方式有 4 种，分别是：①提高资源的利用率；②强化可再生能源在资源使用中的占比；③大力推广二氧化碳捕集和封存的技术；④制定严格的气候政策。其中二氧化碳捕集和封存技术是将工业上使用化石能源过程中排放的二氧化碳大量捕集，从而防止其进入大气层的减排技术（Kim et al.，2004）。

在过去的几十年里，二氧化碳化学和工业取得了长足的进步。二氧化碳捕集和封存是通过工业过程捕集化石燃料发电站和其他化工厂排放的二氧化碳，然后将其运输至地下永久封存（Reiner，2016）。由于二氧化碳的可持续性、无毒性和易得性，以及其具有转化为各种高附加值化学品的潜力，二氧化碳捕集和利用过程更具吸引力（He et al.，2013）。尽管二氧化碳的热力学稳定性和动力学惰性使其难以有效利用，但已经开发了多种策略来利用 CO_2 以构建重要的碳氢化合物燃料、精细化学品和药物。二氧化碳的利用不仅有助于降低大气中的碳含量，还可以为未来提供清洁能源和增值产品。

"Knallgas" 细菌是一类在需氧条件下以 CO_2 为碳源，以氢气为能量源进行生长和生物合成的微生物。钩虫贪铜菌 *Cutriavidus necator* H16 是 "Knallgas" 细菌的模式生物，它已经得到了相当深入的研究。*C. necator* H16 可以产生聚羟基丁酸酯，其可降解塑料。在严重胁迫的条件下，聚羟基丁酸酯在细胞中的积累量可超过细胞干重的 80%。此外，基于 *C. necator* H16 的自养代谢特征，已经开发出多种菌株的 *C. necator* H16 自养细胞工厂，以将 CO_2 转化为增值产品（Pavan et al.，2022）。目前，由于以下几个原因，通过 *C. necator* H16 自养细胞工厂将 CO_2 转化为增值产品的效果仍然不足以满足工业需求。①菌株代谢途径不平衡，CO_2 固定能力低，导致增值产品生产效率低，达不到产量要求；②菌株对氢气的大量需求导致的高成本和爆炸危险性无法满足生产工艺要求。这些问题严重制约了 *C. necator* H16 自养细胞工厂的利用和发展。

我们既要控制碳排放，又要保经济增长。在此基础上要实现碳达峰和碳中和的目标，面临着巨大的挑战。捕集和封存是一种有效降低大气环境中二氧化碳浓度的技术，是阻止温室效应加剧的有效办法。但目前该技术也有缺点，如能耗、成本较高。因此，建议在未来的研究中应加大技术研发力度，降低该技术实施过程中化石能源的消耗，以实现减排，进而实现碳达峰和碳中和的目标。

6.3　食品工业中应用的活性因子

6.3.1　有机酸

有机酸是指酸性并含有一个或多个羧基的有机化合物。最常见的有机酸是羧酸。有机酸在维持食品的营养价值和感官品质方面发挥着重要作用，也是一类重要的食品添加剂，包括用作防腐剂、酸度调节剂、抗氧化剂等，应用范围广泛（Jeon et al., 2009）。其中，丙酸和苯甲酸作为防腐剂使用时，可以防止食品变质，有效延长保质期；柠檬酸、苹果酸、富马酸、酒石酸用作酸度调节剂时，能维持或改变食品的 pH；而抗坏血酸是一种常见的抗氧化剂，可以防止或延缓油脂或食品成分的变质或氧化分解，并能提高食品的稳定性。

丙酸是一种重要的三碳化学品，其钙盐、钠盐和铵盐由于其抗微生物特性而通常用于保存食品和动物饲料（Guan et al., 2015）。通过在反应器中固定化产酸丙酸杆菌开发纤维床反应器，可以实现从可再生碳源如甘蔗渣水解产物或乳清乳糖中连续生产丙酸。Jiang 等（2015）利用纤维床反应器固定化产酸丙酸杆菌进行乳清乳糖的补料分批发酵，丙酸的最高滴度达到（135±6.5）g/L。

C4 二羧酸，包括丁二酸、富马酸和苹果酸，也被美国能源部确定为前 12 种生物质衍生的结构单元化学品，可以通过生物或化学转化从可再生碳水化合物中大量制备。在过去的 10 年中，已经有几种关于改进用于 C4 二羧酸生产的菌株的研究，并且已经将几种类型的微生物用于该目的，包括 *E. coli*、*Actinobacillussucciniciproducens*、*Anaerobioacillum succiniciproducens*、*Saccharomyces cerevisiae*、*Ustilago trichophora*、*Rhizopus delemar* 等。优化 C4 二羧酸生产的合理策略通常包括三个，第一个策略是反向三羧酸循环途径的过表达或构建，其涉及 4 个步骤：丙酮酸羧化、草酰乙酸还原、苹果酸和富马酸的可逆水合翻译及富马酸还原（Yan et al., 2014）。此外，该过程导致净 CO_2 固定而不是释放，这提高了转换效率并减少了温室气体排放。第二个策略是通过删除天然基因（如编码脂肪酸酶的基因）来阻断三羧酸循环中酸的进一步转化，以提高富马酸产量。第三个策略是通过过表达天然或异源 C4 二羧酸转运蛋白来改善酸转运。除组合这些方法之外，充足的 NADH 供应对于酸积累也是重要的，因为 1mol C4 二羧酸的产生经由还原途径消耗 1（富马酸和苹果酸）或 2（丁二酸）mol 的 NADH（Yan et al., 2014）。

6.3.2　类胡萝卜素类食用色素

在自然界中，类胡萝卜素分布相当广泛，现已发现 600 余种，其中有 38～

50 种是维生素 A 生物合成的前体物质，是人类饮食中必不可少的成分。它们一般是由 8 个 C5-异戊二烯头尾相连组成的具对称结构的类异戊二烯，其中包括环化的（如 β-胡萝卜素）或无环的（如番茄红素）胡萝卜素及含有氧原子的胡萝卜醇等。由于类胡萝卜素分子中都含有较多的共轭双键，因此其具有较强的抗氧化活性，可以保护机体免受活性氧的破坏。

微生物类胡萝卜素生物合成是一个涉及多种酶和辅因子的多步骤代谢过程。该合成路线以焦磷酸异戊二烯酯和焦磷酸二甲基烯丙基酯为通用前体，通过一系列酶促环化、氧化和脱氢反应转化为番茄红素、β-胡萝卜素和虾青素等多种类胡萝卜素及其衍生物。奇异球菌属 *Deinococcus* 物种中有 7 个与类胡萝卜素合成相关的基因，包括香叶基二磷酸合酶（由 *crtE* 编码）、八氢番茄红素合酶（由 *crtB* 编码）、八氢番茄红素脱氢酶（由 *crtI* 编码）、番茄红素环化酶（由 *crtL* 编码）、C1′,2′-水合酶（由 *crtF* 编码）、C3′,4′-脱氢酶（由 *crtD* 编码）和 C4-酮酶（由 *crtO* 编码）。Chu 等（2022）从新疆辐射污染地区筛选了新物种 *Deinococcus xibeiensis* R13，可以产生高水平的类胡萝卜素。采用生物信息学方法鉴定了 R13 中的关键类胡萝卜素生物合成基因，并通过多序列比对研究了其与相关菌株同源基因的遗传关系。进一步构建编码假定类胡萝卜素生物合成基因的多顺反子重组质粒，并在大肠杆菌中成功表达以产生类胡萝卜素。

6.3.3   抗菌物质

1. 壳聚糖

壳聚糖及其衍生物对大多细菌和真菌均具有显著的抗菌活性，广泛应用于鱼类、肉类及果蔬等食品包装和涂层中，以延长食品保质期（Li and Zhuang，2020）。壳聚糖可通过分子内或分子间氢键形成具有黏性的成膜液，经流延成膜、干燥后，可制成高透明度的包装薄膜（李莹等，2022）。这种包装膜不但可以阻挡外来微生物和污染物的进入，而且安全无毒可以食用。壳聚糖涂膜是通过浸染、喷涂、涂刷等方法在食物表面形成的一种均匀的薄膜，该涂膜可以阻隔细胞内外物质的交换，降低水分代谢，减少果蔬呼吸作用消耗的营养物质，从而有效地抑制微生物的繁殖，延长食品货架期（刘可等，2021）。

壳聚糖分子中的—NH_3^+具有正电荷，通过静电相互作用，可吸附到带负电荷的细菌上，从而破坏细胞壁的完整性，提高细胞膜的通透性，进而造成渗透不平衡导致细胞内容物渗出，使细胞生物活性下降。Yildirim-Aksoy 和 Beck（2017）通过细菌细胞溶液的电导率变化发现，壳聚糖及壳聚糖衍生物可以吸附在细菌表面，破坏细胞膜，使细胞内离子穿过受损细胞膜渗透到溶液中，最终导致细菌细胞死亡。超高分子量壳聚糖的超长分子链可以包裹和结合大肠杆菌和金黄色葡萄球菌，导致细胞逐渐破裂分解，大大增强了其抗菌活性（Li et al.，2016）。

壳聚糖具有优异的抗菌性、成膜性和生物可降解性，人们对壳聚糖接枝改性或与其他抗菌剂协同稳定 Pickering 乳液，然后将乳液干燥制成薄膜用于食品包装，可阻止物质的内外交换从而有效抑制微生物的生长繁殖（Tiwari et al.，2022）。Wang 等（2023）采取反溶剂法制备了柠檬醛-玉米醇溶蛋白-壳聚糖复合固体颗粒稳定的 Pickering 乳液，并检测了该乳液对玉米和葡萄的抑菌效果，结果发现，乳液对两种食物中的真菌均有一定的抑制作用，且真菌生物量指标麦角甾醇的含量降低。柠檬醛对麦角甾醇生物合成的蛋白质有干扰作用，能够抑制氧化应激、次生代谢等反应，进而抑制了真菌生长。Wardana 等（2023）将肉桂精油包覆在壳聚糖和明胶复合颗粒稳定的 Pickering 乳液中，探究了由该乳液制备的生物包装膜的抗菌功能，研究显示该生物包装膜对假单胞菌和乙醇乳杆菌均表现出较高的抗菌活性。

2. 抗菌肽

抗菌肽是一类广泛存在于自然界中的小肽，是不同生物体先天免疫系统的重要组成部分。抗菌肽对细菌、真菌、寄生虫和病毒具有广泛的抑制作用。抗生素耐药微生物的出现和对抗生素使用的关注度日益增加，导致了抗菌肽的发展，其在食品领域具有良好的应用前景。

由某些乳酸乳球菌产生的乳链菌肽，由于其有效的抗菌活性和食品安全特性，在肉类和奶制品工业中得到了商业应用。且已证明，与其他抗菌剂合用可增强抗菌活性。Liu 等（2021）证明了乳链菌肽与 3-苯基乳酸的组合对食源性病原体具有优异的抗菌活性，包括木糖链霉菌和黄麻。通过对肉和奶储存过程中的微生物分析及草莓腐烂率的测定，其在食品保鲜方面的潜在应用得到了进一步验证。扫描电子显微镜观察表明，乳酸链球菌素与乳链菌肽有不同的模式，它可能靶向分裂细胞，有助于乳酸链球菌素和乳链菌肽的联合抗菌作用。考虑到阳性结果，在食品级菌株的基础上构建了乳酸链球菌素-乳链菌肽联产菌株乳酸乳球菌 F44 可用于生产乳链菌肽。通过敲除两个 L-乳酸脱氢酶和 D-乳酸脱氢酶的过表达，与野生型相比，乳链菌肽的产量显著增加 1.77 倍。抗菌测定表明，重组菌株的发酵产物具有很高的抗菌活性。这些结果为乳酸链球菌素-乳链菌肽共表达提供了有希望的前景，乳酸乳球菌由于其强大的抗菌活性和具有成本效益的性能，因此在食品保鲜中具有重要意义。

6.3.4 甜味剂

天然甜味剂是蔗糖的替代品，也称为"食糖"，通常从甘蔗和甜菜中获得，也是蜂蜜和糖浆的替代品。这些甜味剂是食品添加剂，提供或模仿类似于糖的甜味，但热量较少，因此它们对饮食的影响值得考虑。多年来，代谢紊乱、肥胖症和糖尿病在世界范围内不断增加，这些疾病会引发其他疾病，从而引起了很多健康问题。因此，需要一种非热量、非营养的替代品来增加饮料和食物的甜味。

1. 乳糖基甜味剂

微生物产生的 β-半乳糖苷酶正被用于食品技术中，用于水解牛奶和牛奶副产品中的乳糖。鉴于人群中的乳糖不耐受症及牛奶在人类饮食中的重要性，该酶引起了广泛关注。β-半乳糖苷酶水解 β-吡喃半乳糖苷，即乳糖，并形成一系列反式半乳糖基化产物或低聚半乳糖，能够作为益生元提供多种健康益处。此外，该酶还可用于从奶酪制造行业的高含乳糖废水中生产乳糖基甜味剂。极端微生物是发掘酶的宝贵来源，从各种嗜温、嗜冷和嗜热微生物中获得的 β-半乳糖苷酶在食品工业中具有潜在应用价值。

目前，该酶主要从黑曲霉和乳酸克鲁维酵母（*Kluveromces lactis*）中获得，具有耐热性，最佳 pH 为 4.0～6.0，同时具有高化学环境耐受和高产物抑制耐受性能。来自激烈热球菌 *Pyrococcus furiosus* 的 β-半乳糖苷酶具有极高的热稳定性，在 90℃时表现出最高的活性，并在 0℃时保持其催化活性，可以完美地应用于重复的批处理过程中，以降解粗牛奶中的乳糖。

2. 果糖基甜味剂

菊粉是等待开发的储存丰富的多糖之一，可作为果糖和低聚果糖的来源。果糖是一种低热量的健康甜味剂，也是一种易于发酵的原料糖（Chi et al.，2011）。低聚果糖在营养保健品行业中可作为益生元。菊粉酶可以特异性地水解菊粉以生成果糖和低聚糖。

据报道，菊粉水解酶存在于不同的微生物中，包括细菌、丝状真菌、酵母和放线菌（Kango and Jain, 2011）。最近，研究重点是确定具有耐受极端条件以适应工业应用的新型菊粉酶。Zhou 等（2015）从富铅锌土壤中分离到关节杆菌属 MN8 细菌，其分泌的菊粉酶可以在低温条件下生产果糖浆。Li 等（2012）发现，耐热史密斯芽孢杆菌 *Bacillus smithii* T$_7$ 菌株在含菊粉的培养基中产生 135.2U/mL 的耐热内切菊粉酶（Vandermies and Fickers, 2019），在 4.0～8.0 的 pH 范围内稳定，70℃下的半衰期为 9h，具有高稳定性。

3. 稀有糖

1）D-塔格糖　　D-塔格糖作为新型甜味剂，甜度和口感与蔗糖相似，具有低热量、低吸收、降血糖和抗龋齿等特殊功效，既满足人们对甜味的需求，又符合健康的需要，因而愈发受到关注。2003 年，D-塔格糖通过了美国 FDA 的

GRAS 认证，2006 年，被欧盟批准为新型食品成分。近年来人们对 D-塔格糖的生物合成进行了深入研究。

最常用的生物合成方法是以半乳糖为底物，经 L-阿拉伯糖异构酶催化生产 D-塔格糖。为了适应 D-塔格糖工业生产，需要筛选具备嗜酸性和热稳定性的 L-阿拉伯糖异构酶。已经报道的有嗜热芽孢杆菌 US100 来源的 L-阿拉伯糖异构酶的突变体（Rhimi et al.，2009），包括 ara US100 Q268K、ara US100 N175H 和 ara US100 Q268KN175H。此外，Kim 和 Oh（2005）在嗜热脱氮芽孢杆菌 *Geobacillus thermodenitrificans* 中挖掘到一种 L-阿拉伯糖异构酶，其具有高活性和高热稳定性，并且不需要金属离子的辅助，可以从半乳糖中获得高浓度的 D-塔格糖，为商业化生产 D-塔格糖奠定了基础。

2）D-阿洛酮糖　　D-阿洛酮糖的甜度约为蔗糖的 70%，其热量含量仅为 0.4kcal/g，它可以用作食物中的低热量甜味剂，具有通过美拉德反应产生令人愉悦味道的能力，可改善食品的凝胶行为。它最近被美国食品药物监督管理局批准为食品安全成分，并且在用作成分时被排除在营养和补充剂成分标签上的总糖和添加糖之外。因此，D-阿洛酮糖引起了研究人员的极大关注，在食品和膳食补充剂行业前景广阔。D-阿洛酮糖是一种稀有糖，在自然界中仅以有限的数量存在。为了满足不断增长的应用要求，从 D-塔格糖-3-差向异构酶催化的 D-果糖中进行生物生产 D-阿洛酮糖已被开发为最经济的方法。Wulansari 等（2023）克隆了一种来自嗜盐性极强的厌氧细菌 *Iocasia fonsfrigidae* 菌株 SP3-3 的新型 D-阿洛酮糖-3-差向异构酶（Rugbjerg and Sommer，2019）。Zhu 等（2021）也表征了一种来自嗜热菌 *Halanaerobium congolense* 的 D-阿洛酮糖-3-差向异构酶，其在 Mg^{2+} 的存在下于 pH 8.0 和 70℃下显示出最佳活性。这些来源极端微生物的 D-阿洛酮糖-3-差向异构酶均具备潜在的工业化生产 D-阿洛酮糖的能力。

6.4　存在的主要问题与未来发展方向

6.4.1　存在的主要问题

基于极端酶的食品活性因子生物制造是一个充满前景的研究方向，具有广泛的应用前景。然而，这个领域仍然存在一些主要问题，主要涉及酶的一些特性，包括酶的可用性和制备受限，酶的稳定性和可重复使用性、底物特异性和产量优化、下游处理和产物分离，以及过程可扩展性和工业应用性等。

首先，酶的可用性和制备受限是一个主要问题。极端酶具有独特的特性，如耐高温、高压、低 pH 等，这些特性使得它们在工业应用中具有广泛的应用前景。然而，极端酶的制备和纯化仍然是一个挑战，因为它们通常具有复杂的结构和功能，而且容易受到环境因素的影响。此外，极端酶的制备和纯化成本较高，这也是限制它们在工业中应用的一个因素。

其次，酶的稳定性和可重复使用性也是基于极端酶的食品活性因子生物制造中的一个重要问题。极端酶通常具有较高的活性，但是它们也容易受到各种因素的影响，如温度、pH、离子强度等。这些因素都会影响酶的稳定性和可重复使用性，从而影响生物制造过程的效率和成本。

底物特异性和产量优化也是基于极端酶的食品活性因子生物制造中的一个重要问题。极端酶通常具有较高的底物特异性，这意味着它们只能催化特定的反应。因此，在选择酶时需要考虑底物特异性，以确保酶能够催化所需的反应。此外，酶的产量也是影响生物制造过程效率和成本的一个重要因素。因此，在酶的制备和纯化过程中需要考虑如何提高酶的产量。

下游处理和产物分离也是基于极端酶的食品活性因子生物制造中的一个重要问题。由于极端酶催化反应产生的产物通常是非常复杂的，因此需要进行下游处理和分离。但是，极端酶的反应条件通常比较苛刻，下游处理和分离的难度较大。因此，需要开发新的技术和方法，以提高下游处理和分离的效率。

最后，过程可扩展性和工业应用性也是基于极端酶的食品活性因子生物制造中的一个重要问题。由于极端酶的反应条件比较苛刻，因此过程可扩展性和工业应用性是限制其应用的一个因素。但是，随着技术的不断进步，相信这个问题将得到解决。

为了解决以上这些问题，需要进一步研究极端酶的性质和反应机制，并开发新的技术和方法，以提高酶的制备量、稳定性和可重复使用性及过程效率和工业应用性。

6.4.2　极端微生物作为下一代食品微生物细胞工厂

随着生物技术的飞速发展，微生物学领域的研究也在不断深入。其中，极端微生物作为一种特殊的生物群体，因其具有独特的生理特性和广泛的应用潜力，逐渐成了研究的热点。

1. 极端微生物的特性与优势

极端微生物在进化过程中，通过适应极端环境，形成了独特的生理机制和代谢途径。例如，高温微生物能够在高温下保持活性和稳定性，其细胞膜具有特殊的脂肪酸组成和离子泵系统，以维持细胞膜的稳定性和正常的代谢活动。而低温微生物则能够在低温下进行有效能量转换和物质合成，其酶活性较低，但具有较高的反应速率。相比传统微生物，极端微生物具有一些独特的优势。首先，它们能够在传统微生物无法生存的极端环境下生存和繁殖，这使得它们在某些方面的应用潜力更大。其次，极端微生物的代谢途径和生理机制往往与传统微生物不同，这使得它们在生产某些化合物或药物时具有更高的效率和产量。此外，极端微生物的基因组和代谢途径往往更加简单和高效，这使得它们在基因工程和代谢工程方面具有更大的潜力。

2. 极端微生物作为下一代食品微生物细胞工厂的可行性

由于极端微生物具有独特的生理机制和代谢途径，因此它们在生产某些化合物或药物时往往具有更高的效率和产量。例如，高温微生物在生产某些酶时具有极高的活性和产量，而低温微生物则在生产某些氨基酸和蛋白质时具有更高的效率和产量。此外，极端微生物还具有较强的抗氧化能力和抗毒性能力，这使得它们在生产过程中更加稳定和可靠。

极端微生物能够在极端环境下生存和繁殖，这使得它们在某些方面的应用潜力更大。例如，高温微生物在生物燃料领域的应用潜力巨大，而低温微生物则在水产养殖业和食品加工领域具有广泛的应用前景。此外，极端微生物还具有较强的抗逆性和适应性，能够在不同的环境条件下生存和繁殖。

极端微生物的基因组往往比传统微生物更简单，这使得它们在基因工程和代谢工程方面具有更大的潜力。通过对极端微生物进行基因改造和代谢工程，可以更加方便地实现某些化合物的生产和高效率的能量转换。此外，极端微生物的基因组简单，这还使得它们在基因表达和调控方面更加容易理解和掌握。

虽然极端环境下的资源有限，但随着科学技术的不断发展，人们已经发现越来越多的极端环境下的资源，这为极端微生物的应用提供了更多的可能性。此外，人们还可以通过模拟极端环境条件来创造新的极端微生物资源。

3. 极端微生物作为下一代食品微生物细胞工厂面临的挑战

由于极端微生物需要在极端环境下生存和繁殖，其培养条件往往比传统微生物更为复杂。需要严格控制温度、压力、pH 等参数，以确保其生长和繁殖的顺利进行。此外，还需要研究开发新的培养方法和培养基，以满足不同极端微生物的生长需求。

相对于传统微生物而言，极端微生物的遗传信息往往更加不完整，这给基因工程和代谢工程带来了较大的困难。需要加大力度进行极端微生物的基因组测序和分析工作，以促进其应用潜力的开发。此外，还需要研究开发新的基因组编辑工具和技术，以提高对极端微生物基因组的操作效率和质量。

总之，极端微生物作为下一代食品微生物细胞工厂具有广泛的应用前景，但也需要解决一些问题。为了解决这些问题，需要进一步研究极端微生物的生物学特性、代谢途径和酶系统，并开发新的技术和方法。

参 考 文 献

李亚丽, 刘宇, 武双, 等. 2021. 食品废弃物资源化利用研究进展[J]. 现代化工, 41(5): 83-87

李莹, 杨欣悦, 王雪羽, 等. 2022. 壳聚糖基复合膜的成膜机理和特性研究进展[J]. 食品工业科技, 43(7): 430-438

刘可, 高锋, 刘佳豪, 等. 2021. 壳聚糖在食品保鲜中的研究应用进展[J]. 食品安全导刊, 8: 16-19

潘真清, 章兵, 王顺民. 2023. 淀粉质原料在普鲁兰多糖生物合成中的作用及生理机制[J]. 食品工业科技, 44(12): 16-19

王莉衡. 2015. 普鲁兰多糖生物合成及应用研究进展[J]. 化学与生物工程, 32(12): 1-2

Ahioglu S, Altinten A, Ertunc S, et al. 2013. Fuzzy control with genetic algorithm in a batch bioreactor[J]. Applied Biochemistry and Biotechnology, 171: 2201-2219

Ajbar A H, Alie E. 2017. Study of advanced control of ethanol production through continuous fermentation[J]. Journal of King Saud University - Engineering Sciences, 29(1): 1-11

Akisue R A, Harth M L, Horta A C L, et al. 2021. Optimized dissolved oxygen fuzzy control for recombinant *Escherichia coli* cultivations[J]. Algorithms, 14(11): 326

Ashoori A, Moshiri B, Khaki-Sedigh A, et al. 2009. Optimal control of a nonlinear fed-batch fermentation process using model predictive approach[J]. Journal of Process Control, 19(7): 1162-1173

Camacho M D M, Zago M, Garcia-Martinez E, et al. 2022. Free and bound phenolic compounds present in orange juice by-product powder and their contribution to antioxidant activity[J]. Antioxidants, 11(9): 1748

Castaldo L, Izzo L, Gaspari A, et al. 2021. Chemical composition of green pea (*Pisum sativum* L.) pods extracts and their potential exploitation as ingredients in nutraceutical formulations[J]. Antioxidants, 11(1): 105

Chang D T H, Huang C Y, Wu C Y, et al. 2010. YPA: an integrated repository of promoter features in *Saccharomyces cerevisiae*[J]. Nucleic Acids Res, 39: D647-D652

Chatelle C, Ochoa-Fernandez R, Engesser R, et al. 2018. A green-light-responsive system for the control of transgene expression in mammalian and plant cells[J]. ACS Synth Biol, 7(5): 1349-1358

Chen X, Zhang J. 2016. The genomic landscape of position effects on protein expression level and noise in yeast[J]. Cell Syst, 2(5): 347-354

Chernukha I, Kupaeva N, Kotenkova E, et al. 2022. Differences in antioxidant potential of *Allium cepa* husk of red, yellow, and white varieties[J]. Antioxidants, 11(7): 1243

Chi Z M, Zhang T, Cao T S, et al. 2011. Biotechnological potential of inulin for bioprocesses[J]. Bioresour Technol, 102(6): 4295-4303

Chu X, He H, Guo C, et al. 2008. Identification of two novel esterases from a marine metagenomic library derived from South China Sea[J]. Applied Microbiology and Biotechnology, 80: 615-625

Chu X, Liu J, Gu W, et al. 2022. Study of the properties of carotenoids and key carotenoid biosynthesis genes from *Deinococcus xibeiensis* R13[J]. Biotechnol Appl Biochem, 69(4): 1459-1473

Dasgupta A, Chowdhury N, De R K, et al. 2020. Metabolic pathway engineering: Perspectives and applications[J]. Computer Methods and Programs in Biomedicine, 192: 105436

Ding M Z, Yan H F, Li L F, et al. 2014. Biosynthesis of Taxadiene in *Saccharomyces cerevisiae*: selection of geranylgeranyl diphosphate synthase directed by a computer-aided docking strategy[J]. PLoS One, 9(10): e109348

Forbes M G, Patwardha R S, Hamadah H, et al. 2015. Model predictive control in industry: challenges and opportunities[J]. IFAC-Papersonline, 48(8): 531-538

Foss B A, Johansen T A, Srensen A V, et al. 1995. Nonlinear predictive control using local models—applied to a batch fermentation process[J]. IFAC Proceedings Volumes, 3(3): 389-396

Garcia C, Alcaraz W, Acosta-Cardenas A, et al. 2019. Application of process system engineering tools to the fed-batch production of poly (3-hydroxybutyrate-co-3-hydroxyvalerate) from a vinasses–molasses mixture[J]. Bioprocess and Biosystems Engineering , 42: 1023-1037

Garcia -Granados R, Lerma-Escalera J A, Morones-Ramirez J R, et al. 2019. Metabolic engineering and synthetic biology: synergies, future, and challenges[J]. Front Bioeng Biotechnol, 7: 36

Guan N, Zhuge X, Li J, et al. 2015. Engineering propionibacteria as versatile cell factories for the production of industrially important chemicals: advances, challenges, and prospects[J]. Applied Microbiology and Biotechnology, 99(2): 585-600

He M, Sun Y, Han B, et al. 2013. Green carbon science: scientific basis for integrating carbon resource processing, utilization, and recycling[J]. Angewandte Chemie-International Edition, 52(37): 9620-9633

Hisbullah, Hussain M, Ramachandran K J B, et al. 2002. Comparative evaluation of various control schemes for fed-batch fermentation[J]. Bioprocess and Biosystems Engineering, 24: 309-318

Jeon J H, Kim J T, Kim Y J, et al. 2009. Cloning and characterization of a new cold-active lipase from a deep-sea sediment metagenome[J]. Appl Microbiol Biotechnol, 81: 865-874

Jiang L, Cui H, Zhu L, et al. 2015. Enhanced propionic acid production from whey lactose with immobilized Propionibacterium acidipropionici and the role of trehalose synthesis in acid tolerance[J]. Green Chemistry, 17(1): 250-259

Kango N, Jain S C. 2011. Production and properties of microbial inulinases: recent advances[J]. Food Biotechnology, 25(3): 165-212

Karakuzu C, Turker M, Özturk S, et al. 2006. Modelling, on-line state estimation and fuzzy control of production scale fed-batch baker's yeast fermentation[J]. Control Engineering Practice, 14(8): 959-974.

Kim B S, Lee S C, Lee S Y, et al. 2004. High cell density fed-batch cultivation of *Escherichia coli* using exponential feeding combined with pH-stat[J]. Bioprocess Biosyst Eng, 26: 147-150

Kim H J, Oh D K. 2005. Purification and characterization of an l-arabinose isomerase from an isolated strain of *Geobacillus thermodenitrificans* producing d-tagatose[J]. Journal of Biotechnology, 120(2): 162-173

King Z A, Feist A M. 2014. Optimal cofactor swapping can increase the theoretical yield for chemical production in *Escherichia coli* and *Saccharomyces cerevisiae*[J]. Metabolic Engineering, 24: 117-128

Lee H M, Vo P N, Na D. 2018. Advancement of metabolic engineering assisted by synthetic biology[J]. Catalysts, 8(12): 619

Li D, Qian L, Jiin Q, et al. 2011. Reinforcement learning control with adaptive gain for a *Saccharomyces cerevisiae* fermentation process[J]. Applied Soft Computing, 11(8): 4488-4495

Li J, Wu Y, Zhao L. 2016. Antibacterial activity and mechanism of chitosan with ultra high molecular weight[J]. Carbohydrate Polymers, 148: 200-205

Li J, Zhuang S. 2020. Antibacterial activity of chitosan and its derivatives and their interaction mechanism with bacteria: Current state and perspectives[J]. European Polymer Journal, 138: 109984.

Li Y, Liu G L, Wang K, et al. 2012. Overexpression of the endo-inulinase gene from Arthrobacter sp. S37 in *Yarrowia lipolytica* and characterization of the recombinant endo-inulinase[J]. Journal of Molecular Catalysis B: Enzymatic, 74(1-2): 109-115

Lim H G, Jang S, Jang S, et al. 2018. Design and optimization of genetically encoded biosensors for high-throughput screening of chemicals[J]. Current Opinion in Biotechnology, 54: 18-25

Liu C, Gong Z, Shen B, et al. 2013. Modelling and optimal control for a fed-batch fermentation process[J]. Applied Mathematical Modelling, 37(3): 695-706

Liu J, Huang R, Song Q, et al. 2021. Combinational antibacterial activity of nisin and 3-Phenyllactic acid and their Co-production by engineered *Lactococcus lactis*[J]. Front Bioeng Biotechnol, 9: 612105

Liu X, Yan Y, Zhao P, et al. 2019. Oil crop wastes as substrate candidates for enhancing erythritol production by modified *Yarrowia lipolytica* via one-step solid state fermentation[J]. Bioresource Technology, 294: 122194

Lweis J C. 2015. Metallopeptide catalysts and artificial metalloenzymes containing unnatural amino acids[J]. Current Opinion in Chemical Biology, 25: 27-35

Marino-Ramire L, Kann M G, Shoemaker B A, et al. 2005. Histone structure and nucleosome stability[J]. Expert Rev Proteomics, 2(5): 719-729

Mater E, Rapa M, Predescu A M, et al. 2021. Valorization of agri-food wastes as sustainable eco-materials for wastewater treatment: current state and new perspectives[J]. Materials, 14(16): 4581

Mesquita T J, Campani G, Giordano R C, et al. 2021. Machine learning applied for metabolic flux - based control of micro - aerated fermentations in bioreactors[J]. Biotechnol Bioeng, 118(5): 2076-2091

Mitchell L A, Chuang J, Agmon N, et al. 2015. Versatile genetic assembly system (VEGAS) to assemble pathways for expression in S. cerevisiae[J]. Nucleic Acids Research, 43(13): 6620-6630

Mundt M, Anders A, Murray S M, et al. 2018. A system for gene expression noise control in yeast[J]. ACS Synth Biol, 7(11): 2618-2626

Nakamura M, Srinivasan P, Chavez M, et al. 2019. Anti-CRISPR-mediated control of gene editing and synthetic circuits in eukaryotic cells[J]. Nature Communications Volume, 10(1): 194

Naseri G, Behrend J, Rieper L, et al. 2019. COMPASS for rapid combinatorial optimization of biochemical pathways based on artificial transcription factors[J]. Nature Communications, 10(1): 2615

Natarajan P, Moghadam R, Jagannathan S. 2021. Online deep neural network-based feedback control of a Lutein bioprocess[J]. Journal of Process Control, 98: 41-51

Pavan M, Reinmets K, Garg S, et al. 2022. Advances in systems metabolic engineering of autotrophic carbon oxide-fixing biocatalysts towards a circular economy[J]. Metabolic Engineering, 71: 117-141

Rantasalo A, Kuivanen J, Penttila M, et al. 2018. Synthetic toolkit for complex genetic circuit engineering in *Saccharomyces cerevisiae*[J]. ACS Synthetic Biology, 7(6): 1573-1587

Reiner D M. 2016. Learning through a portfolio of carbon capture and storage demonstration projects[J]. Nature Energy, 1(1): 1-7

Rhimi M, Aghajari N, Juy M, et al. 2009. Rational design of *Bacillus stearothermophilus* US100 l-arabinose isomerase: potential applications for d-tagatose production[J]. Biochimie, 91(5): 650-653

Robert D M J, Garcia-Ortega X, Montesinos-Segui J L, et al. 2019. Continuous operation, a realistic alternative to fed-batch fermentation for the production of recombinant lipase B from Candida antarctica under the constitutive promoter PGK in *Pichia pastoris*[J]. Biochemical Engineering Journal, 147: 39-47

Roy K R, Smith J D, Vonesch S C, et al. 2018. Multiplexed precision genome editing with trackable genomic barcodes in yeast[J]. Nature Biotechnology, 36(6): 512-520

Rugbjerg P, Sommer M. 2019. Overcoming genetic heterogeneity in industrial fermentations[J]. Nat Biotechnol, 37(8): 869-876

Salis H M, Mirsky E A, Voigt C A. 2009. Automated design of synthetic ribosome binding sites to control protein expression[J]. Nat Biotechnol, 27(10): 946-950

Sander T, Wang C Y, Glatter T, et al. 2019. CRISPRi-based downregulation of transcriptional feedback improves growth and metabolism of arginine overproducing *E. coli*[J]. ACS Synth Biol, 8(9): 1983-1990

Sarkar D, Modak J M. 2003. Optimisation of fed-batch bioreactors using genetic algorithms[J]. Chemical Engineering Science, 58(11): 2283-2296

Silva-Rocha R, de Lorenzo V. 2008. Mining logic gates in prokaryotic transcriptional regulation networks[J]. FEBS Letters, , 582(8): 1237-1244

Simon C, Herath J, Rockstroh S, et al. 2009. Rapid identification of genes encoding DNA polymerases by function-based screening of metagenomic libraries derived from glacial ice[J]. FEBS Letters, 75(9): 2964-2968

Smanski M J, Bhatia S, Zhao D, et al. 2014. Functional optimization of gene clusters by combinatorial design and assembly[J]. Nature Biotechnology, 32(12): 1241-1249

Tiwari S, Upadhyay N, Singh B K, et al. 2022. Nanoencapsulated Lippia origanoides essential oil: physiochemical characterisation and assessment of its bio‐efficacy against fungal and aflatoxin contamination as novel green preservative[J]. International Journal of Food Science & Technology, 57(4): 2216-2225

Vandermies M, Fickers P. 2019. Bioreactor-scale strategies for the production of recombinant protein in the yeast *Yarrowia lipolytica*[J]. Microorganisms, 7(2): 40

Wang T, Xu H, Dong R, et al. 2023. Effectiveness of targeting the NLRP3 inflammasome by using natural polyphenols: a systematic review of implications on health effects[J]. Food Res Int, 165: 112567

Wardana A A, Wigati L P, Tanaka F, et al. 2023. Incorporation of co-stabilizer cellulose nanofibers/chitosan nanoparticles into cajuput oil-emulsified chitosan coating film for fruit application[J]. Food Control, 148: 109633

Waschkowitz T, Rockstroh S, Daniel R J A, et al. 2009. Isolation and characterization of metalloproteases with a novel domain structure by construction and screening of metagenomic libraries[J]. Appl Environ Microbiol, 75(8): 2506-2516

Wilson K A, Chateau M L, Porteus M H. 2013. Design and development of artificial zinc finger transcription factors and zinc finger nucleases to the hTERT locus[J]. Molecular Therapy Nucleic Acids, 2(4): e87.

Woyke T, Xie G, Copeland A, et al. 2009. Assembling the marine metagenome, one cell at a time[J]. PLoS One, 4(4): e5299

Wulansari S, Heng S, Ketbot P, et al. 2023. A novel D-psicose 3-epimerase from halophilic, anaerobic iocasia Fonsfrigidae and its application in coconut water[J]. Int J Mol Sci, 24(7): 6394

Xie D M, Liu D H, Zhang J A, et al. 2001. Temperature optimization for glycerol production by batch fermentation with *Candida krusei*[J]. Journal of Chemical Technology and Biotechnology, 76(10): 1057-1069

Yan D, Wang C, Zhou J, et al. 2014. Construction of reductive pathway in *Saccharomyces cerevisiae* for effective succinic acid fermentation at low pH value[J]. Bioresource Technology, 156: 232-239

Yildirim-Aksoy M, Beck B. 2017. Antimicrobial activity of chitosan and a chitosan oligomer against bacterial pathogens of warmwater fish[J]. J Appl Microbiol, 122(6): 1570-1578

Yuzgec U, Turker M, Hocalar A. 2009. On-line evolutionary optimization of an industrial fed-batch yeast fermentation process[J]. ISA Trans, 48(1): 79-92

Zadeh L A. 1965. Fuzzy sets[J]. Information and Control, 8(3): 338-353

Zain M B Z M, Kanesan J, Kendall G, et al. 2018. Optimization of fed-batch fermentation processes using the Backtracking Search Algorithm[J]. Expert Systems with Applications, 91: 286-297

Zhang J, Feng T, Wang J, et al. 2019. The mechanisms and applications of quorum sensing (QS) and quorum quenching (QQ) [J]. Journal of Ocean University of China, 18: 1427-1442

Zhou J, Lu Q, Peng M, et al. 2015. Cold-active and NaCl-tolerant exo-inulinase from a cold-adapted *Arthrobacter* sp. MN8 and its potential for use in the production of fructose at low temperatures[J]. J Biosci Bioeng, 119(3): 267-274

Zhu Z, Li L, Zhang W, et al. 2021. Improving the enzyme property of D-allulose 3-epimerase from a thermophilic organism of *Halanaerobium congolense* through rational design[J]. Enzyme Microb Technol, 149: 109850

第 7 章 极端微生物——太空食品的新质生产者

7.1 微生物太空育种

随着人类对太空探索的不断深入，微生物太空育种已经成为当今科学界一个备受瞩目的研究领域。微生物，这些微小但却卓越的生命形式，被认为是太空生活的候选者之一，因为它们具备了适应极端环境的潜力。在极端温度、辐射和低重力等太空条件下，微生物的生存和生长表现出惊人的韧性，这使它们成为在宇宙中进行生物学实验的理想对象。此外，微生物在未来移民其他星球的过程中也扮演着重要角色。因此，微生物太空育种不仅对科学界而言是一项挑战，其还具有巨大的潜在应用前景。

微生物太空育种不仅仅有助于探索太空中生命的存在，它还对我们地球上的生活产生了深远的影响。微生物是地球上生态系统的基础，它们参与了土壤肥力的维护（Hopple et al., 2023；Liu et al., 2023）、废物降解（Kumar et al., 2023；Pan et al., 2023）、氮循环等关键生态过程（Hattori et al., 2023）。通过在太空中培养微生物，我们可以更好地理解它们在不同环境下的生存策略，为地球上的生态学和农业生产提供新的洞见。此外，微生物太空育种还有助于开发新药物、改善食品生产和垃圾处理技术，这些都是现代社会面临的紧迫问题。因此，微生物太空育种不仅是一项前沿的太空研究，还直接关系到我们的日常生活和地球的可持续性。

在本节中，我们将回顾微生物太空育种领域的研究历史和未来趋势。首先，我们将追溯微生物太空育种的起源，介绍早期的实验和发现，以及它们对太空生物学的贡献。随后，我们将关注当今微生物太空育种的最新进展，包括国际空间站上的实验和计划中的任务，以及使用新兴技术如 CRISPR/Cas9 进行微生物改良的前景。最后，我们将探讨微生物太空育种的未来趋势，探索其在太空探索、地球应用和环境保护领域的潜在影响。通过这一节的阐述，我们旨在为读者提供一个全面的视角，使其更好地理解微生物太空育种的重要性和前景，以及它将如何推动太空科学和地球科学领域的发展。

7.1.1　微生物太空育种起源

在 20 世纪中后叶，随着人类科学技术的不断发展，太空探索技术也飞速前进。科研工作者开始通过卫星和宇宙飞船将各种微生物、植物种子和动物送入外太空进行诱变育种研究（Wang et al.，2009）。早在 1946 年 7 月，美国成功地通过重新组装缴获的 V2 火箭将玉米种子送入太空，这是最早的太空育种实践。随后，许多研究人员对微生物搭载宇宙飞船进行新品种培育产生浓厚兴趣。自 1960 年苏联 Korabl-Sputnik 号和美国 Discover 号卫星发射以来，在外太空地球轨道上进行了许多微生物试验。这些实验研究了微生物在太空飞行后的生存和生长状态、菌株形态、代谢和基因特性等基本生理特征，并取得了一些显著的成果，培育了在外太空辐射环境下诱发突变的优良菌株（Weng et al.，1998）。

微生物，特别是细菌，被视为最早在太空飞行的生物标本。总体而言，微生物实验主要研究了航天飞行（包括微重力等因素）对载体微生物生存能力、生长情况、基因突变、基本生理和总体形态的影响（Menningmann and Heise，1994）。确定这些作用是否能够导致细菌发生实质性的内在变化，并应用于未来的科学发展具有重要意义。

我们知道细菌可能经历 3 种基本的遗传重组机制（Ciferri et al.，1986）。首先是接合或有性繁殖，这涉及将染色体的一部分从供体细胞传递到受体细胞。通过这种机制，受体细胞获得了供体染色体的一部分及其编码的基因。其次是转导，其中有缺陷的噬菌体附着在细菌上，将携带有缺陷病毒的细菌染色体片段转移到受体细胞。最后，在转化过程中，细菌细胞吸收了一个 DNA 片段。这个 DNA 片段可能来自另一个细菌的染色体 DNA 片段，也可能来自细胞质中的游离粒子，如质粒。如果转化的 DNA 来自细菌染色体，它将整合到受体细胞的染色体中，而质粒通常留在细胞质中。

此外，科研人员在人造太空飞行器上对枯草芽孢杆菌进行了相关微重力实验（Mennigmann and Lange，1986）。实验结果显示，在微重力条件下进行的转化实验并未产生明显的模式。虽然实验中观察到活菌计数和转化体数量的变化，但在不同条件下，没有发现微重力对任何方向上的影响。研究结果表明，微重力对接合有积极影响，可能通过降低交配中断的频率来实现，但对于转导过程，微重力没有明显影响。

从上述实验案例中，可以看出早期微生物太空育种技术存在一些不足之处。尽管科研人员已经具备相关的理论知识，但对于太空这一陌生宇宙环境的实际应用仍然处于探索阶段，需要科研工作者继续深入研究。

7.1.2　现代微生物太空育种

21 世纪以来，随着太空技术的不断发展和国际空间站（ISS）等太空平台的不断改进，微生物太空育种已经取得了重大进展。在现代微生物太空育种研究中，技术和方法的改进是关键的推动力。

1）生物反应器技术　　为了在太空环境中培育微生物，科研工作者需要克服地球和太空之间的巨大差异。太空中的微重力、辐射和气压等因素对微生物生长和繁殖产生了负面影响。因此，科研工作者迫切需要一种能够在太空环境中进行微生物培养的方法。传统的生物反应器技术通常依赖于地球上的重力，但在太空中，微重力和辐射等因素会对生物体的生长产生重大影响。因此，现代生物反应器技术已经被优化，以适应太空环境。其中一项关键技术是微重力生物反应器的开发，它们可以在太空站内部模拟微重力条件，以提供一个更真实的太空环境。通过高压静电分化和冻干法制备了由丝纤维蛋白（SF）与铁线莲三萜类沙彭素（CTS）复合而成的 CTS-SF 微载体，并用旋转细胞培养系统在模拟微重力条件下，将软骨细胞接种于该微载体上进行培养（Tu et al.，2022）。利用微重力生物反应器能够开发一种由生物材料介导的球状形成方法（Zhang et al.，2015），以此来保持脂肪干细胞（ADSC）的茎特性。这些反应器允许科研工作者在太空中进行微生物实验，以了解微重力对生长、代谢和基因表达的影响。此外，这些反应器还可以用于培养微生物，以生产食物、药物和其他生命支持系统所需的化合物。

2）基因编辑和合成生物学　　现代微生物太空育种不仅关注微生物的自然特性，还在基因编辑和合成生物学领域取得了重大突破。利用 CRISPR/Cas9 等基因编辑技术，科研工作者可以精确地改造微生物的基因，以改善它们在太空环境中的适应性和性能（Misra et al.，2023）。这意味着可以设计出更强大、更耐受辐射和更高效生长的微生物菌株，以满足太空探索的需求。此外，合成生物学的原则已经应用于微生物太空育种，以创建特定的代谢途径，用于生产高价值的化合物，如抗生素、酶和生物燃料（Bai et al.，2019；Zhang et al.，2019；Wang et al.，2014）。这些合成微生物被设计成能够在太空环境中生产这些化合物，从而减少了对地球上补给品的依赖。表 7.1 为基因编辑和合成生物学在现代微生物太空育种方面的效果。

表 7.1　基因编辑和合成生物学在现代微生物太空育种方面的效果

菌种	年份	诱变结果
大肠杆菌	2011	碳源利用有差异
枯草芽孢杆菌	2015	对 9 种抗生素有敏感性差异，其中有 3 种抗性提高

菌种	年份	诱变结果
铜绿假单胞菌	2011	细胞密度增加，生物膜变厚
长双歧杆菌	2016	耐氧能力显著提高
嗜热链球菌	2016	黏度提高，产物产率变快，产量提高
酿酒酵母	2011	生长速率提高，产物生产能力提高
毛霉	2005	耐高温，且产酶退火温度升高
白色念珠菌	2016	生长速率提高，生物膜形成能力增强，抗氧化能力提高

3）自动化和遥控操作　　微生物太空育种需要高度自动化的设备和遥控操作能力，以减少宇航员的干预和提高实验的可重复性。现代的实验装置可以自动控制温度、湿度、气体浓度和其他环境参数，以模拟太空条件（Tarasashvili et al.，2013；Mateo-Marti，2014）。遥控操作使科研工作者能够远程监控实验的进展并进行必要的调整。这些改进不仅提高了实验效率，还减少了宇航员在实验中的参与，使他们能够更专注于其他任务。

技术和方法的不断改进为我们能在太空中利用微生物的特性进行研究打开了新的大门。国际空间站等现代太空平台提供了重要的实验机会，以帮助我们更好地理解微生物在太空中的行为，并探索它们在生物制造和资源回收方面的应用。

在解决技术和方法问题的同时，当代太空任务和实验为微生物太空育种提供了宝贵的实践机会。国际空间站（ISS）成了这一领域的关键平台，为科研工作者提供了进行实验的理想环境。通过在ISS上进行实验，科研工作者可以更深入地了解微生物在太空中的行为，这对于技术的改进至关重要。美国国家航空航天局（NASA）的"微生物繁殖"实验是一个典型案例（Venkateswaran et al.，2014），旨在研究微生物在微重力条件下的生长和繁殖机制。这项实验不仅有助于科研工作者更好地了解微生物的适应性，还为进一步改进太空育种的技术提供了宝贵的数据。此外，国际空间站还开展了多项实验，以利用微生物进行太空资源回收。这将在未来太空任务的可持续性方面发挥重要作用，以减少对地球资源的依赖，提高太空探索的效率。

当代微生物太空育种研究不仅提供了宝贵的数据，未来可能重塑农业、医药及环保领域的技术格局。通过研究微生物在太空中的生长和代谢，科研工作者可以更好地了解它们的基本生物学特性，为开发新药物、生物燃料和其他生物制品提供新的思路。这些研究成果与在国际空间站开展的实验相辅相成。实验中得到的数据不仅可以用于改进微生物太空育种的技术，还可以为太空生物制造提供更多可能性。未来，太空站和深空探索任务可能会依赖微生物来生产食物、药物和其他必需品，以减少对地球补给的需求，提高太空任务的可持续性。

综上所述，现代微生物太空育种是一个备受关注的研究领域，技术的不断改进和实验的开展相互促进，为太空探索和未来的太空任务提供了新的前景。微生物在太空中的研究将继续推动太空探索，为人类在太空中的生存和探索提供更多可能性，同时也将为地球上的生物技术和资源管理提供宝贵的经验和洞见。

7.1.3　未来前景与趋势

在未来的研究方向中，我们首先需要关注微生物太空育种的基础科学问题。这包括了深入研究微生物在太空环境中的生存机制和适应性，以及它们与宇宙辐射、微重力等因素的相互作用。了解这些基础知识对于设计更有效的太空育种实验和工程应用至关重要。同时，我们还需要探索不同类型微生物在太空中的生长和繁殖特性，以便为未来的实验提供更多选择和灵感。

一个关键的研究方向是开发新的太空育种技术和设备。未来，我们需要设计更为智能化的生物反应器和控制系统，以确保微生物在太空中能够获得最佳的生长条件（Zhang et al.，2015）。这可能涉及利用人工智能和自动化技术来监测和调控生物反应器中的参数，以及研发更为紧凑和可持续的生物生长设备，以减轻太空飞行任务的负担。

另一个有前景的研究方向是利用基因工程手段来改进微生物在太空中的表现（Misra et al.，2023）。通过改造微生物的遗传信息，我们可以使它们更适应太空环境，并具备更多的生产潜力。例如，可以通过改变微生物的代谢途径来增加它们在太空中合成特定有用化合物的能力，从而为未来的太空移民和资源开采提供支持。

此外，微生物太空育种还有望在未来的医疗和生命保障领域发挥重要作用（Aghdam et al.，2021）。通过研究微生物在太空中的生长和代谢特性，我们可以为太空飞行员提供更好的食物和药物资源，同时也可以为地球上的医疗和农业领域提供新的创新。例如，通过在太空中培养具有药物合成潜力的微生物，我们可以为地球上的疾病治疗提供新的药物来源。

微生物太空育种的潜在贡献不仅限于科学和技术领域，还可以对太空探索和地球可持续性发展产生积极影响。首先，通过研究微生物在太空中的生存机制，我们可以更好地了解宇宙中的生命适应性，这对于寻找外星生命及未来的太空探索任务具有关键意义。其次，微生物太空育种有望为太空移民提供可持续的食物和资源，以减轻地球资源压力，有助于地球可持续性发展。最重要的是，通过研究微生物在太空中的生长和代谢特性，我们可以为地球上的医疗、农业和工业领域提供新的解决方案，推动科学和技术的进步。

　　然而，微生物太空育种也面临着一系列问题。首先，太空环境的极端条件，如高辐射、微重力和极端温度，对微生物的生存和生长提出了巨大的挑战。为了克服这些挑战，需要研发新的生物反应器和生物保护技术。其次，微生物太空育种涉及复杂的伦理和法律问题，如生命伦理学、知识产权和生物安全等，需要建立相关的法规和伦理框架。此外，太空飞行任务的高成本和高风险也是微生物太空育种面临的挑战之一，需要在政府、学术界和产业界之间建立更为紧密的合作关系，共同推动这一领域的发展。

　　总之，微生物太空育种是一个充满前景的领域，它将为太空探索和地球可持续性发展提供重要支持。未来的研究方向包括深入研究微生物在太空环境中的生存机制，开发新的太空育种技术，利用基因工程改进微生物的性能，以及探索其在医疗和生命保障领域的应用。然而，微生物太空育种也面临伦理、法律、成本和风险等挑战，需要跨学科合作来解决这些问题。通过不懈地努力和创新，微生物太空育种有望成为太空探索和地球可持续性发展的重要推动力量。

7.2　极端微生物用于在轨餐饮垃圾的处理

　　太空中几乎没有生命所需的气体，如氧气和二氧化碳，其主要成分是稀薄的氢气、氦气及微量的氧气、氮气和碳等元素。这意味着太空没有大气层，并且没有稳定的物理和化学环境，这是太空环境的第一个特点。缺乏大气层的保护使太空中的温度波动极为剧烈，这构成了太空环境的第二特点。第三个重要特点是，太空中存在强度极高的宇宙射线。

　　随着人类对太空探索的兴趣不断增加，一个协调一致的、现代化的任务设计和规划策略变得日益重要（Averesch et al.，2023）。可持续性在太空领域的应用通常被理解为"确保全人类现在和长期都能够继续和平地探索外层空间，以实现社会和经济的效益"（Santomartino et al.，2023）。随着下一个太空探索时代的来临，我们将在未来 10 年内再见证载人登月和火星任务的实施，而将微生物学纳入规划、决策和任务设计中，对确保这些长期任务的成功至关重要（Koehle et al.，2023）。充分利用微生物在生物再生生命支持系统中的潜力，以及它们在太空应用中进行基因工程改造的能力，可能会促进长期太空旅行的可持续性。这也与联合国的 2030 年可持续发展议程的目标相一致，即外层空间活动应最大程度地减少对太空环境和地球的不利影响（Spanos et al.，2021）。

　　在无法获取地面补给的太空飞行期间，可以通过闭环系统从餐饮垃圾中回收生活资源。闭环系统表示资源回收和再利用，这是建立循环经济的关键，不仅有助于降低地球资源供应的成本，也是出于对地外环境保护的道德考虑。目前，太空食品包装的主要要求是最大程度地减少重量、体积和潜在的"浪费"。太空餐饮垃圾主要包括食物固体废物、柔性材料（如塑料、软金属和铝箔等）及硬性材料（如铁等）（Kumar and Gaikwad，2023）。这些垃圾被收集、压缩和储存，然后由太空飞船带回并最终在大气层中焚烧销毁。因此，人类的废物管理方法主要集中在压缩和消毒方面，而非回收再利用。这种方法浪费了大量有用资源，显然不适用于长时间任务。据估计，每名宇航员每天需要约 8700kJ 的食物，并排放约 740g 的二氧化碳（Llorente et al.，2022）。在地面上，已经有一种成熟的技术，即使用氢电化学还原二氧化碳以生成甲醇（Amann et al.，2022），这一技术已被国际碳回收公司商业化。这意味着，如果太空餐饮垃圾中的二氧化碳可以被捕获并引导到特定的生物反应器中，那么使用二氧化碳来支持机组人员的生活是完全可行的。鉴于这一前景，将生物技术应用于地方回收餐饮垃圾已有希望成为提高机组的资源回收能力、灵活性和效率的方法。

餐饮残渣固体废物可用于生物再生生命保障系统（BLSS）（Maggi et al.，2018），作为食品原材料和微生物的营养来源。早在 20 世纪 60 年代，世界各地的研究人员开始研究 BLSS。一个典型的例子是欧洲航天局（ESA）的微生态生命支持系统替代方案（MELiSSA）（Koehle et al.，2023）。MELiSSA 提出了一个循环隔间，即前一个隔间的输出成为下一个隔间的输入（Pirsa et al.，2020）。微生物在可降解餐饮垃圾的循环再利用中起着至关重要的作用。该系统包括厌氧消化、蒸馏和消毒。首先，垃圾被干燥，将残余的水从固体废物中提取出来，以保留有机物。然后，干燥后的固体废物进入隔间I，这是一个厌氧消化器，利用嗜热细菌分解不可食用的餐饮垃圾残渣。虽然厌氧处理废物通常被认为比好氧处理耗时久（Cheng et al.，2018），但它可以实现与物理化学过程相当的降解率。具体而言，热纤梭菌（*Clostridium thermocellum*）会发酵纤维素底物，热解糖梭菌（*Clostridium thermosaccharolyticum*）则降解淀粉和果胶，产生挥发性脂肪酸、矿物质和 NH_4^+。在隔间II中，利用光异养细菌，如红螺菌（*Rhodospirillum Molisch*），代谢挥发性脂肪酸。剩余的矿物质和 NH_4^+进入隔间III，通过硝化细菌，如硝化杆菌属（*Nitrobacteriaceae*）或亚硝化单胞菌（*Nitrosomonas europaea*），将 NH_4^+氧化成 NO_3^-，可以作为植物室的肥料使用。该方法对固体废物的降解率为 41%～87.7%。总的来说，该系统产生了富氮的产物，提供了丰富的碳和氮的残余物质，可用作肥料或土壤改良材料，以提高土壤肥力和植物的生产力。

除 BLSS 可以提高低地球轨道以外的自给自足和可持续性外，利用原位资源的能力也将为人类长期栖息太空发挥作用。例如，微生物燃料电池（MFC）与原位有机物质结合可以发电（Koehle et al.，2023）（图 7.1）。MFC 是一种体积小、重量轻的装置，它利用微生物作为催化剂将可再生能源中的有机物转化为电能（Beyenal et al., 2021）。餐饮垃圾中的有机物质可以作为 MFC 的底物。研究人员用各种富含纤维、糖、蛋白质和酸的食品残渣作为输入，测试了 MFC 的能源生产能力。每一种类型的有机底物都投料一个单室 MFC，并定期测量有机化合物的浓度以获得降解速率。每种有机废物底物的最大输出功率分别为糖 50mV，纤维素 40mV，蛋白质 30mV，酸 10mV，每种有机化合物的降解率为 90%。参与这种电化学活动的微生物被称为外电菌，它们能够将电子外源转移到电子受体，包括假单胞菌属（*Pseudomonas*）、希瓦氏菌属（*Shewanella*）、地杆菌属（*Geobacter*）和脱硫单胞菌属（*Desulfuromonas*）。MFC 的概念已经存在了一个多世纪，但在过去的几十年里，才逐渐实现商业化。虽然 MFC 将成为在低地球轨道之外创造能源和回收有机废物的有用工具，但研发仍在进行中，以开发更高效的系统，提供更大、更持久的功率输出。也许，MFC 的概念可以用于未来外太空的能源生产和 BLSS 内部。

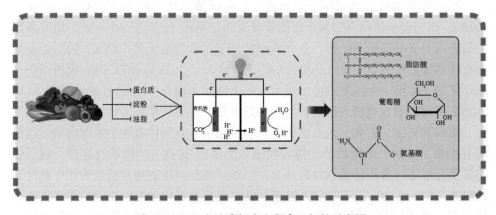

图 7.1　MFC 电池降解太空餐余垃圾的示意图

　　在太空中，要直接回收废物并利用微生物，极端微生物是最佳选择。极端微生物是指那些适应在极端环境中生存的微生物。这类微生物有一个引人注目的特点，即它们的酶"老化"过程减慢，这有效地延长了它们的"寿命"（Atanasova et al., 2021）。低地球轨道辐射诱导的分子突变会引发微生物细胞代谢的应激反应。目前的研究结果表明，如果没有低于 200nm 波长的辐射，抗辐射奇异球菌（*Deinococcus radiodurans*）可以在长期的近地轨道暴露中存活下来（Ott et al., 2020），这与火星的紫外线光谱相对应，为今后选择以辐射为能源的模式生物提供了有力的参考。

　　枯草芽孢杆菌（*Bacillus subtilis*）在宽酸性 pH 范围（4～6.5）和高温范围（40～80℃）下表现出了很高的稳定性（Delbruck et al., 2021），以满足太空环境的要求。通过扫描电镜研究，我们发现该酶能够完全水解小麦和马铃薯淀粉，这进一步验证了其在淀粉工业中的应用潜力，也为在太空环境中降解淀粉含量较高的餐饮垃圾提供了坚实基础。此外，枯草芽孢杆菌存放在 4℃条件下一年仅损失了 7.93%的菌体存活率，这种超强的抗逆性和稳定性使它从众多极端微生物中脱颖而出。稻壳芽孢杆菌（*Bacillus oryzaecorticis*）和地衣芽孢杆菌（*Bacillus licheniformis*）同样具备高效降解淀粉和油脂的潜质（Mu et al., 2023），这使它们成为太空餐饮垃圾处理的有力候选。研究还显示，由特基拉芽孢杆菌（*Bacillus tequilensis*）、地衣芽孢杆菌、索诺拉沙漠芽孢杆菌（*Bacillus sonorensis*）和嗜热球形脲芽孢杆菌（*Ureibacillus thermosphaericus*）组成的复合细菌剂在高温条件下（55℃）同样能显著提高对餐饮垃圾的降解效率（Ke et al., 2021），从而确立了芽孢杆菌在原位回收太空餐饮垃圾方面的前景。

塑料降解菌有望高效降解太空餐饮垃圾包装，将聚合物链中的碳转化为较小的生物分子或二氧化碳和水，从而降低废物管理成本（Atanasova et al., 2021）。研究人员从深海水（深达 300～600m）中分离出 13 株能够降解塑料的菌株。这些细菌主要属于极端微生物，包括深海嗜盐菌属（*Halophiles*）和嗜冷杆菌属（*Psychrobacter*）等（Obruca et al., 2022）。通过研究温度和静水压对这些分离株的生长影响，发现它们均表现出极端嗜冷和高压适应的特性（Atanasova et al., 2021）。利用成晕法和透射电子显微镜验证了它们的降解能力，这表明它们具备在太空环境中工作和有效降解残余包装的潜力。目前的信息表明，降解塑料的极端微生物主要属于轻度和中度极端微生物。这可能有两个原因：首先，极端条件显著减少了生物多样性，相应地也减少了降解塑料的微生物的生存机会；其次，在这些极端条件下的生长速率通常较低，因此微生物的生长不能完全依赖于这类难降解聚合物（Atanasova et al., 2021）。为了获得高效降解残余包装的卓越菌株，我们可能需要通过适应性进化等方法进行筛选。在太空极端环境中的研究表明，微生物具备适应和改变的能力，这证实了适应性进化的可行性。

如果废物处理系统的输出用于再生产食品，那么微生物的安全性也应纳入考虑范围。酵母生长迅速，具有高度的遗传稳定性，是最成熟的安全模式菌株之一。此外，研究表明，微重力条件似乎对其生长和生存能力没有明显影响（Llorente et al., 2022）。美国航空航天局的研究也强调了转基因酿酒酵母（*Saccharomyces cerevisiae*）可作为潜在的人体必需营养素来源（Peter et al., 2018）。考虑到酿酒酵母能够在乙醇中高效生长，利用氢电化学还原太空餐饮垃圾中的二氧化碳为太空旅行环境提供了有前途的解决方案。一旦这些问题得到解决，这一过程将变得非常有吸引力，因为液态碳源更易储存，也更容易在生物反应器中使用。此外，餐厨垃圾可以被圆红冬孢酵母（*Rhodosporidium toruloides*）转化为微生物油脂（Ma et al., 2018），进而被用作生物动力来源，为太空行动提供能源支持。

　　尽管空间生物制造的概念已经存在了几十年，但其应用仍然受限于小规模的微重力实验。为了为任务架构中的生物回收技术做好准备，必须将合成生物学和生物过程工程扩展到太空环境。为此，需要共同开发用于太空生物的微生物细胞工厂组件。此外，尽管从餐饮废物中回收营养物是可行的，但生物废物回收系统通常伴随着不可避免的生物效率低下和能源成本较高的问题。我们必须承认，虽然通过合成微生物回收废物在理论上可以延长在轨时间，减轻发射重量，并提供迫切需要的食物补给，但不可能无限期地这样做，因为每个回收阶段都会伴随不可逆转的营养物质和碳损失。

　　未来人类太空探索的长期可行性关键在于开发在地球以外实现可持续粮食生产的全新方法。在这一前景下，我们探讨了利用微生物进行生物工程，以开发微生物食品的可能性。要在未来几十年内实现可持续的粮食安全，必须进行深刻的创新。除培育新一代具有更高生产力和抗逆性的作物之外，微生物食品的开发还具有巨大的潜力，可以应对这些挑战。国际空间站上的实验及计划中的载人飞行任务，包括前往月球和火星的计划，为原型化和优化所需技术提供了机会窗口，这将使这些技术成熟，并成为支持人类在太空中生存的切实可行手段。

7.3　以极端微生物为细胞工厂合成功能性太空食品组分

　　太空探索是人类技术进步和知识拓展的重要领域，其中食品供应和营养保障的问题尤为重要，因为它们直接关系到宇航员的生命安全和任务的成功。随着太空任务的时长增加和目标的远离，传统的食品供应方式面临很大的挑战。

　　在长期的太空任务中，食品的储存和保质期是一个严重的问题。食品的保存需要考虑防霉、防腐和营养成分的保持，这对食品包装和处理技术提出了很高的要求。为了保持宇航员的心理健康和身体健康，食品的多样性和口感也非常重要。然而，太空环境的限制使得食品种类和口感的保持变得困难。微重力环境使得液体和固体食品的处理变得复杂，同时也影响到食物的制备和摄取。宇航员在太空中可能会面临营养素缺乏的问题，特别是一些重要的微量元素和维生素。因此，需要设计特定的营养补充方案来确保宇航员的健康。

　　通过生物技术，如细胞农业和微生物发酵，可以在太空中生产食品和营养补充品。这不仅可以减轻食品供应的压力，还可以为宇航员提供新鲜和多样化的食品选择。为实现长期太空探索，研发能够在太空环境中循环利用资源的封闭生态系统是非常必要的。这包括食物和水的再生利用技术，以及空气净化和废物处理技术。在月球或火星等外星体上进行农业生产的探索，可以为未来的太空居住和探索提供新的可能性。通过太空农业，可以为宇航员提供新鲜的食物和必要的营养补充。

7.3.1 以极端微生物为细胞工厂的技术进展

细胞工厂是一种生物技术平台，它借助基因工程和合成生物学的方法，对微生物或哺乳动物细胞进行定制和优化，使其成为高效的生物合成和生物转化系统。细胞工厂的基本概念是将生物细胞视为微型工厂，通过遗传和代谢工程技术对其进行改造，以生产特定的化合物或执行特定的生物转化过程。这些细胞工厂可以用于生产药物、生物燃料、化学品和其他高价值产品。

在细胞工厂的构建过程中，首先需要通过基因工程技术如 CRISPR/Cas9 和 TALEN 等，对细胞的基因组进行定向编辑，以引入新的代谢途径或增强现有的代谢途径。接下来，通过代谢工程的方法，如代谢通量分析和代谢控制来优化细胞的代谢网络，以提高目标化合物的产量和生产效率。此外，系统生物学和合成生物学也是细胞工厂技术的重要组成部分，它们提供了理解和设计复杂生物系统的框架和工具。

细胞工厂技术的发展，为实现高效、可持续和环保的生物生产提供了强有力的支持。通过细胞工厂技术，可以在微生物或哺乳动物细胞中生产出传统化学方法难以合成的复杂和高价值的化合物。同时，细胞工厂还为解决全球能源和环境问题提供了新的可能和解决方案。细胞工厂不仅拓宽了生物技术的应用领域，也为推动生物技术的创新和发展提供了强有力的技术基础和平台。

细胞工厂技术已经成为食品生产和其他多个领域的重要驱动力。在食品生产领域，细胞工厂可以用于生产各种营养成分和添加剂，如氨基酸、维生素、酶和生物活性肽。通过微生物细胞工厂，我们能够在可控和可持续的条件下生产这些价值较高的产品。例如，利用发酵过程中的细胞工厂技术可以生产出用于食品和饮料产业的自然香料和色素。此外，细胞工厂也被用于开发替代肉和其他植物基或细胞基食品，以提供更为可持续和人道的食品选择。

在其他领域，细胞工厂技术的应用同样广泛。在医药领域，细胞工厂被用于生产多种生物药物、疫苗和其他治疗性物质。在化学和材料科学领域，细胞工厂可以用于生产生物基聚合物和其他先进材料。这些材料具有传统材料不具备的独特性能，如生物降解性和生物相容性。在环境保护领域，细胞工厂可以帮助处理有害废物和污水，通过生物转化过程将有害物质转化为无害或有用的物质。

细胞工厂技术的应用极大地推动了这些领域的创新和发展，为解决全球面临的许多重大挑战提供了新的解决方案和可能。通过持续优化和发展细胞工厂技术，我们可以期待在食品生产和其他多个领域实现更高效、更可持续和更环保的生产和创新，为人类的未来发展贡献重要的力量。同时，细胞工厂技术也提供了一个强有力的平台，为多学科交叉合作和创新提供了丰富的可能。

极端微生物是一类能在极端环境条件（如极高或极低温度、极高盐浓度或极低 pH）下生存和繁衍的微生物。利用极端微生物作为细胞工厂是一种生物技术应用，它旨在利用这些微生物的独特生物化学和生理特性来实现特定的工业生产目标。通过基因工程和合成生物学的手段，可以对极端微生物进行定制设计，使其能够在极端条件下进行有效的生物转化和生产过程（Ye et al.，2023）。有研究人员对适应极端环境和空间环境的几种超嗜热菌株的 COG 簇进行鉴定，发现有组嗜热菌将产生可能与适应极端环境有关的蛋白质（Filipovic et al.，2008）。在地球的极地陆地环境中，水几乎全年是以固态存在。极端微生物不仅要调整其新陈代谢以在零度以下的温度下生存，而且还需要应对极端干燥的条件。研究者首次将氯仿用于从极地土壤中筛选耐干燥微生物，其中耐干燥性又是微生物在空间环境和火星等稀薄大气行星表面生存的基础。另外，进一步的研究可以探索极性微生物独特的生理学，以及了解寒冷生存机制是否对太空环境的生存能力有直接影响（Nóbrega et al.，2021）。在试图了解生命在地球以外环境中生存能力的实验中，真空暴露引起的极度干燥是主要的环境压力源之一。例如，在国际空间站进行的 Biomex 任务使用 EXPOSE 设施将微生物暴露在近地轨道和模拟的火星环境条件下（Rabbow et al.，2012）。在地球上，模拟舱将生物体暴露在极端干燥环境中，通过多次的冻结和解冻循环。这些冻融循环是环境应激源的多种组合（Olsson-Francis and Cockell，2010）。通过模拟微生物在这些极端环境下的生存能力来探索除地球以外的其他极端环境，如火星、月球等，更好地为人类未来的发展提供更多的可能性。

与传统的细胞工厂（如大肠杆菌或酵母）相比，极端微生物具有更强的抗逆性和生长能力，尤其是在处理压力条件时，这使得它们成为一种潜在的高效、低成本的生物制造平台。例如，在生产生物燃料或生物塑料的过程中，极端微生物能够在高温或高盐条件下保持活性，从而降低生产成本，提高生产效率（Shaw and Soma，2022）。

极端微生物作为细胞工厂的应用也推动了生物炼化和其他生物技术领域的发展。例如，利用极端微生物的极端酶（extremozyme）来提高生物炼化过程的效率和产量（Chettri et al.，2021）。此外，通过探索和应用极端微生物的新奇生物技术，如利用极端微生物和极端酶来解决生物技术中的一系列挑战，为生物技术领域的多种应用提供了新的可能性和解决方案（Chettri et al.，2021）。

极端微生物作为细胞工厂的应用是近年来生物技术领域的热点，其核心是利用这些能在极端环境条件下生存和繁衍的微生物的独特特性来实现工业生产目标。特别是下一代工业生物技术（NGIB）的发展，依托于工程化的极端微生物，为生物制造过程的简化提供了新的可能。例如，通过利用极端微生物的

NGIB，可以实现开放和持续的发酵过程，无须进行高成本的灭菌步骤，同时还可以利用低成本的底物进行生产（Yu et al.，2019），这使得 NGIB 成为一种具有吸引力的绿色生产过程，有助于实现可持续制造的目标。此外，极端微生物相对于常规微生物具有更强的生长和合成能力，特别是在应对压力条件时。例如，某些极端微生物能够在高温、低 pH 或高盐条件下保持活性，这为低成本生产提供了可能。通过利用极端微生物的这些特性，微生物生物制造技术已经引起了越来越多的关注，特别是在生产多种多样的产品方面，如生物燃料、生物塑料和其他重要的化学品（Yu et al.，2019）。

在生物炼制领域，极端微生物及其极端酶的应用也取得了一系列的进展，如表 7.2 所示。极端酶因其能在极端条件下保持活性而成为工业应用的有力工具。例如，在高温或酸性条件下的生物炼化过程中，极端微生物的极端酶能够提高生产效率，降低生产成本，同时也能够提高产品的质量（Bodeker et al.，2009）。此外，极端微生物在生物技术的多个领域中得到了应用，包括但不限于生物处理、生物修复和生物能源等领域，特别是利用极端微生物和极端酶来解决生物技术中的一系列挑战。例如，在高盐或高温条件下的生物处理过程中，极端微生物的应用为提高处理效率提供了新的可能。通过探索和应用极端微生物的独特特性，不仅拓宽了生物技术应用的范围，也为生物技术领域的诸多挑战提供了新的解决方案。通过这些实例和研究，可以看到极端微生物作为细胞工厂在生物技术和工业应用中的广泛潜力。

表 7.2　商品化极端酶及其应用

品牌	酶	公司	应用领域
Optimax®	葡萄糖淀粉酶和拉伸酶	Genencor	淀粉糖化
Liquozyme®	α-淀粉酶与热稳定蛋白酶	Novozyme	乙醇燃料生产过程中的液化
Stainzyme®	Evity® 12 T 淀粉酶	Genencor	洗涤剂配方
Optisize®	COOL 淀粉酶	Genencor	纺织品和服装加工
Optisize®	NEXT 淀粉酶	Genencor	纺织品和服装加工
PrimaGreen®	EcoScour 果胶酶	Genencor	纺织品和服装加工
IndiAge®	EcoScour 果胶酶	Genencor	纺织品和服装加工
PrimaGreen®	EcoScour 果胶酶	Genencor	纺织品和服装加工
Novoshape®	果胶甲酯酶	Novozyme	水果加工
Danisco®	木聚糖酶	Dupont	动物饲料

7.3.2　极端微生物细胞工厂在功能性太空食品组分生产中的应用

极端微生物作为细胞工厂在功能性太空食品组分生产中的应用是一个前沿和创新的研究方向。极端微生物由于能在极端环境条件下生存，如高温、高盐和低pH，显示出了在太空食品生产中的独特潜力。

极端微生物具有一种独特的生物化学和生理特性，这使其能够在极端条件下生存和繁衍。传统的工业生产基于化学工程，存在许多可持续性和效率方面的问题，如大量的二氧化碳排放、环境污染和不可再生资源的消耗。相比之下，利用极端微生物作为细胞工厂可以解决这些问题，为生产功能性太空食品组分提供了新的可能性。

微生物已经被用于生产食物和药物数千年，现在正在被开发成为产品本身，以治疗疾病和提高作物产量（Irwin，2020）。在食品生产中，一些极端微生物的分子已经在包括食品生产在内的多个行业中得到应用，也被用作药物或药物的组分（Mathabatha，2010；Kumar et al.，2018）。例如，一些极端微生物可以用于发酵食品的生产，或者生产某些特定的食品添加剂和营养成分。

随着太空探索的深入，功能性太空食品的需求也在不断增加。极端微生物的独特生物化学特性和生理适应性使其成为太空食品组分生产的理想选择。例如，它们可以在太空站的极端环境条件下生产出营养丰富、保质期长的食品组分。此外，通过极端微生物，可以在太空中利用可再生资源如废水和废物来生产食品和药物，从而支持长期的太空任务。极端微生物在食品处理和生产中的作用及它们的生物产品在食品处理和生产中的应用，为太空食品生产提供了新的可能性和解决方案。

7.3.3　未来发展和结论

在太空探索领域，微生物细胞工厂的应用已经展现出了巨大的潜力，尤其是在太空食品生产方面。这一技术的未来发展将为宇航员提供可持续的食品来源，同时减轻了运输负担，实现了更长时间的探索任务。极端微生物细胞工厂是未来太空食品生产的重要组成部分，其应用不仅可以改善食品的质量和多样性，还可以减少对地球资源的依赖。

微生物细胞工厂利用生物工程技术将微生物细胞转化成生产食品的工厂。这些微生物可以在太空环境中生存和繁殖，以利用有限的太空资源来生产食品。未来，通过进一步改进这些微生物细胞工厂的设计和功能，可以实现更高效、可持续地太空食品生产。首先，极端微生物细胞工厂可以在极端的太空环境中生存和繁殖。这些微生物经过基因编辑和优化，能够耐受高辐射、低温和低压等极端条件。这意味着它们可以在太空站或探索任务中生产食品，而不受外部环境的限制。这种自给自足的能力对于减少对地球资源的依赖至关重要，尤其是在长期太空任务中。其次，微生物细胞工厂的可定制性为太空食品提供了更丰富的多样性和适应性。通过改变微生物的遗传信息，可以生产多种不同类型的食品，包括蛋白质、碳水化合物和脂肪。这意味着宇航员可以根据任务的需要调整食品的成分和口味，以提供更多选择，减少任务中的厌食症问题。此外，微生物细胞工厂还可以生产特殊的医学食品，以应对宇航员在太空中可能面临的健康挑战。

极端微生物细胞工厂的未来发展还包括提高食品生产效率和降低成本。通过进一步研究微生物的代谢途径和生长条件，科学家可以优化微生物细胞工厂的性能，提高食品生产的效率。这不仅可以减少太空食品的制造成本，还可以缩短生产周期，以确保宇航员能够获得足够的食品供应。此外，随着技术的不断发展，微生物细胞工厂的生产过程也将变得更加自动化，这降低了对宇航员的操作需求。

未来，微生物细胞工厂还有望与其他太空食品生产技术相结合，创造更加多样化和丰富的食品选择。例如，可以将微生物细胞工厂与植物培养室结合，以生产各种蔬菜和水果，从而提供更加均衡的饮食。综合利用不同的食品生产技术可以最大程度地满足宇航员的营养需求，同时减轻太空食品的单调性和味觉疲劳问题。

总之，极端微生物细胞工厂是未来太空食品生产的关键技术之一。它的应用将使宇航员能够在太空中获得可持续的食品供应，同时减少对地球资源的依赖。通过提高微生物细胞工厂的生存能力、可定制性和生产效率，未来的太空食品将更加多样化、美味可口，并满足宇航员的营养需求。此外，与其他太空食品生产技术的结合将进一步提高食品选择的多样性，改善宇航员的生活质量。因此，极端微生物细胞工厂在太空食品生产中的未来发展前景十分光明，将为太空探索提供更多的可能性和机会。

7.4　极端微生物在食材在轨种植中的应用

在轨种植是指在太空站或宇宙飞船等宇宙环境中进行植物栽培的过程。这一技术旨在为宇航员提供新鲜的食材，同时也用于科学研究和生命支持系统的改进（Marzioli et al.，2020）。在轨种植通常需要模拟地球上的生长条件，但也需要考虑宇宙环境中的独特挑战，如微重力、高辐射、温度变化等（董海胜等，2020）。在轨种植的主要目标和应用包括：食物供应、心理支持、氧气产生和研究。在宇宙环境中为宇航员提供新鲜的蔬菜、水果和其他食材，提高他们的饮食多样性和满足营养需求（Colla et al.，2007），并且可以减少对地球运输食物的依赖，可以降低太空任务的成本。此外，节约水资源也是一项重要的考虑因素。在长期太空任务中，种植和照顾植物还可以为宇航员提供心理支持，帮助他们保持健康的精神状态。照顾植物并观察它们的生长过程为宇航员提供了一种心理娱乐和放松的方式。与植物互动可以帮助宇航员减轻压力、减少孤独感和缓解在执行太空任务中的焦虑。植物通过光合作用产生氧气，可以为太空站的生命支持系统提供重要的氧气来源。宇航员排放的二氧化碳也可以被植物吸收，有助于维持适宜的空气质量。在轨种植还提供了一个研究植物生长、生态系统互动和植物对宇宙环境适应性的独特机会（Kyriacou et al.，2017）。这些研究有助于推进太空探索技术，改进宇航员的生活质量，提高太空任务的可持续性，并为未来的深空探索任务提供宝贵的数据（Wolff et al.，2014）。此外，一些在轨种植的发现也可以在地球上的农业和生态系统管理中应用。

　　太空探索任务通常需要长时间的飞行，而这期间宇航员的食物供应必须可持续。传统的食物供应方法，如食品袋或冷冻食品有限制，因为它们的储存寿命有限（Cooper et al.，2011）。为了提供新鲜的食材和增加自给自足性，科学家开始探索在太空中种植植物，以及如何利用极端微生物来改进植物的生长和质量（Boscheri et al.，2012）。极端微生物是一类可以在极端环境（如高温、低温、高压、低压、酸性、碱性等）下生存的微生物（Herbert，1992），它们在食材在轨种植中可以发挥重要的作用，尤其是在宇宙飞行任务或其他恶劣环境下的植物栽培中。极端微生物在食材在轨种植中的应用具有广泛的潜力，这些微生物可以在极端条件下生存和繁殖，有助于改善食材的质量、产量和可持续性（表 7.3）。

表 7.3　极端微生物在在轨种植中的应用

应用领域	应用方法	实际示例	应用效益
土壤改良	通过分解有机物质，提高土壤肥力	脱氮无色杆菌	提高土壤肥力，有助于植物生长
植物生长促进剂	生产植物生长激素	嗜盐细菌	促进植物生长，提高产量
抗逆性提高	帮助植物抵抗不利环境条件	放线菌	提高植物的抗逆性
营养增强	合成维生素和氨基酸	某些微生物	提高食材的营养价值
抗病害和害虫保护	产生抗生素或抗病原体物质	极端微生物	减少病害和害虫对植物的影响
水资源管理	改善土壤水分保持能力	极端微生物	提高水资源的有效利用
生物肥料	氮固定、磷溶解、有机物分解	极端微生物	提高土壤肥力，减少对化学肥料的依赖

　　极端微生物在在轨种植中对土壤改良的作用非常重要（Acuña-Rodríguez

et al., 2019）。一些极端微生物具有生产有机物和氮化合物的能力，这有助于提高土壤的肥力。它们可以分解有机物，并将其转化成植物可吸收的养分；同时，极端微生物还可以分解土壤中的有毒物质，减少其对植物的危害。这对于保持土壤的健康和可持续性至关重要。一些最有效的极端微生物包括脱氮无色杆菌（*Achromobacter denitrificans*）、产气氧克肠杆菌（*Klebsiella oxytoca*）和根癌农杆菌（*Rhizobium radiobacter*），它们以 1 : 1 : 2 的比例协同作用，共同改善土壤的质地和养分含量（Atuchin et al., 2023）。此外，极端微生物还产生黏土或黏土物质，可以改善土壤的结构，提高其水分保持能力。这对于在轨种植中有效利用水资源至关重要。这些微生物有助于形成土壤团聚体，减少土壤侵蚀的风险，维护土壤的稳定性。同时，它们还能够增加土壤中的微生物多样性，这对于土壤的生态平衡和有益微生物的生存非常重要。在轨种植中，土壤改良对于植物的生长和发育至关重要，因为土壤质量直接影响植物吸收养分和水分的能力（Mojsov, 2017）。通过引入合适的极端微生物，可以改善土壤的生态系统，使其更适合植物的生长，提高食材的产量和质量。这对于宇航员的食物供应和太空探索任务的成功非常重要。

极端微生物在在轨种植中担负着植物生长促进剂的重要角色，它们促进植物的健康生长，提高食材的产量和质量。这些微生物具备生产植物生长激素的潜力，包括激动素和细胞分裂素（Abhilash et al., 2016）。这些植物生长激素可以极大地刺激植物的生长，缩短生长周期，并显著提高产量。例如，一些嗜盐细菌能够分泌激动素，有助于提高植物的生长速度。此外，极端微生物通过分解有机物质，释放出植物所需的养分，如氮、磷和钾，从而提供了植物生长所需的关键营养物质（Adak et al., 2016）。极端微生物还具备抗生素或抗病原体物质的生产能力，可协助植物抵抗病原菌和有害微生物，保持植物的健康状态（Sarma et al., 2015）。它们还能够促进植物的根系生长和发展，增加植物对水分和养分的吸收能力。这些微生物在极端环境中生存，通常具备适应性和耐受性，它们可以帮助植物更好地适应轨道环境，如微重力和辐射。此外，它们还有助于调节植物的水分平衡、光合作用和呼吸过程，以维持植物的生理平衡。通过提高植物的生长速度和养分吸收效率，极端微生物有助于改善食材的品质，使其更适合食用（Leanwala, 2022）。总的来说，极端微生物作为植物生长促进剂在在轨种植中的作用有助于优化食材的生长条件，提高产量、质量和可持续性。它们为植物提供了所需的支持，不仅在太空探索任务中的食物供应和生态系统的平衡方面发挥作用，还在地球上的农业中具有潜在的应用潜力，特别是在干旱或贫瘠土壤的地区。这些应用为食物供应和农业可持续性提供了新的前景。

极端微生物在在轨种植中的作用，尤其是对植物抗逆性的提高，具有至关重要的意义。这些微生物可以在极端环境（如高辐射、低温或低重力条件）中生存，因此在改善太空种植环境中发挥了重要作用。它们通过多种方式协助提高植物的抗逆性和生存能力。一方面，极端微生物参与了土壤改良过程，提高了土壤的肥力和水分保持能力。举例来说，某些放线菌（*Actinomycetes*）具备分解有机物质的能力，将其转化为植物可吸收的养分，从而提高土壤的肥力。此外，极端微生物还能够产生生物防护物质和抗菌物质，以帮助植物抵抗高辐射环境的损害，提高植物的辐射抵抗力，并减少疾病的发生（Sarma et al., 2015）。此外，极端微生物通过影响植物的基因表达，可以启动或抑制特定基因，从而增加植物对逆境条件的抵抗力。某些极端微生物还有助于植物在低温环境中生存，促进植物对低温的适应。例如，源自极端低温栖息地的磷酸盐溶解细菌（PSB）可以改善低温条件下的生存能力，通过促进抗冻蛋白的产生和应激诱导基因的表达，有利于这些生物在寒冷环境下存活（Rizvi et al., 2021）。另外，极端微生物可以改善植物的水分管理能力，减轻水分蒸发和蒸腾，有助于植物在水资源受限的环境中生存。它们还促进植物根系的生长，以提高植物对土壤中水分和养分的吸收能力，从而有助于抵抗干旱和土壤贫瘠等逆境。此外，极端微生物还协助植物调节光合作用，以适应不同的光照条件。例如，提高植物在低光照环境中的光合效率（Khanal et al., 2017）。这一系列作用有助于植物适应太空环境中的各种挑战，提高它们的抗逆性和生存能力。因此，极端微生物在在轨种植中的应用对于提高食材的质量、产量和可持续性至关重要，尤其在长期太空任务和太空探索中。这些应用不仅影响了太空中的食物供应，还可能在地球上的农业中发挥重要作用，尤其是在面临干旱或贫瘠土壤的地区。

极端微生物在在轨种植中对植物的营养增强起着至关重要的作用，它们通过多种方式提高食材的营养价值，从而对宇航员的健康和饮食多样性产生积极影响。首先，某些极端微生物拥有合成维生素和氨基酸的能力。这有助于增加食材的维生素含量，如维生素 C、维生素 B 群等，还可提高蛋白质的质量。通过这种方式，它们可以使食材富含重要的营养物质，满足宇航员在太空任务中的营养需求。此外，一些微生物具备溶解土壤中矿物质的能力，使这些矿物质更容易被植物吸收。这有助于提高植物的矿物质含量，如铁、锌和硒，从而增加食材的矿物质含量。这对于宇航员的健康至关重要，因为这些矿物质在维持生理功能和预防疾病方面发挥着关键作用。极端微生物还能分解土壤中的有机物质，将其转化为植物可利用的有机氮和有机碳。这有助于促进植物的生长和养分吸收。它们通过生物转化过程将有机物质转化为植物可吸收的形式，提高了食材的养分利用率。这对于提高食材的品质和产量非常关键。此外，极端微生物还可以通过调节食材的化学成分和结构来改善其口感、颜色和品质（Antranikian and Egorova, 2007）。一些由极端微生物产生的抗氧化物质有助于保护植物细胞免受氧化损害，延长食材的保鲜期限（Mandelli et al., 2012）。这些作用有助于提高食材的营养价值，增加其中的维生素、矿物质和其他有益化合物的含量。综合而言，极端微生物在在轨种植中的应用，能够有效地增强食材的营养价值，以提供更丰富的维生素、矿物质和其他重要营养成分。这对于宇航员的健康和饮食多样性非常关键，特别是在太空任务中需要维持良好的营养状态。因此，在在轨种植中利用极端微生物来增强食材的营养价值是一种创新方法，有望提高太空食物供应的质量和多样性。

一些极端微生物拥有抗生素生产的潜力，它们可以合成抗菌物质，有效地抑制植物病原体的生长和扩散，从而显著减少疾病的发生率（Başbülbül Özdemir and Biyik，2012）。这种特性对于维护植物的健康至关重要。极端微生物还能与植物建立共生关系，通过与植物的根系或组织互动，帮助植物建立更强大的生物防御系统，提高其抗病能力。这种共生关系不仅有益于植物的生长，还有助于抑制土壤中害虫数量和病菌的生长，从而减少土壤中的植物病原体的存在。通过改善植物的养分吸收和水分管理，极端微生物有助于提高植物的整体健康，使其更有能力抵御病害和害虫的侵害。此外，一些极端微生物还能分泌抗藻剂，有助于预防水域中藻类的生长，从而减少与藻类相关的疾病和环境问题（叶益华等，2022）。这一系列作用共同协助植物在在轨种植中更好地应对病害和害虫的压力，从而提高食材的产量和质量。这不仅对宇航员的食品供应至关重要，还有助于提高太空探索任务的可持续性。值得一提的是，这些应用也具有潜在的地球应用价值。它们可以在地球上的农业中减少对化学农药的依赖，从而降低环境污染和保护生态系统。这些极端微生物在农业和太空探索领域都扮演着重要的角色，为可持续性和生态保护做出了宝贵的贡献。

极端微生物在在轨种植中发挥着关键作用，尤其在水资源管理方面，有助于宇航员更有效地管理有限的水资源（Woolard and Irvine，1994）。它们具备多种机制，通过改善土壤的结构和水分保持能力，为植物提供了更好的水分管理。首先，一些极端微生物能够改善土壤的结构，增加土壤的水分保持能力。这一特性有助于减少水分的蒸发和流失，从而使植物更有效地利用水资源。通过提高土壤的水分保持能力，它们为植物创造了更稳定的生长环境。此外，极端微生物协助增强了植物的根系生长和发展，增加它们吸收土壤中水分的能力。这对于植物在有限水资源条件下获得足够水分至关重要。这一过程也有助于植物更好地应对干旱等水资源受限的情况。极端微生物还能促进土壤中水分的循环，确保水分更均匀地分布到植物的根系中。这有助于减少水分的浪费，提高水资源的可持续性，同时确保植物得到适当的水分供应。此外，极端微生物具备降解有害物质的能力，改善水质，使其更适合植物使用。这对于提高植物的生长和健康至关重要。它们协助维护水资源的质量，确保植物获得清洁的水源（Kaushik et al.，2021）。总的来说，极端微生物在在轨种植中于水资源管理方面的应用，有助于宇航员更有效地管理水资源，减少浪费，提高食材的水分利用效率，同时确保植物在有限水资源条件下获得足够的水分。这对于太空任务中的可持续性和资源管理至关重要。此外，这些应用也可能在地球上的农业中有助于减少水资源的使用和提高土壤的水分保持能力，从而推动可持续农业的发展。

极端微生物在在轨种植中扮演着生物肥料的关键角色，以提供多重益处（Verma et al., 2017）。其中，一些极端微生物拥有氮固定的能力，能够将大气中的氮气转化为植物可吸收的氨或其他形式的氮。这一过程有助于提高土壤的氮含量，进而促进植物的生长（Rajarshi et al., 2023）。另一些微生物则能够溶解磷，将土壤中的难溶性磷化合物转化为植物可吸收的形式。这提高了磷的有效性，促进了植物根系对磷的吸收。此外，极端微生物还能分解有机物质，释放出植物所需的养分，包括碳、氮、磷及微量元素。这有助于为植物提供必要的营养物质，刺激其生长。同时，极端微生物能够促进土壤中的微生物多样性和活性，有助于维护土壤的生态平衡，提高其肥力，使其更适合植物的生长。极端微生物产生抗生素或抗病原物质，有助于保护植物免受病原体和害虫的侵害。此外，它们还能改善植物的根系结构和根际生态系统，使植物更有效地吸收土壤中的养分。这一系列作用有助于改善土壤的肥力，提高食材的产量和质量，减少对化学肥料的依赖，同时有助于太空任务中的可持续性和资源管理。值得一提的是，这些应用在地球上的农业中也具有广阔的潜力。它们可以提供可持续的肥料解决方案，减少环境污染和资源浪费，为农业可持续性和资源管理带来新的希望。极端微生物在农业和太空探索领域都发挥着关键作用，为可持续性和生态保护做出了重要贡献。

极端微生物在在轨种植中具备丰富的用途，包括微生物食品生产，为宇航员提供了食品的多样性和自给自足性。首先，一些极端微生物能够生产富含微生物蛋白质的食品原料，如微生物单细胞蛋白（SCP）或微生物细胞质蛋白（Rao et al., 2022）。这些蛋白质可以作为宇航员的蛋白质来源，为他们提供必要的营养。此外，极端微生物还具备合成维生素、氨基酸及其他有益化合物的能力，这些物质可用作食品添加剂或营养补充剂，提高食品的营养价值。极端微生物还能参与食品的发酵过程，生产各类食品，如酸奶、奶酪、酵素、调味品及其他发酵产品（Irwin, 2020）。这一多样性的食品选择有助于宇航员在太空中获得更加美味和多元化的食物。此外，极端微生物还具备抗氧化和抗腐烂的性质，可用于食品的保鲜，延长食品的保质期。在太空环境中，资源有限，利用极端微生物来生产食品可以减少对外部食品供应的依赖，提高食品的自给自足性。最重要的是，极端微生物可以与其他植物和动物生态系统相互作用，形成封闭的生态循环，促进食品生产的可持续性。这对于长期太空任务和太空探索的成功至关重要，因为它不仅减少了对地球运送食品的依赖，还降低了资源消耗和废弃物产生，为太空探索的可持续性提供了创新的解决方案。

在宇宙飞行任务中，食材在轨种植非常重要，因为它可以减少对地球运输食物的依赖，并提供宇航员所需的新鲜食材（Lewandowski and Stryjska，2022）。极端微生物的应用可以增加食材在极端条件下的生存能力和适应性，从而提高种植的成功率和食物的品质。总的来说，极端微生物在食材在轨种植中的应用有助于提高种植的成功率，提高食材的品质和可持续性，减少对地球补给的依赖，这对于未来的太空探索任务和长期太空居住都具有重要意义。随着神舟二十一号载人飞行任务日益临近，正在中国空间站坚守岗位的神舟二十号航天员乘组也即将完成他们的飞行任务。航天员在太空种植蔬果所使用的"太空菜园"装置，是由中国航天员科研训练中心新设计的第二代空间植物栽培装置，它采用模块化、开放式的结构，可以更好地开展在轨失重条件下的植物栽培试验。此外，这些应用也可以在地球上的极端环境或资源有限的地区，如沙漠或冻土地带的农业中有潜在的应用价值。

参 考 文 献

董海胜, 张平, 曹平, 等. 2020. 新鲜果蔬在长期载人航天中的应用及挑战[J]. 保鲜与加工, 20(01): 212-216

叶益华, 杨旭楠, 胡文哲, 等. 2022. 溶藻细菌的功能多样性及其菌剂应用[J]. 微生物学报, 62(4): 1171-1189

Abhilash P C, Dubey R K, Tripathi V, et al. 2016. Plant growth-promoting microorganisms for environmental sustainability[J]. Trends in Biotechnology, 34(11): 847-850

Acuña-Rodríguez I S, Hansen H, Gallardo-Cerda J, et al. 2019. Antarctic extremophiles: biotechnological alternative to crop productivity in saline soils[J]. Frontiers in Bioengineering and Biotechnology, 7: 22

Adak A, Prasanna R, Babu S, et al. 2016. Micronutrient enrichment mediated by plant-microbe interactions and rice cultivation practices[J]. Journal of Plant Nutrition, 39(9): 1216-1232

Aghdam Z N, Rahmani A M, Hosseinzadeh M. 2021. The role of the internet of things in healthcare: future trends and challenges[J]. Computer Methods And Programs in Biomedicine, 199: 105903

Amann P, Klotzer B, Degerman D, et al. 2022. The state of zinc in methanol synthesis over a Zn/ZnO/Cu(211) model catalyst[J]. Science, 376(6593): 603-608

Antranikian G, Egorova K. 2007. Extremophiles, a unique resource of biocatalysts for industrial biotechnology[M]// Rainey F A. Physiology and Biochemistry of Extremophiles. Washington, DC, USA: ASM Press

Atanasova N, Stoitsova S, Paunova-Krasteva T, et al. 2021. Plastic degradation by extremophilic bacteria[J]. International Journal of Molecular Sciences, 22(11): 5610

Atuchin V V, Asyakina L K, Serazetdinova Y R, et al. 2023. Microorganisms for bioremediation of soils contaminated with heavy metals[J], Microorganisms, 11(4): 864

Averesch N J H, Berliner A J, Nangle S N, et al. 2023. Microbial biomanufacturing for space-exploration-what to take and when to make[J]. Nature Communications, 14(1): 2311

Bai P, Zhang B, Zhao X, et al. 2019. Decreased metabolism and increased tolerance to extreme environments in *Staphylococcus warneri* during long-term spaceflight[J]. MicrobiologyOpen, 8(12): e917

Başbülbül Özdemir G, Biyik H H. 2012. Isolation and characterization of a bacteriocin-like substance produced by geobacillus toebii strain HBB-247[J]. Indian Journal of Microbiology, 52(1): 104-108

Beyenal H, Chang I S, Venkata Mohan S, et al. 2021. Microbial fuel cells: current trends and emerging applications[J]. Bioresource Technology, 324: 124687

Bodeker I T, Nygren C M, Taylor A F, et al. 2009. ClassII peroxidase-encoding genes are present in a phylogenetically wide range of ectomycorrhizal fungi[J]. The ISME Journal, 3(12): 1387-1395

Boscheri G, Kacira M, Patterson L, et al. 2012. Modified energy cascade model adapted for a multicrop Lunar greenhouse prototype[J]. Advances in Space Research, 50(7): 941-951

Cheng D L, Ngo H H, Guo W S, et al. 2018. Problematic effects of antibiotics on anaerobic treatment of swine wastewater[J]. Bioresource Technology, 263: 642-653

Chettri D, Verma A K, Sarkar L, et al. 2021. Role of extremophiles and their extremozymes in biorefinery process of lignocellulose degradation[J]. Extremophiles, 25(3): 203-219

Ciferri O, Tiboni O, Di Pasquale G, et al. 1986. Effects of microgravity on genetic recombination in *Escherichia coli*[J]. Naturwissenschaften, 73(7): 418-421

Colla G, Rouphael Y, Cardarelli M, et al. 2007. Growth, yield and reproduction of dwarf tomato grown under simulated microgravity conditions[J]. Plant Biosystems - an International Journal Dealing with All Aspects of Plant Biology, 141(1): 75-81

Cooper M, Douglas G, Perchonok M. 2011. Developing the *NASA* food system for long-duration missions[J]. Journal of Food Science, 76(2): R40-R48

Delbruck A I, Zhang Y, Hug V, et al. 2021. Isolation, stability, and characteristics of high-pressure superdormant *Bacillus subtilis* spores[J]. International Journal of Food Microbiology, 343: 109088

Filipovic M, Ognjanovic S, Ognjanovic M. 2008. Evidence of molecular adaptation to extreme environments and applicability to space environments[J]. Serbian Astronomical Journal, (176): 81-86

Hattori S, Li Z, Yoshida N, et al. 2023. Isotopic evidence for microbial nitrogen cycling in a glacier interior of high-mountain Asia[J]. Environmental Science & Technology, 57(40): 15026-15036

Herbert R A. 1992. A perspective on the biotechnological potential of extremophiles[J]. Trends in Biotechnology, 10: 395-402

Hopple A, Pennington S, Megonigal J, et al. 2023. Root and microbial soil CO_2 and CH_4 fluxes respond differently to seasonal and episodic environmental changes in a temperate forest[J]. Journal of Geophysical Research: Biogeosciences, 128(8): e2022JG007233

Irwin J A. 2020. Overview of extremophiles and their food and medical applications[M]// Physiological and Biotechnological Aspects of Extremophiles. Amsterdam: Elsevier: 65-87.

Kaushik S, Alatawi A, Djiwanti S R, et al. 2021. Potential of extremophiles for bioremediation[M]// Naveen K A. Microorganisms for Sustainability. Singapore: Springer Singapore

Ke X, Sun J C, Liu C, et al. 2021. Fed-in-situ biological reduction treatment of food waste via high-temperature-resistant oil degrading microbial consortium[J]. Bioresource Technology, 340: 125635

Khanal N, Bray G E, Grisnich A, et al. 2017. Differential mechanisms of photosynthetic acclimation to light and low temperature in *Arabidopsis* and the extremophile *Eutrema salsugineum*[J]. Plants, 6(3): 32

Koehle A P, Brumwell S L, Seto E P, et al. 2023. Microbial applications for sustainable space exploration beyond low Earth orbit[J]. NPJ Microgravity, 9(1): 47

Kumar A, Alam A, Tripathi D, et al. 2018. Protein adaptations in extremophiles: aninsight into extremophilic connection of mycobacterial proteome[M]//Seminars in Cell & Developmental Biology. New York: Academic Press: 147-157

Kumar A, Pandit S, Sharma K, et al. 2023. Evaluation of bamboo derived biochar as anode catalyst in microbial fuel cell for xylan degradation utilizing microbial co-culture[J]. Bioresource Technology, 390: 129857

Kumar L, Gaikwad K K. 2023. Advanced food packaging systems for space exploration missions[J]. Life Sciences in Space Research (Amst), 37: 7-14

Kyriacou M C, De Pascale S, Kyratzis A, et al. 2017. Microgreens as a component of space life support systems: a cornucopia of functional food[J]. Frontiers in Plant Science, 8: 1587

Leanwala A P. 2022. Application of extremophiles in food industries[M]//Physiology, Genomics, and Biotechnological Applications of Extremophiles. IGI Global, 2022: 251-259

Lewandowski K, Stryjska A. 2022. What food will we be eating on our journey to Mars?[J]. Biotechnology & Biotechnological Equipment, 36(1): 165-175

Liu B, Schroeder J, Ahnemann H, et al. 2023. Crop diversification improves the diversity and network structure of the prokaryotic soil microbiome at conventional nitrogen fertilization[J]. Plant and Soil, 489(1): 259-276.

Llorente B, Williams T C, Goold H D, et al. 2022. Harnessing bioengineered microbes as a versatile platform for space nutrition[J]. Nature Communications, 13(1): 6177

Ma X, Gao Z, Gao M, et al. 2018. Microbial lipid production from food waste saccharified liquid and the effects of compositions[J]. Energy Conversion and Management, 172: 306-315

Maggi F, Tang F H M, Pallud C, et al. 2018. A urine-fuelled soil-based bioregenerative life support system for long-term and long-distance manned space missions[J]. Life Sciences in Space Research (Amst), 17: 1-14

Mandelli F, Miranda V S, Rodrigues E, et al. 2012. Identification of carotenoids with high antioxidant capacity produced by extremophile microorganisms[J]. World Journal of Microbiology and Biotechnology, 28(4): 1781-1790

Marzioli P, Gugliermetti L, Santoni F, et al. 2020. CultCube: Experiments in autonomous in-orbit cultivation on-board a 12-Units CubeSat platform[J]. Life Sciences in Space Research, 25: 42-52

Mateo-Marti E. 2014. Planetary atmosphere and surfaces chamber (PASC): a platform to address various challenges in astrobiology[J]. Challenges, 5(2): 213-223

Mathabatha E S. 2010. Diversity and industrial potential of hydrolase-producing halophilic/ halotolerant eubacteria[J]. African Journal of Biotechnology, 9(11): 1555-1560

Mennigmann H D, Lange M. 1986. Growth and differentiation of *Bacillus subtilis* under microgravity[J]. Naturwissenschaften, 73(7): 415-417

Menningmann H D, Heise M. 1994. Response of growing bacteria to reduction in gravity[C]//Life Sciences Research in Space, 366: 83

Misra C S, Pandey N, Appukuttan D, et al. 2023. Effective gene silencing using type I-E CRISPR system in the multiploid, radiation-resistant bacterium *Deinococcus radiodurans*[J]. Microbiol Spectrum, 11(5): e0520422

Mojsov K. 2016. Chapter 16 - Aspergillus Enzymes for Food Industries. //Gupta V K. New and Future Developments in Microbial Biotechnology and Bioengineering[M]. Amsterdam :Elsevier: 215-222

Mu D, Ma K, He L, et al. 2023. Effect of microbial pretreatment on degradation of food waste and humus structure[J]. Bioresource Technology, 385: 129442

Nóbrega F, Duarte R T D, Torres-Ballesteros A M, et al. 2021. Cold adapted desiccation-tolerant bacteria isolated from polar soils presenting high resistance to anhydrobiosis[J]. bioRxiv, 2021-02

Obruca S, Dvorak P, Sedlacek P, et al. 2022. Polyhydroxyalkanoates synthesis by halophiles and thermophiles: towards sustainable production of microbial bioplastics[J]. Biotechnol Adv, 58: 107906

Olsson-Francis K, Cockell C S. 2010. Experimental methods for studying microbial survival in extraterrestrial environments[J]. Journal of Microbiological Methods, 80(1): 1-13

Ott E, Kawaguchi Y, Kolbl D, et al. 2020. Molecular repertoire of *Deinococcus radiodurans* after 1 year of exposure outside the International Space Station within the Tanpopo mission[J]. Microbiome, 8: 1-16

Pan L, Ding C, Deng Y, et al. 2023. Microbial degradation mechanism of historical silk revealed by proteomics and metabolomics[J]. Analytical Methods, 15(40): 5380-5389

Peter J, De Chiara M, Friedrich A, et al. 2018. Genome evolution across 1011 *Saccharomyces cerevisiae* isolates[J]. Nature, 556(7701): 339-344

Pirsa S, Karimi Sani I, Pirouzifard M K, et al. 2020. Smart film based on chitosan/*Melissa officinalis* essences/pomegranate peel extract to detect cream cheeses spoilage[J]. Food Additives & Contaminants Part A, Chemistry, Analysis, Control, Exposure & Risk Assessment, 37(4): 634-648

Rabbow E, Rettberg P, Barczyk S, et al. 2012. EXPOSE-E: an ESA astrobiology mission 1. 5 years in space[J]. Astrobiology, 12(5): 374-386

Rajarshi K, Sudharshana K, Roy S. 2023. Extremophiles for wastewater treatment[M]//Extremophiles. Boca Raton: CRC Press: 23-42.

Rao A S, Nair A, Nivetha K, et al. 2022. Molecular adaptations in proteins and enzymes produced by extremophilic microorganisms[M]//Extremozymes and Their Industrial Applications. Amsterdam: Elsevier: 205-230.

Rizvi A, Ahmed B, Khan M S, et al. 2021. Psychrophilic bacterial phosphate-biofertilizers: a novel extremophile for sustainable crop production under cold environment[J]. Microorganisms, 9(12): 2451

Santomartino R, Averesch N J H, Bhuiyan M, et al. 2023. Toward sustainable space exploration: a roadmap for harnessing the power of microorganisms[J]. Nature Communications, 14(1): 1391

Sarma B K, Yadav S K, Singh S, et al. 2015. Microbial consortium-mediated plant defense against phytopathogens: Readdressing for enhancing efficacy[J]. Soil Biology and Biochemistry, 87: 25-33

Shaw R, Soma T. 2022. To the farm, Mars, and beyond: Technologies for growing food in space, the future of long-duration space missions, and earth implications in English news media coverage[J]. Frontiers in Communication, 7: 1007567

Spanos I, Kucukvar M, Bell T C, et al. 2021. HowFIFAWorld Cup 2022™ can meet the carbon neutral commitments and the United Nations 2030 Agenda for Sustainable Development?: Reflections from the tree nursery project in Qatar[J]. Sustainable Development, 30(1): 203-226

Tarasashvili M, Sabashvili S A, Tsereteli S, et al. 2013. New model of Mars surface irradiation for the climate simulation chamber 'Artificial Mars'[J]. International Journal of Astrobiology, 12(2): 161-170

Tu P, Pan Y, Wu C, et al. 2022. Cartilage repair using clematis triterpenoid saponin delivery microcarrier, cultured in a microgravity bioreactor prior to application in rabbit model[J]. ACS Biomaterials Science & Engineering, 8(2): 753-764

Venkateswaran K, La Duc M T, Horneck G. 2014. Microbial existence in controlled habitats and their resistance to space conditions[J]. Microbes and Environments, 29(3): 243-249

Verma P, Yadav A N, Kumar V, et al. 2017. Beneficial plant-microbes interactions: biodiversity of microbes from diverse extreme environments and its impact for crop improvement[M]//Plant-Microbe Interactions in Agro-Ecological Perspectives. Singapore: Springer Singapore

Wang Y, Yuan Y, Liu J, et al. 2014. Transcriptomic and proteomic responses of *Serratia marcescens* to spaceflight conditions involve large-scale changes in metabolic pathways[J]. Advances in Space Research, 53(7): 1108-1117

Wang Y, Zhao Y, Liu L, et al. 2009. Progress in space mutation microorganism[J]. Journal of Anhui Agricultural Sciences, 37: 7335-7336

Weng M, Li J, Gao H, et al. 1998. Mutation induced by space conditions in *Escherichia coli* strains [J]. Space Med Med Eng (Beijing), 11(4): 245-248

Wolff S A, Coelho L H, Karoliussen I, et al. 2014. Effects of the extraterrestrial environment on plants: recommendations for future space experiments for the *MELiSSA* higher plant compartment[J]. Life, 4(2): 189-204

Woolard C R, Irvine R L. 1994. Biological treatment of hypersaline wastewater by a biofilm of halophilic bacteria[J]. Water Environment Research, 66(3): 230-235

Ye J W, Lin Y N, Yi X Q, et al. 2023. Synthetic biology of extremophiles: a new wave of biomanufacturing[J]. Trends in Biotechnology, 41(3): 342-357

Yu L P, Wu F Q, Chen G Q. 2019. Next-generation industrial biotechnology-transforming the current industrial biotechnology into competitive processes[J]. Biotechnology Journal, 14(9): e1800437

Zhang B, Bai P, Zhao X, et al. 2019. Increased growth rate and amikacin resistance of *Salmonella* enteritidis after one-month spaceflight on China's Shenzhou-11 spacecraft[J]. MicrobiologyOpen, 8(9): e00833

Zhang S, Liu P, Chen L, et al. 2015. The effects of spheroid formation of adipose-derived stem cells in a microgravity bioreactor on stemness properties and therapeutic potential[J]. Biomaterials, 41: 15-25